教育・心理系研究のための
Rによるデータ分析

論文作成への理論と実践集

平井 明代　岡 秀亮　草薙 邦広 ● 編著

東京図書

執筆者紹介（執筆時）

■編著者

平井明代　筑波大学人文社会系・教授

岡　秀亮　筑波大学大学院人文社会科学研究科現代語・現代文化専攻・博士後期課程

草薙邦広　県立広島大学地域創生学部・人間文化学部・准教授

■執筆者（五十音順）

須田佳成　筑波大学大学院人文社会科学研究群・英語教育学サブプログラム・博士後期課程

前田啓貴　筑波大学大学院人文社会科学研究科現代語・現代文化専攻・博士後期課程

■各章担当者

第1章　平井，岡，須田

第2章　草薙，平井

第3章　平井，草薙

第4章　平井，草薙

第5章　平井，岡，草薙

第6章　須田，平井

第7章　平井，草薙

第8章　平井，岡

第9章　前田，平井・草薙

第10章　岡，平井

第11章　前田，平井

まえがき

本書は，統計解析に特化したR言語を使ったデータ分析の解説書です。実際の分析は，Rをより使いやすい環境にしてくれるRStudioで操作しています。Rはオープンソースであるため，世界中の人々が使いやすい統計解析のパッケージを日々開発しており，それらを無料でダウンロードして使うことができます。このような利点からRの利用が増えてきています。本書はその利用の一助になるように書かれたものです。R関連の解説書が多い中で，本書には次のような特徴があります。

第1に，各章で扱う統計の基本概念や理論の解説を充実させました。これにあたって，前作の『教育・心理系研究のためのデータ分析入門　第2版』および『教育・心理・言語系研究のためのデータ分析』に掲載されている章に関しては，その内容を参考にしました。続いて，実際に分析ができるように，具体的な数値データを例にRでの操作手順や数値の解釈を解説し，最後に，Rの出力結果のどこをどのように報告すればよいのかについて「論文への記載」という形で示しました。また，論文に記載することが必須になってきた効果量に関しても丁寧に解説しています。よって，さまざまな分野でデータ分析を論文やレポートという形にしていくための手引き・実用書として本書を役立てることができます。また，学部あるいは大学院の講義・演習用の教科書として活用することもできます。

第2に，主に教育・言語系および心理系分野において必要となる統計手法をできるだけ網羅しました。まず，第1章でデータ分析を行う前に必要な統計の概念やRの基本操作について解説しています。続いて，t検定や相関分析，ノンパラメトリックな検定および重回帰分析や探索的・検証的因子分析など，従来からよく使用される分析手法を網羅しています。分散分析の章では，便利なANOVA君関数（井関氏開発）を使って3元配置分散分析まで解説し，さらに，共分散分析や多変量分散分析の応用も含めています。

第3に，近年，注目されている統計手法を含めました。第2章でベイズ統計について解説し，実際の操作・分析方法に関しては，複数章の最後に「ベイズでやってみよう」というセクションで説明しています。さらに最終章では機械学習を扱い，自然言語処理ツールで分析したデータで，よく使われる決定木分析とランダムフォレスト分析を実践できるようになっています。

Rは常に更新されていますので，本書の通りでは動かない場合が出てきます。よって，本書の理論部分と実践例を通して，各自で関連ツールをアップデートし，つまずいた分析を自力で解決できる自立した研究者になるきっかけにしていただければ幸いです。

最後に，本書を書き上げるあたり，授業において貴重なフィードバックをいただきました院生の皆様，および原稿チェックにご協力いただきました共同執筆者の皆様に感謝の意を表します。そして，本書の企画をいただき，完成までサポートしてくださった東京図書編集部の河原典子氏に深くお礼を申し上げます。

2021年12月

平井　明代

目　次

8章 ノンパラメトリック検定 ●名義尺度と順序尺度を分析する

9章 回帰分析 ●変数間の影響を予測する

1章 基本統計

R と RStudio の基本操作でデータの傾向をつかむ

Section 1-1 推測統計と記述統計

1-1-1◆推測統計

仮説検証型（hypothesis testing）の研究では，研究目的と仮説を設定します。そして，その仮説が正しいかを検証するために，実験やリサーチを行い，判断材料となるデータを集めます。収集した生データはそのままでは解釈しづらいので，データの種類や目的に応じた統計量を求めて，記述統計表や図にします。統計量とは，集めたデータ（**標本**または**サンプル**ともよぶ）から算出される統計的な計算値のことで，標本の示す傾向や特性をまとめたものが**記述統計**（descriptive statistics）です。

しかし，標本だけを対象とした場合，そこから導かれた結果はごく限られた範囲に限定されてしまいます。そこで，標本を分析しながらも，その結果から標本を抽出した**母集団**（population）の傾向を推測することが，本来の統計的分析の目的になります。このように，標本を抽出する元となる集団全体にあたる母集団の傾向や特性を推測する統計的分析のことを，**推測統計**（inferential statistics）といいます。

測定困難である母集団を対象とした推測統計を可能にするため，母集団を代表した標本になるように**無作為抽出**（ランダム・サンプリング，random sampling）をします。この集めたデータの数を**標本の大きさ**，あるいは**サンプルサイズ**（sample size）とよびます。元の母集団と標本の関係を表すと**図 1.1.1** のように

図 1.1.1　母集団と標本の関係

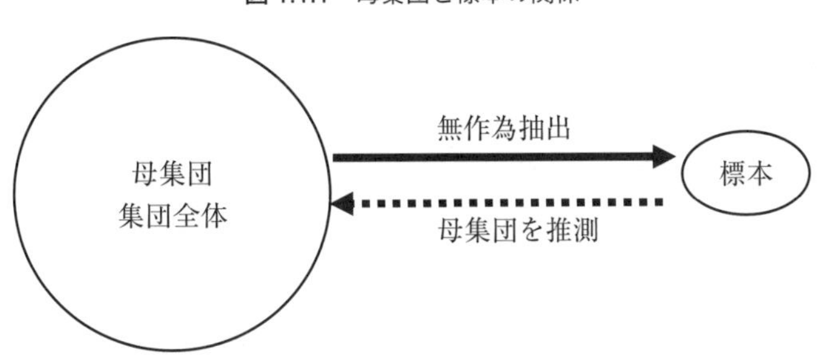

なります。

1-1-2◆変数の尺度

データを使って統計分析を行うにあたり，データの尺度によって，使える統計手法に制限があります。データには，名義尺度・順序尺度・間隔尺度・比率尺度の4つの尺度があり，後者になるほどより詳細な情報を含んでいます（図1.1.2）。

図1.1.2　データの尺度の種類（山森，2004 p.14をもとに作成）

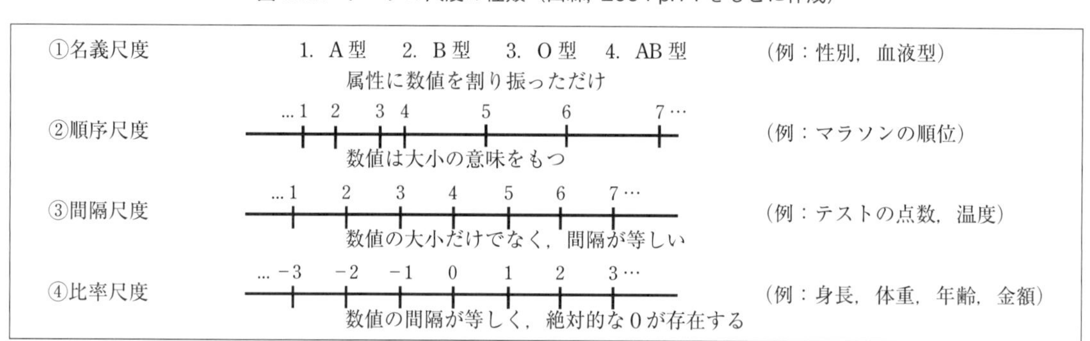

①**名義尺度**（nominal scale）：性別，血液型などのカテゴリを区別するために用いられる尺度。よって，カテゴリ変数（categorical variable）ともよばれます。名義尺度のカテゴリが2つの場合は，**2値変数**（dichotomous variable）とよばれます。**図1.1.2**にあるように任意の数値を当てて分析をすることがありますが，この数値は単なるラベルで，変数の属性を割り当てただけにすぎません。

②**順序尺度**（ordinal scale）：成績順位やアンケートの段階評価の回答など，データの順位や大小の関係を示すことができる尺度。数値は順位の上下の意味をもちますが，カテゴリ変数の1つで順位の差によって生じる間隔は一定ではないので四則計算はできません。但し，分析の利便性などのために次の間隔尺度として扱い，平均などを算出することがあります（5件法以上によるアンケートデータなど）。

③**間隔尺度**（interval scale）：順位情報に加えて，間隔の差の意味ももちあわせた尺度。たとえば，テストの得点が50点から65点に上がる場合と，70点から85点に上がる場合は，どちらも15点分上がったことになります。厳密には点数で表される能力差は等間隔ではないのですが，間隔尺度として扱われることがあります。ただし，0点であっても能力が全くないわけではありませんので，20点から60点に上がっても能力が3倍になったとは考えません。なお，四則計算のうち，加減の計算を行うことができます。

④**比率尺度**（ratio scale）：間隔尺度の概念に加えて，基準値の0（ゼロ）という原点が存在する尺度。たと

表 1.1.1　よく利用される統計的指標

	種類	指標	特徴
代表値	名義尺度以上	最頻値 (mode)	最も多い度数を示すデータの値。主に名義尺度で用いられる代表値。
	順序尺度以上	中央値 (median)	データを順番に並べたときの真ん中（50%タイル）の値。順序情報に変換されるので，極端な外れ値でも影響されにくい。 （例）データの真ん中の値が 4 と 5 の場合は，平均を取って 4.5 になる。
	間隔尺度以上	平均 (mean)	個々の測定値の和を測定値の個数で割った値。中央値に比べ，外れ値に引っ張られる傾向がある。なお，標本平均（$\bar{x}$）と区別して母集団の平均を表す場合は母平均（μ）と呼ぶ。
散布度	名義尺度以上	平均情報量	総度数と各カテゴリ度数との比較。 （例）本の貸し出し総数が 10 件だとすると，総度数は 10 件，そのうち，フィクションは 3 件，実務書 3 件，ノンフィクション 2 件，それ以外のジャンルは 2 件とカテゴリ度数を示す。
	順序尺度以上	範囲 (range)	最大値と最小値との差。
		四分位偏差 (quartile deviation)	順に並んだデータを 4 等分し，その境界となる第 1 四分位数（Q_1：25%タイル）と第 3 四分位数（Q_3：75%タイル）の差を四分位範囲（inter quartile range）と言う。それを 2 で割った値（Q）のこと。 $Q=\frac{(Q_3-Q_1)}{2}$ 正規分布していないデータでは，四分位範囲（Q_3-Q_1）は外れ値をはずした範囲として参考になり，中央値と共に用いられる（**図 1.7.4** 参照）。
	間隔尺度以上	分散 (variance)	平均からの誤差平均の大きさを表す。誤差平均とは，各データ（x_i）と平均（$\bar{x}$）の差を 2 乗して，全て足した（Σ）値をデータ数（n）またはデータ数引く 1($n-1$）で割った値。統計では，$n-1$ で割る不偏分散（unbiased variance：s^2）が使用される。$n-1$ で割ることにより，n で割る標本分散より大きく推定され，推定したい母数の値により近づけることができる。 $s^2=\frac{\sum(x_i-\bar{x})^2}{n-1}$
		標準偏差 (standard deviation)	上記の分散の平方根をとって，2 乗した値から元の単位に戻した値（s または SD）。平均と同じ単位で示した誤差平均。小さい値ほどデータが平均から近く，同質のデータとわかる。 $s=\sqrt{\frac{\sum(x_i-\bar{x})^2}{n-1}}$
分布の形状	間隔尺度以上	尖度（せんど） (kurtosis)	分布の尖り具合，つまり，すそ野の広がり具合を表す。 正規分布を 0 としプラスの値であれば尖った分布になる。
		歪度（わいど） (skewness)	分布の非対称性（歪み）を表す。 正規分布を 0 とし，分布が左に偏っているならば正の値（positively skewed），右に偏っているならば負の値（negatively skewed）となる。

えば，間隔尺度である摂氏や華氏で計る温度は，摂氏0度自体は水が氷になる温度で，全く何もない温度という意味ではありません。一方，比率尺度が示す0の値は，たとえば，金額が0とは全くお金がないということで，文字どおり存在しないということです。よって，四則計算を行って意味をもつ尺度といえます。

※①と②の尺度を質的変数（qualitative variable），③と④を量的変数（quantitative variable）とよぶこともあります。但し上述したように，②の順序尺度の値の数によっては，量的変数として扱われることもあります。それ以外に，量的変数の中で，値と値の間に無限に中間値が存在すると考える場合（例えば，1と2の間に，1.15，……1.93など無限にある）は連続変数（continuous variable），値と値の間に中間値が存在しない数値型の変数（例えば，海外経験の数や欠席回数など）は離散変数（discrete variable）とよぶこともあります。離散変数は，分析の目的などによって，カテゴリ変数や連続変数として処理されたりします。

1-1-3◆記述統計量

データを要約する際に用いられる統計的指標は様々で，**表1.1.1**によく利用されている指標をまとめています。大きく分けて，データの中央傾向を知るための**代表値**（central tendency）と，データのちらばりを知るための**散布度**（dispersion）という指標があります。この中で特によく利用されるのが，**平均**と**標準偏差**です。ただし，尺度の種類によって使用できない指標があります。たとえば，平均は**表1.1.1**を見ると間隔尺度以上になっています。これは通常，間隔尺度あるいは比率尺度のデータで使用することができることを意味します。よって男女や血液型のような名義尺度データのそれぞれの数の平均をとっても，あまり意味はありません。

また，標本から求める記述統計量を，母集団における値と区別する場合は，前者には標本をつけて**標本統計量**（sample statistics）とし，後者を**母数**（**パラメータ**：parameter）の推定量とよびます。

Section 1-2　標準値

1-2-1◆標準化得点（z値）と偏差値（Z値）

異なる集団を比較する場合，単純に観測値を比べて判断しがちになります。たとえば，第1回模擬テストで70点をとったAさんは，第2回模擬テストで64点だったので成績が落ちたと思うかもしれませんが，テストの難易度や受験者などによって，この2つのテストの平均や得点のばらつきが異なる場合はそうとも言えません。それぞれのデータを平均が0，標準偏差（**表1.1.1**参照）が1になるように**標準化**（standardize）すると，もう少し公平な条件で比較できます。このように標準化した得点のことを標準得点，特に平均が0，標準偏差が1となるように変換した値をz得点またはz値（z-score，z-value）といい，通常，小文字の z が使われます。z 値に変換するには，以下の**式 1.2.1** に当てはめます。

（式 1.2.1）　$$z_i=\frac{x_i-\bar{x}}{s}=\frac{\text{観測値}-\text{平均}}{\text{標準偏差}}$$

この公式で A さんの得点の z 値を求めますと，第 1 回模試（平均 72.53 点，標準偏差 10.34）では $z=-0.24$，第 2 回模試（平均 63.72 点，標準偏差 12.49）では $z=0.02$ となり，負の値から正の値に転じています。これは，第 1 回模試のときは平均より下に位置していたのが，第 2 回模試でほぼ平均に達したことを意味します。

このように z 値に変換すると，どのような単位や分布のデータでも，集団内の相対的な位置がわかるだけでなく，異なる集団の得点の比較も，完全ではありませんが，可能になります。ただし，平均以下の得点の z 値にはマイナスがつくために間違えやすく，また，得点を負の値で表示する心理的な問題もあるため，**式 1.2.2** を使って，平均値 50，標準偏差 10 となるような標準得点に変換することもあります。これが**偏差値**（deviation value）として広く使われている指標で，正式には大文字表記で ***Z* 値**または ***Z* 得点**（Z-score）と表すようです。ちなみに A さんの第 1 回模試を偏差値にすると，$-0.24\times10+50=47.6$，第 2 回模試は $0.02\times10+50=50.2$ となり，得点がよりわかりやすくなります。

（式 1.2.2）　$$\text{偏差値}(Z)=z\text{得点}\times10+50$$

1-2-2◆正規分布と標準正規分布

前述で 2 つの模擬試験の得点を比較しましたが，それぞれの試験の得点分布を視覚的に見ることができれば，80 点台の人は何人いるのか，自分のとった得点は分布のどのあたりなのかなど，一目で捉えることができます。このような場合に最もよく使用されるのが**度数分布**（frequency distribution）です。度数分布とは，データをいくつかの階級に分け，その階級の中にあるデータの個数を数えた分布のことです。この度数分布を棒グラフ状にしたものを**ヒストグラム**（histogram）（例：**図 1.3.1**，**図 1.7.3**）といいます。

標本のデータを度数分布によって可視化すると，さまざまな広がりや歪みをもった分布になります。しかし，背後にある母集団（**図 1.3.1** 参照）が**図 1.2.1** のように，平均を中心に左右対称に広がったベル・カーブ状であると推測できるのであれば，そこから取ったサンプルサイズを大きくすれば，その形状に近づいていきます。このような分布を**正規分布**（normal distribution）といいます。

正規分布のうち，平均が 0，標準偏差が 1 の場合を**標準正規分布**（standard normal distribution）とよび，平均 0 を中心に，±1 標準偏差内に約 68%のデータが入る計算になります。また，統計的分析でよく使わ

図 1.2.1　標準正規分布

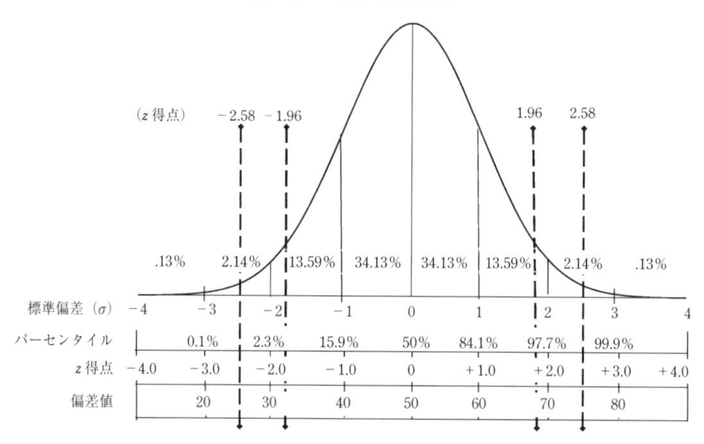

れる5%以下で起こる確率（$p<.05$）は，分布のそれぞれ両端2.5%外側の面積部分にあたり，そのときの z 値は $|z|>1.96$ となります。先ほど紹介した標準化得点は，データの分布を標準正規分布に見立てて，解釈することができます。つまり，母集団が正規分布に従うと仮定されるデータの場合には，変換した z 値については，$-1.96 \leqq z \leqq 1.96$ の範囲内に，95%のデータが含まれる計算になります。そして，z 値が ± 1.96 を超える（$|z|>1.96$）と，5%以下の確率でしか起こらない値となり，z 値が ± 2.58 を超えていれば，1%以下の確率（$p<.01$）でしか起こらないまれな値ということになります。

1-2-3◆正規性検定とは

実際のサンプルデータを分布にすると，様々な広がりや歪みをもった分布になります。サンプルを標準化して z 値に変換しても，元の分布の形状は変わりませんので，5%以内で起こる確率であっても z 値が ± 1.96 を超えることもあります。また，左右対称でない歪んだ分布の場合は分布の上下2.5%にあたる z 値が ± 1.96 とはならず，異なった値になります。したがって，正規分布を前提にした統計的検定では，サンプルが正規分布から大きく外れる場合，結果が不正確なものになってしまいます。そのために，分析前にデータが正規分布に従っているのかということ（**正規性**，normality）について調べておく必要があります。

正規性を調査する方法としては，①ヒストグラムで視覚的にデータの分布を確認する方法，②**コルモゴロフ・スミルノフの正規性検定**（Kolmogorov-Smirnov test：KS test）方法（1−8−1），③**シャピロ・ウィルクの検定**（Shapiro-Wilk test）方法（1−8−1），そして，④**歪度**や**尖度**の指標から判断する方法があります。

④の方法では，(1) 分布が左右対称（歪度が0）ではない，(2) 尖度が0ではなく，分布曲線が尖りすぎる，もしくはなだらかすぎる場合は正規分布の形状をなしていないと考えられます。記述統計（1−7−3参照）では歪度・尖度の統計量と標準誤差が算出されますので，**式 1.2.3** からそれぞれの z 値を求めてみ

ます。その値が1%以下の確率で起こる2.58以上の値であれば，正規分布からかなり正に歪んでいる（あるいは尖っている）データであることがわかります。ただし，サンプルサイズが大きくなると標準誤差が小さくなり，z値が簡単に2.58以上になりますので，これに対して神経質に対処する必要はありません(Field, 2009)。また，データが正規分布に従う尖度と歪度を有しているかどうかを調べる**ジャック＝ベラ検定**（Jarque–Bera test）もあります。

（式 1.2.3）　$$z=\frac{\text{歪度（尖度）の統計量}}{\text{標準誤差}}$$

1-2-4◆平均を予測するモデルにした統計

母集団での状況を推測するために，できるだけ母集団を代表するようにデータ（観測値）を収集します。そして，どのような統計手法を使うにしても，**式 1.2.4** に示すように，基本的にはそのデータに合うモデルを立て，そのモデルがデータにどれだけ適合するか，つまり，どの程度正確にデータを説明できるかを検討していきます。

（式 1.2.4）　observed（観測値）＝model（予測値）＋error（誤差）

たとえば，平均を予測するモデルでは，**式 1.2.4** の model に観測値の平均（すなわち，標本平均）を当てはめます。そして，個々の観測値は，すべてが平均と同じ値ではなく，平均からズレています。このズレは，誤差または残差とよばれます。よって，以下の**式 1.2.5** のようになります。

（式 1.2.5）　観測値＝標本平均＋標本平均からのズレ（誤差）

この平均を予測するモデルとした**式 1.2.5** では，平均からのズレ（誤差）が全体的に小さくなれば，このモデルはデータをよく説明できていることになります。このことをモデルの当てはまりが良い，あるいはモデルがデータに適合（fit）しているといいます。このモデルの当てはまりを示す指標として，分散や標準偏差があります（**表 1.1.1** 参照）。

標本分散（s^2）は，**式 1.2.5** から**式 1.2.6** のように導くことができます。標準偏差（s）の場合は，その式の平方根をとり，もとの観測値の単位に戻します。

（式 1.2.6）　$$\text{分散}\ (s^2)=\frac{\sum(\text{observed}-\text{model})^2}{n}=\frac{\sum(\text{観測値}-\text{平均})^2}{\text{データ数}}$$

（ただし，不偏分散式は**表 1.1.1** を参照のこと）

式 1.2.6 から分散や標準偏差は，各観測値と平均の差の 2 乗平均から，誤差の大きさを示していることがわかります。そして，その誤差が小さいほど，モデルがデータに適合していることになります。

また，母集団を**式 1.2.4** に当てはめると，**式 1.2.7** のように，model が母平均で，observed が標本平均になります。そして，母平均からのズレが誤差になりますが，この誤差のことを**標準誤差**（standard error：SE）とよび，次の **1−3−1** で説明します。

（式 1.2.7）　　標本平均＝母平均＋母平均からのズレ（誤差）

Section 1−3　標準誤差と信頼区間

統計的分析の関心は，モデルがデータにどれだけ適合しているかです。それを示す統計量として，ここでは標準誤差と信頼区間（confidence interval：CI）を説明します。

1-3-1◆標準誤差

母集団のほんの一部である標本をサンプリングするたびに平均をとると，若干のばらつきが生じます。特に，ランダム・サンプリングが統計分析の基本ですが，実際には標本の完全な無作為抽出は難しく，また，1 回に抽出する標本の大きさによっても母集団をどの程度代表しているかが異なり，必ずしもその標本平均は母平均と一致しません。

図 1.3.1 に示すように，サンプリングするたびに標本平均（$\bar{x}$）が 4 であったり 6 であったりとばらついています。このように，これらの標本平均は全く同じ値になるとは限らず，ヒストグラムにすると**図 1.3.1** 右のような分布になります。

図 1.3.1　標準誤差

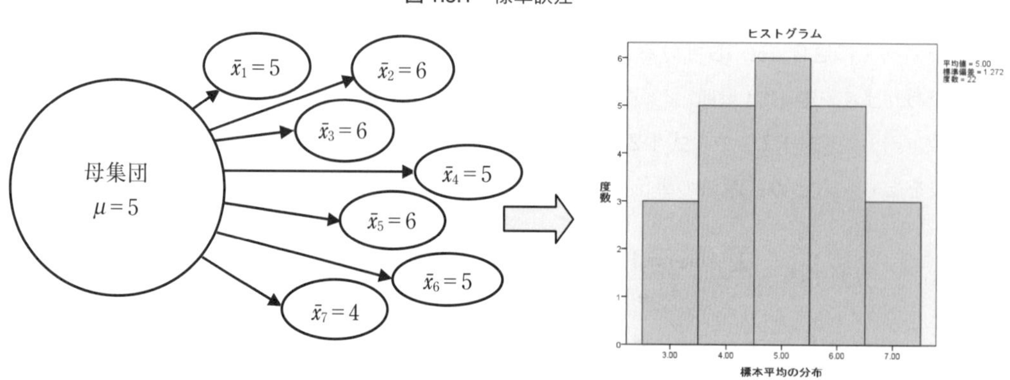

標準誤差は，このサンプリングした標本平均の標準偏差にあたります。つまり，標本平均がどの程度散らばっているかを示しているのが標準誤差です。母集団における平均（母平均）はわかりませんが，何度もサンプリングして得た標本平均を平均すると母平均に近づきます。サンプリングして得た標本平均の分布は，標本を大きくすると，もともとの母集団の分布形状には関係なく正規分布に近づきます。この理論を**中心極限定理**（central limit theorem）といいます。実際には，無限にサンプリングすることができませんので，標準偏差（s）とデータ数（n）をもとに，次の**式 1.3.1** を使って標準誤差 SE を算出します。

（式 1.3.1）　　標準誤差（SE）$= \dfrac{s}{\sqrt{n}}$

この式からわかるように，分析対象となる標本のばらつき（標準偏差：s）が小さいほど標準誤差が小さくなり，母平均の推定精度が高くなります。また，サンプルサイズ（n）を大きくすれば標準誤差は小さくなります。たとえば，サンプルサイズ（n）が 25 から 100 へと 4 倍になると，標準偏差（s）が同じ値であれば，標準誤差（SE）は半分の値になります。つまり，標準偏差が標本（データ）のばらつきであるのに対し，標準誤差は，推定値のばらつき，つまり**精度**（precision）を表します。

1-3-2◆信頼区間

誤差を推定する方法の応用として，1 つの値で推定する点推定（point estimation）ではなく，ある程度整合的な区間をもって推定する**区間推定**（interval estimation）という方法があります。その推定した区間を信頼区間とよび，母集団における母数（母平均や母分散，母相関係数など）が含まれると推定される範囲を表します。近年ではこの信頼区間の報告も推奨されており，必要に応じて報告するようにします。

たとえば，**図 1.3.1** の 22 の標本の平均は 5 点ですが，この値が，実際には未知の母平均からどの程度ずれているかわかりません。よって，この平均を中心として，ある確率で母平均が含まれると考えられる範囲を構築します。通常は，100 回サンプリングして 95 回（あるいは 99 回）の割合で母平均を含む確率の範囲を設定します。**図 1.3.2** に示すように，この 95％信頼区間（95％ CI）の区切りは，z 値で ± 1.96 に，99％信頼区間はこれより広い ± 2.58 の位置になります。

よって，95％信頼区間を求めるには，この z 値が ± 1.96 になる x の値（**式 1.3.2**，**式 1.3.3** の x）を求めることになります。この場合，標本平均の信頼区間でなく，母平均が存在する信頼区間を推定するために，**式 1.3.2** および**式 1.3.3** の z 値を求める公式の s には，標準偏差ではなく母平均の標準偏差である標準誤差（SE）を当てはめます。

図 1.3.2　95%および 99%信頼区間（対馬，2008 をもとに作成）

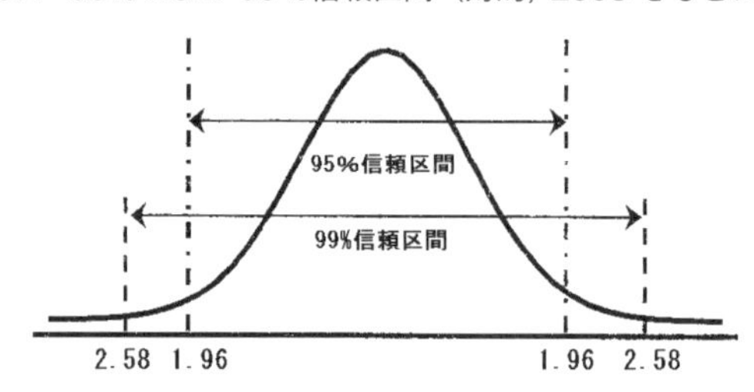

（式 1.3.2）　**下側信頼限界値**（lower boundary of CI）：$-1.96=\dfrac{x-\bar{x}}{s}$ から $x=\bar{x}+(-1.96\times SE)$

（式 1.3.3）　**上側信頼限界値**（higher boundary of CI）：$1.96=\dfrac{x-\bar{x}}{s}$ から $x=\bar{x}+(1.96\times SE)$

上記の 2 つの式をまとめると，次のようになります。

（式 1.3.4）　$95\%\mathrm{CI}=\pm 1.96\times SE$　例：$95\%\mathrm{CI}=5\pm(1.96\times 1.3)\approx 5\pm(2\times 1.3)$
1.96 が 2 に近いことから，例えば，$\bar{x}=5$，$SE=1.3$ では，95%CI [2.4, 7.6] と概算できます。

次に，*SE* の部分には標準誤差を求める**式 1.3.1** を，それぞれ下側信頼限界値（**式 1.3.2**）および上側信頼限界値（**式 1.3.3**）に当てはめると，以下の**式 1.3.5** になります。これは，95%信頼区間（95%CI）を表しています。

（式 1.3.5）　$\left(\bar{x}-1.96\dfrac{s}{\sqrt{n}},\ \bar{x}+1.96\dfrac{s}{\sqrt{n}}\right)$

この式での s は標準偏差を指し，その値が小さい，あるいはサンプルサイズ（n）が大きいほど，信頼区間の範囲は狭く，推定精度が良いことがわかります。なお，99%CI を求める場合は，上記の ±1.96 を ±2.58 にします。

■ *t* 分布を利用した信頼区間の求め方

サンプルサイズが十分大きい場合は，正規分布である z 値を用いた信頼区間の算出方法で問題ないのですが，実際は，データが近似的に正規分布に従うならば，**自由度**（degree of freedom：*df*）によって分布が変わる t 分布（3-1-3 参照）を用います（大久保・岡田，2012）。たとえば，95%信頼区間を求める場合，自由度 100 で 95%信頼水準を t 分布で見ると，t 値は $t_{(100)}=1.98$ となり，z 値の 1.96 とほぼ同じ値で，どちらの値で信頼区間を計算しても変わりません（3-1-3 参照）。しかし，$n=10$ とサンプルサイズが小さい場合は $t_{(n-1)}=t_{(9)}=2.26$ と大きな値となり，以下の式から信頼区間の範囲も大きくなり，サンプルサイズが反映された値となります。

（式 1.3.6）　t 分布における $\mathrm{CI}=\bar{x}\pm t_{(n-1)}SE$

信頼区間の誤差範囲の算出方法は，頻度や相関係数など推定値によって異なり，詳細は大久保・岡田（2012）等をご参照ください。

また，**ブートストラップ法**（bootstrap method）によって信頼区間を構築する方法もあります（Efron, 1979）。この方法では，標本分布から何度も抽出して，母集団の母数を推測します。再標本化法という点で，ランダムな試行を繰り返し目的の値を近似的に求めるモンテカルロ法（2 章参照）の一種と言えます。

Section 1-4　R と RStudio の導入

それでは，R を使って，必要な記述統計量と図を出力していきましょう。R とは，さまざまな統計解析ができるプログラミング言語のことです。フリーかつオープンソースであるため，世界中で広く使用され，現在も発展し続けています。RStudio は，R に関連する一連のファイル，関数，パッケージ，図などを管理し，R での計算や分析を行いやすくしてくれる，フリーソフトウェアです。R だけで統計解析をすることも可能ですが，本書では R を使う環境をさらに快適にしてくれる，RStudio を併用した方法について詳しく解説していきます。

1-4-1◆R のインストール

まず初めに，R をイントールします。なお，本書では R 4.0.3 と RStudio Desktop 1.3.1093 の導入方法を紹介していますが，イントール時点で最新バージョンをインストールしてください。R と RStudio はしばしばバージョンが更新されますが，基本的なインストール方法に変更はありません。

R や RStudio は半角文字（英数字）での使用を基本としています。そのため，パソコンのユーザーアカウントやインストール先のファイル名・フォルダ名に全角文字（仮名や漢字）が含まれていると，不具合が生じる可能性があります。名前をすべて半角英数字に変更しておくか，全角文字を含まないようにパスを短くした上で，インストールしてください。

❶ R のサイト https://www.r-project.org にアクセスし，サイトの左上にある［CRAN］をクリックします（図 1.4.1）。

※CRAN（Comprehensive R Archive Network）は，R 本体やパッケージをダウンロードするための Web サイト

のことです。ダウンロード時のサーバーへの負荷を軽減するため，世界中の機関がミラーサイトを提供しており，日本では2か所あるので，最も近い場所のミラーサイトを選択します（**図 1.4.2**）。

❷そのページの上にある［Download and Install R］というパネルの中から，使用環境に適したものを選択します（**図 1.4.3**）。

図 1.4.1　CRAN を選択

[Home]

Download

CRAN

R Project

About R

図 1.4.2　ミラーサイトの選択

Japan

https://cran.ism.ac.jp/

https://ftp.yz.yamagata-u.ac.jp/pub/cran/

図 1.4.3　OS の選択

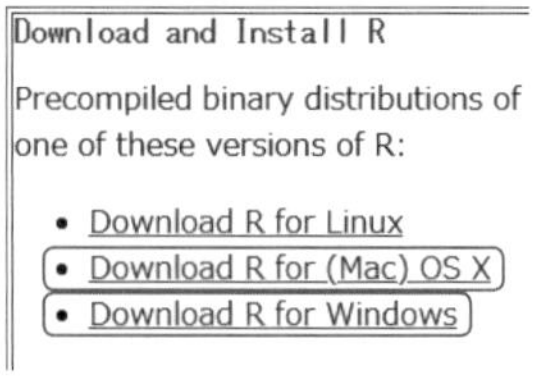

Download and Install R

Precompiled binary distributions of one of these versions of R:

- Download R for Linux
- Download R for (Mac) OS X
- Download R for Windows

（1）Windows の場合

❶［Download R for Windows］（図 1.4.3）→［base］（図 1.4.4）→［Download R 4.0.3 for Windows］（図 1.4.5）と進み，R のインストーラーをダウンロードします。

❷ダウンロードしたファイルをダブルクリックし，R のインストーラーを起動します。

図 1.4.4　base を選択

Subdirectories:

base

contrib

old contrib

Rtools

図 1.4.5　インストーラーをダウンロード

Download R 4.0.3 for Windows (85 megabytes, 32/64 bit)

Installation and other instructions

New features in this version

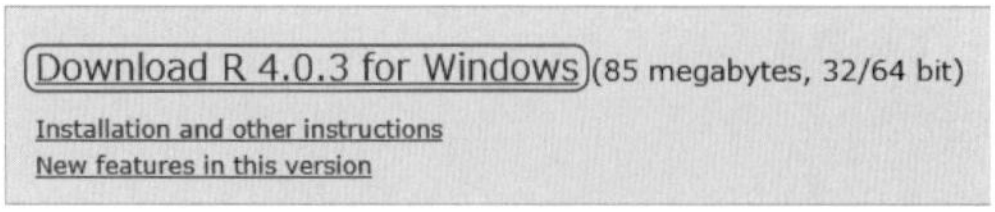

❸［**このアプリがデバイスに変更を加えることを許可しますか？**］の表示で，［**はい**］を選択します。

❹［**セットアップに使用する言語の選択**］，［**情報**］，［**インストール先の指定**］，［**起動時オプション**］，［**スタートメニューフォルダの指定**］，［**追加タスクの選択**］画面で，特に希望がなければ，［**OK**］または［**次へ (N)**］をクリックします。

❺［**コンポーネントの選択**］では，使用している OS に合わせて［**32-bit 利用者向けインストール**］か［**64-bit 利用者向けインストール**］のどちらかを選択し，［**次へ (N)**］をクリックします。

※OS のビット数が分からない場合は，［**利用者向けインストール**］のままでも問題ありません。

❻ R のインストールが終了後，［**完了 (F)**］を押し，インストーラーを閉じます。

(2) Mac の場合

Mac の場合は，事前に X11（XQuartz）と呼ばれるソフトウェアをインストールしておく必要があります（無償）。このソフトウェアは，パッケージ以外のソースを使って分析を行うときに必要になります。本書執筆時の最新バージョンは，2021 年 4 月 25 日にリリースされた ver. 2.8.1 になります。**図 1.4.6** のページ中央にある［Quick Download］から，［XQuartz-2.8.1.dmg］を選択してファイルをダウンロードし，Mac にインストールしてください。

図 1.4.6　X11 をダウンロード

XQuartz

Home
Releases
Support
Contributing
Bug Reporting
GitHub

The XQuartz project is an open-source effort to develop a version of the X.Org X Window System that runs on macOS. Together with supporting libraries and applications, it forms the X11.app that Apple shipped with OS X versions 10.5 through 10.7.

Quick Download

Download	Version	Released	Info
XQuartz-2.8.1.dmg	2.8.1	2021-04-25	For macOS 10.9 or later

License Info

An XQuartz installation consists of many individual pieces of software which have various licenses. The X.Org software components' licenses are discussed on the X.Org Foundation Licenses page. The quartz-wm window manager included with the XQuartz distribution uses the Apple Public Source License Version 2.

Web site based on a design by Kyle J. McKay for the XQuartz project.
Web site content distribution services provided by CloudFlare.

❶図 1.4.3 の OS の選択にて，［Download R for (Mac) OS X］を選択し，R のインストーラーをダウンロードします。

❷ダウンロードしたファイルをダブルクリックし，R のインストーラーを起動します。

❸［ようこそ R4.0.3 for macOS インストーラーへ］→［続ける］を選択。

❹［大切な情報］と［使用承諾契約］→［続ける］→［同意する］を選択。

❺［インストール先の選択］→［インストール］でインストールが始まります。

1-4-2◆RStudio のインストール

続いて，R をより使いやすくしてくれる，RStudio をインストールします。

❶ RStudio のサイト https://rstudio.com から，ページの上にある［Products］内の，［RStudio］をクリックします（**図 1.4.7**）。

❷画面を下にスクロールし，［Download RStudio Desktop］→［RStudio Desktop］の下にある［Download］を順にクリッ

図 1.4.7　RStudio を選択

クします（図 1.4.8）。

❸画面が下に移動するので，環境に適したインストーラーをダウンロードします（図 1.4.9）。

図 1.4.8　RStudio Desktop を選択

図 1.4.9　インストーラーをダウンロード

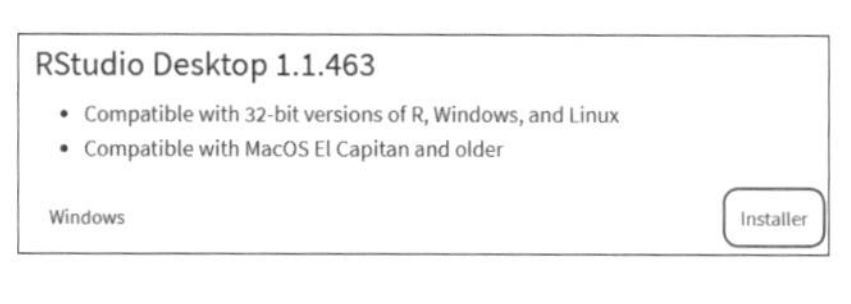

（1）Windows（64-bit）の場合

❶［Windows 10/8/7］の行にある［RStudio-1.3.1093.exe］（図 1.4.10）を選択。その後，ダウンロードしたファイルをダブルクリックし，インストーラーを起動します。

図 1.4.10　バージョンの選択

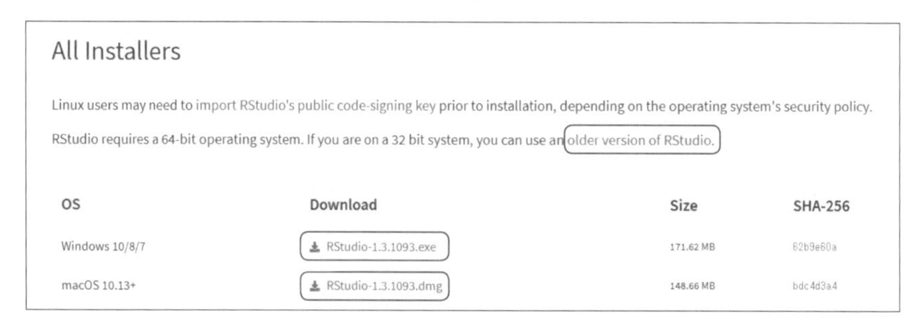

❷［このアプリがデバイスに変更を加えることを許可しますか？］→［はい］を選択します。

❸インストール先のフォルダなどについて希望がなければ，［次へ (N)］→［インストール］でインストールを開始します。

❹RStudio のインストール終了後，［完了 (F)］で，インストーラーを閉じます。

※OS が 32-bit の場合には，図 1.4.10 の［older version of RStudio］をクリックし，表示された画面を下にスクロールして，RStudio Desktop 1.1.463 の［Installer］をダウンロードします（図 1.4.9）。

（2）Mac の場合

❶［macOS 10.13+］の行にある［RStudio-1.3.1093.dmg］を選択（図 1.4.10）。その後，ダウンロードしたファイルをダブルクリックし，インストーラーを起動します。

❷［Applications］と［RStudio］のアイコンが表示されるので，［RStudio］のアイコンを［Applications］のロゴにドラッグアンドドロップします。

Section 1-5　RStudio の基本操作

本格的な統計解析を始める前に，RStudio の環境設定を行い，基本操作を確認しましょう。

1-5-1◆RStudio のレイアウト

RStudio を開くと，最初は左側に 1 つ，右側に上下 2 つのペイン（pane）が表示されますが，各ペイン右上のウインドウで調整して，基本的には**図 1.5.1** のように 4 区画の状態で作業します（**図 1.5.1**）。

では，各ペインを紹介します。

・左上（A）：Source ペイン。R Script を使ってコード（［Ctrl］+［Enter］で実行）や # を付けてコメントを書きこめ，R Script ファイルとして保存可能。コードはコマンドやスクリプトとも呼ばれます。

※R Markdown（コードの出力を記述。PDF や HTML で出力可能）や R Notebook（インタラクティブに出力が表示できる）ファイルも扱えます（**図 1.5.2**）。

図 1.5.1　RStudio の 4 つのペイン

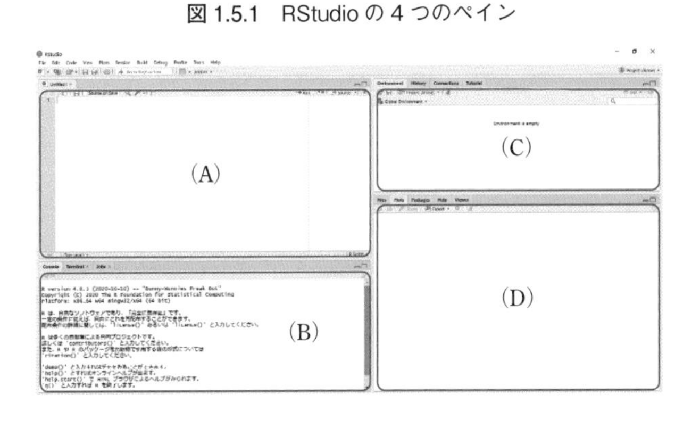

図 1.5.2　file の種類

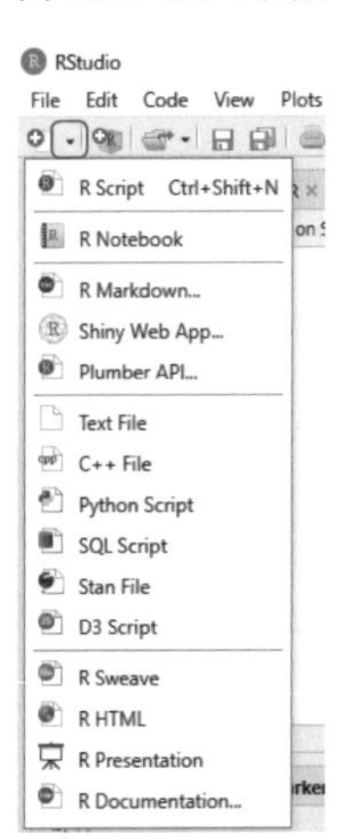

・左下（B）：Console ペイン。R 単体で使う場合と同じように扱えます（［Enter］で実行）。

・右上（C）：Environment や History ペインなど。データの取り込みや実行したコマンドの記録ができます。

・右下（D）：Files（作業ディレクトリにあるファイル表示），Plots（図の表示），Packages（パッケージのインストール），Help（関数のヘルプ表示）ペインなど。

※但し，このペインの配置は，Tools → Global Options → Pane Layout から変更できます。

1-5-2◆R project の作成

R project とは，関連するデータや実行したコードなどのファイルを一つにまとめておくことができるフォルダのことです。たとえば，本書の章ごとに新しい R project を作成すれば，作業が管理しやすくなります。

❶ RStudio を立ち上げ，［Create a project］のアイコン（図 1.5.3）から［New Directory］（図 1.5.4）→［New Project］（図 1.5.5）→［Create New Project］画面を表示します（図 1.5.6）。

図 1.5.3　R project の作成

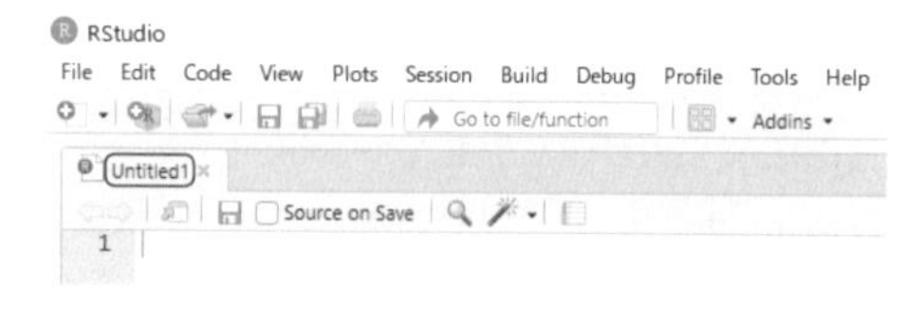

図 1.5.4　New Directory を選択

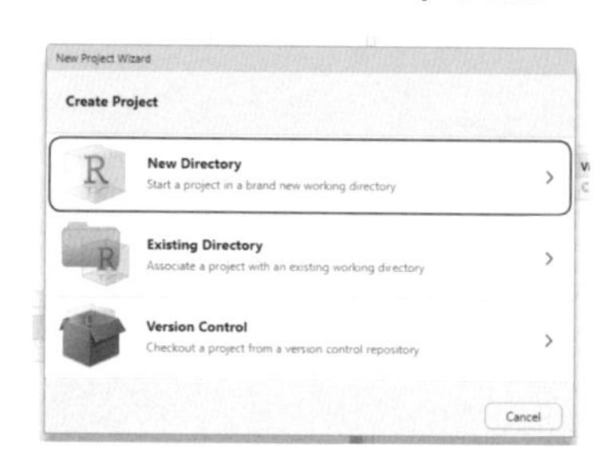

図 1.5.5　New Project を選択

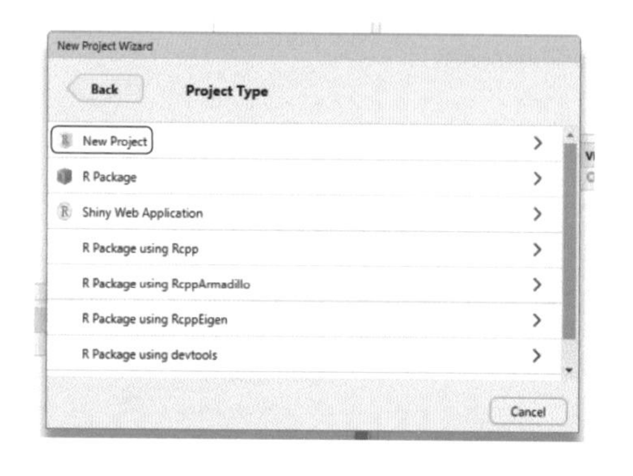

図 1.5.6　Directory name を入力

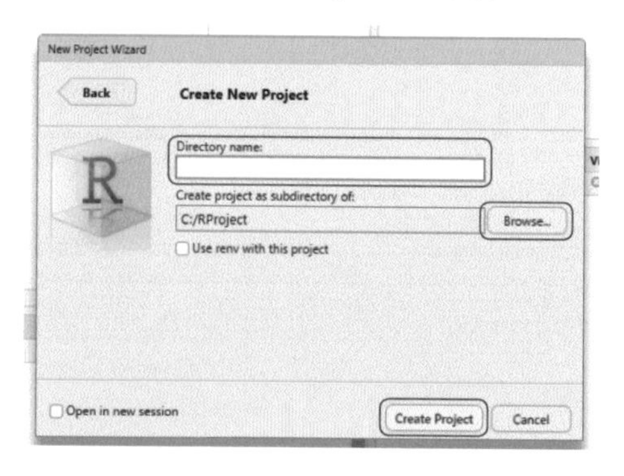

❷［Directory name］（図 1.5.6）に任意のフォルダ名を入力します。ここでは「Ch1」とします。

❸［Browse...］（図 1.5.6）から，R project のフォルダを作成する場所を選択します。パス名に全角文字（仮

名や漢字）が含まれていると不具合が生じやすいので，半角文字（英数字）のみにします（例：Cドライブの下などに設定）。

❹最後に，右下の［Create Project］（図1.5.6）をクリックすると，右下にあるFilesペインに［Ch1.Rproj］と表示され，左上のタイトルバーが［Ch1-RStudio］という表示に変わります。指定した場所に［Ch1］というフォルダが作成されていることを確認します。

1-5-3◆R scriptの作成と保存

次に，コマンドやコメントを書き込み，作業を保存しておけるR scriptファイルを作成してみましょう。

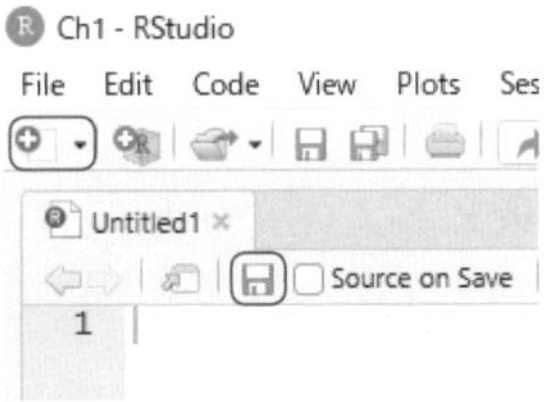

❶メニュー左端の［New File］アイコン（左囲み）から，［R Script］を選択（図1.5.7）。（または，［File］→［New File］→［R Script］から作成）

❷ Sourceペインに R script［Untitled 1］が作成されます。ここにコマンドを書き，［Ctrl］+［Enter］または［Run］アイコンで実行します。

※#を付けると，その後の文字はコマンドとして認識されないため，コメントを書き込めます。

図1.5.7　R scriptの保存

❸スクリプトは，フロッピーディスクの［Save current］アイコン（囲み）で，名前を付けて保存できます（図1.5.7）。ここでは，「Ch1」とします。

❹また，作業したスクリプトの結果を保存する場合は，メニュー中央の［Compile Report］アイコンをクリックすると，Consoleペインから，Compileするか尋ねられ，クリックすると，Ch1.htmlという結果ファイルがフォルダに作成されます。

1-5-4◆RとRStudioのアップデート

RとRStudioが，使用するパッケージのバージョンに対応していないと，正常に動作しないことがあります。その際のR，RStudio，およびパッケージをアップデートする方法を説明します。

（1）Windowsの場合

❶［スタート］→［Windowsシステムツール］→［コントロールパネル］を選択（または，タスクバーの検索ボックスに「コントロールパネル」と入力）。

❷［プログラム］→［プログラムと機能］と進み，プログラムの一覧から［R for Windows 4.0.3］を右クリックして，［アンインストール(U)］を実行します。

❸ 1-4-1の手順に従い，新しいバージョンのRをインストールします。

❹ RStudio を起動し，画面の上部の［Help］→［Check for Updates］を選択（図 1.5.8）。

❺利用可能な新しいバージョンの RStudio があれば，アップデートのための画面が新たに表示されるので，［Quit and Download］を選択。

❻ RStudio のサイトが自動的に開くので，1–4–2 の手順で，新バージョンの RStudio をインストールします。

❼ R のバージョンは Console ペインの一番上に表示されます（図 1.5.8）。RStudio のバージョンは，［Help］→［About RStudio］から確認できます（図 1.5.8）。

❽ R および RStudio のアップデート後，RStudio の Console ペインに，次のコマンドを入力し，既にインストールされているパッケージもアップデートします。

図 1.5.8　バージョンの確認

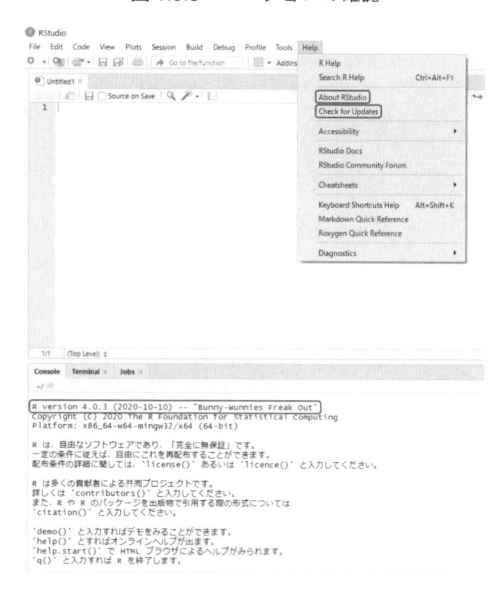


```
update.packages(checkBuilt=TRUE, ask=FALSE) #パッケージのアップデート
```

※R for Windows には，installr パッケージをインストールし，updateR 関数を使ってアップデートする方法もあります。ここでは R のサイト内にある Q&A（https://cran.r-project.org/bin/windows/base/rw-FAQ.html）のアップデート方法を紹介しています。アップデート時のエラーなどについては，このサイトを参照ください。

（2）Mac の場合

❶ RStudio を起動し，画面の上部の［Help］→［Check for Updates］を選択します（図 1.5.8）。

❷利用可能な新しいバージョンの RStudio があれば，アップデートのための画面が新たに表示されるので，［Quit and Download］を選択します。

❸ RStudio のサイトが自動的に開くので，1–4–2 の手順で新バージョンの RStudio をインストールします。

❹ R のバージョンは，RStudio を起動すると Console ペインの一番上に表示されます（図 1.5.8）。また，RStudio のバージョンは，［Help］→［About RStudio］から確認できます（図 1.5.8）。

Section 1-6　R の基本用語と便利サイト

1-6-1◆R の基本用語

(1) R はフリーかつオープンソースのプログラミング言語であるため，R に関する様々な情報がインターネットや書籍で公開されています。よって，ここでは，R で使われる基本的な用語について，簡単にふれるに留めます。

・**関数**（function）：計算して何かを返してくれる式のこと。

・**引数**（argument）：関数に入力する値やデータのこと。

・**返り値**（return value）：関数から返ってくる値（結果）のこと。

・**パッケージ**（package）：関数やデータなどが分析機能別にまとめられたもの。

・**データフレーム**（data frame）：行列と同じ 2 次元配置のデータ。ただし，行列とは異なり，列ごとに要素の単位が異なることもあります。

・**オブジェクト**（object）：R で操作・作成したものすべて。変数や関数などを持つ入れもののようなもの。

・**コマンド**（command）／**コード**（code）／**スクリプト**（script）：Source ペインの R Script でコマンドを打ち，[Ctrl] + [Enter]（Mac を使用する場合，日本語配列キーボードは [command] + [enter]，英字配列キーボードは [command] + [return]）で実行します。また，Console ペインでコマンドを書き，[Enter] で実行する方法もあります。カーソルを移動 [pgUp] すると，使ったコマンドが表れるので，書くときに便利です。

※本書では，R script 上でコマンドを書き，Console ペインに表れるコードや結果をコピー・ペーストして，説明しています。

(2) R は，大文字・小文字，全角・半角の区別があります。文字化けや不具合を防ぐために，全角ではなく，半角文字（英数字）でコードを書くようにします。特に全角のスペースは見落としやすく要注意です。

※R Script 上で日本語に文字化けが起こる場合は，以下の対処法を試してみてください。

・Windows で文字化けする場合，エンコードを UTF-8 にする。[File] → [Reopen with encoding] から指定。

・Linux, Mac で文字化けする場合，エンコードを Shift-JIS あるいは CP932 にする。

(3) また，console ペインで表示される言語を変更したい場合には，Sys.setenv（LANGUAGE = "言語"）というコマンドを実行することで変更できます。日本語に設定する場合には [ja]，英語に変更する場合には [en] と入力します。

```
> Sys.setenv("en") #R上で出力される言語を英語に設定する
> Sys.getenv("LANGUAGE") #現在設定されている言語を調べる
[1] "en"
```

1-6-2◆便利なサイトや書籍

フリープログラミングであるために，Rパッケージや関数が時間とともにアップデートされなくなり，使えなくなることが頻繁に起こります。よって，自分で解決する力がRユーザーには求められます。幸い，トラブル解決方法や便利なパッケージの紹介など，インターネット上で数多く紹介されていますので，大いに活用しましょう。本書では説明しきれない点を補う資料として，一例を紹介します。

◆ フリーでRの基礎勉強ができるサイト『マナミナ』（全8回コース）
　https://manamina.valuesccg.com/articles/717

◆ 有益なパッケージ情報サイト（biostatistics）『R：Rを利用した統計解析およびデータの視覚化』
　https://stats.biopapyrus.jp/r/

◆ 用語や関数が数多く網羅されている『R基本統計関数マニュアル』（間瀬 茂）
　https://cran.r-project.org/doc/contrib/manuals-jp/Mase-Rstatman.pdf

◆ 用途別の推奨パッケージを紹介している（Quick list of useful r packages）
　https://support.rstudio.com/hc/en-us/articles/201057987-Quick-list-of-useful-R-packages

◆ オープンソースの統計解析システムであるRに関する情報交換ができる（RjpWiki）
　http://www.okadajp.org/RWiki/

◆ 関数を使った解析例が数多く紹介されている青木氏のサイト『Rによる統計処理』
　http://aoki2.si.gunma-u.ac.jp/R/index.html

◆ 統計・データ解析の実例が豊富な奥村氏のサイト『統計・データ解析』
　https://oku.edu.mie-u.ac.jp/~okumura/stat/

◆ Rについて英語で分かりやすく説明されている（Quick-R）
　https://www.statmethods.net/

Section 1-7　データの読み込みと基本統計量の算出

1-7-1◆データの取り込み

83名の技能テスト得点［Score］が入ったデータファイル［skilltest.csv］を使って，記述統計と作図を行います。データの取り込み方法はいくつかあり，3つ紹介します。

(1) Rによるデータの取り込み

❶［skilltest.csv］データファイルをあらかじめ，コンピュータ内の任意の場所に作成した［Ch1.proj］フォルダー（今回の作業ディレクトリ）に入れておきます（1-5-2参照）。

❷作業ディレクトリ（wd）の所在地を調べるには，getwd関数を使います。作業ディレクトリが，データを保存した［Ch1］になっていることを確かめます。

※スクリプト・ファイルに，コマンドを打つ場合は，以下の［>］を打つ必要はありません。コマンドを打ち，実行すると，左下のConsoleペインで［>］が付いて表示されます。

```
> getwd() #作業ディレクトリ（wd）の場所を調べる。
[1] " C:/Users/Owner/Dropbox/R/Ch1"
```

❸［skilltest.csv］を任意のオブジェクトxに読み込むには，read.csv関数を使います。データに変数名がない場合は［header = FALSE］とします。

※作業ディレクトリになくても，所在地を含めてファイル名を指定すると読み込むことができます。

❹読み込んだデータをすべて表示させるにはオブジェクト名（x）を，データの最初の部分だけ表示させる場合はhead関数，データの最後だけの表示はtail関数を使います。

※データが格納された［skilltest］はデータフレームと呼びます（1-6-1参照）。

```
#ファイルの読み込み
> x <- read.csv("skilltest.csv", header = TRUE)
データに変数名がある場合は，header=TRUEはディフォルトのためなくてもよい
> head(x) #データの最初の部分だけ表示
  ID Sex Score
1  1   1    66
2  2   1    73
3  3   1    84
4  4   1    56
5  5   0    82
6  6   1    77
```

(2) RStudioのImport Databaseから取り込む方法

❶右上のEnvironmentペインから［Import Dataset］→［From Text (readr) ...］を選択（図1.7.1）。

※txtファイルを読み込む場合は［From Test (base) ...］を選択。

❷［Open Text Data］画面の［Browse...］（図1.7.2）から［skilltest.csv］を選択。

❸［Open］→［Import］と進むと，データがSourceペインに表示されます。

※本書は，この方法でデータを取り込んだ際にできる，readr_csv関数を使っ

図1.7.1　データ形式の選択

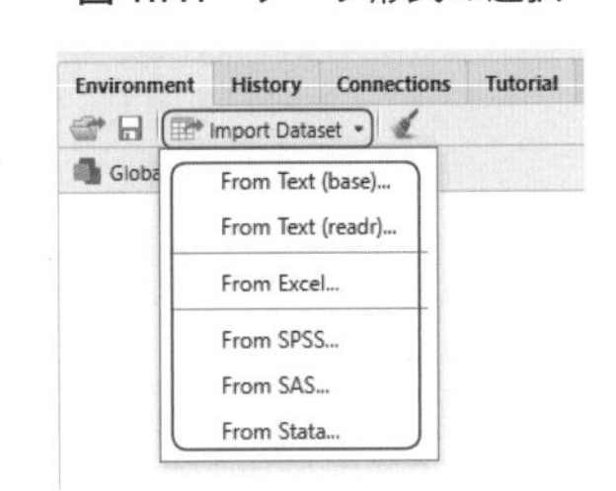

た方法で取り込んでいる場合があります（4章4-2-1参照）。readr_csv関数は，readrパッケージにある関数で，上記(1)の標準関数read.csvより，読み込みが速いなど，いくつか利点があります。

図1.7.2　データを検索

(3) 右下Filesペインで該当するデータをクリック→［View File］か［Import Dataset..］で後者を選択します。その後は，上記(2)❸から同様です。

※RStudioは，様々な拡張子のファイルをデータとして読み込むことができますが，そのまま分析できるCSVファイルを使うことをお勧めします。

1-7-2◆パッケージのインストールと読み込み

Rでは，目的の計算や統計処理を効率よく行うことができるパッケージ（package）を利用していきます。パッケージのインストールにはいくつかの方法があります。では，基本統計を算出する際によく使うpsychパッケージをインストールしてみましょう。

❶左上のRスクリプト画面（1-5-1参照）に以下の3つのコマンドのいずれかを書きます。

1番目の，Rスクリプト上で，install.packages関数に使いたいパッケージ名のみを書き込む方法

2番目は，使用するパッケージと依存関係のある他のパッケージも［dependencies = TRUE］としてインストールしておく，最も一般的な方法。

3番目のダウンロードする際に国内のミラーサイトを指定する方法。htmlに変換する際にエラーが起きにくくなります。

通常通りデータの読み込み後，options(repos="https//cran.ism.ac.jp/")のスクリプトを加えても構いません。

4番目は，右下Packagesペインを使う方法で，cranとdependenciesを簡単に指定してインストール方法。2番目のスクリプトを，メニューから簡単に行うことができます。

```
①install.packages ("psych") #パッケージのインストール
②install.packages ("psych", dependencies = TRUE) #依存関係のパッケージもインストール。TRUEはTとしても同じ。
③install.packages ("psych", repos=" https://cran.ism.ac.jp", dependencies =T) #国内ミラーサイトの指定
④右下ペイン[Packages][Install]からインストールする方法
```

※インストールは初回だけで，毎回する必要はありません。

❷その後，library関数で，パッケージを指定し，［Ctrl］+［Enter］で実行します。この読み込み作業は使用する際に実行する必要があります。

```
library(psych) #パッケージの読み込み
```

1-7-3◆記述統計量と作図

ここでは，データ［skilltest.csv］に関する記述統計量（基本統計量ともよぶ）とヒストグラムを出力し，データの傾向を掴みます。

❶簡単なデータの要約を出力させるには，summary 関数を使います。コマンドの［$］は「～の中の」というような意味で，「skilltest データを上記で x にしたので，ここでは x の中の Score 変数の記述統計値を算出しなさい」ということです。結果は，最小値，第 1 四分位数，中央値，平均，第 3 四分位数，最大値を算出します。

```
>summary(x$Score) #x の Score 変数のサマリー統計を出す
   Min. 1st Qu.  Median    Mean 3rd Qu.    Max.
  15.00   54.00   63.00   63.12   72.50   99.00
```

❷標準偏差や分散も含めた記述統計量を算出するには，先ほどインストールした psych パッケージの describe 関数を使用します。

※グループ別の記述統計量の算出には describeBy 関数（3 章 3-3-1 ❺参照）

```
>library(psych)
>describe(x$Score)
   vars  n  mean    sd  median trimmed   mad  min  max range  skew kurtosis   se
X1    1 83 63.12 14.68  63     63.57   13.34  15   99    84  -0.49    1.03  1.61
```

記述統計量として，n（データ数），mean（平均値），sd（標準偏差），median（中央値），min（最小値），max（最大値），range（範囲），skew（歪度），kurtosis（尖度）が算出されます。

ちなみに describe 関数での記述統計量は，以下のスクリプトで算出することも可能です。c 関数はカッコ内をベクトル（Score の中にあるデータをひとまとまりにすること。1-9-2 参照）にします。

```
describe(x[, c("Score")])
```

❸続いて，ヒストグラム（histogram）を出力させます（図 1.7.3）。hist 関数を使いますが，図内に名前を指定する場合は，引数 main = グラフのタイトル，xlab = x 軸タイトル，ylab = y 軸タイトルを，［" "］で入力します。xlim = x 軸の範囲，xaxp = メモリの最小値，最大値，刻み幅を設定できます。

```
hist(x$Score, main = "ヒストグラム", xlab = "得点", ylab = "人数", xlim
= c(0, 100), xaxp = c(0, 100, 10))
```

ヒストグラムは，右下ペインに表示されます。概ね正規分布に沿っていることが確認できます。

※Macを使って初めてRを操作している場合，R上で使用できる日本語のフォントがデフォルトで設定されていないため，文字化けしたり，正しく日本語が出力されないことがあります。その場合は，par(family = "フォント名") 関数を使ってRで使用する日本語フォントを設定します。試しに，par("family") と入力し，現在使Rで用可能なフォントを確認すると，出力結果には「""」と表示されてしまい，Rで使用できるフォントが存在しないことがわかります。par(family = "HiraKakuProN-W3") というコードを実行することで，Macで使用されるヒラギノ角ゴ体の文字が使用できるようになります。

図 1.7.3　ヒストグラムの表示

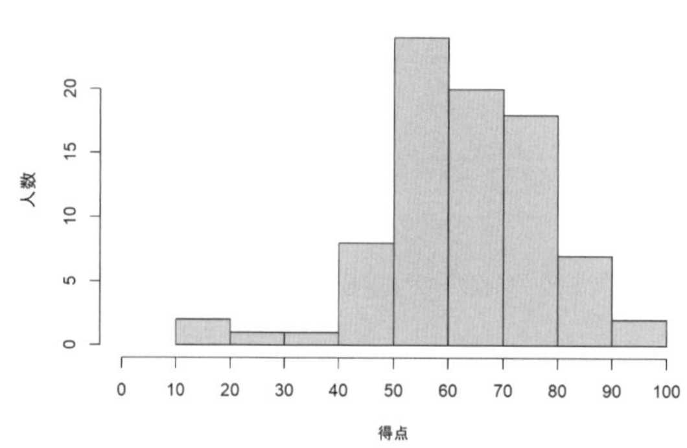


```
> par(family)
 [1] ""
> par(family = "HiraKakuProN-W3")
```

❹箱ひげ図（boxplot）を表示するには，関数 boxplot を用います（図 1.7.4）。

```
boxplot(x$Score, main = "箱ひげ図", xlab = "得点", ylab = "人数")
```

箱ひげ図の見方は以下のとおり

上の横線：箱ひげ図の最大値（第3四分位数＋IQR＊1.5）
箱：四分位範囲（interquartile range：IQR）＝Q3aQ1
箱の上側：第3四分位数（Q3）＝75％点
箱の中の太い横線：中央値（平均値ではない）
箱の下側：：第1四分位数（Q1）＝25％点
下の横線：箱ひげ図の最小値（第1四分位数－IQR＊1.5）
外れ値：箱ひげ図の最大値・最小値から外れた値

図 1.7.4　箱ひげ図

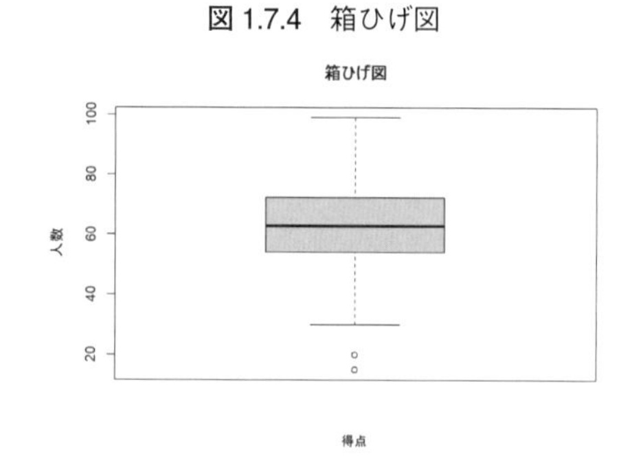

❺今度は，男女別の得点の箱ひげ図を表示します。まず，性別データ（0, 1）は，数値（numeric や integer）ではなく，名義尺度（nominal scale）なので，因子型（factor）に指定する必要があります。class 関数でデータの型を確認し，factor（データ名＄変数名）関数で因子型ベクトルに変更します。

その後，boxplot 関数を使います（図 1.7.5）。ylim で，y 軸の範囲を設定します。

```
> class(x$Sex)
 [1] "integer"
> x$Sex <- factor(x$Sex)
> class(x$Sex) # 確認
 [1] "factor"
> class(x$Score)
 [1] "integer"
> boxplot(Score ~ Sex, data = x, names = c("女子", "男子"),  ylim = c(0, 100))
```

図 1.7.5　男女別箱ひげ図

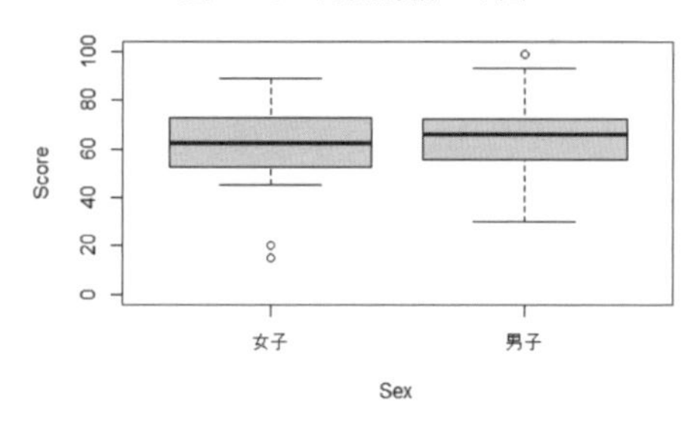

図 1.7.6　蜂群図

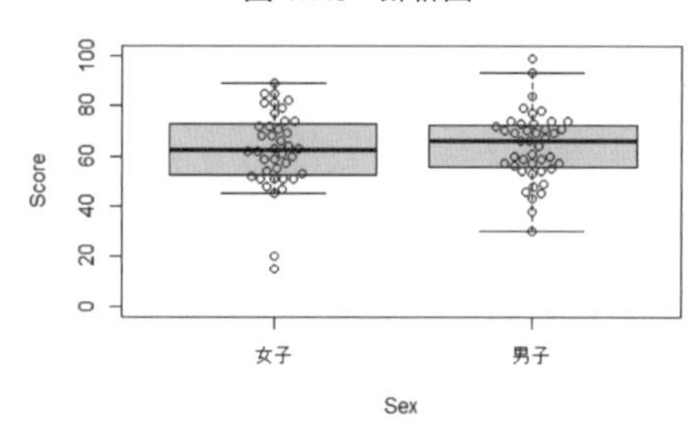

❻この時に個々のデータを箱ひげ図に重ねることで蜂群図を描くことができます（図 1.7.6）。

蜂群図は，beeswarm 関数をイントールしてから，add = TRUE で上記の図に重ねます。

※上記以外にもバイオリンプロットと箱ひげ図を重ねた図を描く方法もあります（6 章図 6.2.1 参照）。

```
> install.packages ("beeswarm", dependencies
= TRUE)
> library(beeswarm)
> boxplot(Score ~ Sex, data = x, names =
c("女子", "男子"), main = "技能得点")
> beeswarm(Score ~ Sex, data = x, ylim
=c(0,100),add = TRUE) # 蜂群図
```

❼ラベルの変更方法

ここで，Sex のデータ自体を，それぞれ 'f' と 'm' に変更したい場合は，labels = c('ラベル 1', 'ラベル 2') で指定します。このとき，数値の低い順（つまり，0= f）から，ラベルが貼られます。

```
> names(x) # 変数名の表示
[1] "ID"    "Sex"   "Score"
> x$Sex <- factor (x$Sex, labels = c('f','m')) # f と m に変更
> head(x) # 確認
  ID Sex Score
1  1   m    66
2  2   m    73
3  3   m    84
4  4   m    56
5  5   f    82
6  6   m    77
> table(x$Sex) # 男女の人数 f m
```

❽欠損値の除外

R に読み込んだデータに欠損値 NA がある場合，データが揃っているケースのみを取り出して新たなデータセットを作ることができます。欠損値があるデータセット

```
x1 <- na.omit(x)
> x1
   ID  Sex  Score
1   1   m    66
2   2   m    73
3   3   m    84
(結果一部)
```

```
> IQR(x$Score) # 四分位範囲
[1] 18.5
> IQR(x$Score)/2 # 四分位偏差
[1] 9.25
> var(x$Score) # 分散
[1] 215.3999
```

（x）から欠損値がないデータセット（x1）を作ります。

ただ，今回の場合は，データに欠損値NAが存在しないためデータx1とxは変わりません。

❾データの加工

・ケースの選択

データセットのある特定のケースだけを分析したい場合に，ケースの選択を行います。

今回は，先ほどラベルを変更した'f'のデータと，'m'のデータを別々に取り出し，それぞれ xf と xm とします。

```
> xf <- x[x$Sex =="f",] # 女性のケースの取り出し
> head(xf)
  ID Sex Score
5  5   f    82
7  7   f    72
8  8   f    55
(結果一部力)
> xm <- x[x$Sex =="m",] # 男性のケースの取り出し
> head(xm)
  ID Sex Score
1  1   m    66
2  2   m    73
3  3   m    84
(結果一部)
```

❿ describe関数を用いない記述統計の実施

describe 関数に含まれない基礎統計量は，別の関数が必要になります。例えば，四分位範囲（IQR）を算出する IQR 関数や，分散（variance）の頭文字をとった var 関数を使って，個別に算出します。

Section 1-8　正規性の検定と外れ値の扱い

1-8-1◆正規性の検定

データに正規性が満たされているのか確認するためには，まず，前述で表したヒストグラムや箱ひげ図で，視覚的にも確認することが大切です。それ以外の方法として，1-2-3で紹介したシャピロ・ウィルクの正規性検定とコルモゴロフ・スミルノフの検定（KS検定）を使っていきます。シャピロ・ウィルクの検定はサンプルサイズが小さい場合にも使えますが，検定力が高く有意になりやすいので，結果の解釈には留意します。

❶シャピロ・ウィルクの正規性検定は，shapiro.test 関数を使います。

結果，p 値が0.1167と，有意水準が5%より大きいため，データは正規分布に従っているとみなすことができます。

```
> shapiro.test(x[,3]) # 正規性の検定(Shapiro-Wilk)
Shapiro-Wilk normality test
data:  x[, 3]
W = 0.97568, p-value = 0.1167
```

❷一方，コルモゴロフ・スミルノフの検定は ks.test 関数を使います。2番目の引数に pnorm を指定することで，1標本における正規性の検定が実行されます。

スクリプトエラーが起こりやすいため，Scoreのみを含むというデータセット［vx］を新たに作成し，検定を実行します。

p 値は0.9208であり，5%水準で有意ではなく，正規分布に従っていると解釈できます。

ただし，コルモゴロフ・スミルノフの検定が連続分布を仮定しているのに，タイの値（同じ値）を含む離散分布データであるため警告がでています。この警告が出た場合は，p-valueが正しく算出されていない可能性がありますので，これ以外の方法も検討しましょう。

```
> vx=c(x[,3])
> vx
(結果，略)
> ks.test(vx, y="pnorm", mean=mean(vx),
sd=sd(vx))

        One-sample Kolmogorov-Smirnov test
data:  vx
D = 0.060585, p-value = 0.9208
alternative hypothesis: two-sided

 警告メッセージ：
 ks.test(vx, y = "pnorm", mean = mean(vx), sd =
sd(vx)) で：
  コルモゴロフ・スミノフ検定において，タイは現れる
べきではありません
```

1-8-2◆外れ値の取り扱い

外れ値は，結果を不正確にする恐れがあるので慎重に対処します。特に，サンプルサイズが小さい場合は平均が外れ値に引っぱられ，標準偏差が不当に大きくなるので注意が必要です。以下に外れ値の検出方法と対処方法を紹介します。

(1) 外れ値の割合を考慮する

正規分布を考えると，確率的にデータの5%程度は，z 値で±1.96，1%は±2.58，0.1%は±3.29の範囲を超えます。よって，データの z 値を算出し，どの程度の割合でその範囲を超えたケースがあるかを見てから対処します。1−7−3（図1.7.4）の外れ値は2件で，全体の2.4%（83件中2件）を占めています。z 値を算出すると−3.28と−2.94で，どちらも±3.29に収まる値となり，もう少し検討してみることにします。

(2) そのケースをはずす

ときに外れ値に見えて，それが重要な意味をもっている場合がありますので，他のデータとは明らかに異なる母集団に属するものだという正当な理由がある場合に限って，外れ値を削除します。例えば，**図1.7.4**の2件の外れ値は，個人のテスト得点という性質上，入力ミスでない限り，またその生徒の他の成績も見て，矛盾しない得点であれば削除する必要はないと思われます。

(3) データを変換する

変数のデータをすべて**変換**（transformation）し，正規分布に近づける方法です。外れ値だけでなく，変数データが歪んでおり等分散性（3章3−2−1 (2) 参照）が満たされない場合にも使用されます。

代表的な変換関数に，対数変換，平方根変換や，逆数変換などがあります。ただし，①変換によってゼロの値は変換できない，②ある変数だけ正規性が成り立っていない場合でも，変数どうしを比較したい場合は，それらすべての変数を同じ方法で変換する，③変換後の解釈に気をつける，などの難しさがあります（Field, 2009 pp.154－163）。

(4) 外れ値の値を変える

外れ値の値を変えるのは抵抗がありますが，データの変換がうまくいかない場合，生データを使って歪んだ結果になるよりは少しは妥当な結果になる，という考え方のもとで，この方法が用いられます。

①外れ値でない値の中で，最も高い（低い）値より１つ高い（低い）値にする：たとえば，データセット内に，外れ値でない最大値が 122 の場合，外れ値を１つ高い値の 123 に変更します。

②z 値 ±3.29 に相当する生データの値にする：z 値に変換したときに ±3.29 より超えた値であれば，0.1％の確率で起こるほどの外れ値と考えられます。よって，z に変換して基準を超えた値は，すべて z 値が ±3.29 に相当する変換前の値にします。

③平均 ±2SD（または z = ±2.58）の値にする：上記②より，もう少し値を修正する場合に用います。

(5) ロバスト統計を適用する

ロバスト統計または頑健統計（robust statistics）は，外れ値による影響を避けるための手法の総称で，その影響を許容できる程度に小さくしようとする統計手法です。次のような方法があります。

①ノンパラメトリック検定（non-parametric statistics）の使用

最もよく使われる方法で，正規性を前提としないため外れ値に影響されにくい特徴があります。それぞれのパラメトリック検定の代わりに，その検定方法に相当するノンパラメトリック検定を使用します。詳細は，本書８章を参照してください。

②代表値への応用など

外れ値に影響されやすい平均値の代わりに，中央値，トリム平均，ウィンザライズド平均などを用いる方法です。これらは，R の WRS 2 パッケージを使用して算出できます。詳細は，平井（2018）１章をご参照ください。

Section 1-9　ワークスペースとデータの整理

1-9-1 ◆変数の削除とワークスペースの整理

新たな分析が，実は別の過去に使っていたデータを指定していたということがないようにします。

それには，rm関数で，指定した変数を削除（remove）できます。

また，どのような変数を使ったかをリストアップしたい場合はls関数，特定のオブジェクト内を調べる場合は，例にあるように指定します。

すべての変数をしたり，ワークスペースをすべて消して，クリーンな状態にするには，例のようにlistに挙げたすべてを削除します。

```
> x #前回の作業で使ったxに入っているデータ
   ID Sex Score
1   1   m    66
2   2   m    73
3   3   m    84
以下，略
> rm (x) #オブジェクトxを削除
> x
 エラー：オブジェクト'x'がありません
> head(x1) #このような前回のデータが入っている
  ID Sex Score
1  1   1    66
2  2   1    73
3  3   1    84
4  4   1    56
以下，略
> ls(x1) #x1に入れた変数一覧（list）を取得
[1] "ID"    "Score" "Sex"
> rm(list=ls()) #すべての変数を削除
> x1
 エラー：オブジェクト'x1'がありません
```

1-9-2◆型と構造

Rでは関数毎によって，入力するデータの型や構造が指定されており，それに合ったデータにする必要があります。まず，データの**型**（mode）に関しては，**実数**（numeric），**整数**（integer），**文字列**（character）があり，その型を指定したり，調べたりすることができます。

❶オブジェクトxにあるデータの型を，mode関数によって調べることができます。ここでは，実数として扱っていることがわかります。

　また，is.numeric関数によって，明示的にこのxが実数型であるかを確認できます。実数型であれば，TRUEと返ってきます。

```
> x <-1
> mode(x)
[1] "numeric"
> is.numeric(x)
[1] TRUE
```

❷このxを実数ではなく，文字列として扱うには，as.character関数を使用して，文字列型に変換します。

```
> x1 <- as.character(x)
>mode (x1) #型の確認
[1] "character"
```

❸続いて，データの**構造**の種類を見ていきます。Rにおける代表的な構造には，**ベクトル**（vector），**行列**（matirx），**データフレーム**（data.frame），**リスト**（list），そして，**因子**（factor）があります。

　たとえば，1から9まで，1刻みで連番を振るseq関数を使って，1, 2, 3, 4, 5, 6, 7, 8, 9という数列を作ります。

　これがどの構造であるかは，is.vector関数で調べられます。

```
>x2 <-seq(from=1, to=9, by=1)
>x2
[1]  1  2  3  4  5  6  7  8  9
>is.vector (x2)
TRUE
```

❹今度は，as.matrix関数を使って，9行列1列の行列にしましょう。

```
> as.matrix (x2)
      [,1]
 [1,]    1
 [2,]    2
 [3,]    3
 [4,]    4
以下，略
```

❺または，これを as.data.frame 関数で，データフレームにすることもできます。

データフレーム形式は，行列に加え，列名や行番号などは付与されています。

```
> myframe <- as.data.frame (x2)
> myframe
  x2
1 1
2 2
3 3
4 4
以下，略
```

❻データの構造が違う複数のオブジェクトを，list 関数でリストとしてまとめることができます。それぞれのオブジェクトに名前をつけて全体を格納します。ここでは実数の 1，文字列の 1，そしてデータフレームを mylist というオブジェクトとしてまとめています。

```
> mylist <- list("number" = x, "character"=
x1, "data.frame"= myframe)
> mylist
$number
[1] 1
$character
[1] "1"
$data.frame
  x2
1  1
2  2
3  3
以下，略
```

❼この mylist がリストであるかを is.list 関数で調べます。

```
>is.list(mylist)
TRUE
```

1-9-3◆ワイド型とロング型データの変換

R では，データは行列形式で，特に付加情報をもつデータフレームで扱うことが圧倒的に多くなります。また，同じデータフレーム形式でも，**ワイド型**と**ロング型**のデータの整理の仕方があります。ワイド型とは，変数を列に，ケースを行に整理する方法です（**表 1.9.1**）。見た目が横長になるので，ワイド型と呼ばれます。

一方，ロング型は，変数の種類を別の変数として区別し，値を 1 つの変数に整理し直します（**表 1.9.2**）。特に時系列のデータや，データに階層関係がある場合，欠損値がある場合などにおいて非常に役に立ちます。

近年は，**整然データ**（tidy data）という観点から，ロング型による整理と分析が推奨されていますが，実際，ロング型とワイド型のどちらかを使用するかは，分析の目的，利便性，そしてパッケージや関数によります。よって，適切に変換する必要性がでてきます。

表 1.9.1　ワイド型

ID	英語テスト	国語テスト	理科テスト
001	80	70	60
002	90	80	90
003	80	80	50

表 1.9.2　ロング型の例

ID	テスト	得点
001	英語	80
001	国語	70
001	理科	60
002	英語	90
002	国語	80
002	理科	90
003	英語	80
003	国語	50
003	理科	80

では，ワイド型のデータをロング型へ，そしてロング型のデータをワイド型へ変換してみましょう。

❶まず，**表 1.9.1** のデータをベクトルとして入力し，それぞれのベクトルをデータフレームへ統合します。

```
> ID <- c(1, 2, 3) #IDを順に入力
> ID
[1] 1 2 3
> is.vector(ID) #IDがベクトルであることを確認
[1] TRUE
> eigo <- c(80,90,80) #英語の得点を順に入力
> kokugo <- c(70,80,50) #国語の得点
> rika <- c(60,90,80) #理科の得点
> mydata <- data.frame(ID,eigo,kokugo,rika) #データフレームにまとめる
> mydata
  ID eigo kokugo rika
1  1   80     70   60
2  2   90     80   90
3  3   80     50   80
> is.data.frame(mydata) #データフレームになっているか確認
[1] TRUE
```

❷では，ワイド型からロング型に変換しましょう。

ワイド型とロング型の変換を行う方法や関数，そしてパッケージは複数ありますが，ここではデフォルトの状態で使用できる stats パッケージの reshape 関数を使用して，ワイド型からロング型に変換します。

```
> mydata.long<- reshape(data=mydata, #変換するデータを指定
                        direction="long", #変換したい型を指定
                        varying=c(2,3,4), #ロング型として値を整理したい列を指定
                        v.names="Score", #整理した新しい変数名を指定
                        idvar="ID", #IDが入っている列を指定。名前でも指定可能
                        times=c("eigo","kokugo","rika"), #変数の種類を表す値を指定
                        timevar="Subject") #この変数の種類を表す変数名を指定
> rownames(mydata.long) <-1:nrow(mydata.long)  #整理のために行の名前を数字にする
> mydata.long
  ID Subject Score
1  1    eigo    80
2  2    eigo    90
3  3    eigo    80
4  1  kokugo    70
5  2  kokugo    80
6  3  kokugo    50
7  1    rika    60
8  2    rika    90
9  3    rika    80
```

❸今度は，このロング型のデータをワイド型に戻してみます。簡単に同じ reshape 関数でできます。

```
> reshape (mydata.long,direction="wide")
  ID eigo kokugo rika
1  1   80     70   60
2  2   90     80   90
3  3   80     50   80
```

❹別の方法

基本的な関数を組み合わせてワイド型のデータをロング型へ変換します。以下は，繰り返し数字や文字列を作成する rep 関数と，データフレームを変数名（int）と値（values）に分ける stack 関数を組み合わせた場合です。

```
> mydata.stacked <-stack(mydata [,2:4]) #点数の入っている列だけを指定
> mydata.stacked
  values    ind
1     80   eigo
2     90   eigo
3     80   eigo
4     70 kokugo
5     80 kokugo
6     50 kokugo
7     60   rika
8     90   rika
9     80   rika
> IDs<-rep(1:3,3) #ID 列となるよう，1 から 3 までの数字を 3 回繰り返す
> IDs
[1] 12 3 1 2 3 1 2 3
>mydata.long2<-data.frame(ID, mydata.stacked) #上記の ID 列と stack したデータをデータフレームにまとめる
>mydata.long2
  ID values    ind
1  1     80   eigo
2  2     90   eigo
3  3     80   eigo
4  1     70 kokugo
5  2     80 kokugo
6  3     50 kokugo
7  1     60   rika
8  2     90   rika
9  3     80   rika
```

これらのように，分析をするための下準備としてデータを適切な型，構造，そして整理方法へ変形したり，さらに変数名を変えたりするような一連の作業を**データハンドリング**と呼びます。しばしば，実際に分析するにあたり，こうしたデータハンドリングの知識が重要になってきます。また，研究の計画段階において，データをどのように記録，整理し，そしてどのように分析するかを決めておくことも大切です。

1-9-4◆参考文献への記載方法

R を使用して分析した結果を論文等で発表する際に，参考文献等にそのことを記載することが望まれます（Levshina, 2015）。掲載すべき情報は citation 関数を使用すると表示されます。

```
citation()
  To cite R in publications use:
   R Core Team (2020). R: A language and environment for statistical
  computing. R Foundation for Statistical Computing, Vienna, Austria.
  URL https://www.R-project.org/.
~~~~~~~~~~~~~~~~~~~~~~~~~~~~~~~~~~~~~~~~~~~~~~~~~~~~~
  We have invested a lot of time and effort in creating R, please cite it
 when using it for data analysis. See also 'citation("pkgname")' for
 citing R packages.
```

パッケージ情報については，下記のように関数 citation（"パッケージ名"）で表示します。ただし，パッケージがダウンロードされた状態でないと情報は表示されません。

```
citation("WRS2")
  To cite package 'WRS2' in publications use:
  ################################################################################
 The main WRS2 article:
   Mair, P., & Wilcox, R. R. (2019). Robust Statistical Methods in R
  Using the WRS2 PackageBehavior Research Methods, Forthcoming
  A BibTeX entry for LaTeX users is
    @Article{,
     title = {{Robust Statistical Methods in R Using the WRS2 Package}},
     author = {Patrick Mair and Rand Wilcox},
     year = {2019},
     journal = {{Behavior Research Methods}},
     note = {{Forthcoming}},
    }
```

2章 ベイズの基礎

ベイズ統計の基礎を理解する

Section 2-1 ベイズ統計とは

2-1-1◆ベイズ統計の概要

近年，様々な学術分野において，**ベイズ統計**（Bayesian statistics）を用いてデータ分析を行う研究例が増えています（e.g., Gelman, et al., 2013；Kruschke, 2014；豊田，2015, 2017；渡辺，2012）。それは，ベイズ統計は，単一の分析手続きというよりは，以降の章で扱う t 検定（3 章 3−6）や分散分析（4 章 4−5，5 章 5−4），相関分析（7 章 7−4），回帰分析（9 章 9−6）などに取り入れているように応用可能性のある統計手法だからです。

本章では，ベイズ統計を，主に以下の 3 種類の観点から紹介します：(a) **ベイズ推定**（Bayesian inference），(b) **ベイズ因子**（Bayesian factor），(c) **ベイジアンモデリング**（Bayesian modeling）。これらは，**主観確率**（subjective probability）と**ベイズの定理**（Bayes' theorem）という考え方に基づいており，**ベイズ確率**（Bayesian probability）やベイズ主義ともよばれます。このベイズ主義と対比して論じる際に，他章で扱っている従来の推測統計は，ランダムな事象が生起する頻度をもって確率と定義する考え方から，**頻度主義統計**（frequentist statistics）とよばれることもあります。

2-1-2◆確率の考え方

ベイズ統計の基本的な考え方の 1 つである主観確率を理解するために，まずは「確率」の考え方やその種類について説明します。一般に「確率」という言葉を使用するときには，**客観確率**（objective probability）のことを指しています。この客観確率は，人間の主観や信念とは独立して存在する確率のことで，次の 3 種類に分類されます。

(1) **数学的確率**（mathematical probability）：数学的確率は，確率をもとめる場合の数を，起こりうるすべての場合の数で割った値のことを指します。たとえば，6 面サイコロを振って 1 の目が出る確率を考えます。6面サイコロには6つの目がありますから，1の目が出るという1つの事象の数学的確率は，$\frac{1}{6}$ となります。

(2) **統計的確率**（statistical probability）：統計的確率とは，ある確率を求める事象が実際に起こった回数と全試行回数の比です。たとえば，サイコロを14回振って，1の目が3回出たなら，1が出る確率は $\frac{3}{14}$ です。事象が起こった回数やその比のことを**頻度**（frequency）とよび，実際に観測された値に基づいて行う分析で，これが頻度主義統計とよばれるものです。

(3) **公理的確率論**（axiomatic probability theory）：確率が満たすべき性質を，厳密に記述する数学理論のことで，直接的にはデータ分析の実践にかかわりません。ただし，公理的確率論によって，現代の統計分析や統計学が記述されています。つまり，確率を記述するための厳密な，そしてメタ的な道具の1つが公理的確率論です。

これら3つの客観確率に加えて，ベイズ統計の考え方には，主観確率があります。これは，確率の解釈の仕方自体に焦点をあて，不確実性に対して人間がもつ主観的な信念や信頼の度合いを表します。たとえば，「明日は30%で晴れるだろう」という考えの中にある30%は，現在からはわからない不確実な事象に対する主観確率です。一方，過去の天気において10日のうち3日晴れたのなら，これは客観確率に含まれます。

頻度主義統計では，客観確率のみに焦点をあてますが，ベイズ統計では，この主観確率と客観確率の両方に焦点をあてる立場を取り，この考え方をベイズ主義とよびます（**図2.1.1**）。

図2.1.1　確率のさまざまな考え方のまとめ

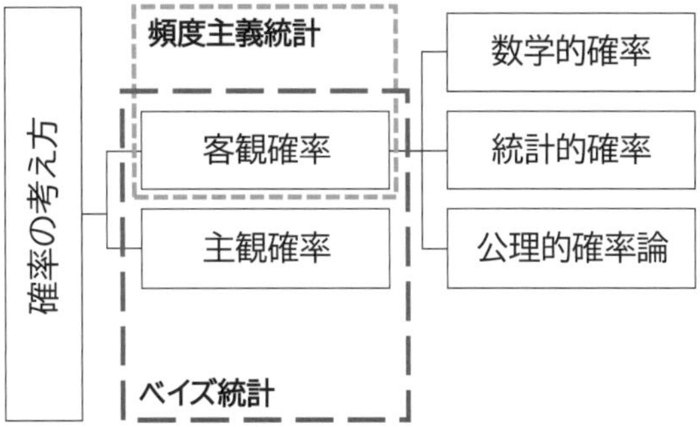

確率の考え方
頻度主義統計
客観確率
主観確率
ベイズ統計
数学的確率
統計的確率
公理的確率論

2-1-3◆ベイズの定理

主観確率に加えてベイズ統計の基盤となるものにベイズの定理があります。ベイズの定理は，**トーマス・ベイズ**（Thomas Bayes）によって示された数学的定理で，**条件付き確率**（conditional probability）に関するものです。では，基盤となるこのベイズの定理について，詳しく解説します。

ある事象 A の確率を $P(A)$ と記します。また，事象 A が起きたという条件下における別の事象 B の確率を，$P(B|A)$ と記します。これを「事象 B の事象 A における条件付き確率」とよびます。そして，実際

に事象Aが起きて，その条件下において事象Bが起きる確率は，これら2つの積となるため，$P(B|A)P(A)$となります。これを「事象Aと事象Bの**同時確率**（joint probability）」とよびます。同時確率$P(B|A)P(A)$における，前項の$P(B|A)$が条件付き確率で，後項の$P(A)$を**周辺確率**（marginal probability）とよびます。

事象Bと事象Aの同時確率は，「事象Aが起きて，その条件下において事象Bが起きる確率」と考えることもできますし，出来事の順序を一旦無視すれば，逆に「事象Bが起きて，その条件下において事象Aが起きる確率」と考えることも可能です。よって，これらの値は同じになると考えられるので，**式2.1.1**と書くこともできます。

（式2.1.1）　$$P(B|A)P(A) = P(A|B)P(B)$$

ここで，この式の両辺に対して，$P(A)$を割ると**式2.1.2**に整理できます。

（式2.1.2）　$$P(B|A) = \frac{P(A|B)P(B)}{P(A)}$$

この**式2.1.2**がベイズの定理そのものであり，$P(A)>0$のときに常に成立します。

Section 2-2　ベイズ統計の基礎

2-2-1◆ベイズ推定

ベイズ統計の基礎となるベイズ推定は，前述のベイズの定理を未知の値に関する**推定**（inference；estimation）に応用しようとするものです。たとえば，上記の事象Aと事象Bを，それぞれ**観測**（observation）データ（D），研究者が立てる仮説（H）として，ベイズの定理に代入すると，**式2.2.1**となります。

（式2.2.1）　$$P(H|D) = \frac{P(D|H)P(H)}{P(D)}$$

式2.2.1において，左辺の$P(H|D)$は条件付き確率であり，「観測したデータの下で仮説が正しい確率」という意味になりますから，研究者が立てる仮説の検証に使えそうです。ベイズ統計では，この$P(H|D)$を**事後確率**（posterior probability）とよび，**確率分布**（probability distribution；2-2-3参照）として表現する場合には，**事後分布**（posterior distribution）とよびます。ベイズ推定によるほとんどの分析は，この事後分布を得ることを目標とします。

次に，**式2.2.1**の分子にある$P(D|H)$は，「ある仮説の下でデータが得られる確率」のことで，**尤度**

(likelihood）とよばれます。尤度は，仮説を数式で表現する**数理モデル**（mathematical model）の中の，確率モデルを使って求めますが，これは客観確率の考え方に基づいています。

数理モデルとは，ある事象と同じように振る舞うようデザインされた数学的な記述のことで，確率モデルは，数理モデルの中で確率の概念を使うものです。たとえば，お風呂に水を貯めるという事象に対して，$y=ax$ という数式を立てるとすると，これが数理モデルです。この場合，y はお風呂の水の量，a は時間あたりに増える水かさ，x は蛇口をひねっている時間です。一方，n 面サイコロの目である目が出る確率 p は $p=\frac{1}{n}$ という数理モデルですが，このモデルには確率が現れるため，確率モデルといえます。

続いて，$P(H)$ は「仮説が正しい確率」です。これは，客観確率に相当するデータと尤度 $P(D|H)$ から独立した確率であり，主観確率を表します。データ取得以前に存在する確率ということで，**事前確率**（prior probability)，または，これを分布とみなすときは**事前分布**（prior distribution）とよびます。ベイズ統計では，このように，研究者自身が持っているある種の経験や知識を主観確率として分析に反映させることができます。

最後に，分母にある $P(D)$ は，「データが得られる確率」です。確率は 0 から 1 の間の値を取ります。計算上，尤度と事前確率の積が 1 を超える場合があります。そのような場合に，確率を 0 から 1 の範囲に収めるために割る値です。定数とみなして，これを**正規化定数**（normalization constant）とよびます。この確率自体は，ベイズ推定の実践においてそれほど重要ではなく，大抵，データ分析上は無視することができます。

2-2-2◆ベイズ定理を推定に応用する意義

これまではベイズの定理の各項の意味を説明してきましたが，ここで，ベイズの定理を推定に応用することの意義について考えてみます（図 2.2.1)。左辺の事後確率は，いわば私たちの関心にある目標で，計算可能な右辺を計算することによって，目標である左辺に等しい値を導こうとします。右辺を見ると，尤度と事前確率の積を正規化定数で割ったものだということがわかります。正規化定数は定数であり，具体的な値は分析には大きくかかわらないので，正規化定数がどんな値であれ，「事後確率は尤度と事前確率に比例する」と解釈することができます。つまり，研究者が立てた仮説の正しさ（事後確率）は，数理モデルによる計算（尤度）と研究者の知識や経験（事前確率）の両方を組み合わせて求めることができるということです。

ただし，事後確率に相当する研究者が立てた仮説の正しさという表現の解釈には，十分に慎重になる必要があります。あくまでも，このデータの下で仮説が正しい確率を示しているだけであって，科学的に仮説が真実であるといったことを表しているわけではまったくありません。ベイズ統計では，尤度計算に使用するデータ，モデル，そして研究者が定める事前確率が変われば，それに伴って事後確率も変化します。

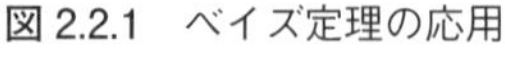

図 2.2.1　ベイズ定理の応用

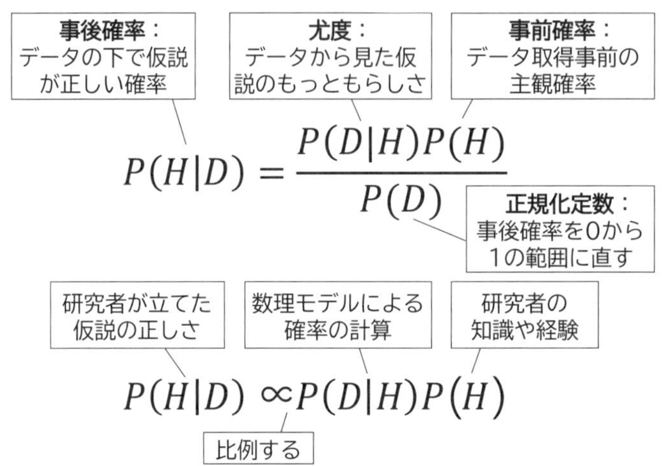

さらに，ある分析の事後確率を，今度は事前確率として使用することも可能で，これを，**ベイズ更新**（Bayesian update）といいます。ベイズ統計は，確率を上手に使いながら，このようにデータによって推定を修正していく漸進的な過程に，その特色があります。つまり，事前確率やベイズ更新などによって，経験や条件を加味することができるため，よりその状況下で起こり得る現実的な確率を求めていけるといえます。

2-2-3◆確率分布

（1）定数と変数

まず，ベイズ統計の分析を進める際に，さまざまな種類の**定数**（consonant）や**変数**（variable）が出てきます。定数は，あらかじめ定まっている既知の数のことで，変化がまったくない数のことです。変数は，条件によって変わる任意の数のことで，時間などによって変化がある数を表します。たとえば，円周率（π）は 3.141592…という値を取り，この値は変化しないので，定数とみなすことができます。一方，テストの得点は，複数の人によって異なる値を取りますし，個人においても，複数回の得点は変化するので，変数とみなします。

（2）確率分布

変数の中でも，ある確率に従って現れる変数のことを**確率変数**（probabilistic variable）とよびます。そして，ある具体的な値を取る確率を表すものが確率分布です。たとえば，ある集団に対して実施したテストに着目すると，受験者が50点という値を取る場合が相対的に多く，0点という値はありえない，といった傾向をもつとします。このとき，ある得点が現れる確率に対して，たとえば，50点前後の値を取る確率がおおよそ4%，または0点を取る確率がおおよそ0%であるといったように具体的な値を与えるものが確率分布です。

(3) 確率密度関数と確率質量関数

確率分布において，ある値を取る具体的な確率を与えるような関数を**確率密度関数**（probability density function），または**確率質量関数**（probability mass function）とよびます。前者は，連続的な値を取る連続確率変数，後者は離散的な値を取る離散確率変数に対してそれぞれ使用します。たとえば，サイコロの目は，n 個の目があれば，どの目も同じ確率となるので，$\frac{1}{n}$ という確率質量関数が成り立ちます。そして，それを分布にすると**図 2.2.2** のような離散一様分布となります。つまり，確率密度関数や確率質量関数は，変数の値を入れると，その値を取る確率を返してくれる方程式なのです。

図 2.2.2　離散一様分布

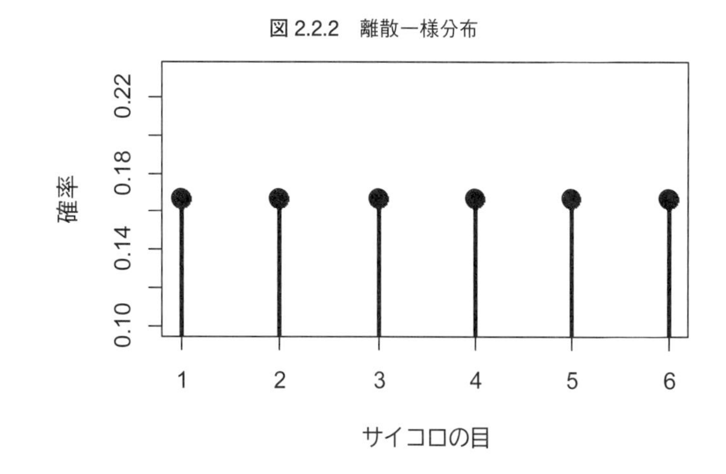

(4) 母数

実際に計算する際には，確率密度関数または確率質量関数に，**母数**（parameter）や**分布母数**（distribution parameter）とよばれる項を使用します。上記のサイコロの例では，サイコロの目の数を表す n が母数で，**図 2.2.2** の例では，$n=6$ となります。サイコロの目の数 n が変われば，それぞれのサイコロの目，1, 2, 3 … n が出る確率も合わせて変化します。このように確率密度関数や確率質量関数は，ある値を取る確率を計算するためのもので，その設定にあたるのが母数です。

たとえば，**図 2.2.3** は，正規分布の確率密度関数を示しており，母平均（ミュー，μ）と母標準偏差（シグマ，σ）という2つの母数をもちます（**図 2.2.3**）。ある確率変数の値 x に対応する確率密度は，このようにその値自身や母数などから計算されます。なお，π は円周率，exp（・）は自然指数関数です。指数関数とは，対数関数の逆関数のことで，ある変数 x の値を，a^x に変換します。底である a が，ネイピア数（自然対数）e である場合を，自然指数関数とよびます。仮に，$x=50$，$\mu=50$，$\sigma=10$ として右辺にそれぞれを代入すると，およそ .04 に，また，$x=0$ を代入すると，およそ 0 となります。連続確率変数の場合，x がぴったり 50 であるとか，0 であるといった値を取る確率は限りなく 0 に近いため，ある値に近いとても小さな区間を代わりに考えることによって確率を求めます。このようにして求めた確率を確率密度とよびます。

図 2.2.3　正規分布の確率密度関数の例

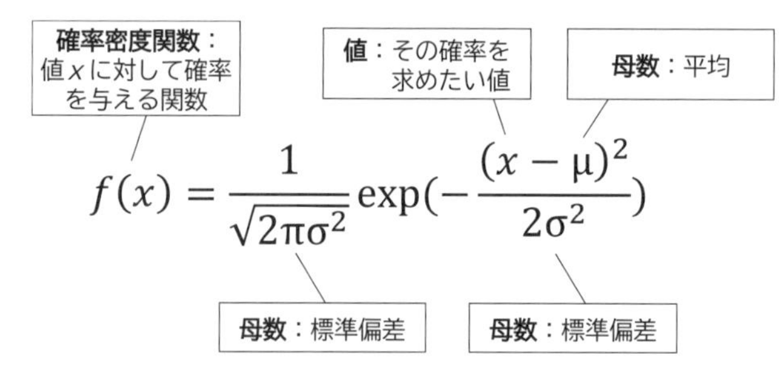

(5) 可視化

ある具体的な母数をもつ確率密度関数を可視化することもできます。x 軸に確率を求めたい確率変数の値を，y 軸にそれに対応する確率密度を置いて曲線を描くと，**図 2.2.4** のようになります。この曲線を**確率密度曲線**（probability density curve）とよびます。正規分布の場合では，平均や標準偏差の値によって，この確率密度曲線の様子が変わることがわかります。

図 2.2.4　正規分布における確率密度曲線

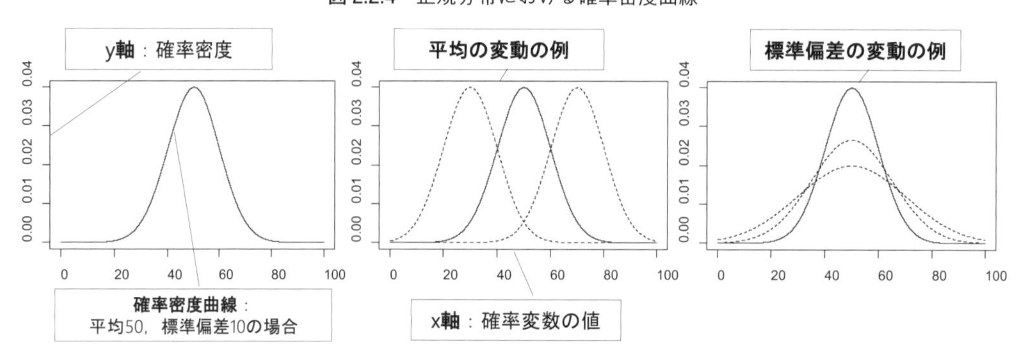

確率分布には正規分布以外にも様々な種類があります。たとえば，**図 2.2.5** にある**ガンマ分布**（Gamma distribution）という分布は，α（アルファ）と β（ベータ）を母数にもち，**ポアソン分布**（Poisson distribution）という分布ならば，λ（ラムダ）を母数にもつというように，さまざまな分布にはそれに応じた母数があります。これらの分布母数を表すために記号 θ（小文字のシータ），または複数の母数をまとめてベクトルとして表すときなどは Θ（大文字のシータ）を使用することがほとんどです。**図 2.2.5** はガンマ分布の確率密度曲線とポアソン分布の確率質量関数を可視化したものです。

図 2.2.5　ガンマ分布とポアソン分布の例

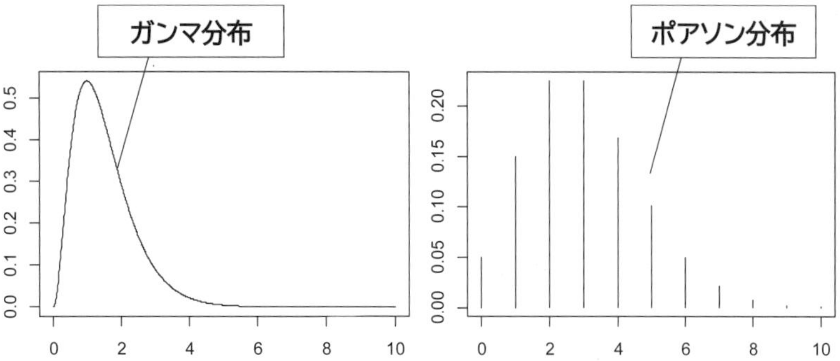

ガンマ分布

ポアソン分布

(6) 確率分布の応用

ベイズ統計では，事前分布や事後分布に，様々な確率分布を活用します。たとえば，あるテストの得点について調べるという目的がある場合，最初に，テストの得点を説明する数理モデルを考えます。ここでは，ある母平均（μ）と母標準偏差（σ）の正規分布に従ってテストの得点がランダムに発生しているというモデルを考えることにします。現実には，複雑な因果によってテストの得点が生成されると考えられますが，まずは，シンプルな確率モデルを使ってこの現象について考えます。この土台の下で，母平均の推定値を求めることにします。

次に，テストの得点が発生している元となる正規分布において，母平均が取り得る確率を事前分布として表します。ここでは，10 点以下かつ 90 点以上の得点はなく，その確率も一定であるという経験をもっているとして，**連続一様分布**（continuous uniform distribution）を使った確率分布を，事前分布として設定します（図 2.2.6 左図）

図 2.2.6　事前確率や事後確率を表現した分布例

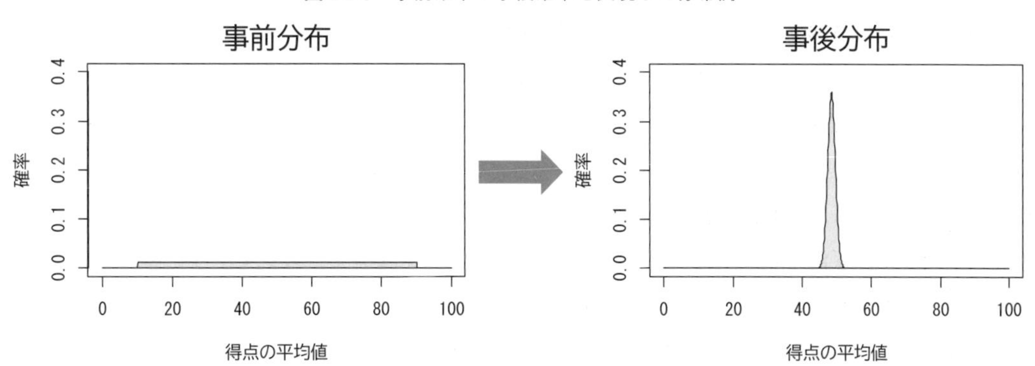

この事前分布に対して，実際の観測データを用いて計算した尤度をかけ合わせると事後分布を得ることができます（図 2.2.6 右図）。この事後分布によって，テスト得点の母平均の概観をとらえることができます。このようにベイズ統計では，さまざまな分布母数，または回帰モデルの係数を対象として，それらの事後確率や事前確率を確率分布として表現します。このように，得られる結果の情報量が多いことはベイズ統計の利点の１つだといえます。

Section 2-3　マルコフ連鎖モンテカルロ法

2-3-1◆マルコフ連鎖モンテカルロ法とは

先ほどの例では，事後分布を求めるために尤度の計算を行いましたが，尤度は，確率密度関数や確率質量関数の応用だと考えることもできます。たとえば，正規分布に従う確率変数の１つの値が 50 だとします。確率密度関数では，この 50 という値に対応する確率密度を，与えられた母数（平均と標準偏差）から求めることができます。確率密度関数は方程式であるため，逆に，この 50 という実際に得られた観測値（x）から，母数の値（θ）を推測することもできます。つまり，確率密度関数は母数を条件とした観測値の関数ですが，この関係を入れ替えて，観測値を条件とした母数の関数を考えるわけです。このような関数を**尤度関数** L とよびます（図 2.3.1）。尤度は，母数の推定値に関する「もっともらしさ」を表しているともいうことができ，母数とデータの整合性を評価しています。

図 2.3.1　確率密度関数と尤度関数の関係

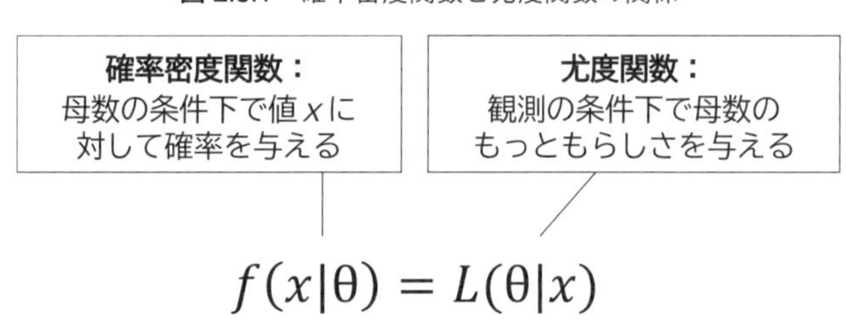

上記の例では，ただ１つのみ観測値があるという状況ですが，複数の観測を使って尤度を計算するときは，観測毎に求めた尤度の積を取ります。しかし観測が多くなると計算量が非常に多くなってしまうため，尤度の対数を取って計算することがほとんどです。対数の性質を使用すれば，尤度を直接かけ合わせなくても，対数の和を使って求めることができます。たとえば，対数には，$\log_a MN = \log_a M + \log_a N$ という関係が成立し，左辺の $\log_a MN$ が計算しにくくとも，右辺 $\log_a M + \log_a N$ を計算することができます。そのため，尤度の計算には**対数尤度**（log-likelihood）が使用されます。

ベイズ推定では，事前分布と尤度を使って事後分布の計算をしますが，数式を使って解析的に事後分布の計算をすることが不可能か，またはとても困難な場合があります。たとえば，整理した数式に１つの明確な解が存在しない場合や，人間の手では複雑すぎて式を整理できないような場合があてはまります。そのような場合，**マルコフ連鎖モンテカルロ法**（Markov chain Monte Carlo methods：MCMC）という方法を使用します。マルコフ連鎖モンテカルロ法は，コンピュータを使った計算アルゴリズムのことで，求めたい確率分布（事後分布）におおよそ近い（**近似する**）分布から，その確率分布に従う乱数列，つまりランダムに変化する値の集まりを生成することができます。事後分布に近似する乱数がシミュレーション的に得られることから，これを**サンプリング**（sampling）ともよびます。これによって，実際に事後分布を解析的に計算することができなくても，事後分布に似ているであろう乱数の集まりが得られます。コンピュータの処理能力の発達によって，このマルコフ連鎖モンテカルロ法を一般的なコンピュータにおいて実行できるようになったことが，ベイズ統計が頻繁に使用されるようになってきた理由の1つだと考えられます。

2-3-2◆使用に必要な設定

マルコフ連鎖モンテカルロ法に属するアルゴリズムに，ギブス・サンプリング，メトロポリス・ヘイスティング法，**ハミルトニアン・モンテカルロ法**（Hamiltonian Monte Carlo method：HMC法）といったさまざまな方法があります。しかし，初歩的なデータ分析の実用上においては，これらのアルゴリズムにそれほど大きな差異はなく，Rを使用した近年のデータ分析では，ハミルトニアン・モンテカルロ法を使用する例が多いようです。いずれのアルゴリズムにおいても，無償のソフトウェアを使用することによって，マルコフ連鎖モンテカルロ法によるサンプリングを実行することができます。

実際にマルコフ連鎖モンテカルロ法によるサンプリングを行う際には，コンピュータを使った複雑な計算アルゴリズムを使うことから，**表2.3.1**にあるような，サンプリングに関するさまざまな設定を報告する必要があります。

マルコフ連鎖モンテカルロ法は，**定常過程**（平均や分散などがそれ以上変化しない値の連鎖）となる確率過程を使用した計算アルゴリズムになっています。ただし，モデルやデータといった様々な状況によって適切な設定が異なるため，すべての状況で使える汎用的な基準はありません。

2-3-3◆収束判断

マルコフ連鎖モンテカルロ法による推定で重要なことは，結果が安定していること，つまり定常過程に至り収束していることを示すことです。収束診断の方法にもさまざまなものがありますが，事後分布を求める母数について，**表2.3.1**の最後に記載されている$\check{R}$という指標の値を報告します。$\check{R}$の値が1に近ければ収束に近いと判断でき，$\check{R} \leq 1.1$などを目安とすることが多いです（e.g., 松浦, 2016；馬場, 2019）。

マルコフ連鎖モンテカルロ法のサンプリングが収束をしたかどうかを判断するために，**トレース図**（trace plot）を使用することもあります（**図2.3.2**）。トレース図は横軸に反復回数，縦軸にサンプルが取っ

表 2.3.1　マルコフ連鎖モンテカルロ法によるサンプリング時に報告すべき設定例

設定	説明や設定の方針
バーンイン区間（burn-in interval）	初期値から定常過程に至るまでの不安定なサンプルを使用しないために設ける。全 MCMC サンプル数の半数や数分の1程度とすることが多い。
間引き区間・間伐区間（thinning interval）	マルコフ連鎖モンテカルロ法において周期性の影響を排除するために，サンプリングの途中を系列的に間引きする。慣習的な基準はないが，MCMC サンプルの独立性が担保されない場合に設定するが，実用上設けない場合も多い。
反復（iterations）・MCMC サンプル数（MCMC samples）・ドロー（draws）	マルコフ連鎖モンテカルロ法による計算の反復回数。慣習的に数千から数十万程度とすることが多い。
チェイン数（chains）	初期値から一連の連続的計算をおこなうつながり。3または4と設定する場合が多い。
収束診断（convergence diagnostics）	マルコフ連鎖が定常過程に至ったかどうかを診断する基準。Gelman の収束診断，Geweke の収束診断，$\check{R}$（Gelman-Rubin の収束診断）といった複数の基準がある。近年は $\check{R}$ が 1.00 か，それに非常に近い値（1.01，1.05，1.10）以下であることを基準とすることが多い。1に近いほうが定常過程であることを表している。

た値を取ります。視覚的に定常過程に至っているかどうかを簡易的に判断することもできます（**図 2.3.2**）。一方，**図 2.3.3** は，反復に伴って値の平均やばらつきが変動しているため，収束しているとみなすことはできません。

図 2.3.2　トレース図の例
（2チェイン，バーンイン区間 1,000，MCMC サンプル数 3,000，$\check{R}$=1.00）

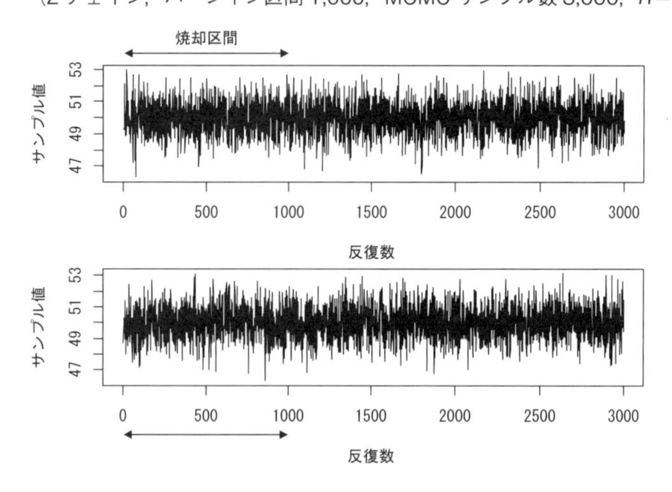

図 2.3.3　収束していない場合のトレース図

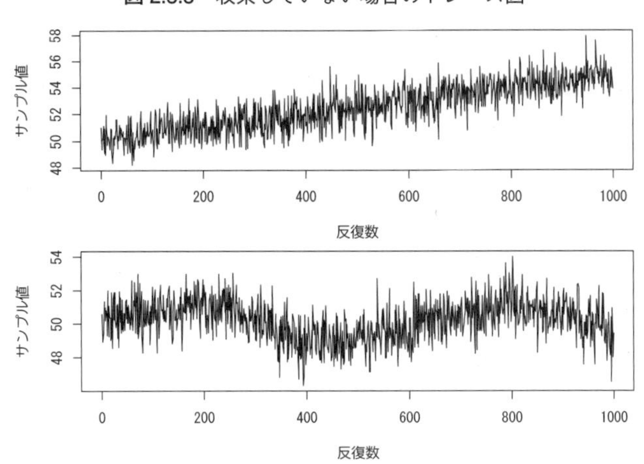

2-3-4◆ベイズ推定の報告と可視化

マルコフ連鎖モンテカルロ法による推定に問題がなければ，上記のような MCMC サンプルを事後分布と見立てて分析します。MCMC サンプルの総数が 10,000 であれば，マルコフ連鎖モンテカルロ法によって母数の事後分布に近似するであろう 10,000 個の乱数が得られたわけですから，この乱数を記述統計のように要約することができます。

事後分布の要約として，しばしば，MCMC サンプルの期待値（平均）である**事後期待値**（expected a posterior：EAP）を報告することが最も一般的です。しかし，期待値に限らず，サンプルにおける最頻値，中央値などを得て点推定を行うこともできます。中央値に相当するものは **MED 推定値**，最頻値に相当するものは **MAP 推定量**とよびます。

一方，推定結果のばらつきを表すために，標準偏差，つまり**事後標準偏差**（posterior standard deviation）を報告することもあります。場合によっては，事後標準誤差や時系列上事後標準誤差を報告することもあります。

さらに，MCMC サンプルにおけるある区間を取って，**ベイズ信用区間・ベイズ確信区間**（Bayesian credible interval）を構築することもできます。ベイズ統計では，一般的に使用される信頼区間（confidence interval）の代わりに，信用区間という用語を使用し，信頼区間と信用区間では，解釈の仕方が少し異なります。ベイズ信用区間は，まさにベイズ主義の確率の解釈に基づきます。

危険率を 5% と設定する場合は，全サンプルにおける上側および下側の 2.5% 点を報告します。それぞれを信用区間の上限および下限として示します。この方法は**パーセンタイル**（percentile）による信用区間などとよばれますが，場合によっては，**最高事後密度区間**（highest posterior density interval）という方法を使用する場合が適切です（Kruschke, 2014）。これらに限らず，第一四分位や第三四分位を報告する場合もあります。これはMCMCサンプルを並べたときの上側25%，下側25%に相当する値です。これらの指標をまとめると**表2.3.2**のようになります。

表2.3.3は，正規分布における母平均の事後分布を要約して報告すべき例です。**表2.3.3**の指標をそれぞれ可視化すると**図2.3.4**のようになります。

表2.3.2　事後分布の特徴を示すための代表的な指標

事後分布の中心傾向を表す指標	事後期待値 MED推定量 MAP推定量
事後分布のばらつきを表す指標	事後標準偏差 事後標準誤差 時系列上事後標準誤差
事後分布の区間を表す方法	信用区間上限・下限 第一四分位・第三四分位

表2.3.3　事後分布の要約例

母数	EAP	事後標準偏差	95%信用区間下限	95%信用区間下限
μ	49.49	0.30	48.90	50.08

図2.3.4　EAP，事後標準偏差と95%信用区間

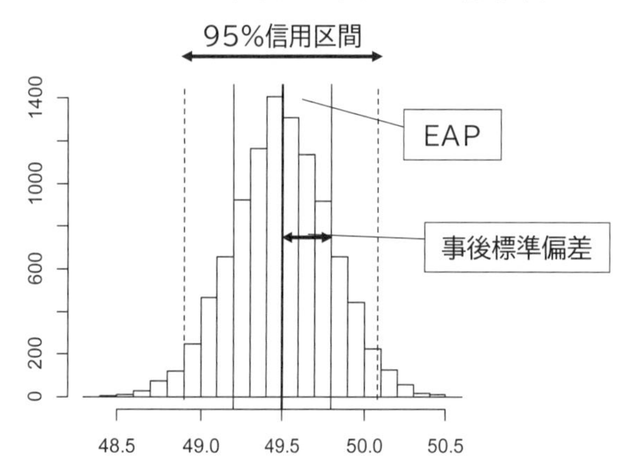

図2.3.5　カーネル密度推定による複数の母数の事後分布例

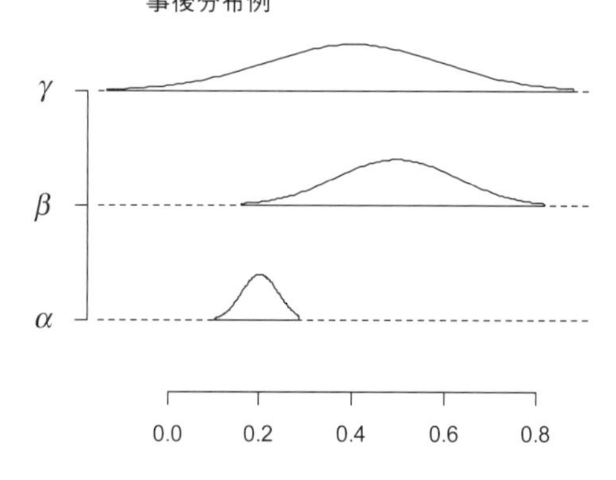

実際のデータ分析では，ヒストグラムではなく，**カーネル密度推定**（kernel density estimation）を使い，事後分布の概観をなめらかな曲線として可視化することもあります（**図2.3.5**）。事後分布で，γ，β，αと複数の母数を示す必要がある場合に，この可視化方法はたいへん有効です。

また，全MCMCサンプルから，母数に関して特定の条件を満たすMCMCサンプルを数え上げ，全

MCMCサンプル数に対する任意のMCMCサンプル数の比を求めることもとても有効です。たとえば，「母平均が50以上である」という条件を私たちが関心をもつ仮説としてみた場合，母平均が50以上であるサンプルの比率を使って推論することもできます（豊田，2017）。

Section 2-4　ベイズ因子

2-4-1◆ベイズ因子とは

ベイズの定理を応用した手法の1つに，ベイズ因子（ベイズファクター，Bayes Factor：BF）という分析方法があります。ベイズ因子は，**統計的帰無仮説検定**（statistical null hypothesis testing）の代替法（e.g., 岡田，2018；Mulder & Wagenmakers, 2016；Wagenmakers, et al., 2010）として使用されることが多く，**ベイジアン仮説検定**（Bayesian hypothesis testing）などともよばれます。ベイジアン仮説検定とは，モデル比較の方法をもって仮説検定の機能を代替しようとするもので，近年，心理学分野で活用を推奨する動きがあります。

また，ベイズ因子は複数のモデルの比較や選択を方法としても使用できます。具体的には，ベイズ因子は複数のモデルにおける**周辺尤度**の比として定義されます。ここでの周辺尤度とは，尤度と事前分布の両方からデータが得られる確率のことで，この値が高ければ，モデルはより適切であるといえます。2つのモデルにおける周辺尤度の比を求めることによって，どちらのモデルがより確からしいかを1つの数値として表すことができるため，証拠の強さの程度を連続的に表す指標ともいえます。

たとえば，A組とB組の2群にテストを実施し，テストの成績について，「それらの平均値の差が0である」という仮説を示すモデルをM_0とします。そして，比較するモデルとして，対立する「平均値の差が0ではない」という仮説を立てM_1とします。これらのモデルにおける周辺尤度の比がベイズ因子です。M_1に対するM_0の比とするベイズ因子BF_{01}の値が1であれば，どちらも同等にもっともらしいモデルだといえます。一方，$BF_{01}>1$であればM_0のほうがもっともらしく，逆に$BF_{01}<1$であればM_1のほうがもっともらしいといえます。M_0に対するM_1の比としてのベイズ因子BF_{10}を考えると，以下の関係が成り立ちます。

（式2.4.1）　$$BF_{10}=\frac{1}{BF_{01}}$$

このように，1つのベイズ因子の値によって，2つの仮説に基づくモデルに評価を与えることができます。ベイズ因子の値は，1,000以上といった非常に大きい値や1/1,000といった非常に小さい値を取ることもあるため，対数を取って報告することもあります。

一般に，従来の推測統計では，帰無仮説に相当する M_0 を，採択するか棄却するかという２択になります。これに対して，ベイズ因子では，帰無仮説および対立仮説に相当する仮説を両方比較することができます。その意味で，従来の帰無仮説検定の問題点を克服するものとして，効果量や信頼区間の提示以外の方法として，ベイズ因子が推奨されることもあります（岡田，2018）。

2-4-2◆ベイズ因子の解釈

ベイズ因子の解釈ですが，たとえば，上記の例を分析すると $BF_{01}=3$ という結果が得られたとします。これは，「M_0 に比べて M_1 が３倍程度もっともらしい」ということを示します。この結果をもって，「平均値に差がある」とか，または，仮に２であれば「平均値に差がない」とは言えません。それは，ベイズ因子はデータを説明するモデル間の関係性を相対的に表しているに過ぎないからです。よって，解釈は白黒をつけるものではなく，具体的に研究の文脈に照らして解釈し，報告します。

ベイズ因子の値を解釈するための１つの目安として，Jeffreys（1961）や Kass & Raftery（1995）による提案が知られています（**表 2.4.1**，**表 2.4.2**）。ただし，あくまでも目安に過ぎないものであることには留意しなければなりません。

表 2.4.1　Jeffreys（1961）によるベイズ因子の目安

BF	解釈
100（1/100）以上（以下）	決定的な証拠（decisive evidence）
30（1/30）～100（1/100）	非常に強い証拠（very strong evidence）
10（1/10）～30（1/30）	強い証拠（strong evidence）
3（1/3）～10（1/10）	実質的な証拠（substantial evidence）
1～3（1/3）	かろうじて言及に値する程度の証拠（not worth more than a bare mention）

表 2.4.2　Kass & Raftery（1995）によるベイズ因子の目安

$2\ln(BF)$	解釈
＞10	非常に強い証拠（very strong evidence）
6～10	強い証拠（strong evidence）
2～6	積極的な証拠（positive evidence）
0～2	かろうじて言及に値する程度の証拠（not worth more than a bare mention）

2-4-3◆ベイズ因子の注意点

ベイズ因子は，仮説やモデルに評価を与えることができますが，実際に分析する際には気をつけなければならないことがあります。

まず，ベイズ因子の求め方には様々な方法があり，Savage-Dickey 法やブリッジサンプリングといった数値的方法があります（岡田，2018)。比較的複雑なケースに使用する数値的方法は，しばしば専門的な技術や高度な計算が必要になることも少なくありません。

また，それぞれのモデルにおける事前分布の設定による影響が，比較的大きくなることもあります。設定する事前分布に応じて *BF* の値が大きく変わることは，必ずしも望ましいことではありませんが，知識や経験を事前分布として適切に評価したい場合には，重要な特徴であるといえます。それ故に，研究者間である程度合意が取れるような事前分布，つまり，**客観ベイズ**（objective Bayes）という考え方を取ることもあります。たとえば，t 検定のように平均値の差を検討する場合では，Jeffreys-Zeller-Siow（JZS）事前分布という設定を利用するなど，広く知られた方法を使用します（Morey et al., 2011；岡田，2018)。ベイズ因子によるデータ分析を行う際に，このような妥当な事前分布を取り入れることは，統計学的に見ても優れた方法であるといえます。

ただし，ベイズ因子は2つのモデルのどちらかが適切であるかを示しているわけではないので（岡田，2018)，両方ともデータと大きく乖離している場合もあり得ます。そのような場合は，2つのモデルにもっともらしさの差があっても重要ではありません。よって，分析にかける前に，比較しているモデルが十分にデータを予測・説明することができているかを先に検討する必要があります。

Section 2-5　ベイジアンモデリング

2-5-1◆ベイジアンモデリングとは

ベイズ推定によって事後分布を検査する場合や，ベイズ因子の値を求める際に，実際のデータによく近似するようなモデルを作ることが重要となります。研究者がもつ関心を数式や論理式で表現し，モデルを構築し，そしてそのモデルをデータに近似させ，評価を与える一連の手続きを，一般にモデリングとよびます。その中で，ベイズ統計に基づいている場合が，**ベイジアンモデリング**です。ベイジアンモデリングは，現代の数理心理学や心理統計学において標準的な手法になりつつあり，データサイエンスやコンピュータサイエンスの分野においても活発に応用されています。

2-5-2◆確率的プログラミング言語

多くのデータ分析がコンピュータ上で行われることから，ベイジアンモデリングを含め，数理モデル，特に確率モデルを扱う際には，具体的なモデルを指定するプログラミング言語が必要となります。確率モデルを指定するプログラミング言語を，**確率的プログラミング言語**（probabilistic programming language）とよびます。ベイズ統計に関しては，特に WinBUGS や Stan といった言語が使用され，主にマルコフ連鎖モンテカルロ法を実行するときに使用します。ここでは，もっとも代表的なStanを題材として，確率的プログラミングのコンセプトを紹介します。

確率的プログラミング言語では，(a) データを表す変数，確率分布，そして母数を表す変数などに関する四則演算（+, -, *, /），二項演算や論理式（==, <, >, =<, >=），(b) ベクトルや行列といった配列（vector, matrix），(c) 整数や実数といった型（real, int），に加え，もっとも特徴的である「~」という記号を使用し，コンピュータ上でモデルを構築します。記号「~」は，左辺の確率変数が右辺の確率分布に「従っている」ということを示します。たとえば，

```
y ~ normal (mu, sigma)
```

と記せば，これはデータを表す変数yが，母数mu（μ）とsigma（σ）をもつ正規分布に従っていることを表します。これを数式として書くと，次のようになります。

（式2.5.1）　$y_i \sim \text{Normal}(\mu, \sigma)$

続けて，正規分布の中に指定したsigmaに対して事前分布を設定することもできます。たとえば，sigmaの事前分布として，0から100の間の値を取る連続一様分布を考えるならば，以下のように確率的プログラミング言語を使って記します。ここでは，平均に対して，0から100の間を取る連続一様分布（uniform）を指定します。確率的プログラミング言語では，このように複数の変数に対して確率分布を指定することができます。

```
mu ~ uniform (0, 100)
```

さらに，「~」記号ではなく，四則演算を使い，変数yについて，その母平均が$\alpha+\beta x$であるような正規分布に従うことを以下のように表現できます。ここでのbeta（β）は，別のデータであるxの変化に伴うyの平均値の変化量です。これは，一般に回帰モデルとよばれるモデルに属します。

```
y ~ normal (alpha + beta * x, sigma)
```

さらに続けて，このβに対して，平均が0，標準偏差が100であるような正規分布を事前分布として設定する場合は，次のように記します。

```
beta ~ normal (0, 100)
```

このように確率的プログラミングでは，データ，確率分布，母数などの関係性を順に記号を使用して記述していきます。基本的には数式を簡素化し，コンピュータで入力しやすいようにした記法ですが，論文

などにおいてモデル報告する際には，プログラミング言語の種類によらない数式そのものを使用することもあります。

確率的プログラミングやそれを使用したマルコフ連鎖モンテカルロ法の利点は，研究者がモデルを構築しさえすれば，数式を解くことによって事後分布が1つに定まらないような場合であっても，モデル上において関心をもつ母数の事後分布に近似するサンプルを，シミュレーションベースの演算によって得ることができる点です。つまり，確率的プログラミング言語は，モデルを構築するための道具立てだといえるでしょう。

2-5-3◆グラフィカルモデル

データを表す変数，確率分布，そして母数の数が多い複雑なモデルの場合，あるいは，データや母数間に複雑な階層的関係（**ネスト**）がある場合は，モデルを明確にするために，データ，母数，ネストの関係性などを視覚的に表す方法を取ります（e.g., Lee & Wagenmakers, 2013；豊田，2017, 2018）。その方法が，数学におけるグラフ理論を応用した**グラフィカルモデル**で，確率に関するグラフィカルモデルでは，データを表す変数や確率分布の母数を，平面上の点（**ノード**）を使って示し，それらの確率分布における影響関係を線（**エッジ**）を使って，次のように示します。

図 2.5.1　簡易的なグラフィカルモデルの例

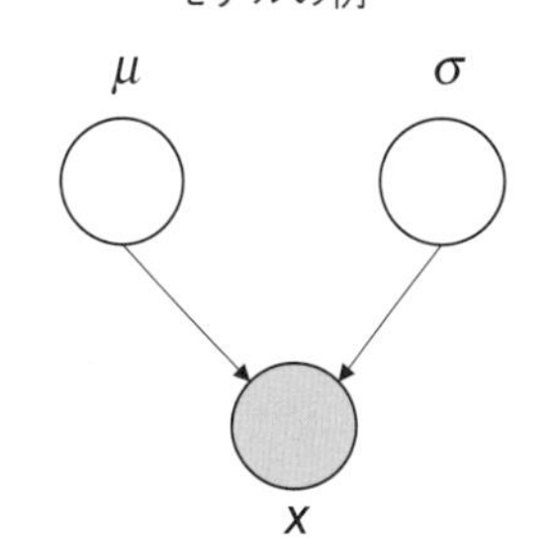

(1) 簡易なグラフィカルモデル例

たとえば，「データ x が，平均 μ，標準偏差 σ の正規分布に従っている」というモデルを簡易的に表すと，**図 2.5.1** のようになります。グラフィカルモデルにもさまざまなスタイルがありますが，ここでは色付きの丸いノードがデータを，色のない丸いノードが確率分布の母数を表しています。

図 2.5.2　プレート表現の例

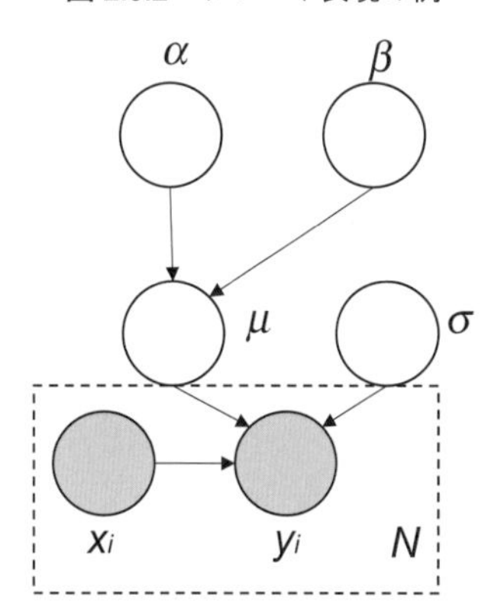

(2) 複雑なグラフィカルモデル例

次に，やや複雑な例を紹介します。先述した以下の例は，データ y が正規分布に従い，その正規分布の平均が，α，β，そして別の変数である x の値によって定まることを表しています。

```
y ~ normal (alpha + beta * x, sigma)
```

この例をグラフィカルモデルにすると，**図 2.5.2** になります。図内における点線の四角で囲まれた部分は，データを表す変数x_iが複数の値（$i=1, 2, 3 \cdots N$）の集まり（ベクトル）であることを明示しています。点線で囲まれた四角を1つのプレートとみなすことによって，モデルの階層関係，つまりネストを明示化するため，このような表記方法を**プレート表現**（plate notation）とよびます。

2-5-4◆ベイジアンモデリングの実際とベイズ統計の今後

実際のベイジアンモデリングは，**図2.5.2**の例よりも複雑なことがほとんどです。たとえば，上記のモデルのαやβに対して事前分布を設定する場合，それらのノードに向かうエッジをもつ新しいノードを足します。また，データxの方に確率分布を考える場合，その確率分布の母数を表すノードを加えます。適宜，グラフィカルモデルの中に確率的プログラミング言語の記法や数式を加えて理解を促すこともあります。例として，Lee and Wagenmakers（2013）は，信号検出モデル（signal detection model）や心理物理関数（psychophysical functions）など，心理学で使用される代表的な数理モデルのプレート表現を紹介しています。

ベイジアンモデリングは，グラフィカルモデルからもわかるように，より適切にデータに対して近似するような，適切な確率変数の関係性を，研究者が自身の関心に合わせて随時指定していく作業だと理解することができます。そして，このベイジアンモデリングの技術は，**ベイジアン認知モデリング**（Bayesian cognitive modeling；Lee & Wagenmakers, 2013）や**ベイジアン心理測定モデル**（Bayesian psychometric modeling；Levy & Mislevy, 2017）をはじめとして，心理学や教育研究などにも応用されています（豊田編，2018, 2019）。

本章では，ベイズ統計の基礎である主観確率からベイジアンモデリングを紹介してきました。現在，これらの分析を行う環境は整備されつつあります。たとえば，統計解析環境であるR，確率的プログラミング言語であるStan，そして高度なユーザ・インターフェイスを備え，一般的な分析用途に対して適している JASP といったソフトウェアを使用すれば，本章が紹介したベイズ推定，ベイズ因子，そしてベイジアンモデリングによってデータを分析することが比較的容易になっています。

特に近年では，Stan のような確率的プログラミング言語を使用しなくとも，R のパッケージによって，他の多くの R のパッケージや関数と同じような要領で，心理学，教育学，そして言語学などにおいて使用される一般的な分析を行うことが可能になってきています。つまり，研究者が自身で数式を書き，プログラミングを行わなくとも，ベイズ統計の要領によってデータを分析する環境が揃いつつあります。ベイズ統計は，これから益々その有効性が認識されていくと考えられます。

3章 t 検定

2変数間の平均の差を分析する

Section 3-1 統計的検定

仮説にもとづいて集めた標本を使って，仮説が正しいかどうかを統計学的に分析することを，統計的検定とよびます。統計的検定では，使用する標本は母集団から無作為抽出していることを前提にしており，母集団を代表していると考えます。よって，標本から得た結果を用いて，母集団の性質や傾向を推測することができます。

統計的検定をパラメトリック検定とノンパラメトリック検定に分けて論じることがあります。パラメトリック検定は，母集団の特性を規定する母数（パラメータ）に，ある特定の確率分布の仮定を設ける検定で，たとえば，本章で扱う t 検定や分散分析などは，正規分布のパラメータを使う手法を取っています。一方，ノンパラメトリック検定は，母集団に特定の分布を仮定しない検定に対して用いることができる手法で，カイ2乗検定やフィッシャーの正確確率検定などがあります。

3-1-1◆統計的検定の手順

統計的検定を行う手順としては，以下のステップを踏むことになります。

(1) 仮説の設定

まず，仮説を立てます。たとえば，指導法の効果を検証したい場合，「異なった指導法で授業を受けたグループAとグループBの英語の得点に差がない」という**帰無仮説**（null hypothesis：H_0）を立てます。この帰無仮説では，グループAとグループBは同じ母集団から抽出した標本であるため，その平均の差がゼロになることを仮定しています。そして，その逆の「グループAとグループBの英語の得点に差がある」という仮説を立て，これを**対立仮説**（alternative hypothesis：H_1）とします。

(2) 有意水準の決定

次に，帰無仮説を棄却して対立仮説を採択するかどうかを判断するための基準を設定します。この基準が**有意水準**（significance level：α）とよばれるもので，通常 5%（α=.05）に設定されます。これは 100 回サンプリング試行したときに，5 回程度起こり得る確率のことです。研究分野によっては，さらに厳しく 1%水準（α=.01）に設定することもあります。

(3) 検定統計量の有意確率にもとづく仮説の採否

最後に，算出した検定統計量から**有意確率**（significance probability，p 値）を求め，前もって設定した有意水準と照らし合わせます。有意確率は **3-1-3** で詳しく説明しますが，データの分析によって得られた値が偶然起こる確率のことです。今回設定した仮説の 2 群間を比較する場合は，t 値から有意確率を求めます。そして，その確率があらかじめ設定した有意水準 5%より低い場合は，偶然起こるような差ではないと判断し，帰無仮説を棄却して対立仮説を採択します。つまり，「グループ A とグループ B は p<.05 で有意差がある」と結論づけます。なお p 値を報告する場合，p=.033 などと小数点以下 2，3 桁まで報告します。ただし，結果が 0.1%水準以下の確率で起こった場合，「p<.001 で有意であった」と不等号を使用して報告します。反対に，有意確率が 5%より高くなった場合は，2 群の平均差は偶然に起こる確率の範囲内の差であるとし，「有意差がなかった」と報告します。

3-1-2◆統計的検定における過誤と問題点

(1) 統計的検定における過誤

統計的検定は確率による手法であるため，有意水準（α）を 5%に設定するということは，「本当は差がないのに誤って差があると判断してしまう（＝**第 1 種の過誤**：type I error）」可能性を 5%含んでいるということを意味します。そのため，この有意水準のことを**危険率**（critical value）ともよびます（**表 3.1.1** 右上部分）。

この種の過ちを犯す確率を下げるには，有意水準を 5%ではなく 1%と低く設定しておくことも可能ですが，その場合は逆に**第 2 種の過誤**（type II error：β）を犯す危険性が高くなってしまいます。第 2 種の過誤とは，統計的検定で起こりうるもう 1 つの過ちのことで，「本当は有意差があるのに有意差がないと判断してしまうこと」です。たとえば，有意差があると思われる事象で，有意確率が p=.06 で有意水準 5%より大きかった場合，帰無仮説を棄却できませんが，サンプルサイズが小さかったために有意水準に達しなかっただけかもしれません。

表 3.1.1 統計検定における過誤

真実＼判定	帰無仮説を採択	帰無仮説を棄却し対立仮説を採択
帰無仮説が真	正しい判断 $1-\alpha$	第1種の過誤 α（有意水準）
対立仮説が真	第2種の過誤 β	正しい判断 $1-\beta$（検定力）

(2) 検定力

表 3.1.1 にあるように，第2種の過誤がなく，帰無仮説を棄却し，対立仮説を正しく採択する確率のことを**検出力**または**検定力**（power：$1-\beta$）といいます（**表 3.1.1**）。一般的に .80（$=1-\beta$）以上が適度だとされています。サンプルサイズが小さいと，検定力が低く有意差が出にくくなり，第2種の過誤の危険性が高くなります。逆にサンプルサイズがかなり大きいと，検定力が極端に高くなり少しの差でも有意になる傾向があります。このようにサンプルサイズ・検定力・有意水準は連動しています。

実は，この3つの指標に加えてもう1つ連動するのが，後述する**効果量**（effect size）です。同一のサンプルサイズ・有意水準のとき，効果量が大きいと検定力が高く，有意差が出やすくなります。よって，これらの4つのパラメータのうち3つがわかれば，残りの1つを特定することができます。その性質を利用して，適度な検定力を確保するのに必要なサンプルサイズを検討することができます。これが**検定力分析**（power analysis）です。実験前に行い，どれぐらいサンプルを収集すべきかの検討をつけることができます。あるいは，実験後の効果量を算出してから行うと，適度な検定力を得るのに十分なサンプルサイズであったのかを確認することができます。

表 3.1.2 検定力分析で使用される関数

・t 検定	pwr.t.test(n= , d = , sig.level = , power = , type = “paired” (対応あり), “two” (対応なし)
・相関分析	pwr.r.test(n = , r= , sig.level = , power=)
・分散分析	pwr.anova.test(k = , n = , f = , sig.level = , power=)
・χ^2 分析	power.chisq.test(w = , N = , df =, sig.level = , power=)

※ただし，n＝1群あたりのサンプルサイズ，N＝全体のサンプルサイズ，d・r・f・w＝効果量，sig.level＝有意水準，power＝検定力，k＝群数，df＝自由度

検定力分析は，pwr パッケージにある，**表 3.1.2** のような関数がよく用いられます。

この関数を使って，対応なし t 検定（Section 3−3）の場合のサンプルサイズの検討をつけたいと思います。まず，有意水準は .05，検定力は .80 に設定されることが一般的です。ここで，仮に効果量 .50 ぐらいあるだろうと設定すると，各グループ，64 人のサンプルを集める必要があることがわかります。

図 3.1.1　検定力分析結果

```
> library(pwr)
> pwr.t.test (d = 0.5, sig.level = 0.05,
 power = 0.8, type = "two")
     Two-sample t test power calculation
              n = 63.76561
              d = 0.5
      sig.level = 0.05
          power = 0.8
    alternative = two.sided
NOTE: n is number in *each* group
```

(3) 有意性検定の問題点

統計的検定は確率的に有意かどうかを判断するため，**有意性検定**（significance testing）ともよばれ，広く使用されています。しかし問題点も指摘されており，有意確率だけに結果の解釈を頼るのはよくありません。

その理由として，第一に標本誤差の問題があります。標本は母集団を代表するように無作為抽出することが前提となっていますが，大抵の場合，純粋な意味での無作為抽出を行うことはできません。無作為抽出できたとしても，収集した標本から母集団を推定する場合，推定誤差が含まれています。そのために，母数が含まれていると推定される範囲である信頼区間（1 章 1−3 参照）を明記することが推奨されています。第二に検定力の問題があります。(2) で述べたように，有意性検定の結果はサンプルサイズに大きく左右されます。そこでサンプルサイズに左右されにくい効果量（Section 3−5 参照）を併記することが求められています。

以上のことから，統計的検定における誤差と問題点に対処する方法は，次のようにまとめられます。

①無作為抽出が推測統計の前提になっているので，できるだけ母集団を代表する偏らないサンプリングをする（図 1.1.1 および 1−3−1）。
②標本誤差があるため，母数を含む範囲である信頼区間を報告する（図 1.1.1 および 1−3−1）。
③検定力分析を行って，適度なサンプルサイズの検討をつける。
④サンプルサイズに影響されにくい効果量の結果を併記する（Section 3−5，4 章 4−4）。

3-1-3◆標本分布

母集団の分布には，1 章 1−2−1 で取り上げた正規分布を想定しています。母集団の真の形状はわかりませんので，便宜上ということになりますが，母集団からランダム・サンプリングされた標本それぞれの平均値は，母集団の分布がどのようなものであれ，サンプル数が増えると正規分布に近づいていくことが証明されています（1 章 1−3 参照）。

ここでは，標本の平均が正規分布に従うという性質から導き出された**標本分布**（sampling distribution）

図 3.1.2　χ^2 分布，F 分布，t 分布（横軸はそれぞれ χ^2 値，F 値，t 値，縦軸は確率密度を示す）

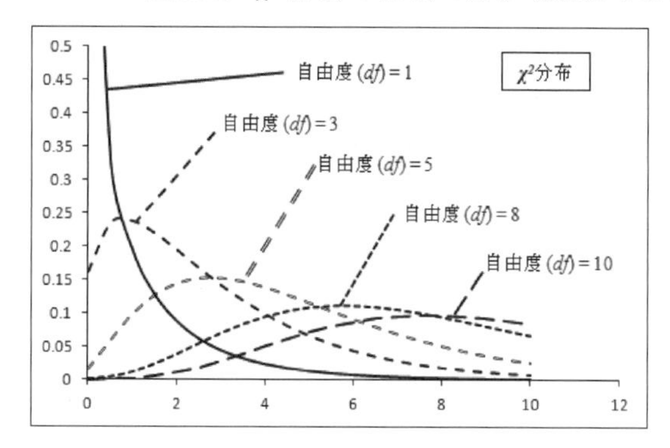

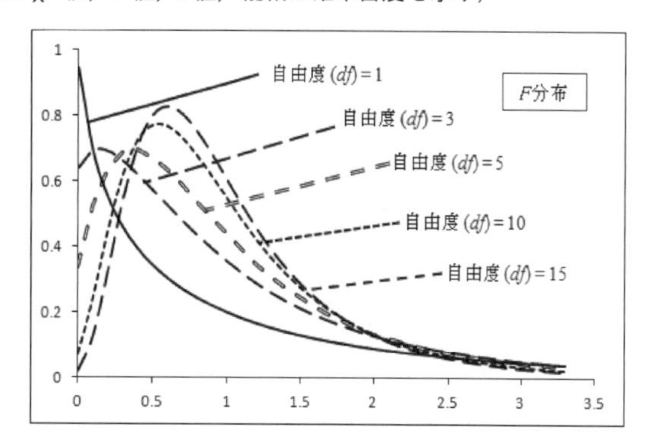

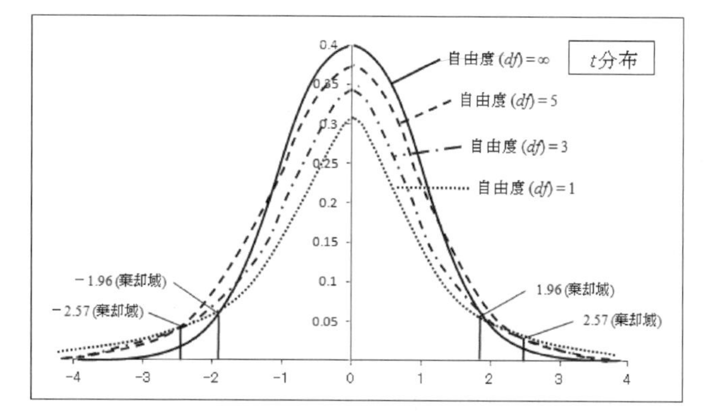

とよばれる確率分布を紹介します。標本分布とは，母集団から理論的に無限回ランダム・サンプリングした場合に求めた統計量が，どのような確率でどのような値をとるのかを，1 回にサンプリングするサンプルサイズ（正確には自由度，*df*）別に分布にしたものです。よく使われる統計量として，χ^2 値，F 値，t 値があり，それらの統計量の標本分布はそれぞれ **χ^2 分布**（chi-square distribution），**F 分布**（F distribution），**t 分布**（t distribution）とよばれています（**図 3.1.2**）。

前述 **3-1-1 (3)** のステップにおいて，集めた標本から目的に合った検定を行って統計量（χ^2 値，F 値，t 値など）を求めます。そして，標本分布（**図 3.1.2**）に照らし合わせて有意確率を算出します。その値があらかじめ定められた有意水準より小さければ，偶然起こる現象ではないと判断し，帰無仮説を棄却します。ただし，R などの統計ツールを使うと有意確率を計算してくれるので，標本分布や，統計値と確率を表にした標本分布表を参照することはありません。

図 3.1.2 に示された標本分布は，それぞれの統計量にもとづいた確率分布であるため，形状は異なりますが，サンプルサイズが大きくなるほど標準誤差が小さくなり，母集団の真の値（母数）に集中した分布

になります。たとえば，本章で参照する t 分布は，サンプルサイズが小さい場合は形状が平らで，大きくなるほど標準正規分布に近づきます。そのため，片側2.5%，両側5%（$p<.05$）の棄却値，すなわち帰無仮説を棄却するかどうかを判断する閾値が小さくなり，t 値が小さくても有意になります。具体的には，**図3.1.2** で示したように，自由度5の t 分布の上側（右側）確率 .025 で棄却できる t 値は2.57（つまり2.57より右側の面積は全体の2.5%）ですが，自由度100で1.98，自由度が無限大（∞）で標準正規分布の z 値と同じ1.96より大きい値であれば棄却できます（1章1-2-1参照）。

また，χ^2 分布は，標準正規分布に従う確率変数をk個取り出したとき，このk個の平方和が従う分布で，χ^2 検定などのノンパラメトリック検定，因子分析（**10章**）や構造方程式モデリングにおけるモデルの適合度の検定などで幅広く利用されています。自由度1の時の χ^2 分布の形状は F 分布に似ており，他の標本分布同様に，自由度が大きくなるにつれて徐々に正規分布の形状に近づいていきます。F 分布は分散分析（**4，5章**）などの分散比の検定に用いられる分布で，2つの異なる正規分布からの標本の2乗値の分布を $\chi_a{}^2$ と $\chi_b{}^2$ 分布とすると，その比 $\chi_a{}^2/\chi_b{}^2$ は F 分布に従います。よってこの分布は，自由度を2つもつことになります。

3-1-4◆両側検定と片側検定

有意確率の算出時に参照する標本分布を見てきましたが，有意であるかどうかを決定する棄却域（有意水準）は分布の上側（右側）と下側（左側）の両方に設定して行う**両側検定**（two-tailed test）が一般的です。5%の棄却域を両側に設定すると，**図3.1.3** に示すように両側2.5%ずつになります。たとえば，グループAとBを比較する場合，それらの平均がA<Bになる場合とA>Bになる場合の両方を仮定し，分布の両側2.5%の有意差の区域を準備します。

これに対して有意差が分布のどちらか一方だけにしか起こらないと予測がつく場合に，分布の片側だけに基準を設定する**片側検定**（one-tailed test）があります。この場合は，**図3.1.3** にあるように，5%水準をそのまま片側のみに設定します。よって，両側検定より小さい値でも棄却域に入るため，有意になりやすくなります。しかし，片側検定では，予想と逆の方向（A>B）でその値が反対側の端2.5%区域だったとしても，有意とはいえなくなってしまいます。したがって，方向性が明らかな場合以外は，通常，両側検定で値を解釈します。

なお，片側検定の有意確率は，両側検定用の有意確率を2で割った値になります。たとえば，両側検定で $p=.052$ であれば有意差なしですが，片側検定では $p=.026$ になり有意水準5%で有意と判断されます。また，$p=.052$ のように有意とならない場合でも，まったく差がないわけではありませんので，正確な p 値は報告します。

図 3.1.3　両側検定と片側検定

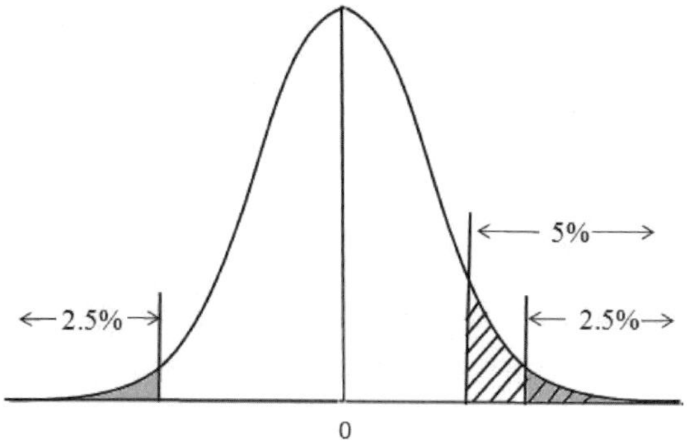

5%
2.5%
2.5%
0

Section 3-2　*t* 検定とは

***t* 検定**（*t* test）は，**図 3.1.2** にある *t* 分布に照らし合わせて，2 群の平均の差を検証する場合に用いるパラメトリック検定です。指導法の違いや学年による体力の違いなど，2 群間を比較する際に使用できます。2 群間を比較する際には，平均値の大小だけで簡単に優劣を判断しがちですが，より正確に比較するには，それぞれのグループの得点のばらつき（分散）を考慮に入れる必要があります。たとえば，**図 3.2.1** の 2 組の分布図は，それぞれ 2 クラスのテスト得点の分布状況を示しています。

図 3.2.1　2 群間の分布の関係

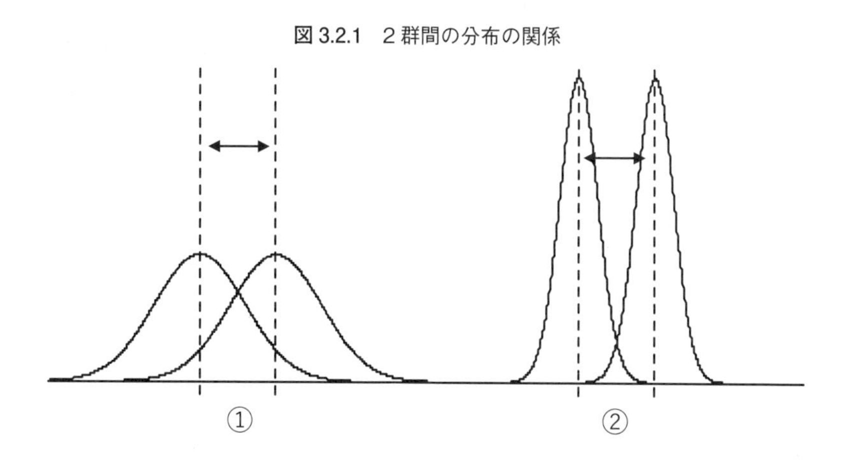

縦線の平均値だけ見ると，どちらの 2 クラスも同程度離れていますが，分布の重なり具合は大きく異なっています。①では，分布の山がなだらかで平均から大きく散らばっているため，得点の重なりが大き

く，平均点の高いクラスの大半の得点が，低いクラスより高いとはいえません。一方，②を見ると，得点が各クラスの平均に集中して，２つの山の重なりはほとんどなく，はっきりと分かれています。t 検定ではこのように２群の平均だけでなく，その分散も考慮して検定されます。

3-2-1◆t 検定の実験計画と前提

(1) t 検定の基本用語

t 検定では，**対応あり**（repeated measures）と**対応なし**（independent measures）という２種類の実験計画（デザイン）を立てることができます。対応あり t 検定では，同じ参加者に異なる２つの条件を与えてその条件間の差を検討します。たとえば，同一参加者の回数や時間による変化をみたりする場合に使用されます。

対応なし t 検定では２通りのデザインが考えられます。１つは異なる性質をもった参加者に同じ条件を与えて，グループ間を比較する場合です。この例としては，前述した学年による体力の違いによる比較などが挙げられます。もう１つのデザインとしては，同じ性質をもった２群に，異なる条件を振り分ける方法です。例としては，異なった指導法を同じ英語力の２クラスに実施する場合などがこのデザインにあたります。

また，２群をそれぞれ**実験群**（experimental group）と**統制群**（control group）とよぶこともあります。何らかの効果を調査したい場合に，その条件を与えるグループが実験群で，その条件を与えないグループが統制群になります。たとえば，薬の効果を調べる場合に，その新薬を与えるグループを実験群とし，対象の薬ではない偽薬を与えるグループが統制群となります。

なお，学年や指導法の違いなど，参加者を分ける条件や原因となる変数を**独立変数**（independent variable）と呼びます。また，テスト得点など独立変数の条件をもとに集めたデータを扱った変数を**従属変数**（dependent variable）とよびます。t 検定では，下記(2)①に示すとおり，従属変数に量的データを扱います。

(2) t 検定を使用する前提

t 検定を使用する際には，以下の前提のもとで分析がなされます。デザインの違いから，対応なし t 検定では，対応あり t 検定にはない前提があります。

①**データの種類**：連続性のある間隔尺度または比率尺度の量的データであること。

②**ランダム・サンプリング**：母集団から無作為抽出され，母集団を十分代表していること。

③**正規性**：ランダム・サンプリングされた標本平均の分布が正規分布に従うこと。正規分布になってい

るかどうかを，ヒストグラム（**1 章 1-3** 参照）などで確認する必要があります。

※正規分布から少々外れている場合：t 検定は正規性に対して**頑健**（robust）で結果が影響を受けにくいため，そのまま t 検定を使います（Field, 2009）。

※正規分布から大きく外れている場合：正規性が仮定されない以下のようなノンパラメトリック検定を使います（8 章参照）。

- 対応あり t 検定→ウィルコクソンの符号付順位和検定（Wilcoxon signed-rank test）
- 対応なし t 検定→マン・ホイットニーの U 検定（Mann-Whitney U test）または，ウィルコクソンの順位和検定（Wilcoxon rank sum test）

●対応なし t 検定で加わる前提

①**等分散性**（homogeneity of variance）：比較する 2 群のデータの分散が等しいこと。これは，それぞれの母分散が等しい集団から抽出されているということです。ただし，t 検定は母分散の等質性に関しても頑健で，特に，グループのサンプルサイズが等しい場合は，分析結果がほとんど歪むことはありません。

2 つの母分散が等しいとする帰無仮説を検証する**ルビーン（Levene）の検定**があります。この検定で有意であった場合は，等分散とはいえませんので，「等分散を仮定しない」**ウェルチの方法**（Welch's method）や**コクラン・コックスの方法**（Cochran-Cox' method）で調整する方法（田中・山際, 1992）を用います。

しかし，R ではデフォルトにウェルチの方法が使われているため，等分散性の検定を行わずに実行することができます。近年では，等分散性を t 検定を連続で行うという多重性の問題を回避できることからも，ウェルチの検定のみを行うことが推奨される傾向があります（鶴田, 2013）。

②**観測値の独立性**：異なった参加者からのデータが独立していること。データがお互いに影響し合い相関が高い場合は第 1 種の過誤が起こりやすくなります。

3-2-2◆t 検定の設定と t 値の算出

t 検定では，下の**式 3.2.1** で示されるような考え方にもとづいて t 値が算出されます。式の分子では「母平均 μ（ミュー）の差（$\mu_1 - \mu_2$）」を推測するのに，「観察観測された標本平均の差（$\bar{x}_1 - \bar{x}_2$）」が使用されます。これは，母平均の不偏推定量になるからです。帰無仮説は，同じ母集団からサンプリングした標本ですので，その差はゼロ（$H_0 : \mu_1 - \mu_2{}^2 = \bar{x}_1 - \bar{x}_2 = 0$）と仮定されます。また分母には，標本平均の差がどれだけ偶然の誤差によって起きるかを推定する標本平均の差の標準誤差の値をおきます。

つまり t 検定では，何らかの効果あるいは原因による標本平均の差の標準誤差のいくつ分ゼロから離れているかを計算することにより，偶然起こる誤差よりどの程度大きいかを調べます。

(式 3.2.1) $$t=\frac{\text{観測された標本平均の差}\ (\bar{x}_1-\bar{x}_2)}{\text{標本平均の差の標準誤差}}$$

これによって求めたt値は,「Aの標本数+Bの標本数−2」で求めた自由度のt分布に従いますので,そこからt値の偶然に起こる確率を求めます。具体的な算出式は,それぞれのt検定のデザインによって若干異なります。

(1) 対応なしt検定(2群間のサンプルサイズが同じ場合)

条件によって参加者が異なる対応なしt検定の場合,2群は,集団として受けた条件による違いに加えて,個人の性質の違い(IQや動機付けなど)も誤差として含まれています。よって,「標本平均の差の標準誤差」は,まず各群の分散を求め(S_1^2/n_1, S_2^2/n_2),次にそれを足してから平方根を算出することで,平均の差の標準誤差を算出します(**式 3.2.2** の分母)。そして最後に,この値で標本平均の差($\bar{x}_1-\bar{x}_2$)を割ります。ここではサンプルサイズが同じですので,n_1とn_2は同じ値が入ります。

(式 3.2.2) $$t=\frac{\bar{x}_1-\bar{x}_2}{\sqrt{\dfrac{S_1^2}{n_1}+\dfrac{S_2^2}{n_2}}} \qquad (df=n_1+n_2-2)$$

(2) 対応なしt検定(2群間のサンプルサイズが異なる場合)

異なる人数の2群間を比較するためには,各群のサンプルサイズの違いを考慮するために,サンプルサイズから1を引いた自由度をそれぞれの分散にかけることで,サンプルサイズの大きい方の値がより大きくなるように重み付けをした**式 3.2.3** ①を求め,それを**式 3.2.3** ②のs_p^2に当てはめてt値を算出します。

(式 3.2.3) ① $$s_p^2=\frac{(n_1-1)s_1^2+(n_2-1)s_2^2}{n_1+n_2-2}$$ ② $$t=\frac{\bar{x}_1-\bar{x}_2}{\sqrt{\dfrac{s_p^2}{n_1}+\dfrac{s_p^2}{n_2}}}$$

(3) 対応ありt検定の場合

対応はt検定では同じ参加者に2条件が割り当てられていますので,分子には1つの集団の2条件の差($\bar{x}_1-\bar{x}_2$)をおきます。分母の差の標準誤差($S_D/\sqrt{n}$)は1つの集団(n)内の2条件の差の分散(S_D^2)から求めます(**式 3.2.4**)。同一参加者間の差であるため,相関が高いほど誤差が小さくなり,対応なしデザインよりも有意になりやすいといえます。

(式 3.2.4)　$$t=\frac{\bar{x}_1-\bar{x}_2}{S_D/\sqrt{n}} \qquad (df=n-1)$$

t 値が求められると，設定した有意水準と自由度から，t 値の棄却域を求めます。そこで t 値がその棄却値より大きければ，帰無仮説を棄却して，2 群間には有意な差があると結論づけます。

では，実際に t 検定を使ってみましょう。

Section 3-3　対応なし *t* 検定

3-3-1◆対応なし *t* 検定の事例と R での操作手順

同質の 2 クラスに異なる語彙指導を用いて授業を行ない，その効果に違いがあるかを，語彙テストを用いて調べます。この場合の帰無仮説は「クラス間の語彙テストにおける得点の平均差はない」となり，それが棄却できるかを検証します。参加者は各クラス 35 名で計 70 名です。クラスによって指導方法が異なりますので，「対応なし」デザインになります。

「対応なし」デザインのデータ［ttest_b.csv］（図 3.3.1）は，2 クラスのデータを［Vocabulary］列に縦に並んでいます。また，［Class］列にクラス A は 1 を，クラス B は 2 を割り当てて入力しています。

図 3.3.1　ttest_b.csv のデータ

	A	B	C
1	ID	Class	Vocabulary
2	1	1	9
3	2	1	6
4	3	1	5
5	4	1	9
6	5	1	8
~~			
66	65	2	2
67	66	2	7
68	67	2	3
69	68	2	3
70	69	2	4
71	70	2	1

【操作手順】

❶［Ch3ttest］という R project（作業ディレクトリ）を作成し，［ttest_b.csv］ファイルをこのフォルダに入れておきます（1-5-2 参照）。

❷［read.csv］を第 1 章（1-7）で説明したいずれかの方法で読み込みます。そして，任意のオブジェクト x にデータが格納されたかを確認します。

```
> x <- read.csv("ttest_b.csv", header =
TRUE) #データの読み込み
> head(x) #データの最初の部分
  ID Class Vocabulary
1  1     1          9
2  2     1          6
3  3     1          5
4  4     1          9
5  5     1          8
6  6     1          5
```

❸続いて，データの特徴をとらえるために，以下のコマンドで箱ひげ図を作成します（図 3.3.2）。［names=］で変数名を指定することができます。with 関数は，（x$ 変数名）の代わりに使えます。

```
> with (x, boxplot (Vocabulary~Class, names = c("A", "B"))) #クラスごとの
語彙得点の図，変数名の指定
```

図 3.3.2 から，クラス A のほうが，全体的に高いことがわかります。

図 3.3.2　箱ひげ図

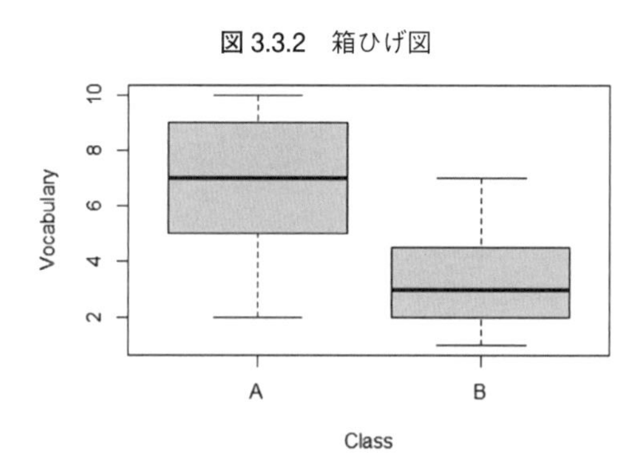

❹次に記述統計を算出するために，1-7-2 のいずれかの方法で psych パッケージをインストールし，library 関数で読み込みます。また，Class 変数がグループ分けに使う変数のため factor 形式に変更しておきます。

※メニュー［Compile Report］で結果ファイル（.html）を作成する場合は，できない場合は，以下のようにインストール先まで指定するとよいでしょう。

```
> install.packages("psych", dependencies = T, repos="https//cran.ism.ac.jp/")
 #1-7-2③の方法でインストール
> library (psych) #パッケージの読み込み
> x$Class <- factor (x$Class) #class データを group 変数の factor 変更
> class(Class)
> class(x[,2]) #変数が factor になったこと確認
```

❺ descriptiveBy 関数を使って，3 列目のデータを Class 変数のグループごとに記述統計を算出します。

```
> describeBy(x[,3], group=x$Class)
 Descriptive statistics by group
group: 1
   vars  n mean   sd median trimmed  mad min max range  skew kurtosis   se
X1    1 35 7.03 2.04      7    7.07 2.97   2  10     8 -0.18    -0.78 0.34
---------------------------------------------------------------------------
group: 2
   vars  n mean   sd median trimmed  mad min max range skew kurtosis   se
X1    1 35 3.46 1.92      3    3.34 1.48   1   7     6 0.53    -0.75 0.32
```

❻ R では，必ずしもこの検定は必要ありません（3-2-1 (2)）が，t 検定の前提である等分散性が満たされているかを確認する方法を説明します。

(1) 等分散性の検定 var.test 関数を使う方法

```
> with(x, var.test(Vocabulary~Class)) #等分散性検定方法1
        F test to compare two variances
data:  Vocabulary by Class
F = 1.1306, num df = 34, denom df = 34, p-value = 0.7225
alternative hypothesis: true ratio of variances is not equal to 1
95 percent confidence interval:
 0.5706946 2.2398814
sample estimates:
ratio of variances
          1.130614
```

(2) ルビーンの等分散性の検定を使う方法

もう一つは，car パッケージにある，leveneTest 関数を使う方法があります。with 関数を使わないで，以下のように書くこともできます。

```
> install.packages("car", dependencies=T) #初回のみ
> library(car)
> leveneTest(x$Vocabulary, x$Class, center=mean) #等分散性の検定
Levene's Test for Homogeneity of Variance (center = mean)
      Df F value Pr(>F)
group  1  0.2811 0.5977
      68
```

どちらの結果も p 値が p-value＝0.7225 と 0.5977（囲み）になっており，5％水準より大きく，2 群に有意な差がなく，等分散であるとみなすことができます。

この検定で有意であった場合は，等分散とはいえませんので，「等分散を仮定しない」ウェルチの方法（Welch's method）等で調整します（3-2-1)。

❼ *t* 検定を行うには，関数 t.test（Vocabulary~Class）を使います。

```
> with(x, t.test(Vocabulary~Class))
        Welch Two Sample t-test
data:  Vocabulary by Class
t = 7.5588, df = 67.745, p-value = 1.414e-10
alternative hypothesis: true difference in means is not equal to 0
95 percent confidence interval:
 2.628537 4.514320
sample estimates:
mean in group 1 mean in group 2
       7.028571        3.457143
```

結果を見ると，*t* 値が 7.559 で，p-value＝1.414e-10 となっていることから，*t* 値が $p<0.001$ で起こる現象であることを意味します。すなわち，0.1％水準で有意差があることがわかります。

※上記に記されている e は指数（exponential）の頭文字で，10 のべき乗を表します。例えば，

1e4（または 1e＋4）$= 10^4 = 10000$

1e-4（または 1e-4）は $10^{-4} = 0.0001$ を表します。

❽効果量（Cohen's d）は，effsize パッケージの中の cohen.d 関数を用いて算出します。結果から，効果量は $d = 1.81$ と十分大きいことがわかります。

```
> install.packages("effsize")
> library(effsize)
> effsize::cohen.d(x$Vocabulary ~ x$Class)
#：：コロン2つ
```

```
Cohen's d
d estimate: 1.806906 (large)
95 percent confidence interval:
   lower    upper 1.240869 2.372944
```

3-3-2◆論文への記載

論文には，図 3.3.2 を掲載するとわかりやすくなります。作成される画像の保存や Word ファイル等への張り付けは以下の方法で行います。

・画像の貼り付け：右下ペインの［Export］→［Copy to Clipboard］

・画像の保存：右下ペインの［Export］→［Save as Image］

また，記述統計量と t 検定の結果も APA マニュアル（Publication Manual of the American Psychological Association, 2020）などに沿った形式に整えて，以下のように報告します。片側・両側検定については，通常，両側検定を報告しますので，あえて言及する必要はありません。

t（自由度）$= t$ 値（検定で得られた統計量），$p =$ 有意確率，$d =$ 効果量（算出されていれば効果量の 95%CI［95%信頼区間の下限，上限］も報告することもあります）

効果量の d 値は，ここでは指導法によるテスト得点の差の大きさを示しており，有意確率だけでなく，この効果量の解釈も重要になります。

■記載例

異なる指導法を実施したクラス A とクラス B の語彙テストの平均点は，7.03（$SD = 2.04$）と 3.46（$SD = 1.92$）でクラス A の平均の方が高かった。t 検定を使って比較した結果，$t(68) = 7.56$, $p < .001$，$d = 1.81$［95%CI = 1.24, 2.37］で，クラス A のほうが統計的に有意に語彙テストの成績が高くなっていることがわかった。また，効果量（Cohen's d）もかなり大きく，クラス A で使用した指導法のほうがより効果があると考えられる。

Section 3-4　対応あり t 検定

3-4-1◆対応あり t 検定の事例と R での操作手順

クラス A の生徒 30 名を対象に，一学期と二学期に書かせたエッセイ（30 点満点）を比較し，ライティング力が上がっているかどうかを検証します。この場合の帰無仮説は，「一学期と二学期に行ったエッセイ得点に差はない」となります。

R の場合は必ずしもデータをワイド型に並べる必要はありませんが，今回は対応ありデザインとわかるように，同一参加者のデータ［ttest_w.csv］を同じ行に並べています（図 3.4.1）。

【操作手順】

❶作業ディレクトリにデータ［ttest_w.csv］を入れておきます。新規 R スクリプトを開き，データを読み込みこみ，任意のオブジェクト x に入れます。

```
> x <- read.csv("ttest_w.csv", header = TRUE)
> head(x) #データのヘッドを表示して確認
  ID First Second
1  1    18     30
2  2    18     29
3  3    17     30
4  4    15     27
5  5    14     28
6  6    14     27
```

図 3.4.1　対応ありデータ

	A	B	C
1	ID	First	Second
2	1	18	30
3	2	18	29
4	3	17	30
5	4	15	27
6	5	14	28
7	6	14	27
～			
27	26	10	10
28	27	9	10
29	28	9	9
30	29	9	9
31	30	9	9

❷ psych パッケージにある describe 関数を用いて記述統計を算出します。結果から，一学期の 12 点から，二学期は 17.57 点と上がったことがわかります。（psych のインストールが必要な場合は，3-3-1 ❹を参照）

```
> library(psych) #パッケージの読み込み
> describe(x[,c(2,3)]) #記述統計
       vars  n  mean   sd median trimmed  mad min max range skew kurtosis   se
First     1 30 12.00 2.46   11.5   11.67 2.22   9  18     9 1.02     0.37 0.45
Second    2 30 17.57 7.05   15.5   17.12 5.93   9  30    21 0.54    -1.24 1.29
```

❸対応のある t 検定では，対応なしの場合と同じ t.test 関数を使用しますが，paired = T（または TRUE）とします。

以下の結果の出力から，$t(29) = -6.309$，$p<.000$ となっており，0.1％水準で二学期の方が有意に高くなっているといえます。

```
> with(x, t.test(First, Second, paired = T)) # 対応あり ttest
        Paired t-test
data:  First and Second
t = -6.3087, df = 29, p-value = 6.853e-07
alternative hypothesis: true difference in means is not equal to 0
95 percent confidence interval:
 -7.371322 -3.762011
sample estimates:
mean of the differences
              -5.566667
```

❹続いて，オプションで，［paired = T］とし，効果量を算出すると，$d=0.42$ となっています。

```
> library(effsize)
> effsize::cohen.d(x$Second, x$First, paired = T)
Cohen's d
d estimate: 0.4211417 (small)
95 percent confidence interval:
    lower     upper
0.2817175 0.5605660
```

3-4-2◆論文への記載

論文には，記述統計（❸），t 検定の結果と効果量 Cohen's d を報告します。

■記載例

クラスＡの生徒30名を対象に，一学期と二学期の２回にわたってエッセイテスト（30点満点）を行い，平均点と標準偏差がそれぞれ12.0（2.46）と17.57（7.05）であった。対応あり t 検定で，そのライティングの伸びを調べた結果，$t(29) = -6.85$，$p<.001$，$d=0.42$［95％CI＝0.28, 0.56］と，0.1％水準で有意に伸びていることがわかった。効果量は d＝0.42 と，その効果は小から中程度であった。

Section 3-5 t 検定で使用される効果量

t 検定の算出方法を説明してきましたが，それらの結果の報告に，有意確率に加えて効果量の報告が重要になります。なぜならば，効果量は，有意性検定のように平均値を比較してその差が確率的に有意か有意でないかと白黒つけるのではなく，その平均の差そのものの大きさ，つまり，変数間の効果の大きさを量的に表した統計量で，貴重な情報を提供してくれるからです。

また，効果量と有意性検定に用いる検定統計量は，「検定統計量＝効果の大きさ×標本の大きさ」という関係にあります。この関係性から，有意性検定は効果量を無限（つまり一定に）した場合，サンプルサイズが大きいほど有意になりやすくなります。よって，サンプルサイズに影響されにくい効果量も参考にして，結果を解釈することが大切です。また，効果量は標準化した値を求めるため，複数の研究の結果を効果量に変換すると，一律に比較することが可能であるため，複数の研究を統合するメタ分析にも使用されます。

効果量を表す指標は数多くありますが，2つのグループ間の効果量を示す指標には，大きく分けて以下の2種類があります。どちらの種類の効果量も，絶対値が大きいほど効果は大きいことを意味します。

(a) 標準化平均値差効果量指標（平均値の差を標準偏差で割った値）

(b) 相関効果量指標（2変量の積率相関による指標）

3-5-1◆標準化平均値差効果量指標

標準偏差を単位として，2群間の**標準化された平均値差**（standardized mean difference）の指標となります（南風原，2002）。つまり，この場合の効果量は，基本的に2群の平均の差がどれだけあるのかを標準偏差をもとにして表しています（吉田，1998）。なお，条件や考え方によって，**式 3.5.1**，**式 3.5.2**，**式 3.5.3** の標準偏差の算出方法が若干異なります（Borenstein et al., 2009；Cohen, 1988；Hedges, 1981；Hedges & Olkin, 1985）。

①コーエンの d（Cohen's d）：標本分散を用いた効果量

d 値は，標本分散を使用して求めた標本効果量指標になります。**式 3.5.1a** の分母はプールした標本分散を示しており，2群の標本分散をそれぞれのサンプルサイズで重み付けして平均をとることによって，2群の違いを考慮に入れた分散になっています。それを平均値差で割ることによって，d 値を求めています。各群のサンプルサイズが同じ場合は**式 3.5.1b** で導かれます。

（式 3.5.1a）
$$d=\frac{(\bar{x}_1-\bar{x}_2)}{\sqrt{\dfrac{n_1 s_1{}^2+n_2 s_2{}^2}{n_1+n_2}}}$$

（式 3.5.1b）　2群のサンプルサイズが同じ場合
$$d=\frac{(\bar{x}_1-\bar{x}_2)}{\sqrt{\dfrac{s_1{}^2+s_2{}^2}{2}}}$$

②ヘッジのg（Hedges'g）：不偏分散を用いた効果量

g 値は不偏分散を使用することによって d 値より正確に母集団の効果量を推定しようとする指標です。各グループのサンプルサイズが小さい場合（20以下）は，こちらを使用したほうがより正確ですが，サンプルサイズが十分であれば，g 値と d 値はほとんど変わりません（Hunter & Schmidt, 2004；大久保・岡田, 2012）。また，この式を d として報告している場合もあります。

（式 3.5.2）
$$g=\frac{(\bar{x}_1-\bar{x}_2)}{\sqrt{\dfrac{(n_1-1)s_1{}^2+(n_2-1)s_2{}^2}{(n_1+n_2)-2}}}$$

③グラスのデルタ（Glass's Δ）：統制群と実験群を設定した場合の効果量

Δ値は，平均値と標準偏差のみを使って算出できる指標です。実験による影響を受けない統制群は，より母集団を代表していると考えられるため，こちらの標準偏差だけを式の分母として使用し，実験群との差の効果の大きさを表すことができます（大久保・岡田, 2012）。

（式 3.5.3）
$$\Delta=\frac{\bar{x}_1-\bar{x}_2}{S_2}$$
（ただし，S_2＝統制群の標準偏差）

効果量 d, g, Δの大きさの目安：0.20（小），0.50（中），0.80（大）（Cohen, 1988）

※Cohen（1988）は，あくまでも目安であり，0.50付近であれば「中程度の効果がある」，0.65であれば「中から大の効果がある」などと考えるとよいでしょう。

※効果量は1.0を超えることもあり，たとえば，$d=1.5$ という大きな効果量の場合は，2群の平均値が標準偏差の1.5倍離れていることを示しています。つまり，効果量が大きいほど，2群の平均値差が開き，分布の重なりが小さくなります（詳しくは大久保・岡田, 2012；吉田, 1998参照）。

※t 検定や多重比較によるペアごとの比較に使用できる効果量指標を紹介しましたが，上記3つの式の呼び名が文献によって異なる場合があります。

④実証的研究にもとづく効果量

近年では，より実証的に算出された目安も使われることが多くなってきています。Plonsky & Oswald（2014 p.889）は，実証研究やメタ分析を行った文献を集め，再度メタ分析を行い，研究分野別および研究デザイン別に効果量を算出しました。そして，そこで得られた効果量の第一四分位（25%），中央値（50%），第三四分位（75%）にあたる値を，それぞれ効果量小・中・大の解釈の目安としました。たとえば，第二言語研究（L2 research）分野については以下の目安が提唱されています。

(1) 第二言語研究分野における効果量の目安

a. 参加者間の差（between-groups contrasts）の効果量 d の大きさの目安

0.40（小），0.70（中），1.00（大）

b. 参加者内の差（within-groups contrasts/pre-postdesigns）の効果量 d の大きさの目安

0.60（小），1.00（中），1.40（大）

c. 相関係数による効果量（correlation coefficient effect sizes）r の大きさの目安

0.25（小），0.40（中），0.60（大）

(2) 社会科学分野別の効果量

さらに，Plonsky & Oswald（2014 p.890）は，研究分野別に算出した効果量の平均の結果から，研究が細分化し，その中での効果量を出している分野ほど，効果量は小さく算出される一方で，比較的新しい第二言語研究分野は大きく算出されるのではないかと解釈しています。

a. 参加者間の差（between-groups contrasts）の平均効果量 d（括弧内は SD）

分野	平均効果量
第二言語研究	0.69（0.55）
教育	0.40（0.13）
心理的，教育的，行動実験	0.47（0.29）
教育工学	0.35（0.21）

b. 相関係数による効果量 r

分野	効果量
第二言語研究	0.46（0.24）
社会心理	0.21（0.15）

3-5-2◆相関効果量指標

変数間の関係の強さ（あるいは大きさ）を示す効果量であり，相関係数にもとづいて算出します。t 検定における効果量 r は，t 値と自由度（df）を用いて以下の**式 3.5.4** で求められます。この r は分散分析からも**式 3.5.5** を使って求めることができます。また，この式によって求めた効果量 r を 2 乗した η^2（イータ 2 乗）は，第 4 章で扱う分散分析の効果量（**4-4** 参照）として使われています。

（式 3.5.4）　$r=\sqrt{\dfrac{t^2}{(t^2+df)}}$

（式 3.5.5）　$r=\sqrt{\dfrac{F(1, df_{\mathrm{Error}})}{F(1, df_{\mathrm{Error}})+df_{\mathrm{Error}}}}$

効果量 r の大きさの目安：0.10（小），0.30（中），0.50（大）

※t 検定では，g 値と d 値の利用が多く見られますが，それ以外に，さまざまな条件の研究を比較するうえで，より母集団の推定値に近いと思われる g 値や解釈が容易な r 値がメタ分析などでよく使われます。また，r 値はノンパラメトリック検定でも使えます。

以上ここで挙げた（a）標準化平均値差効果量指標と（b）相関効果量指標は，基本的に対応ありと対応なしのデータ両方について，同じ方法で効果量を求めることができます。しかし，対応ありデータに対しては，対応のあるデータ間の相関係数を考慮して調整を行い，効果量を算出しているものもあることに注意してください（水本・竹内，2008）。

※Effect size calculation sheet（http://www.mizumot.com/stats/effectsize.xls）（水本，n.d.）を用いると Excel で簡単に効果量を算出することができます。

Section 3-6　ベイズでやってみよう

3-6-1◆t 検定代替用のベイズ因子の手法

ベイズ統計を使って平均差を検討する方法は多岐に渡ります。たとえば，第２章にて紹介したベイズ因子の方法で分析することもできますし，ベイジアンモデリングの要領によって独自のモデルを構築することもできます。

ここでは，比較的簡易的かつ広く使用されている前者のベイズ因子の枠組み，特に BayesFactor パッケージを使用した方法を紹介します。BayesFactor パッケージを使用すると，前節までで紹介した t 検定に代わるベイズ因子の手法（Rouder, et al., 2009；Morey, et al., 2011；Morey and Rouder, 2011）で分析することができます。

3-6-2◆ベイズ因子による t 検定代替分析手順

（1）最初に，２群の平均差および，標準化された２群の平均差が０であるとする帰無仮説相当のモデルと，平均差が0ではないという対立仮説相当のモデルを立てます。

(2) 次に，この標準化された平均差の事前分布として，**位置母数**0そして**尺度母数**（r）をもつ**コーシー分布**を仮定します。それぞれの用語に関しては以下の通りです。

・「コーシー分布」：裾の重い連続確率分布の1つで，しばしば稀な現象のモデルやベイズ統計における事前分布などに使用されます。

・「位置母数」：確率分布の中心傾向を規定する母数（2章参照）のことです。事前分布として位置母数が0とは，標準化された平均差の事前分布は，0を中心とするということです。

・「尺度母数」：散布度を規定する母数のことです。「尺度母数r」の値を指定することで，標準化された平均差の値のばらつきの程度を表現できます。事前分布として，より大きな確率で0周辺の値を取るだろうと考えるときは，この尺度母数の値を小さく，逆に非常に大きな値を取る確率も高いと考える場合は，尺度母数の値を大きく設定します。

(3) BayesFactorパッケージでは，事前分布に関して，種類を設定することはできませんが，尺度母数を設定することができます（詳細は次節3-6-3)。デフォルトは，$r=\frac{\sqrt{2}}{2}=0.707\cdots$となっており，これは，あくまでも目安ですが，中程度の広さを与える設定となります。また，観測値のばらつきに対しては，Jeffryesの事前分布を設定しており，t検定を代替するベイズ統計手法としては，最も頻繁に使用されるものです。ここでは，これら一連の設定をJZS事前分布（2章参照）としています。

(4) BayesFactorパッケージでは，上記の設定で，帰無仮説相当のモデルと対立仮説相当のモデルにおける周辺尤度の比を求め，ベイズ因子の値を返すttestBF関数を使用します。

3-6-3◆ベイズ因子によるt検定の実行（対応なし）

では，実際に分析してみましょう。

❶まず，RにおけるBayesFactorパッケージをインストールします。そして，ttestBF関数を使用して，以下のように記述します。対応なしのt検定の場合，特別な情報がなければ，事前分布の設定をデフォルトとします。

```
> x <- read.csv("ttest_b.csv") #Section 3-3で使用したデータの読み込み，xに格納
> head(x) #データの確認
> install.packages("BayesFactor", dependencies=T, repos=" https://cran.ism.ac.jp",
> dependencies =T) #BayesFactorパッケージのインストール
> library(BayesFactor)
```

```
> BayesFactor::ttestBF(formula = Vocabulary~Class, data = x) #ベイズ因子による ttest
Bayes factor analysis
--------------
[1] Alt., r=0.707 : 51689022 ±0%
Against denominator:
  Null, mu1-mu2 = 0
---
Bayes factor type: BFindepSample, JZS
```

❷出力結果の解釈

対立仮説相当のモデル［Alt.］と書いてある行が，ベイズ因子の値を示しています。ここでは，デフォルトの事前分布［r=0.707］の下で，帰無仮説相当のモデル［Null, mu1-mu2 = 0］に対して，対立仮説相当のモデルがおよそ5000万倍［51689022 ±0%］もっともらしいという結果を示しています。また，［±0%］は，計算誤差範囲を表しています。

以上の数値は，Jeffryesによるベイズ因子の値の目安（**2章表2.4.1**参照）から，平均差および標準化平均差は0ではないと推測することは，妥当だといえます。

❸続いて，上記の逆の「平均値が等しい」といった帰無仮説相当の方に関心がある場合を考えてみます。

ベイズ因子では，対立仮説相当のモデルと帰無仮説相当のモデルを同等に扱うことができます。帰無仮説相当のモデルのベイズ因子を知りたいときは，対立仮説相当のモデルに対する帰無仮説相当のモデルのベイズ因子を，以下の［1/bf］のように簡易的に求めることができます。

```
> bf<-BayesFactor::ttestBF(formula=Vocabulary~Class,data= x)
> 1/bf
Bayes factor analysis
--------------
[1] Null, mu1-mu2=0 : 1.934647e-08 ±0%
Against denominator:
  Alternative, r = 0.707106781186548, mu =/= 0
---
Bayes factor type: BFindepSample, JZS
```

❹今回の出力は，先程の出力と反対になっています。最初に表示されるのが帰無仮説相当のモデルになっていることが確認できます。［=/=］という記号は，“not equal to”を表し，「≠」の簡易的表記です。結果は，限りなく小さい値［1.934647e-08 ±0%］を取りますから，帰無仮説相当のモデルは妥当ではないことがわかります。

3-6-4◆事前分布を変更する

事前分布の設定として，ttestBF関数では，“medium”，“wide”，“ultrawide”という3つのオプションを指定することができます（**図 3.6.1**）。デフォルトでは“medium”が指定されていますが，より広い分布となる尺度母数を指定することもでき，“wide”に相当する $r=1$ もよく使用される設定です。

図 3.6.1　事前分布の設定の例

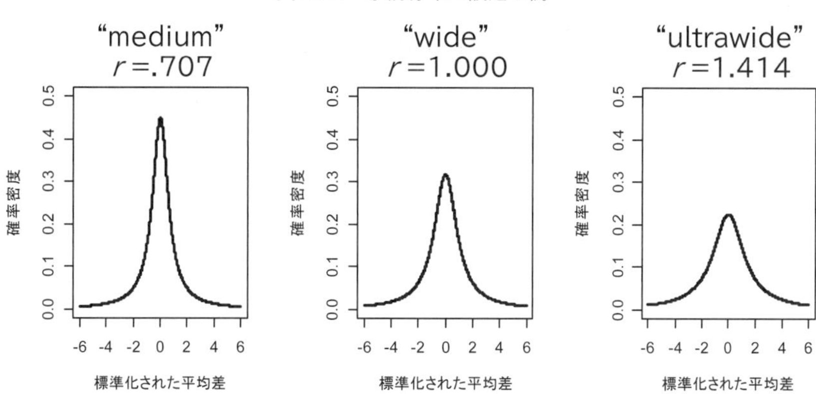

たとえば，標準化された平均差の値について，0 付近よりも，相対的に高いまたは低い値を取ることが予想される場合には，広い事前分布を与えることが妥当でしょう。たとえば，より広い事前分布を与える“ultrawide”に設定してベイズ因子を求めるには，以下のように，[rscale=] というオプションを使います。

```
> bf<-BayesFactor::ttestBF(formula=Vocabulary~Class,
data=x,
rscale="ultrawide")
> bf
Bayes factor analysis
--------------
[1] Alt., r=1.414 : 71671928 ±0%
Against denominator:
  Null, mu1-mu2 = 0
---
Bayes factor type: BFindepSample, JZS
```

この結果においても，およそ 7,000 万倍程度対立仮説相当のモデルがもっともらしいと推測できます。**3-6-3 ❶**の結果と比べてわかるように，事前分布の設定を変えると，ベイズ因子の値が変わります。事前分布を狭くするということは，「効果が大きいことはないだろう」という仮説や信念を表しており，事前分布を広くする場合は「どんな値を取るかわからない」ということを表しています。

しかし，恣意的に研究結果として都合のよいような事前分布を後付けで変えることには問題があります。よって，事前分布の設定に関して明確な根拠を持たない場合には，(a) ソフトウェアなどのデフォルトとして使用される設定にする，(b) 統計的に望ましい性質をもつとされる設定にする，あるいは，(c) 十分に不確実性を反映できるような広い事前分布を使用することなどがよいでしょう。そして，論文を執筆する際に，事前分布の設定について明確に記述します。

3-6-5◆簡易的なマルコフ連鎖モンテカルロ法によるベイズ推定

次に，第2章で紹介した，簡易的にメトロポリス・ヘイスティングズ法によるマルコフ連鎖モンテカルロ法を使用して，分析に使用される母数の事後分布に近似するMCMCサンプルを得る方法を説明します。

❶前節と同じ ttestBF 関数を使用し，posterior オプションを TRUE にし，Iterations 数に得たい MCMC サンプル数を指定します。ここでは 10,000 にします（**2章表2.3.1** 参照）。

※このモデルは比較的シンプルなため，バーンイン区間は0，間引き区間なし，チェイン数1と設定します。マルコフ連鎖モンテカルロ法は，実行するたびに毎回同一のサンプルが得られるとは限りません。

```
> mcmc1<-ttestBF(formula=Vocabulary~Class,
data=x,
posterior=TRUE,
iterations=10000)
```

❷マルコフ連鎖モンテカルロ法の推定が終わると，summary 関数を使用することで結果をまとめます。

```
>summary(mcmc1)
Iterations = 1:10000
Thinning interval = 1 #
Number of chains = 1 #
Sample size per chain = 10000
1. Empirical mean and standard deviation for each variable,
   plus standard error of the mean:
                Mean       SD Naive SE Time-series SE
mu             5.239   0.2404 0.002404       0.002404
beta (1 - 2)  3.450   0.4846 0.004846       0.005105
sig2           4.080   0.7232 0.007232       0.007824
delta          1.728   0.2872 0.002872       0.003152
g             26.348 654.3740 6.543740       6.543740

2. Quantiles for each variable:
                2.5%    25%   50%   75%  97.5%
mu            4.7652 5.076 5.237 5.403  5.709
beta (1 - 2) 2.4757 3.128 3.450 3.785  4.391
sig2          2.9115 3.565 4.001 4.500  5.725
delta         1.1684 1.534 1.727 1.924  2.282
g             0.4037 1.199 2.472 6.097 64.710
>plot(mcmc1[,4]) #4列目が標準化された平均差の MCMC サンプルが格納されているため，4列目を指定する
```

❸また，plot 関数を使って，標準化された平均差のトレース図と事後分布の概観を可視化します（図 3.6.2）。

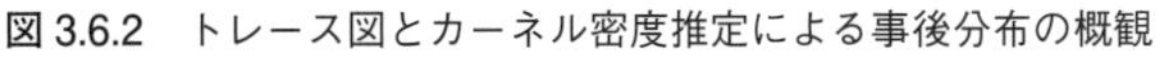
図 3.6.2　トレース図とカーネル密度推定による事後分布の概観

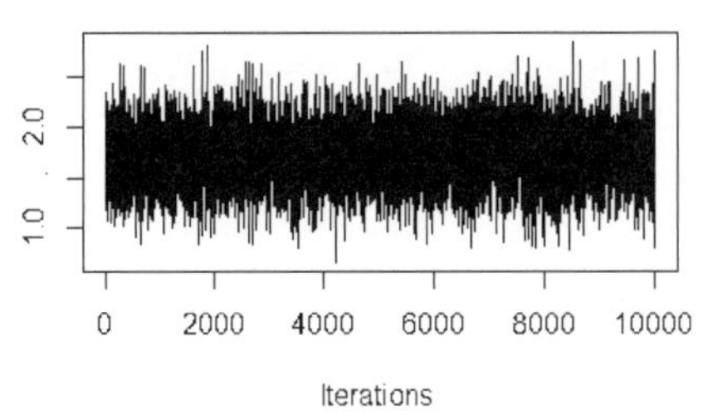

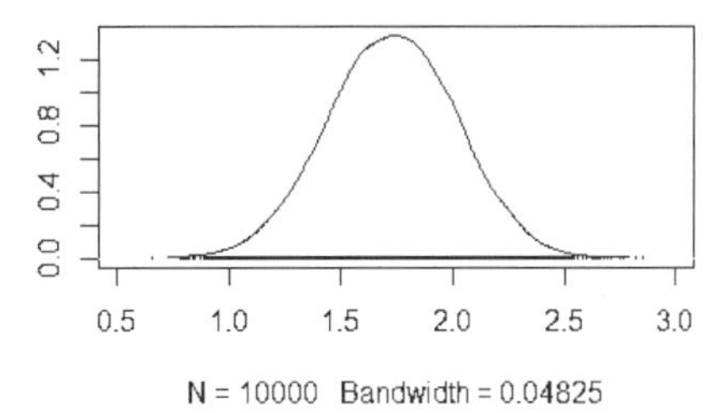

❹出力結果の読み取り

summary 出力を見ると，最初に，マルコフ連鎖モンテカルロ法における設定が表示されています。次に，出力 1 の欄にモデルで使用されている母数が示されています。順に，平均差［mu］，基準となる群の平均［beta］，両群における分散［sig2］，標準化された平均差［delta］，標準化された平均差におけるばらつき［g］を表す母数が表示されます。研究の応用上は，delta に着目するとよいでしょう。

そして，横列には，それぞれの母数における MCMC サンプルから得られた要約量がまとめられています。EAP［mean］と事後標準偏差［sd］（**2 章**，p.45）に加えて，［naïve SE］は，単純な標準誤差に相当するもので，事後標準偏差をサンプル数，この場合チェイン数と MCMC サンプル数の積の根で割って求められます。［Time Series SE］は，単純な事後標準偏差ではなく，マルコフ連鎖の時系列性を考慮した計算によって求められるもので，標準誤差を報告する場合は，こちらを使用するとよいでしょう。

続いて，出力 2 の表には MCMC サンプルを順に並べたときの順序統計量が示されています。［2.5%］点，［97.5%］点は，95%ベイズ信用区間の下限と上限に相当します。その他，第一四分位［25%］，中央値［50%］，第三四分位［75%］を示し，この中央値は MED 推定量に相当します。たとえば，標準化された平均差に相当する delta の値を見ると，EAP が 1.73 であり，2.5%下限であっても 1.17 程度の値を取りますから，標準化された平均差の値が 0 であるとは考えにくいことがわかります。また，この値の 95%ベイズ信用区間は［1.17，2.28］であるため，およそ標準化された平均差が取る値の範囲としてこの範囲を想定できます。

3-6-6◆論文への記載

■記載例

異なる指導法を実施したクラスAとクラスBにおける語彙テストの平均点を検討するため，群間における標準化された平均差が0に等しいとするモデル（M_0）と，この対応仮説相当のモデル（M_1）を構築した。標準化された平均差を $\delta(=\frac{\mu_1-\mu_2}{\sigma})$ とすると，$M_0: \delta=0$ および $M_1: \delta \neq 0$ と形式化できる。これらのモデルに対して，ベイズ因子による推定を行うため，JZS事前分布として知られるモデル化と事前分布の設定を採用した。M_1 において，δ の事前分布であるコーシー分布の尺度母数は，RパッケージBayesFactorのディフォルトの設定である $r=0.707$ とした。

その結果，M_1 の M_0 に対するベイズ因子（BF_{10}）の値は51,689,022であり，このことから M_1 が M_0 よりも相対的にもっともらしいモデルであると推論した。

なお，メトロポリス・ヘイスティングズ法を使用し，マルコフ連鎖モンテカルロ法によるベイズ推定を，MCMCサンプル数10000，間引き区間なし，チェイン数1という設定下で行ったところ，δ のEAPは1.73，事後標準偏差は0.29であった。また，危険率5%のベイズ信用区間は，[1.17, 2.28]と0を含んでおらず，クラスAに行った指導法Aの一定の効果を認めることとした。

3-6-7◆ベイズ因子による t 検定の実行（対応あり）

ここまでは対応なしの場合を分析しましたが，対応ありの場合も，以下のように paired オプションを使うことで対応ありの分析を同様に行うことができます。

```
BayesFactor::ttestBF(x$First, x$Second
paired=TRUE)
factor analysis
--------------
[1] Alt., r=0.707 : 25041.1 ±0%
Against denominator:
  Null, mu = 0
---
Bayes factor type: BFoneSample, JZS
```

4章 分散分析

3グループ以上の平均を比較する

Section 4-1 分散分析とは

第3章で扱ったt検定は，2群の平均値を比較する場合に使う手法でした。しかし，実際の実験では，成績の上位・中位・下位群と3群に分けて実施した指導法の効果を検証したり，薬の投与実験においてプラシーボ（偽薬）群以外に複数の実験群を設定したりと，3群以上のグループを一度に比較することが多いのではないでしょうか。比較したいグループを一度に実験に組みこむことで，より正確な比較が可能になるだけでなく，実験効率もよくなります。このような3群以上の平均値を比較する場合に使用する方法のひとつが**分散分析**（analysis of variance：ANOVA）です。分散分析は，実にさまざまな実験デザインに対応しているため，最も広く使用されている検定手法の一つです。

4-1-1◆検定の多重性

3群以上の比較のために2群の比較に使用するt検定を使って，すべてのグループの組み合わせで検定したとしても，分散分析と同様の分析を行うことができます。しかし，第1種の過誤（**3章3-1-2**参照）の問題が生じるために通常は使用しません。検定の繰り返しによって，第1種の過誤の確率が上がることを，**検定の多重性**（multiplicity）とよびます。

表4.1.1に示すように，たとえば，3群間の差を調べるために，t検定を3回くり返すとしましょう。その場合，「本当に差がない場合に，正しく差がないと判定する確率（$1-\alpha$）」（検定力）を95％に設定しても，実際には約86％（$=0.95^3\times100$）になってしまいます。これは言い換えると，有意水準（危険率）を5％に抑えているつもりでも，14％（$=100-86$）まで甘くしていることになり，第1種の過誤を犯す可能性が高くなってしまいます。よって，原則として同一データに対する検定は，できる限り何度も分けて検定を行わないようにし，必要な場合は後述する**ボンフェローニ**（Bonferroni）による有意水準の調整など適正な処理を行う必要があります（**表4.1.1**参照）。

表 4.1.1　t 検定による検定の多重性の問題

分析方法	正しい判断をする確率（$1-\alpha$）	危険率（α）
t 検定	A–B 間 95%（0.95）に設定 A–C 間 95%（0.95）に設定　} $0.95^3=0.86$ B–C 間 95%（0.95）に設定 86%	$1-0.95^c$（c は検定をくり返す回数） （$1-0.86=0.14$） 14%
分散分析	グループ A，B，C 間同時に比較 95%	グループ A，B，C 間同時に比較 5%

注．有意水準が 5% の場合

4-1-2◆分散分析の基本用語

分散分析を使用する前に，基本的な用語を確認しておきましょう。

◎**従属変数**：要因から影響を受ける変数。変量ともいう。

◎**要因**（factor）：独立（または条件）変数のこと。従属変数に影響を与える。

◎**水準**（level）：要因に設定する条件グループ。

- **対応あり要因**：異なる水準に同じ参加者を割り当てた**被験者内要因**（within-subjects factor）のこと。その要因で構成された計画を**被験者内計画**（within-subjects design）または反復測定とよぶ。
- **対応なし要因**：異なる水準ごとに異なる参加者を割り当てた**被験者間要因**（between-subjects factor）のこと。その要因で構成された計画を**被験者間計画**（between-subjects design）とよぶ。

◎**混合計画**（mixed design）：対応あり要因と対応なし要因の両方が含まれる実験計画。

◎**変動要因**（source of variance）：変動する（分散が生じる）因子。分散分析によっていくつかの変動要因に分けられる。

4-1-3◆分散分析の前提

分散分析は検定統計量 F と F 分布（3 章 3-1-3）を使って行うパラメトリック検定です。よって，t 検定の場合と同様に，パラメトリック検定に関わる前提として，ランダム・サンプリングした間隔尺度または比率尺度の連続データを扱います。それに加えて，（1）分布の正規性，（2）分散の等質性，（3）観測値の独立性を仮定しています。また，対応あり要因に関わる（4）球面性の仮定があります。これらの前提に関しては，**3 章 3-2-1** でも説明していますので，ここでは分散分析に関わる留意点を挙げておきます。

（1）**正規性**：各グループのサンプルサイズが同じであれば，頑健性があります。

(2) **等分散性**：各グループの観測値（従属変数）の母集団分布が正規分布しているという前提があります。但し，各グループのサンプルサイズが同じであれば，頑健性があります。

①分散分析で利用しやすい等分散性の検定方法

◎**ルビーン（Levene）の検定**：対応なし要因の分析の際，「従属変数のグループ間の分散が等しい」という帰無仮説を検定します。サンプルサイズが大きいと有意になりやすいため，有意になった場合は次の分散比でも確認します。逆にサンプルサイズの大きいグループの分散が大きく，小さいグループの分散が小さい場合は，有意になりにくい特徴があります。**car** パッケージにある leveneTest 関数によって実行することできます。この検定と同様に，バートレット（Bartlett）検定（bartlett.test 関数）も，3 群以上の分散が等しいかを同時に検定することができます。

◎**ハートレイ検定（Hartley's F_{Max}）**：**分散比**（variance ratio）の検定または ***F* 検定**ともよばれ（※分散分析に使われる *F* 検定と計算は異なります），最大の分散グループを最小の分散グループで割って求める方法です。1 グループのサンプルサイズが 10 未満の場合で分散比が 10 倍未満（$F_{Max}<10$）であれば許容範囲になります。また，15～20 で 5 倍未満，30～60 で 2～3 倍までなら許容範囲といえます（Field, 2009）。

②等分散性が棄却された場合の対処法

各グループのサンプルサイズが異なり，ルビーンの検定結果が 5% 水準で有意であれば，等質性が満たされてないと判断し，以下の対処法をとります。

◎**ウェルチ（Welch）の検定あるいはブラウン・フォーサイス（Brown-Forsythe）の検定**：ウェルチの検定は，t.test 関数（**3 章 3-3-1**）で実行することができます。ブラウン・フォーサイス検定は，正規性の逸脱に対してより頑強な結果を返すように，ルビーン検定を修正した手法で，パッケージ lawstat に実装されています。

◎**対数変換**：データを変換して歪みをやわらげます（Field, 2009 p.154 参照）。

◎**ノンパラメトリック検定**：サンプルサイズが小さい場合，外れ値を削除したくない場合，および修正できない極端なデータの崩れがある場合などは，間隔尺度データを順序尺度データとして扱う以下のノンパラメトリック検定に変更します（8 章参照）。

・対応なし分散分析→クラスカル・ウォリス検定（Kruskal-Wallis test）

・対応あり分散分析→フリードマン検定（Friedman's test）

(3) **観測値の独立性**：異なった参加者のデータが独立していないと，第 1 種の過誤が起こる可能性が非常に高くなります（Scariano & Davenport, 1987）。

(4) **球面性（sphericity）の仮定**：反復測定（対応あり要因）の場合は，同一参加者に対して複数回のデータをとるため，データの独立性を保つことは難しくなります。そのため，対応あり要因の水準間の差の分散が等しいという前提を満たす必要があります。水準数が２の場合は水準間の差の分散が１つなので，水準の組み合わせによって異なるということはないので，常に球面性が成り立ちます。つまり，反復測定の水準数が２のときは，以下の球面性検定が算出されません。

◎**モークリー（Mauchly）の球面性検定**：対応あり分散分析で算出され，この検定結果が有意であれば球面性が成り立っていないと判断します。F 値をそのまま使用すると不正確になりますので，**グリーンハウス・ガイサー**（Greenhouse-Geisser）か**ホイン・フェルト**（Huynh-Feldt）の自由度で調整した F 値とその有意確率を参照します。Greenhouse-Geisser は自由度が厳しく調整されすぎることがあるので，サンプルサイズが大きいときに使用し，サンプルサイズが 10 程度と小さいときは Huynh-Feldt を使用します。それ以外に，サンプルサイズが大きい場合（25 以上）は，球面性を前提としない多変量分散分析（6 章）を使用する方法もあります（出村・西嶋・長澤・佐藤，2004）。

4-1-4◆分散分析の実験計画

(1) 分散分析のデザイン

実験計画は，要因の数とその種類の組み合わせで決定します。まず，要因の数が１つのデザインを**１元配置分散分析**（one-way ANOVA），要因数が２つの場合を**２元配置分散分析**（two-way ANOVA）と要因数を入れて表現します。次に種類ですが，対応あり・対応なし要因の組み合わせによって，被験者間計画・被験者内計画・混合計画のいずれかのデザインを立てることができます。

表 4.1.2 では，分散分析デザインを短く示すことができる記号を使っています。被験者間要因には A，B，C を，被験者内要因には P，Q，R を使っています。また，変動要因内に含まれている小文字の s は，誤差分散として扱われる個人要因を示しています。変動要因とは分散が生じる因子のことです。

分散分析は，その名前のとおり，データの全分散（全平方和：SS_{Total}）を，いくつかの変動要因に分割して分析する検定法です。**表 4.1.2** にあるように要因が増えるほど，また，対応あり要因を含むほど変動要因が多くなります。たとえば，１元配置分散分析デザイン A の場合は，A（A の主効果），s/A（偶然誤差）の２個の変動要因に分けて分析されますが，３元配置分散分析デザイン PQR では，15 個の変動要因に分割されます。

(2) 分散分析の仕組み

では，デザイン A で，分散分析の仕組みを具体的に見ていきましょう。

図 4.1.1 のデータは，１列目に学籍番号，２列目に指導法 A，B，C を番号で，３列目にスピーキング得

表 4.1.2　分散分析のデザイン

分散分析（ANOVA）	実験計画		変動要因（source of variance）	説明箇所
1 元配置（one-way）	対応なし	A（As）	A（A の主効果），s/A（偶然誤差）	4 章 4-2
	対応あり	P（sA）	P（P の主効果），s（個人差），Ps（残差）	4 章 4-3
2 元配置（two-way）	対応なし	AB（ABs）	A（A の主効果），B（B の主効果），AB（交互作用），s/AB（偶然誤差）	5 章 5-2
	混合	AP（AsB）	A（A の主効果），s/A（偶然誤差），P（P の主効果），PA（交互作用），Ps/A（偶然誤差）	5 章 5-3
	対応あり	PQ（sAB）	s（個人差），P（P の主効果），Ps（P に対する誤差），Q（Q の主効果），Qs（Q に対する誤差），PQ（交互作用），PQs（交互作用に対する誤差）	
3 元配置（three-way）	対応なし	ABC（ABCs）	A, B, C, AB, BC, AC, ABC, s/ABC	
	混合	ABP（ABsC）	A, B, AB, s/AB, P, PA, PB, PAB, Ps/AB	
	混合	APQ（AsBC）	A, s/A, P, PA, Ps/A, Q, QA, Qs/A, PQ, PQA, PQs/A	5 章 5-5
	対応あり	PQR（sABC）	s, P, Ps, Q, Qs, R, Rs, PQ, PQs, QR, QRs, PR, PRs, PQR, PQRs	

注．A，B，C は対応なし（被験者間）要因；P，Q，R は対応あり（被験者内）要因；s は個人要因；実験計画内の（　）は anovakun 関数での表記

図 4.1.1　スピーキング得点のデータ

学籍番号	指導法	スピーキング得点
A1	1	3.00
A2	1	2.00
A3	1	1.00
A4	1	1.00
A5	1	4.00
B1	2	5.00
B2	2	2.00
B3	2	4.00
B4	2	2.00
B5	2	3.00
C1	3	7.00
C2	3	4.00
C3	3	5.00
C4	3	3.00
C5	3	6.00

表 4.1.3　記述統計

指導法	平均	標準偏差	n
指導 A	2.20	1.30	5
指導 B	3.20	1.30	5
指導 C	5.00	1.58	5
全体	3.47	1.77	15

図 4.1.2　データのプロット（Field, 2009 をもとに作成）

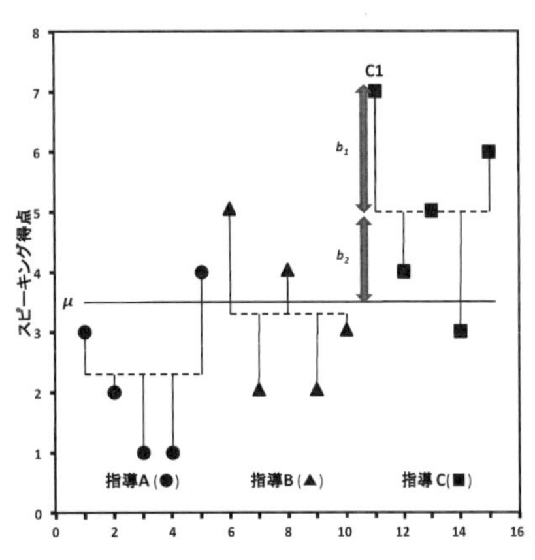

点が入力されています。ここで検証する帰無仮説は「異なった指導法を受けたグループ間のスピーキング得点は等しい：A＝B＝C」です。各グループ5名の得点と平均（**表 4.1.3**）をもとにしてプロットしたのが**図 4.1.2** です。縦軸が10点満点のスピーキングテスト得点，横軸が学籍番号を表し，最初の5つの●が指導法A，真ん中の▲が指導法B，左の5つの■が指導法Cを受けた学生の得点を示しています。中央の実線が3グループ合わせた全体の平均（3.47）を，点線が各グループの平均を表しています。ここでは，指導法Cを受けたグループの平均が最も高くなっています。それぞれのグループの平均は全体の平均からずれています。帰無仮説通りであれば，「グループ間変動」は生じませんので，このずれは何らかの指導効果によって生じたと考えられます。また，各グループ内には一定の効果が加わったにも関わらず，グループ平均を中心に個々の生徒の得点がばらついています。これは，「グループ内変動」で，個人差つまり誤差として扱われます。

ここでは，**図 4.1.2** のC1の学生の得点が，「グループCの平均とC1の学生の得点のずれ（b_1）」と「全体の平均とグループCの平均のずれ（b_2）」から構成されています。同様に，全体の変動（平方和）は次の2つの変動から構成されています（**式 4.1.1**）。

（式 4.1.1）　全体の平方和(SS_{Total})＝グループ間の平方和(SS_{A})＋グループ内の平方和$(SS_{\text{s/A}})$

表 4.1.4　対応なしの一元配置分散分析

変動要因 (Source)	平方和 (SS)	自由度 (df)	平均平方 (MS)	F 値 (F)	有意確率 (p)
グループ間（要因A） (Between Subjects)	20.133 (SS_{A})	2 ($df_{\text{A}}=k-1$)	10.067 ($MS_{\text{A}}=SS_{\text{A}}/df_{\text{A}}$)	5.119 ($MS_{\text{A}}/MS_{\text{s/A}}$)	.025
グループ内（誤差 s/A） (Within-subjects)	23.600 ($SS_{\text{s/A}}$)	12 ($df_{\text{s/A}}=N-k$)	1.967 ($MS_{\text{s/A}}=SS_{\text{s/A}}/df_{\text{s/A}}$)		
合計 (Total)	43.733 (SS_{Total})	14 ($df_{\text{Total}}=N-1$)			

注．k＝水準数，N＝全サンプルサイズ

平方和（sum of squares：SS）とは，各データと平均の差の2乗を足した値（$SS=\sum(x-\bar{x})^2$）で，平均からの変動を表しています（**表 4.1.4** の平方和の列）。平方和はサンプルサイズが大きくなると値も大きくなりますので，それをそれぞれの自由度（df）で割って平均を出します。それが，表内の**平均平方**（mean square：MS）で不偏分散にあたります。

次に，要因によって変動したグループ間の分散（つまり要因Aの主効果の分散）がグループ内分散（誤差分散）の何倍大きいかという分散の比（$F=MS_{\text{A}}/MS_{\text{s/A}}$）をとります。よって$F$値が1より小さいと誤差分

散の方が大きいことを意味し，有意になることはありません。今回のデータでは F 値は 5.12 で，F 分布上で 5％水準より小さい 2.5％の確率で起こる現象ですので，帰無仮説を棄却し，グループ間（水準間）に有意差があると結論づけます。このように，対応なしの 1 元配置分散分析では，SS_{A} と $SS_{s/A}$ の 2 つの SS に分割され，要因 A の主効果の有意差検定が行われます。

もう 1 例挙げると，第 5 章でとり上げる混合計画（デザイン AP）では，全平方和は 5 つの平方和に分割され（$SS_{Total} = SS_{A} + SS_{s/A} + SS_{P} + SS_{PA} + SS_{Ps/A}$），分散分析表に表れます。そのうちの要因 A と要因 P の主効果，および交互作用 PA の有意差検定が行われ，F 値と有意確率が算出されます。s/A と Ps/A は誤差分散として，それぞれの F 値の算出に使われます（**5 章図 5.3.2** で詳述）。

(3) データの構造

図 4.1.3　デザイン A：対応なし

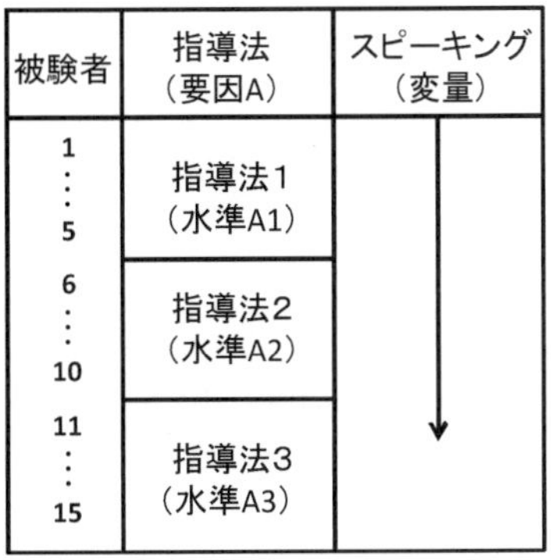

被験者	指導法（要因A）	スピーキング（変量）
1 ⋮ 5	指導法1（水準A1）	↓
6 ⋮ 10	指導法2（水準A2）	
11 ⋮ 15	指導法3（水準A3）	

図 4.1.4　デザイン P：対応あり

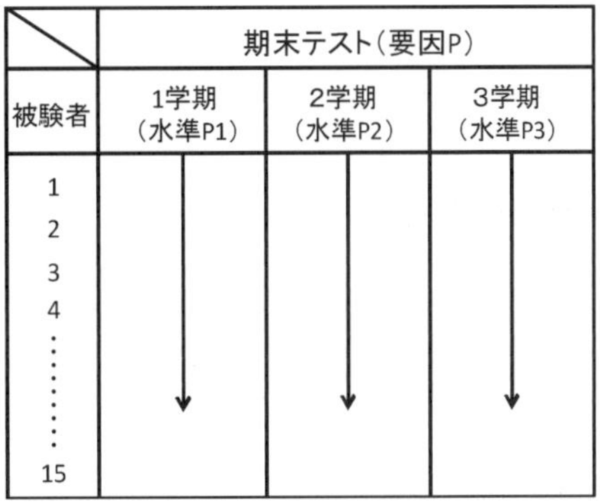

	期末テスト（要因P）		
被験者	1学期（水準P1）	2学期（水準P2）	3学期（水準P3）
1 2 3 4 ⋮ 15	↓	↓	↓

エクセルで生データを**図 4.1.3** や**図 4.1.4** のように並べて保存しておくとわかりやすくなります。先ほどとり上げた**図 4.1.1** のデータは，**図 4.1.3** のデザイン A のように入力されています。異なる参加者によるデータは同じ行には入れません。よって，3 水準のグループ番号とそれに対応するデータ（変量）を縦に並べます。それに対して，**図 4.1.4** の対応あり要因（デザイン P）では，各水準のデータは同一参加者のものですので同じ行に入力され，横並びにします。

要因が多くなる 2 元配置や 3 元配置分散分析のデータの入力方法も，この「対応あり」と「対応なし」データの入力規則に準じて保存しておくとよいでしょう。実際の入力図は，**5 章 5-1** および **5-5** をご覧ください。

（4）デザインの決定

分散分析の仕組みがわかったところで，以下の項目を順に確認しながら実験デザインを立てていきましょう。

①**要因の決定**：まず，どのような効果を調べたいのか，対象とする要因を決定します。複数の要因間の交互作用を調べたい場合は，それらの要因を一度にデザインに組み込みます（5章）。4要因以上のデザインを組むことも可能ですが，要因数が増えるほど，サンプルもたくさん必要になり解釈も複雑になります。よって，**表4.1.2**にある3要因までに留めておくことが望ましいでしょう。

②**水準数の決定**：要因内に比較したい条件グループを設定します。対応なし要因の場合，水準数が多いほどたくさんのサンプルが必要になります。

③**被験者間・被験者内計画の決定**：1学期，2学期，3学期の成績の変化に違いがあるかを見る場合（**図4.1.4**）など，同一参加者の時系列的データの場合は被験者内（対応あり）要因になります。それぞれ異なる参加者からデータをとる場合は（**図4.1.3**）被験者間（対応なし）要因にします。「対応あり」と「対応なし」要因を混ぜた混合計画も可能です。被験者内計画には次のような長所と短所があり，その性質を考慮に入れて実験デザインを立てる必要があります。

◎被験者内計画の長所

1. 少ないサンプルサイズで多くのデータをとることができる。
   たとえば，15名の参加者に3回の反復測定を行なった場合に45のデータが得られるのに対して（**図4.1.4** デザインPの例），被験者間計画では15名で15のデータしか得られない（**図4.1.3** デザインAの例）。
2. 同一参加者の比較であるため水準間を等質にする必要性がない。
3. 検定力が高い。

◎被験者内計画の短所

1. 攪乱要因の混入。
   （a）疲労（数回のセッションで疲れてしまう），（b）平均化傾向（前に受けた処遇の影響を受けてしまう），（c）作為的反応（参加者が条件設置の意図に気づく）など。
2. 順序効果と練習効果を相殺する労力の必要性：（a）カウンターバランス（相殺），（b）ランダマイゼーションなど（田中・山際，1992）。

④**サンプルサイズの決定**：水準あたりのサンプルサイズが，たとえば5以下と小さいと，検定力が低く有意な結果になりにくくなります。そこで，ある程度の検定力をもったサンプルサイズが必要です。しかし，反対にサンプルサイズが大きすぎる場合，わずかな差でも有意になることがあります。よって，結果が有意であっても効果量（**4章4-4**参照）および生データをしっかり見て，意味のある差（meaningful difference）であるかを見極める必要があります。

要因および水準が多いと，かなり多くのサンプルが必要になってきます。たとえば，3要因の被験者間デザインで各3水準ある場合，27（=3×3×3）条件になり，各条件に10ずつ割り当てるとすると，270（=10×27）ものサンプルが必要になります。それに対処するには，先ほど見てきた同一参加者に複数の条件を割り当てる対応あり要因にするなどの方法があります。

もう1つ大切なことは，各グループのサンプルサイズをそろえることです。同数であれば，パラメトリック検定の前提になっている正規性および等分散性が少々満たされていなくても，分散分析はそれに対して頑健で，結果にそれほど影響しません。

4-1-5◆事前比較と事後比較

分散分析で3水準以上ある要因の有意確率（p 値）が有意であっても，どの水準間に有意差があるのか特定することはできません。それをつきとめるために，2通りのアプローチがあります。1つは，**事前比較**（a priori comparison）または**先験的比較**（planned comparison）とよばれるもので，仮説が存在し，比較する水準をあらかじめ決めて行う比較です。

もう1つは，**事後比較**（post-hoc comparison）あるいは**多重比較**（multiple comparison）とよばれる方法で，仮説がないため，すべての水準間の組み合わせの差を検証していきます。事後比較のほうが，事前比較に比べて圧倒的によく使用されます。

表 4.1.5　よく使われる多重比較検定の種類と特徴

検定の種類	特徴
テューキー（Tukey）の HSD（=Honestly Significant Difference）	・正規性，等分散性，グループ間のサンプルサイズの一致が仮定されている。 ・検定力が比較的高い（つまり有意差がでやすい）。 ・平均値の組み合わせの比較が多いときにも使用できる。
ボンフェローニ（Bonferroni）	・全体の有意水準を比較する数で割った値を有意水準とする。 　手計算でも簡単に使うことができ，よく使用される。たとえば，同一データセット内で3回くり返して有意差検定を行った場合は，有意水準 α=.016（=有意水準 .05/3回）と設定し，p<.016 を有意とする。 ・比較する数が多いほど検定力が落ちる。5つ以上の比較を行うときは厳しくなりすぎるので他の方法を用いる。
シェフェ（Scheffé）	・有意差が出にくく，慎重に有意差を求める場合に用いる。 ・すべての対比を行うことができ，適応範囲が広い。
ゲイムズ・ハウエル（Games-Howell）	・正規性，等分散性，サンプルサイズの一致などの制約がないため，グループ間のサンプルサイズが大きく異なる場合に正確に求めることができる。 ・サンプルサイズが小さい場合は有意差が検出しやすくなり，要注意。
シャフェ（Shaffe）	Bonferroni の改訂版（Modified Sequentially Rejective Bonferroni Procedure）で anovakun 関数ではデフォルトで使われている。
ホルム（Holm）	Bonferroni の改訂版のひとつ（holm=T（または TRUE）とする）

多重比較で使用される検定は，複数の水準間の比較を行いますので，それに伴う第1種の過誤を避けるため，**全体の有意水準**（familywise error）が5%になるように調整されています。**表4.1.5**に示したものは，よく使用される多重比較検定です。実験デザインや検定力（**3章3-1-2**参照）などを考慮に入れて選びますが，等分散の仮定が満たされている場合は**テューキー**（Tukey）を，それが仮定できない場合は**ゲイムズ・ハウエル**（Games-Howell）を選ぶことが推奨されています（Field, 2009）。

Section 4-2　1元配置分散分析（対応なしA（As）型）

最初に，対応なしの1元配置分散分析（デザインA）を使ってみましょう。ここでは，それぞれ異なった文法指導を受けた3クラス（1要因3水準）に指導効果が見られるかを調べるために，指導後に実施した文法テスト得点（従属変数）を比較することにします。この場合，「異なる文法指導を受けた3クラス間の文法テスト得点の平均値に有意差はない」という帰無仮説を検証していくことになります。

4-2-1◆Rの操作手順（対応なし）

❶［Create a project］のアイコンから新しいR projectを作成し，Ch4anovaとします（1-5-2参照）。分析に必要なデータをこのフォルダーに入れておきます。

❷データ［anova_b.csv］を読み込みます。read.csv関数でもできますが今回は，Rstudioの右上ペイン［Environment］→［Import Dataset］→［From Text(readr)］で，取り込んだ際のコマンドを示しています。そして，そのデータを任意のオブジェクトxに入れています。

※Mac上のRで以下の分析を進めていると，XQuartz（https://www.xquartz.org/）のインストールを求められることがあり，**1章1-4**を参照に最新版をインストールします。

図4.2.1　1元配置対応なしデータ

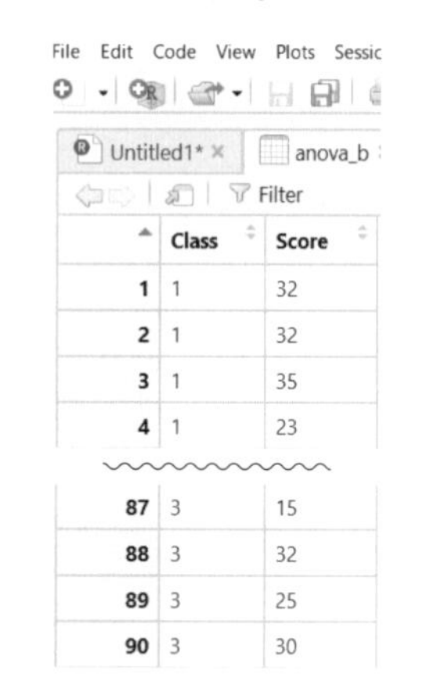

	Class	Score
1	1	32
2	1	32
3	1	35
4	1	23
87	3	15
88	3	32
89	3	25
90	3	30

```
> library(readr)
> anova_b <- read_csv("anova_b.csv") #関数名にアンダーバーを使うことに注意
> view(anova_b) #データが表示される
> x <- anova_b
```

図4.2.1のようにデータ［anaova_b］が表示されます。1列目に［Class］要因の3水準（1~3），2列目に従属変数として［Score］の得点（計90名）が入っています。

❸変数タイプを変更します。独立変数である［Class］を因子（factor）型に変更し，A, B, Cとラベル付

けをします。class 関数で，変換されたことを確認します。

❹次に，視覚的に理解するために，箱ひげ図を描きます（図 4.2.2）。

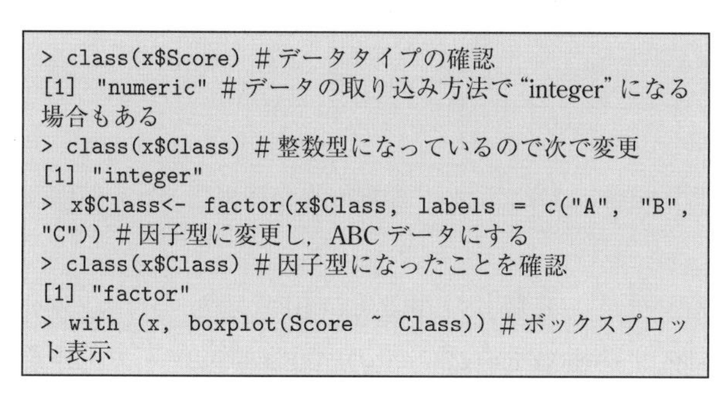

```
> class(x$Score) #データタイプの確認
[1] "numeric" #データの取り込み方法で“integer”になる場合もある
> class(x$Class) #整数型になっているので次で変更
[1] "integer"
> x$Class<- factor(x$Class, labels = c("A", "B", "C")) #因子型に変更し，ABC データにする
> class(x$Class) #因子型になったことを確認
[1] "factor"
> with (x, boxplot(Score ~ Class)) #ボックスプロット表示
```

図 4.2.2　箱ひげ図

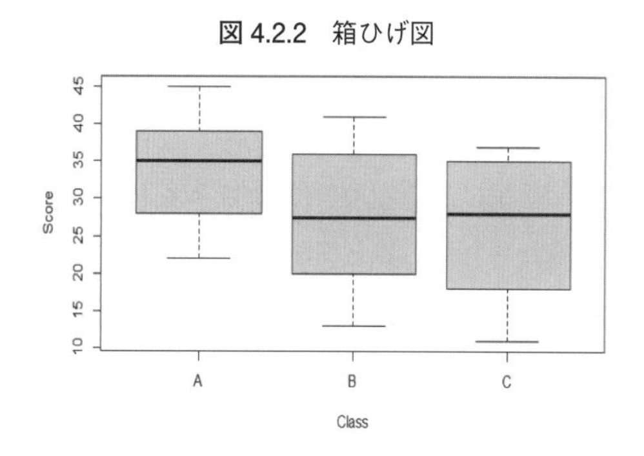

❺続いて，基礎統計量を psych パッケージ（初回の場合はインストール）にある describeBy 関数で算出します。

```
> library(psych)
> describeBy(x$Score, group = x$Class)

 Descriptive statistics by group
group: A
   vars  n  mean   sd median trimmed  mad min max range  skew kurtosis  se
X1    1 30 33.77 6.57     35   33.83 6.67  22  45    23 -0.16    -1.13 1.2
---------------------------------------------------------
group: B
   vars  n  mean   sd median trimmed   mad min max range skew kurtosis   se
X1    1 30 27.47 8.54   27.5   27.33 11.86  13  41    28 0.13    -1.36 1.56
---------------------------------------------------------
group: C
   vars  n mean   sd median trimmed   mad min max range  skew kurtosis   se
X1    1 30 26.4 8.31     28   26.96 10.38  11  37    26 -0.43    -1.29 1.52
```

算出された記述統計から各グループの人数，平均値，標準偏差などを見て，正しく分析されたか，また，おおよそのデータの傾向を把握します。

❻ 3 クラスを合わせた基礎統計量は，describe 関数で求めることができます。

```
> describe(x$Score)
   vars  n  mean   sd median trimmed  mad min max range  skew kurtosis   se
X1    1 90 29.21 8.43   30.5   29.51 9.64  11  45    34 -0.28    -0.89 0.89
```

❼等分散性の前提が満たされているかを，「各水準間の分散は等しい」という帰無仮説のもとで，ルビーンの等分散性の検定で調べます。car パッケージにある leveneTest 関数を使用します。（car パッケージが入っていない場合は，先にインストールを先に行います（3-3-1 参照）。

```
> library(car)
> leveneTest(x$Score, x$Class, center = mean)
Levene's Test for Homogeneity of Variance (center = mean)
      Df F value Pr(>F)
group  2  1.7986 0.1716
      87
```

結果は，$F(2, 87) = 1.799$，$p = .172$ で，5%水準で有意ではないため，帰無仮説を採択し，等分散性は満たされていると判断することができます。

❽ 1元配置分散分析は anovakun 関数を使って行います。開発者の井関氏の HP（井関, n.d.）にある anovakun_485.txt をダウンロード（http://riseki.php.xdomain.jp/index.php?ANOVA%E5%90%9B）して，作業ディレクトリに保存し，source 関数で読み込みます。

※source 関数は他のフォルダーに入っていてもパスを指定すると，読み込めます。

```
> source("anovakun_485.txt") # anovakun の読み込み
> head(x) # データは独立変数（Class），従属変数（Score）の順に並べておく
  Class Score
1     A    32
2     A    32
3     A    35
以下，略
```

図 4.2.3 の1行目のように，データの名前 x，要因計画の型 As，要因水準の明記 zyoken=levels (x$Class)，効果量の指定 eta = T となる levels 関数で水準数を算出します。eta = T (True) とは，効果量イータ二乗を算出するということを指します。一般化イータ2乗にする場合は，geta = T とします。

❾ **図 4.2.3** の分散分析表［ANOVA TABLE］の結果を見ます。$F(2, 87) = 7.70$，$p < .001$ と，1%水準で有意であるため，グループ間のどこかに差があると判断できます。

❿ グループ間のどこに差があるかは，**図 4.2.3** の多重比較［POST ANALYSES］を見ます。Shaffer 法（**表 4.1.2** 参照）による多重比較が採用されており，平均値の差［Diff］から，クラス A は，クラス C より 7.37 点，クラス B より 6.3 点高く，5%水準で有意を示すアスタリスク（*）が付いています。多重に比較しているため p 値を調整した調整済み p 値［adj.p］（囲み）を報告します。

⓫ 多重比較における，2群の効果量を算出します。クラス A・B 間の効果量を算出するために，まず x のデータからクラス A と B のデータのみを取り出し，AB というオブジェクトに取り込みます。独立変数である Class 変数を因子（factor）型にしておきます。

```
# 2群の効果量算出の準備
> AB <- x[1:60,] # [1から60行，列指定なし] で取り込み
> AB$Class <-factor(AB$Class) # Class 変数を因子型にする
> class(x$Class) # factor 型になっているか確認
[1] "factor"
```

図 4.2.3　分散分析表

```
> x1 <-anovakun(x, "As", zyoken=levels(x$Class), eta = T) # 分析結果を x1 に入れる
[ As-Type Design ]

<< DESCRIPTIVE STATISTICS >>
-------------------------------
 zyoken   n     Mean    S.D.
-------------------------------
      A  30  33.7667  6.5742
      B  30  27.4667  8.5449
      C  30  26.4000  8.3070
-------------------------------
<< ANOVA TABLE >>
--------------------------------------------------------------
 Source        SS  df       MS  F-ratio  p-value      eta^2
--------------------------------------------------------------
 zyoken  950.9556   2 475.4778   7.7004   0.0008 *** 0.1504
  Error 5372.0333  87  61.7475
--------------------------------------------------------------
  Total 6322.9889  89  71.0448
                  +p < .10, *p < .05, **p < .01, ***p < .001

<< POST ANALYSES >>
< MULTIPLE COMPARISON for "zyoken" >
== Shaffer's Modified Sequentially Rejective Bonferroni Procedure ==
== The factor < zyoken > is analysed as independent means. ==
== Alpha level is 0.05. ==
 -------------------------------------------------------
 Pair    Diff  t-value  df       p   adj.p
-------------------------------------------------------
  A-C  7.3667   3.6308  87  0.0005  0.0014  A > C *
  A-B  6.3000   3.1051  87  0.0026  0.0026  A > B *
  B-C  1.0667   0.5257  87  0.6004  0.6004  B = C
-------------------------------------------------------
```

⓬ effsize パッケージを読み込み，cohen.d 関数を使ってクラスA・B間の効果量（*d*）を求めます。

結果の［d estimate］が，0.826（囲み）と効果量は大きい（3章3-5-1）ことがわかります。

```
> library(effsize) #パッケージの読み込み
> effsize::cohen.d(AB$Score ~ AB$Class)
Cohen's d
d estimate: 0.8263916 (large)
95 percent confidence interval:
    lower     upper
0.2879419 1.3648413
```

⓭同様に，クラスA・C間およびB・C間の効果量も以下のように算出します。

クラスAとC間の効果量は，最初の30と最後の30のデータを c 関数で取り出し，AC というオブジェクトに入れ，中身を確認します。

⓮ A−C間は，［d estimate］から0.98（囲み左）と大きい値になっていますが，B−C間は，0.13（囲み右）とほぼ効果がないぐらい小さいという結果になっています。

効果量を「2群のサンプルサイズが同じ場合」の Cohen's d（式 3.5.1a 参照）で計算すると，Rの結果と同じ値になります。例えば，クラスA・B間を計算してみます。

クラスAとB：

$$d=\frac{33.77-27.48}{\sqrt{(6.574^2+8.545^2)/2}}=0.83$$

```
> AC <- x[c(1:30, 61:90), ] #AとCのデータを取り出し combine する
> head(AC) #head 部分のデータの確認
  Class Score
1     A    32
2     A    32
3     A    35
> AC$Class <-factor(AC$Class) #因子型にする
> class(x$Class)
[1] "factor"
>
> effsize::cohen.d(AC$Score ~ AC$Class)
Cohen's d
d estimate: 0.9834186 (large)
95 percent confidence interval:
   lower     upper
0.4362282 1.5306090
```

```
> BC <- x[31:90,]
> head(BC) #head 部分のデータの確認
   Class Score
31     B    17
32     B    41
33     B    39
> BC$Class <- factor(BC$Class)
> class(BC$Class)
[1] "factor"
>
> effsize::cohen.d(BC$Score ~ BC$Class)
Cohen's d
d estimate: 0.1265798 (negligible)
95 percent confidence interval:
     lower      upper
-0.3907787 0.6439383
```

4-2-2◆論文への記載

（1）論文に表を記載する場合は，APA マニュアルでは，小数点以下2桁が一般的ですが，p 値や効果量は小さい数値になるため，一般的に，小数点以下3桁まで報告します（APA, 2020）。

1元配置分散分析の場合は，分散分析表（図 4.2.3）にする必要はありませんが（APA, 2020），文中で以下のことを報告します。

$$F(\text{グループ間の自由度，グループ内の自由度})=F\text{値},\ p=\text{有意確率},\ \eta^2=\text{効果量}$$

分散分析で使用される効果量については，まず4章4-4を参照してください。対応なしの1元配置分散分析（デザインA）の場合は，図 4.2.3［eta^2］にありますが，3種類の効果量（η^2，$\eta_p{}^2$，$\eta_G{}^2$）の値が同じになります。

$$\eta^2=\eta_p{}^2=\eta_G{}^2=\frac{\text{求めたい要因の平方和}}{\text{全平方和}}=\frac{SS_{\text{Effect}}}{SS_{\text{Total}}}=\frac{950.96}{6322.99}=0.150$$

（効果量の大きさの目安，$\eta^2=.01$（小），$\eta^2=.09$（中），$\eta^2=.25$（大））

■記載例

> 3クラスの文法テストの得点を対応なしの1元配置分散分析で比較した。結果は，$F(2, 87)=7.70$，$p<.01$，$\eta_G{}^2=0.15$となり，1%水準で有意であった。そこで，Shafferを用いて多重比較を行ったところ，クラスBとCの間には有意差は認められなかったが，クラスAとBの間（$p=.003$，$d=0.83$）およびクラスAとCの間（$p=.001$，$d=0.98$）で，クラスAの得点が有意に高く，効果量も大きかった。したがって，クラスAの文法指導が最も効果があると認められた。

Section 4-3　1 元配置分散分析（対応あり P（sA）型）

4-3-1◆R の操作手順（対応あり）

次に，対応あり要因の1元配置分散分析を行いましょう。

❶作業ディレクトリに，使用するファイル［anova_w.csv］を入れます。そして，このファイルを右上 Environment ペインの［Import Dataset］で取り込み，その後，任意オブジェクト x に入れます。

❷データ（図 4.3.1）は，参加者 90 名にリスニング課題文を3回聞かせた（First・Second・Third）際の理解度を示しています。この3回の理解度に統計的に有意な変化が見られるか調べます。従属変数は「テスト得点」，独立変数は「聞く回数」となります。同一参加者から3回データをとっているので，「対応あり」デザインとなります。

❸箱ひげ図でデータの様子を見ます。First から Second がかなり高くなっていることがわかります。

図 4.3.1　1 元配置対応ありのデータ

	First	Second	Third
1	1	5	6
2	1	5	7
3	1	6	6
4	1	2	6
5	0	8	8
6	2	9	7
7	3	4	8
8	1	5	4
9	3	4	8

Showing 1 to 10 of 90 entries, 3 total columns

```
> library(readr)
> anova_w <- read_csv("anova_w.csv")
> View(anova_w)
> x <- anova_w
> with (x, boxplot(First, Second, Third, names =
c("First", "Second", "Third"))) # 箱ひげ図の表示,
名前指定
```

図 4.3.2　聞く回数の箱ひげ図

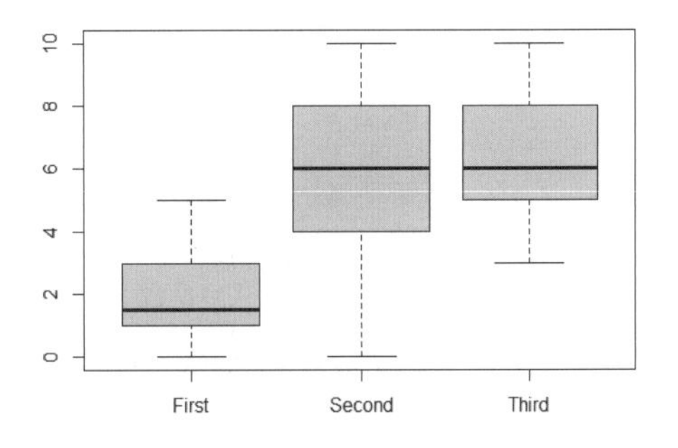

❹作業ディレクトリに入れてある anovakun を source 関数で読み込みます。データ名 anova_ws，要因計画の型 sA，要因の水準数 3，効果量の指定は一般化イータ二乗［geta = T］とします。また，被験者内分析のためモークリーの球面性の検定［mau = T］を行い，それによる修正を自動的に行うためのオプションである auto = T も追記しておきます。

```
>source("anovakun_485.txt")
>anovakun(x, "sA", 3, mau = T, geta = T, auto = T)
```

❺一連の結果が1度に算出されます。

最初に，［DESCRIPTIVE STATISTICS］の基礎統計量でデータの特徴を見ます。

```
[ sA-Type Design ]
<< DESCRIPTIVE STATISTICS >>
--------------------------
  A   n    Mean    S.D.
--------------------------
 a1  90  1.7778  1.2876
 a2  90  5.6778  2.4579
 a3  90  6.3556  2.0129
--------------------------
```

❻続いて，Mauchly の球面性検定［Mauchly's Sphericity Test］が表示されます。p=.702 で5％水準を超えていることから，球面性が仮定できます。

※Mauchly の球面性の結果が5％水準で有意であった場合は，分散分析の結果で［Greenhouse-Geisser］あるいは［Huynh-Feldt］の結果を見ます。

```
<< SPHERICITY INDICES >>
== Mauchly's Sphericity Test and Epsilons ==
-------------------------------------------------------------------------
 Effect      W  approx.Chi  df       p         LB     GG     HF     CM
-------------------------------------------------------------------------
      A 0.9920      0.7089   2 0.7016 ns  0.5000 0.9920 1.0146 1.0130
-------------------------------------------------------------------------
                             LB = lower.bound, GG = Greenhouse-Geisser
```

❼分散分析表［ANOVA TABLE］（図4.3.3）では，有意確率が［.000］となっており，［聞く回数］間に有意差があることがわかります。

図4.3.3　1元配置分散分析（対応あり）

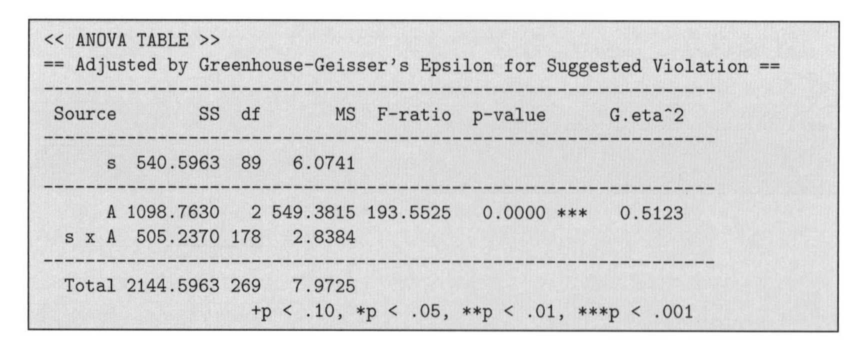

```
<< ANOVA TABLE >>
== Adjusted by Greenhouse-Geisser's Epsilon for Suggested Violation ==
---------------------------------------------------------------
 Source         SS  df       MS  F-ratio  p-value      G.eta^2
---------------------------------------------------------------
      s   540.5963  89   6.0741
---------------------------------------------------------------
      A  1098.7630   2 549.3815 193.5525   0.0000 ***   0.5123
  s x A   505.2370 178   2.8384
---------------------------------------------------------------
  Total  2144.5963 269   7.9725
               +p < .10, *p < .05, **p < .01, ***p < .001
```

❽分散分析結果が有意であったので，どの回数間に有意差があるかを，［POST ANALYSES］の Shaffer による多重比較の検定結果で確認します。

［adj.p］をみるとすべてのペアで1%水準で有意になっています。

```
<< POST ANALYSES >>
< MULTIPLE COMPARISON for "A" >
== Shaffer's Modified Sequentially Rejective Bonferroni Procedure
== The factor < A > is analysed as dependent means. ==
== Alpha level is 0.05. ==
----------------------------------------------------------
  Pair     Diff  t-value  df       p   adj.p
----------------------------------------------------------
 a1-a3  -4.5778  18.5473  89  0.0000  0.0000  a1 < a3 *
 a1-a2  -3.9000  14.8820  89  0.0000  0.0000  a1 < a2 *
 a2-a3  -0.6778   2.7755  89  0.0067  0.0067  a2 < a3 *
----------------------------------------------------------
```

❾最後に，それぞれのペアの効果量を求めます。

```
> library(effsize)
> effsize::cohen.d(x$Second, x$First, paired = T) # First-Second 間の効果量
Cohen's d
d estimate: 1.934215 (large)
95 percent confidence interval:
   lower    upper
1.499663 2.368767
> effsize::cohen.d(x$Third, x$Second, paired = T) # Second-Third 間の効果量
Cohen's d
d estimate: 0.2990422 (small)
95 percent confidence interval:
     lower      upper
0.08172418 0.51636030
> effsize::cohen.d(x$Third, x$First, paired = T) # First-Third 間の効果量
Cohen's d
d estimate: 2.703595 (large)
95 percent confidence interval:
   lower    upper
2.082986 3.324204
```

4-3-2◆論文への記載

論文での報告は，記述統計と 4-2-2 同様の情報を，**図 4.3.3** 等を見て報告します。対応あり要因では，偏イータ二乗（η_p^2）を使用すると，他の2つの効果量指標より大きく算出されます。よって，ここでは，η_G^2 を報告します。

$$\eta^2 = \eta_G{}^2 = \frac{SS_p}{SS_p + SS_{ps} + SS_s} = \frac{1098.763}{2144.596} = .512$$

$$\eta_p{}^2 = \frac{SS_p}{SS_p + SS_{ps}} = \frac{1098.763}{1098.763 + 505.237} = .685$$

■記載例

> 生徒にリスニング課題を3回聞かせ，聞く回数（1回・2回・3回）を重ねると，理解度が高まるかを対応ありの1元配置分散分析で調べた。結果は $F(2, 178) = 193.55$，$p < .001$，$\eta_G{}^2 = 0.51$ で有意であり，$\eta_G{}^2$ 効果量も大きかった。そこで，Shafferの方法を用いて多重比較を行ったところ，それぞれ1回目より2回目（$p < .001$，$d = 1.93$），2回目より3回目（$p = .007$，$d = 0.30$）というように回を重ねるごとに得点が有意に高くなっており，3回聞かせる効果が確認された。特に，1回目から2回目の伸びが3.90点と顕著で効果量も大きかった。

Section 4-4　分散分析で使用される効果量

3章3-5では t 検定やメタ分析などで使用する効果量について説明しました。分散分析においても，求めたい要因（主効果や交互作用）と従属変数の関連の強さを表す効果量が考えられています。しかし，そのどれもが完璧ではなく，それぞれ短所と長所があります。

4-4-1◆分散分析でよく使用される効果量

（1）イータ2乗（eta squared：η^2）

（式4.4.1）　$$\eta^2 = \frac{\text{ある効果の平方和}}{\text{全体の平方和}} = \frac{SS_{Effect}}{SS_{Total}}$$

★効果の大きさの目安：

$\eta^2 = .01$（小），$.09$（中），$.25$（大）（r の目安から求めた目安；Tabachnick & Fidell, 2007 p.55）

$\eta^2 = .01$（小），$.06$（中），$.14$（大）（f の目安から求めた目安；Cohen, 1988 pp.286–287）

※あくまでも目安であり，研究の性質によって判断します。

長所：全体の分散における求めたい要因の分散比で分散説明率（r^2 のようなもの）がわかります。平均値の差の大きさを表す効果量 d に変換可能です。

短所：要因が増えるにつれ，他の要因に影響され個々の要因の効果量が小さくなります。そのため，他の分散分析デザインの効果量と比較が不可となります。

(2) 偏イータ2乗 (partial eta squared：η_p^2)

(式 4.4.2)　$$\eta_p^2 = \frac{\text{ある効果の平方和}}{\text{ある効果の平方和} + \text{対応する誤差平方和}} = \frac{SS_{\text{Effect}}}{SS_{\text{Effect}} + SS_{\text{Error}}}$$

($SS_{\text{Error}} = SS_{\text{s/cells}}$：対応する誤差項のこと)

(式 4.4.3)　$$\eta_p^2 = F \times \frac{df_{\text{Effect}}}{F \times df_{\text{Effect}} + df_{\text{Error}}}$$

(F 値からの求め方；多変量分散分析の場合 (6章6-3参照) などに使用できます)

長所：他の独立変数の個数やそれらの有意性による影響を除いた効果量であるため，独立変数が増えても相対的に低くなりません。

短所：分母にもってくる誤差が小さくなる被験者内要因の効果量を過剰に高く推定するため，被験者間要因と比較できません。η^2 の大きさの目安は使えません。

(3) 一般化イータ2乗 (generalized eta squared：η_G^2) (算出方法は以下の式 4.4.7 を参照)

長所：特定の効果の推定にかかわるすべての個人差による変動を計算式の分母におくことで，上記2つより，被験者間・被験者内の比較および他の研究の効果量と比較が最も妥当にできます。ただし，母集団が異なる場合の比較は困難です (Olejnik & Algina, 2003)。η^2 と同じ大きさの目安を使用できます。

短所：上記2つの効果量指標に比べると，若干計算が複雑です。グループ間のサンプルサイズが同じ場合に用います。ただし，Bakeman (2005) は，サイズが異なる場合はそれを考慮に入れた平方和を算出するため，分析時にタイプⅠ平方和 (Type I *SS*：sequential *SS* のこと) を指定するように述べています。

(4) オメガ2乗 (omega squared：ω^2)，偏オメガ2乗 (partial omega squared：ω_p^2)，一般化オメガ2乗 (general omega squared：ω_G^2)

(式 4.4.4)　$$\omega^2 = \frac{SS_{\text{Effect}} - (df_{\text{Effect}})(MS_{\text{Error}})}{SS_{\text{Total}} + MS_{\text{Error}}}$$

★効果の大きさの目安：$\omega^2 = .01$ (小)，.06 (中)，.14 (大) (Field, 2009；Kirk, 1996)

※あくまでも目安であり，研究の性質によって判断します。

（式 4.4.5）　$$\omega_p^2 = \frac{SS_{\text{Effect}} - (df_{\text{Effect}})(MS_{\text{Error}})}{SS_{\text{Effect}} + (N - df_{\text{Effect}})MS_{\text{Error}}}$$

長所：ω^2，ω_p^2，ω_G^2 は，η^2，η_p^2，η_G^2 のそれぞれの結果を母集団にまで一般化できるようにした母集団推定値です。よって，サンプルサイズが小さいときに大きくなりがちなイータの値より小さくなります。

短所：上記の式は各水準のサンプルサイズが同じ場合でかつ被験者間デザインの場合に限ります。使用が推奨されていますが被験者内デザイン用の式はさらに複雑になります（Field, 2009 p.480）。ω_G^2 の計算式も複雑になりますので，ここでは省略します（詳細は Olejnik & Algina, 2003 参照）。

(5) 多重比較や対比による２変数間の効果量：*d*，*g*，*r* など（詳細は３章 3-5）

（式 4.4.6）　$$r = \frac{\sqrt{F(1, df_{\text{Error}})}}{\sqrt{F(1, df_{\text{Error}}) + df_{\text{Error}}}}$$

★効果の大きさの目安：r = .1（小）.3（中）.5（大）

（つまり　r^2 = .01（小），.09（中），.25（大））

以上の効果量の指標の中で，η_G^2 の算出には要因に関して新しい概念が入ってきますので，もう少し詳細に見ていきます。

(6) 一般化イータ２乗（η_G^2）の算出方法

（式 4.4.7）　η_G^2 = ある平方和／(ある平方和＋全ての測定要因の平方和＋全ての誤差平方和)

$$= \frac{SS_{\text{Effect}}}{\delta \times SS_{\text{Effect}} + \sum_{\text{Meas}} SS_{\text{Meas}} + \sum_{\text{K}} SS_{\text{K}}}$$

・Effect が操作要因であれば $\delta = 1$，測定要因であれば $\delta = 0$（次の項に含まれるため）。

・Meas＝Measured：すべての測定要因（交互作用に含まれる測定要因も含む）。
　よって，$\sum_{\text{Meas}} SS_{\text{Meas}}$＝操作要因以外のすべての測定要因の SS を合わせたもの。

・K＝分析に含まれるすべての誤差項の数。
　よって，$\sum_{\text{K}} SS_{\text{K}}$＝すべての誤差項の SS を合わせたもの。

★共分散分析の共変量も誤差項に入ります。

・操作要因（manipulated factor）：実験で操作した要因（条件など）。

・測定要因（measured factor）：参加の特性を測定した要因（男女，動機，習熟度など）。
　★この性質のため，被験者内（対応あり）要因に測定要因はありません。

上記の公式を，5章5-3の混合デザイン（デザインaP）に当てはめたのが，次の計算式です。ここで注意すべきは，同じデザインであっても，また操作要因（大文字で表す）と測定要因（小文字で表す）によっても算出方法が若干異なることです。

また，分母にもってくるSS（平方和）が多い場合はまずSS_{Total}を算出し，操作要因のSSを引いて求めたほうが簡単に求められます。一見，複雑なように見えますが，それほど複雑ではありません。

それ以外の分散分析デザインのη_G^2算出式は，Bakeman（2005）やOlejnik & Algina（2003）を参照してください。

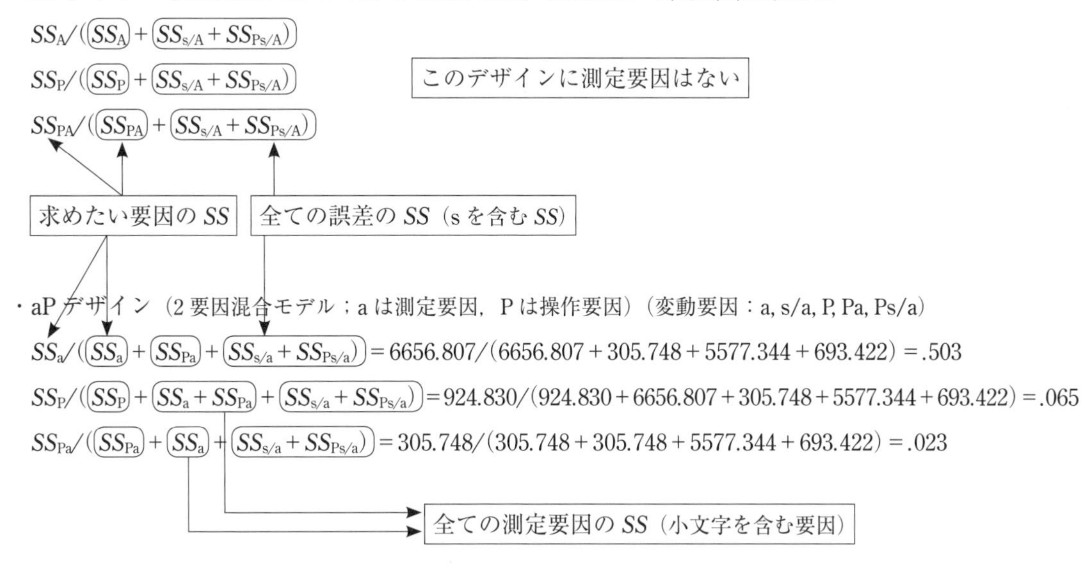

3種類のイータ2乗（η^2，η_G^2，η_p^2）は，分母にもってくる変動要因のSSが異なりますので，その効果量の値が異なり$\eta_p^2 \geqq \eta_G^2 \geqq \eta^2$の関係になります。中でも$\eta_G^2$は，$\eta^2$や$\eta_p^2$の短所を改良し，例外はあるものの異なるデザインの効果量と比較できるようにした効果量であるため，最も適しているといえます。

4-4-2◆Rによる分散分析に使用する効果量

Rでこれらの効果量を求めるには，分散分析時に以下のコマンドを付けます。

・イータ二乗	eta＝T	・オメガ二乗	omega＝T
・偏イータ二乗	peta＝T	・偏オメガ二乗	pomega＝T
・一般化イータ二乗	geta＝T	・一般化オメガ二乗	gomega＝T

Section 4-5 ベイズでやってみよう

4-5-1◆各群の期待値に関するモデリング

分散分析では，データの全変動を要因変動と誤差変動に分解し，分散比によって帰無仮説検定を実行します（4-1-4）が，ベイズ統計では，各群の期待値を予測する統計モデルを構築することで同等の分析を行うことができます。Section 4-2 の対応なしのデータ［anaova_w.csv］を使い，グループ間（A，B，C）の比較の例を使って，ベイズで分析してみましょう。

❶まず，各群の期待値を予測するモデルとして，**一般線形モデル**（general linear model）を使用し，**式 4.5.1** を立てます。

（式 4.5.1）　$y_i = \beta_0 + \beta_1 x_{1i} + \beta_2 x_{2i} + \varepsilon_i$

この**式 4.5.1** では，y_i を個人 i の文法テストの得点，β_0 をグループ A の文法テストの得点の期待値とします。この β_0（グループ A の期待値）を基準として，β_1 をグループ A の期待値とグループ B の期待値の差分，β_2 をグループ A の期待値とグループ C の期待値の差分とします。

❷さらに，x_{1i} を個人 i がグループ B に属していれば 1，そうでなければ 0 を取るような変数（**指示変数**または**ダミー変数**とよぶ）とします。同様に，x_{2i} を個人 i がグループ C に属しているかどうかに対応する変数とします。ε_i は，各グループの期待値と個人の得点との差分です。つまり，β_0 はグループ A の期待値，$\beta_0 + \beta_1$ はグループ B の期待値，$\beta_0 + \beta_2$ はグループ C の期待値に相当します。

❸上記のモデルに加え，ε_i に対して正規分布を仮定し，その平均値を 0，分散を σ^2 とします（**式 4.5.2**）。

（式 4.5.2）　$\varepsilon_i \sim \mathrm{Normal}(0, \sigma^2)$

4-5-2◆マルコフ連鎖モンテカルロ法によるベイズ推定

次に，この構築したモデルを使って，β_0，β_1，β_2 の値をマルコフ連鎖モンテカルロ法（MCMC）（**2 章 2-3-1 参照**）でベイズ推定します。

❶ MCMC を使ったベイズ推定のための汎用的パッケージである `MCMCpack` パッケージを使用し，上記のモデルの各母数を推定します。ここでは，`MCMCpack` パッケージがサポートするギブスサンプリングを使用し，MCMC サンプル数を 10,000，バーンイン区間を 2,000，間引き区間なし，チェイン数 1 とします。

❷また，パッケージのデフォルト設定となっている，それぞれの β に対して無情報事前分布を仮定しま

す。これは，β_0，β_1，β_2 の事前分布として，限りなく広い範囲の連続一様分布を仮定していることを意味します（**式 4.5.3**）。

（式 4.5.3） $\beta \sim \mathrm{Uniform}(-\infty, \infty)$

```
# 使用する MCMCpack パッケージ（初回の場合はまずインストールする）
> library(MCMCpack)
> x <- read.csv("anova_b.csv") # 対応なしデータを x とする
> post<-MCMCpack::MCMCregress(formula=result~as.factor(condition),
  data=dat,
  mcmc=10000, # MCMC サンプル数
  burnin=2000) # バーンイン区間
```

❸ MCMCpack パッケージの結果は，MCMC の結果を解析するための coda パッケージの機能によって，summary 関数で MCMC オブジェクトの結果を要約し，plot 関数でトレース図と事後分布の概観を表示させます。画面が小さくて表示されない場合は，Plots プレインを広くするなどします。

```
# 使用する coda パッケージ（初回の場合はまずインストールする）
> summary(post)
Iterations = 1001:6000
Thinning interval = 1
Number of chains = 1
Sample size per chain = 5000
1. Empirical mean and standard deviation for each variable,
   plus standard error of the mean:
                           Mean    SD Naive SE Time-series SE
(Intercept)              33.770 1.428  0.02020        0.02020
as.factor(condition)2 -6.333 2.030  0.02871        0.02992
as.factor(condition)3 -7.364 2.021  0.02859        0.02859
sigma2                   63.232 9.906  0.14009        0.14340

2. Quantiles for each variable:
                           2.5%    25%    50%    75%  97.5%
(Intercept)               31.00 32.803 33.782 34.729 36.554
as.factor(condition)2 -10.33 -7.715 -6.317 -4.947 -2.428
as.factor(condition)3 -11.30 -8.734 -7.362 -5.980 -3.402
sigma2                    46.71 56.053 62.184 69.286 85.183

>plot(post) # 上記の出力を可視化
```

❹結果の上段 1 の，［Intercept］が β_0，［as.factor(codntion)2］が β_1，［as.factor(codntion)3］が β_2 に相当します。グループ A の得点の期待値がおよそ事後期待値において 33.77 であり，グループ B の期待値はこの値よりも 6.33，グループ C の期待値は同じく 7.36 程度低いということがわかります。

下段 2 の β_1 および β_2 の 95％信用区間（2.5％，97.5％）の上限値は −2.428 と −3.402 と，原点である 0 を上回らないことから，グループ A の期待値が最も高い値を取ると推論できます。

さらに，上段の［sigma2］は個人iが所属するグループにおける期待値からの個人の差を表す分散に相当します。ここでは，事後期待値が63.23となりました。

plot関数で，MCMCregress関数による推定結果が可視化されます。**図4.5.1**左側の図がトレース図で，右側の図が事後分布の概観を示します。また，推定された母数は上から順にβ_0，β_1，β_2，そしてσ^2に相当します。

図4.5.1　事後分布のトレース図と概観

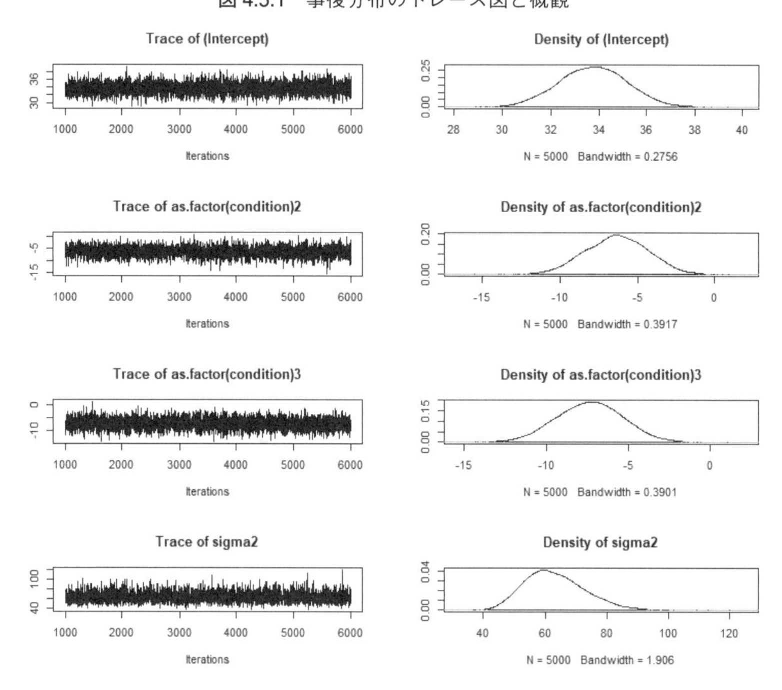

4-5-3◆ベイズ推定結果の可視化

このベイズ推定結果から，それぞれの群における期待値の事後分布について可視化します。vioplotパッケージを使用すると，ヴァイオリン・プロットを表示し，同時に事後分布の概観を表すことができます。

まず，上記のMCMCregress関数で作成したMCMCオブジェクト［post］には，それぞれの母数におけるMCMCサンプルが格納されています。1列目（post[,1]）はβ_0，2列目（post[,2]）はβ_1，3列目（post[,3]）はβ_2が格納されていることから，グループAの期待値はβ_0（post[,1]），グループBの期待値は$\beta_0+\beta_1$（post[,1]+post[,2]），グループCの期待値は$\beta_0+\beta_2$（post[,1]+post[,3]）と計算できます。

次に，生成量として計算した各グループの期待値の事後分布を可視化するために，vioplot関数を使用します。

```
> library(vioplot)
> vioplot(post[,1],post[,1]+post[,2],post[,1]+post[,3], # 各グループの期待値となるように生成量を計算
 side="right", # 可視化のオプション。図中の左側にカーネル密度曲線を描く
 horizontal=T,
 col="gray",
 names=c("A","B","C"),
 xlab="Mean Score",
 drawRect=F) # ヴァイオリン・プロットにおける四角形成分を省略
> abline(h=1:3,lty=2) # それぞれ A, B, C に相当する列に x=0 の水平(h)直線を引く (lty は line type のこと)
```

図 4.5.2 各グループにおける期待値の事後分布

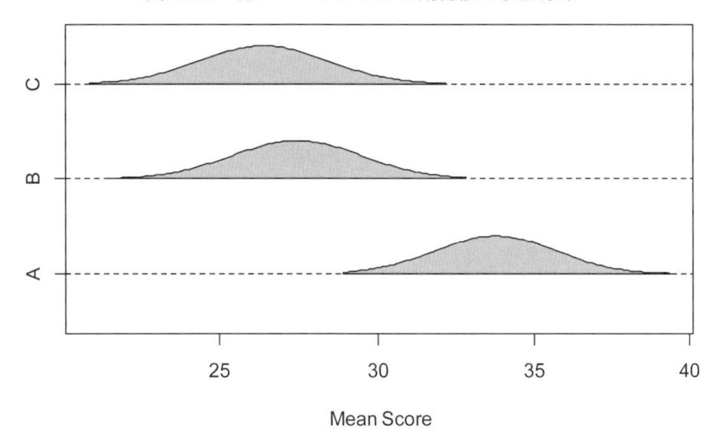

各グループの期待値の事後分布（**図 4.5.2**）から，グループ A が比較的高い値を取り，グループ B およびグループ C については大きな差がないと考えられます。

4-5-4◆MCMC サンプルの比率による仮説の評価

次に，仮説を立て，評価を行っていきます。

❶グループ A の期待値がグループ B の期待値よりも高い値を取る状況を仮説 1，グループ A の期待値がグループ C の期待値よりも高い値を取る状況を仮説 2 とします。そして，全 MCMC サンプルの中から，それぞれの仮説の条件に沿う MCMC サンプルを数え，その比率から仮説を評価します（**表 4.5.1** の仮説）。

```
> mean(post[,1]>post[,1]+post[,2])
0.9986
> mean(post[,1]>(post[,1]+post[,3])
0.9997
```

この例では，仮説１および仮説２は，1.00か1.00にかなり近い値を取りますので，ほぼ確実にグループAは他のグループよりも高い期待値を取ると考えられます。

❷次に，グループBの期待値がグループCの期待値よりも高い確率を仮説３とします。

```
> mean(post[,1]+post[,2]>post[,1]+post[,3])
0.687
```

仮説３に相当する確率は，.69ですので，逆のグループCの期待値の方が高い確率（仮説４）は，.31となります（**表4.5.1**）。これらのMCMCサンプルの比率から考えると，グループBとCのどちらかのグループの方が高い期待値を取ると結論づけるより，そのままの確率を報告するのがよいでしょう。

表4.5.1　ベイズ推定した各母数に関する確率とMCMCサンプルの比率

仮説		MCMCサンプルの比率
仮説1. $\beta_0>\beta_0+\beta_1$	（グループA>グループB）	1.00
仮説2. $\beta_0>\beta_0+\beta_2$	（グループA>グループC）	1.00
仮説3. $\beta_0+\beta_1>\beta_0+\beta_2$	（グループB>グループC）	.69
仮説4. $\beta_0+\beta_2>\beta_0+\beta_1$	（グループC>グループB）	.31

4-5-5◆論文への記載

モデルの形式化，マルコフ連鎖モンテカルロ法による推定，結果の解釈までの一連の流れを以下のように報告します。また，比較対象となる母数の事後分布を可視化し（**図4.5.2**），仮説とそれに対応する確率をまとめた**表4.5.1**を報告するとさらに効果的でしょう。

■記載例

３群（A, B, C）のそれぞれにおける個人iのテスト得点y_iについて，一般線形モデルを以下のように立てた。

$$y_i=\beta_0+\beta_1 x_{1i}+\beta_2 x_{2i}+\varepsilon_i. \quad (1)$$

$$\varepsilon_i \sim \mathrm{Normal}+(0, \sigma^2). \quad (2)$$

ここでx_{1i}は，個人iがグループBのメンバーであれば1，そうでなければ0を返す変数，同様にx_{2i}はグループCに対応する変数である。β_0はグループAの期待値であり，生成量である$\beta_0+\beta_1$はグループBの期待値，$\beta_0+\beta_2$はグループCの期待値に相当する。

次に，これらの母数および生成量について，以下のような仮説1～3（H_1～H_3）を置く。

$$H_1 : \beta_0 > \beta_0 + \beta_1. \tag{3}$$

$$H_2 : \beta_0 > \beta_0 + \beta_2. \tag{4}$$

$$H_3 : \beta_0 + \beta_1 > \beta_0 + \beta_2. \tag{5}$$

上記（1）～（2）にて示されるモデルを，ギブスサンプリングによるマルコフ連鎖モンテカルロ法によって近似させ，MCMCサンプルの比率を計算することによって各仮説（H_1，H_2，H_3）を評価する。なお，ギブスサンプリングにおいて，MCMCサンプル数を10,000，バーンイン区間を2,000，間引き区間なし，チェイン数1とした。さらに，それぞれのβの事前分布として，（6）のように無情報事前分布を仮定した。

$$\beta \sim \mathrm{Uniform}(-\infty, \infty) \tag{6}$$

ギブスサンプリングが収束したとみなし，MCMCサンプルの比率から，それぞれの仮説に相当する確率を求めたところ，仮説1および仮説2の確率は1.00であったことから，グループAはグループBおよびCよりも高い期待値をもつと推測できる。一方，仮説3の確率は.69であることから，グループBとグループCの期待値については，どちらかのグループが高い期待値をもつかは結論づけることができないと判断した。

4-5-6◆対応ありの場合におけるモデル化

対応がある3変数の平均値に関するベイズ統計の分析も，基本的には対応なしと同様の流れになりますが，ここでは，少し異なるモデルを使ってみます。

❶まず，Section 4-3で使用したリスニング課題文の理解度データを**カウントデータ**（count data）だとみなします。カウントデータとは，ある一定期間内にある事象が置きた回数を指します。このリスニング理解度のデータを，「問題に正解する」という事象が起きた回数だと考えることもできます。さらに，このデータに対して，正規分布ではなく，カウントデータの分析に一般的に使用される**ポアソン分布**（Poisson distribution）を仮定してみます。ポアソン分布の母数（**2-3-1**）はλ（ラムダ）で，これは期待値および分散と一致します。

図4.5.3は，左から$\lambda=2$，$\lambda=4$，そして$\lambda=6$のときのポアソン分布の様子です。横軸は回数，縦軸は確率を表しており，$\lambda=2$であれば，一定期間内に平均2回程度，$\lambda=4$であれば平均4回程度起きるような現象のデータを示しています。$\lambda=2$の場合のように，正規分布では表せない分布の歪みを表しています。また，正規分布とは異なり，正の自然数の値のみを取るので，今回のようなデータの場合はより適したモデルになります。

図4.5.3　ポアソン分布の様子（左からλ=2，λ=4，λ=6の場合）

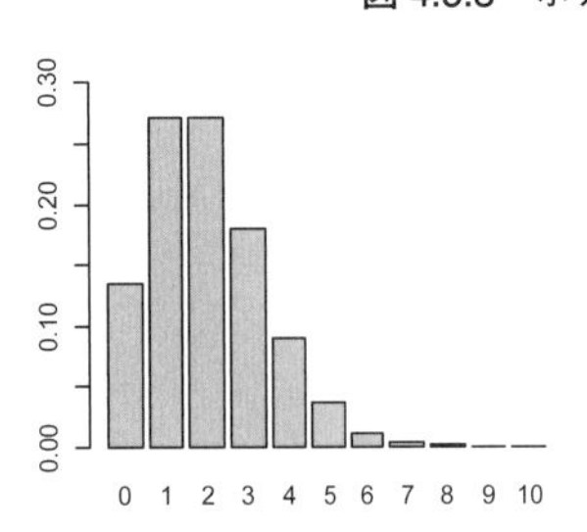
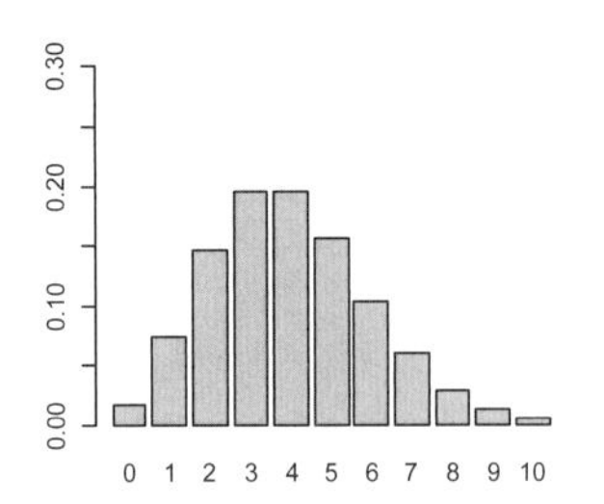
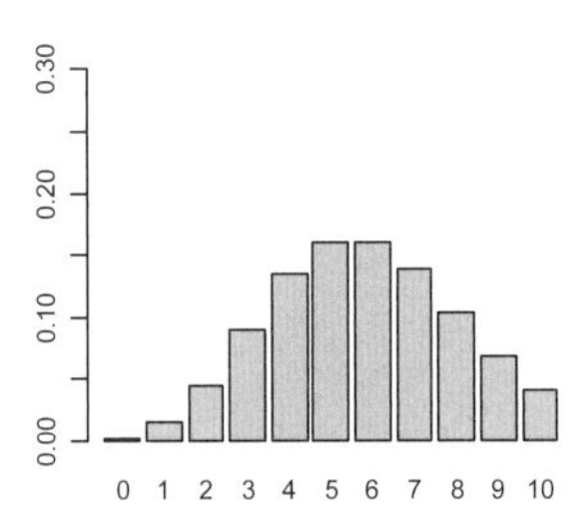

❷では，実際にこのリスニング理解度のデータ［anaova_w.csv］を使って，以下のコマンドで，可視化してみます。

```
> x <- read.csv ("anaova_w.csv")
> x.stacked<-stack(x) #stack関数はワイド型のデータをロング型へ変換する関数
> x.table<-table(x.stacked) #聞く回数ごとにカウントデータを集計
> par(mfrow=c(1,3)) #描画画面を3分割
> barplot(x.table[,1] ,ylim=c(0,30)) #1回（First）のデータを棒グラフで可視化
> barplot(x.table[,2] ,ylim=c(0,30)) #2回（Second）のデータを棒グラフで可視化
> barplot(x.table[,3] ,ylim=c(0,30)) #3回（Third）のデータを棒グラフで可視化
```

図4.5.4がその結果ですが，どちらかというと正規分布というよりは，**図4.5.3**のようなポアソン分布にとてもよく似ていることがわかります。

図4.5.4　理解度（左からリスニング1回目，2回目，3回目）

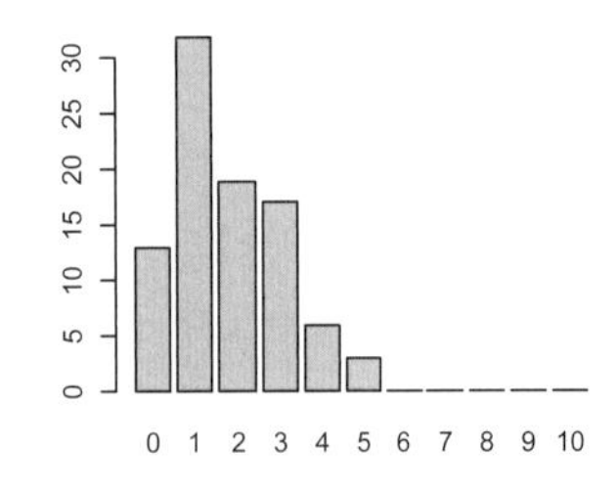
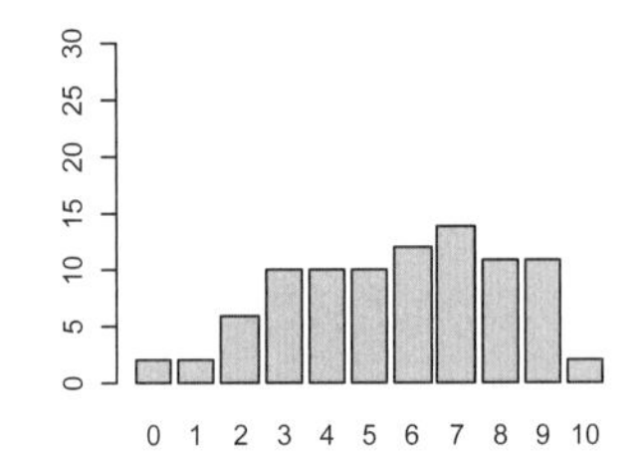
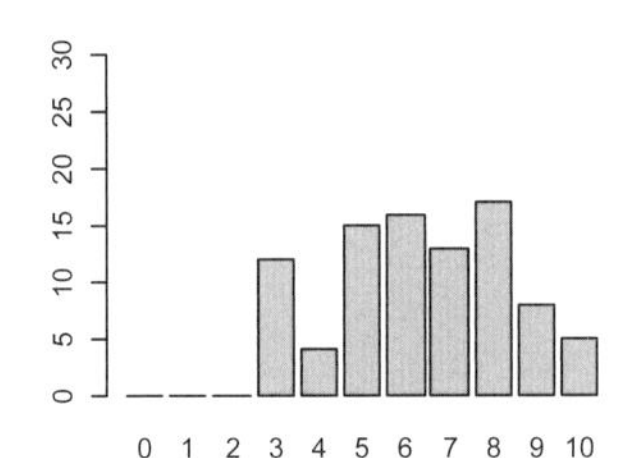

❷よって，リスニング理解度のデータに対してポアソン分布を仮定し，それぞれ，1回，2回，3回の条件におけるλを調べます。まずは，理解度のデータをy_iとして，

（式4.5.4）　$\log(y_i) \sim \mathrm{Poisson}(\mu_i)$

とおきます。これは前述の通り，従属変数がμ_iを母数にもつポアソン分布に従っていることを示します。ただし，ここでの添字iは参加者ではなく試行を表しています。

❸次に，ここでのμ_iを

（式 4.5.5）　$\mu_i = \beta_0 + \beta_0 x_{1i} + \beta_2 x_{2i}$

とします。このモデルの立て方は，対応のない場合の例と同様であり，ここでは β_0 を 1 回の場合，$\beta_0 + \beta_1$ を 2 回の場合，$\beta_0 + \beta_2$ を 3 回の場合とします。x_{1i} および x_{2i} はそれぞれ，i が 2 回または 3 回のデータの場合は 1，そうでなければ 0 を返す変数とします。

式 4.5.4 にある log は，**自然対数**（natural logarithm）を表しています。正規分布以外の従属変数をモデリングする際に，従属変数の値そのものではなく，従属変数をなんらかの関数によって変換した値を対象としてモデリングした方が，予測の精度が向上する場合があるからです。このように，その値を変換する関数を**リンク関数**（link function）といいます。リンク関数を使用して，正規分布以外のデータを対象とするモデルの総称を**一般化線形モデル**（generalized liner model；GLM）とよびます。

❹分析に使用するリンク関数は，ポアソン分布であれば対数関数を使用するなど，ある程度組み合わせが定まっています。対数関数は**指数関数**（exponential function）の逆関数なので，リンク関数の逆関数を使用した値を求めることもできます。たとえば，計算の手順として，

（式 4.5.6）　$y_i \sim \mathrm{Poisson}(\mu_i)$

の上で，

（式 4.5.7）　$\mu_i = \exp(\beta_0 + \beta_0 x_{1i} + \beta_2 x_{2i})$

とモデル化することもあり，**式 4.5.7** は逆リンク関数を使用したモデル化とよばれます。

4-5-7◆ポアソン分布のモデルを推定する

では，このモデルをマルコフ連鎖モンテカルロ法によってベイズ推定しましょう。

❶ここでは，MCMCpack パッケージの MCMCpoisson 関数を使用します。この関数は，従属変数がポアソン分布に従っていることを仮定し，リンク関数の設定を自動的に行なっていますので手動で設定する必要はありません。

4-5-2 の設定と同様に，MCMC サンプル数を 10,000，バーンイン区間を 2,000 として実行します。

```
#対応あるデータをロング型とする
> x.stacked<-stack(x)
> post<-MCMCpack::MCMCpoisson(formula=values~ind,
  data=x.stacked,
  mcmc=10000, #MCMC サンプル数
  burnin=2000) #バーンイン区間
> summary(post)
Iterations = 2001:12000
```

```
Thinning interval = 1
Number of chains = 1
Sample size per chain = 10000

1. Empirical mean and standard deviation for each variable,
   plus standard error of the mean:
              Mean      SD  Naive SE Time-series SE
(Intercept) 0.5711 0.07934 0.0007934       0.002518
indsecond   1.1649 0.08978 0.0008978       0.002884
indthird    1.2762 0.09134 0.0009134       0.003090

2. Quantiles for each variable:
              2.5%    25%    50%    75%  97.5%
(Intercept) 0.4145 0.5182 0.5696 0.6245 0.7248
indsecond   0.9918 1.1043 1.1661 1.2246 1.3432
indthird    1.0989 1.2131 1.2777 1.3371 1.4623
```

❷ MCMCpoisson 関数は，逆リンク関数を使用してモデル化していますので，ここで求められた値に対して指数関数を適用し，それぞれの回に対応するポアソン分布の母数を可視化します（図 4.5.5）。

```
>post.exp<-exp(post) # 推定結果に指数関数を適用
>vioplot(post.exp[,1],post.exp[,1]+post.exp[,2],post.exp[,1]+post.
exp[,3], # それぞれのグループの期待値となるように生成量を計算
 side="right", # 可視化のオプション。図中の左側にカーネル密度曲線を描く
 horizontal=T,
 col="gray",
 names=c("First","Second","Third"),
 xlab="Lamda",
 drawRect=F) # ヴァイオリン・プロットにおける四角形成分を省略
>abline(h=1:3,lty=2) # それぞれ A, B, C に相当する列に x=0 の直線を引く
```

図 4.5.5 それぞれの条件（1〜3 回）における λ の事後分布

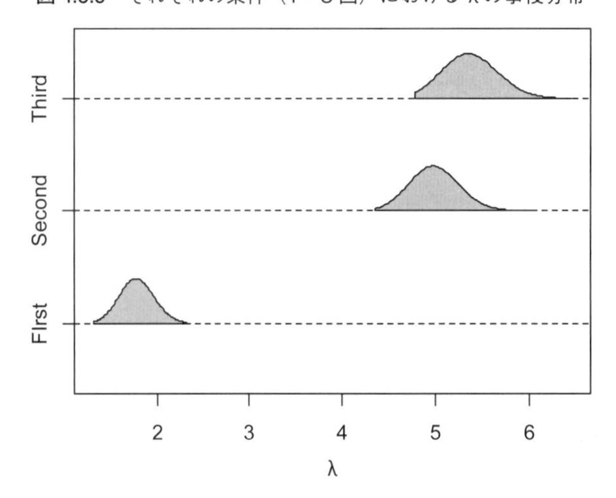

❸続いて，ポアソン分布における λ は期待値に相当するので，これらの λ の事後期待値を比較してみます。

```
>mean(post.exp[,1]) #1回の事後期待値
[1] 1.775774
>mean(post.exp[,1])+ mean(post.exp[,2]) #2回の事後期待値
[1] 4.994261
>mean(post.exp[,1])+ mean(post.exp[,3]) #3回の事後期待値
[1] 5.373697
```

結果からは，回を重ねるごとに理解度が上がる傾向にあること，そして2回と3回の差は比較的小さいことがわかります。

❹事後期待値に基づくと，1回のときは $\lambda=1.77$，2回のときは $\lambda=4.99$，3回のときは $\lambda=5.37$ をそれぞれ母数とするポアソン分布ですから，モデルによる予測分布を以下のように可視化することもできます（**図 4.5.6**）。この予測分布は，観測に対して比較的近似していることが確認できます。

```
>score<-1:10
>plot(score,dpois(score,1.77),
type="b",
xlab=" 理解度 ",
ylab=" 確率 ") #dpois関数はポアソン分布の確率質量関数：1回の予測分布
>lines(score,dpois(score,4.99),type="b",lty=2,pch=4) #2回の予測分布
>lines(score,dpois(score,5.37),type="b",lty=2,pch=20) #3回の予測分布
```

図 4.5.6　事後期待値によるポアソン分布の予測分布

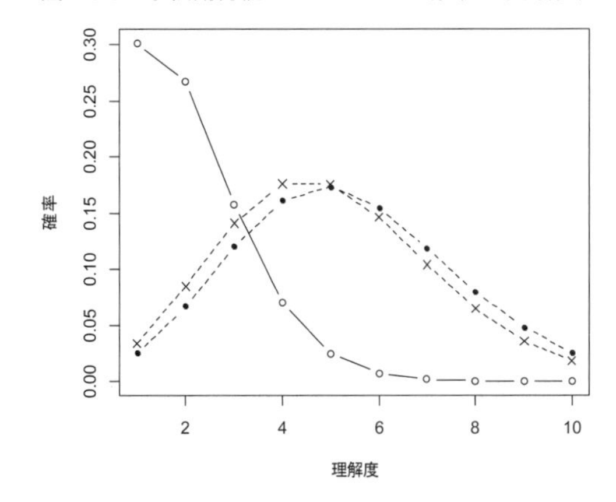

4-5-8◆論文への記載

■記載例

3回のリスニング課題文の理解度 y_i をカウントデータとみなし，ポアソン分布を仮定した。従属変数がポアソン分布に従うとみなすことから，一般化線形モデルの要領によって逆リンク関数を使用し，以下のモデルを立てた。

$$y_i \sim \text{Poisson}(\mu_i) \tag{1}$$

$$\mu_i = \exp(\beta_0 + \beta_1 x_{1i} + \beta_2 x_{2i}) \tag{2}$$

上記のモデルにおける，x_{1i} は試行 i が2回，x_{2i} は3回の条件であるかを示すダミー変数である。また，β_0 は1回条件における理解度，生成量である $\beta_0+\beta_1$ は2回条件の期待値，$\beta_0+\beta_2$ は3回条件の期待値に相当する。

そして，このモデルを，ギブスサンプリングによるマルコフ連鎖モンテカルロ法によって近似させた。ギブスサンプリングにおいては，MCMCサンプル数を，MCMCサンプル数を10,000，バーンイン区間を2,000，間引き区間なし，チェイン数1とした。

ギブスサンプリングが収束したとみなし，MCMCサンプルを検査したところ，1回条件における期待値に相当する β_0 の事後期待値は1.77，同様に，2回条件は4.99，3回条件は5.37であった。これらの事後期待値から，事後予測分布を求めると図4.5.5の通りである。

この事後予測分布の視察から，1回条件とその他の条件では理解度の期待値に大きな差があることが推測できる。一方，2回条件と3回条件については，事後予測分布において顕著な差を見出すことはできなかった。

このようにベイズ統計では，分散の比率に関する統計的有意性よりも，期待値を予測するモデルを作り，そのモデルから条件の違いによる期待値の差を検討することができます。ここではポアソン分布を使用したモデルを紹介しましたが，その他にもさまざまな分布が使用可能です。

5章 多元配置分散分析

2つ以上の要因の影響を分析する

Section 5-1　2元配置分散分析

多元配置分散分析（factorial ANOVA または multi-way ANOVA）は，2つ以上の要因の従属変数に対する影響の大きさを分析する場合に使用されます。この多元配置分散分析を実行する場合も，1元配置分散分析の場合と同様の前提が関わってきます。ただし，データが前提を満たさない場合には，2元配置分散分析の各デザインに対応したノンパラメトリック検定がないため，できるだけサンプルサイズを水準間においてバランスよく揃え，正規性や等分散性の前提から大きく逸脱しないデータを使うようにします。

本章では，**4章表 4.1.2** の分散分析デザインで紹介した，2元配置分散分析（**Section 5-1**）および3元配置分散分析（**Section 5-4**）を紹介します。それではまず，2元配置分散分析に関する仕組みについて解説します。

5-1-1◆2元配置分散分析のためのデータ整理

anovakun 関数を使用する場合，2元配置分散分析として以下の3種類のデザイン（**表 4.4.1** の区分：AB，AP，PQ；anovakun 関数の区分：ABs，AsB，sAB）があります。

対応なし要因（**図 5.1.1**）は，要因 A と B に対応するデータを縦1列に並べます。それに対して，対応

図 5.1.1　デザイン AB（ABs）（対応なし×対応なし）

参加者	指導法（要因A）	学習動機（要因B）	スピーキング（変量）
1	指導法1（水準A1）	上（水準B1）	↓
·		下（水準B2）	
·	指導法2（水準A2）	上（水準B1）	
·		下（水準B2）	
10	指導法3（水準A3）	上（水準B1）	
· · · 30		下（水準B2）	↓

図 5.1.2　デザイン AP（AsB）（対応あり×対応なし）

		スピーキング（要因P）		
参加者	指導法（要因A）	1学期（水準P）	2学期（水準P2）	3学期（水準P3）
1	指導法1（水準A1）	↓	↓	↓
· · · 10	指導法2（水準A2）			
· · · 30	指導法3（水準A3）	↓	↓	↓

あり要因は，同一被験者のデータを横に並べます。たとえば，PQ（sAB）デザイン例（**図5.1.3**）では，学期末テスト要因に３水準，課題要因に２水準の計６（=2×3）条件のデータを横に並べます。混合デザイン（**図5.1.2**）では要因Ａの各水準データは縦に，要因Ｐは横列に並べます。

以上のようにエクセルファイルで管理しておくと，要因の対応関係がわかりやすくなります。ただし，R関数によっては，適宜，ワイド型のデータをロング型に変更する必要があります。

図5.1.3　PQ（sAB）デザイン（対応あり×対応あり）

	スピーキング（要因P）					
参加者	1学期（水準P）		2学期（水準P2）		3学期（水準P3）	
	課題（要因Q）					
	課題1（水準Q1）	課題2（水準Q2）	課題1（水準Q1）	課題2（水準Q2）	課題1（水準Q1）	課題2（水準Q2）
1 ・ ・ ・ 10 ・ ・ ・ 30	↓	↓	↓	↓	↓	↓

5-1-2◆2元配置分散分析に関わる効果

２要因の分散分析では，次の２種類の影響の大きさを検定することができます。

①**主効果**（main effect）：個々の要因が従属変数に与える影響のことで，要因の数だけ主効果があります。よって，２元配置分散分析では２つの主効果を検定します。

②**交互作用**（interaction）：以下の２つの例のように，一方の要因が従属変数に与える影響と，他方の要因が従属変数に与える影響の「大きさ」または「方向」が一様でなく，従属変数に対して２つの要因が独立した関係になっていない場合に起こります。

例1.　予備知識（あり・なし）と熟達度（上位・下位）の２要因で読解テストを行った。

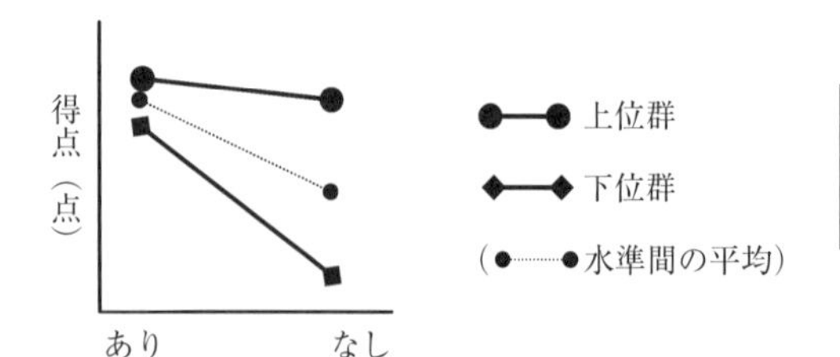

予備知識のあり・なしによって，熟達度の上位群と下位群の要因が読解テストに及ぼす影響の「**大きさ**」が異なっているパターン。

例2.　英語への興味（高・低）と話す人の国籍（日本人・米国人）の２要因でスピーキングテストを行った。

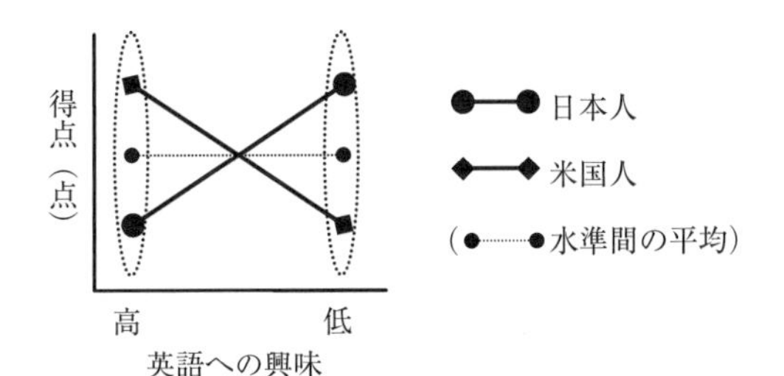

★交互作用が有意だった場合に，各要因の主効果の多重比較を先に行わない理由

上記のように交互作用がある場合，要因の水準間の組み合わせによって従属変数が受ける影響の大きさが異なるため，主効果の結果が有意であったとしても，多重比較を行って単純に解釈をすることはできません。例1の場合でいうと，「予備知識」の「あり・なし」の水準間（点線の比較）に有意差があり，予備知識があるほうがないほうよりも有意に読解テストの得点が高くなると結論づけたいところです。しかし，上位群においては実線の傾きがなだらかで，予備知識のある・なしに有意な違いがないように見えます。

例2の場合でも，「国籍」要因を無視して，「英語の興味」の高低2水準を比較すると，点線のように日本人と米国人によって異なる効果が相殺されてしまい，単純に英語への興味の高低に違いはないと解釈されてしまいます。よって，交互作用が有意となったときは，次のステップとして以下に述べる単純主効果の検定を行います。

③**単純主効果**（simple main effect）：各水準における主効果のことで，交互作用の原因を探るための下位検定になります。たとえば，上記の例2の点線の囲み部分のように，「英語への興味」の水準（高・低）で，「国籍」要因の話す相手が日本人と米国人の間に違いがあるかを検定します。

5-1-3◆2元配置分散分析の流れ

分析の基本的な流れとして，**図5.1.4**の［**2要因A・B**］のボックスから始まって，交互作用が有意になった場合，まずそれを解釈するために下位検定を行います。交互作用が有意だった場合は主効果について検討します。具体的には以下のような手順で分析します。

1. 2元配置分散分析を行い，2要因間で交互作用が有意か確認
2. 交互作用（A×B）が有意な場合：
   ①要因Aの単純主効果の検定：Bの各水準におけるAの水準間の比較
   　要因B1の水準内でA1とA2を比較（2水準の比較の場合は多重比較を行う必要はない）
   　要因B2の水準内でA1とA2を比較
   ②要因Bの単純主効果の検定：Aの各水準におけるBの水準間の比較
   　要因A1の水準内でB1，B2，B3を比較　→有意であれば多重比較
   　要因A2の水準内でB1，B2，B3を比較　→有意であれば多重比較

3. 交互作用が有意ではなく，主効果のみが有意な場合：3 水準以上であれば多重比較
4. いずれの主効果も有意でない場合：差は見られないと報告

図 5.1.4　分散分析の流れ

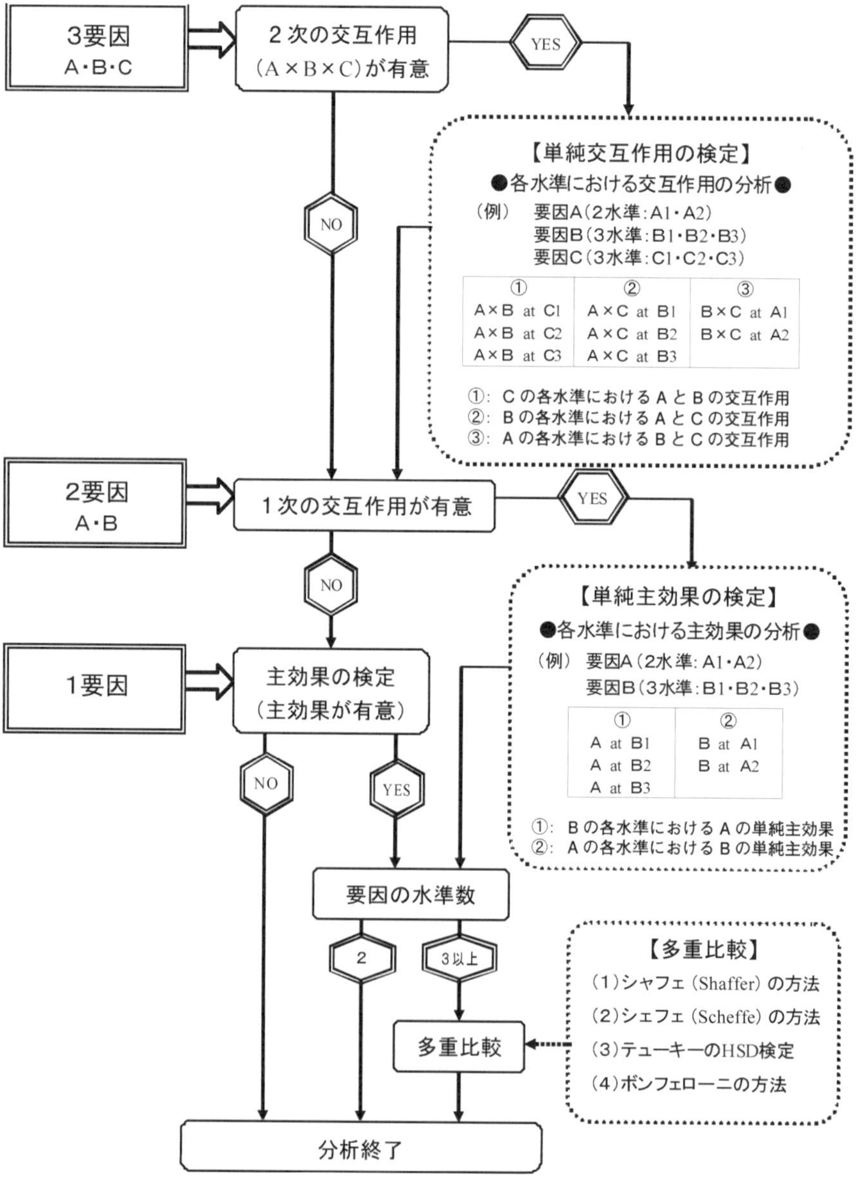

3要因
A・B・C

2 次の交互作用
(A×B×C)が有意

YES

NO

【単純交互作用の検定】
●各水準における交互作用の分析●
(例)　要因A(2水準:A1・A2)
要因B(3水準:B1・B2・B3)
要因C(3水準:C1・C2・C3)

①	②	③
A×B at C1	A×C at B1	B×C at A1
A×B at C2	A×C at B2	B×C at A2
A×B at C3	A×C at B3	

①: C の各水準における A と B の交互作用
②: B の各水準における A と C の交互作用
③: A の各水準における B と C の交互作用

2要因
A・B

1 次の交互作用が有意

YES

NO

【単純主効果の検定】
●各水準における主効果の分析●
(例)　要因A(2水準: A1・A2)
要因B(3水準:B1・B2・B3)

①	②
A at B1	B at A1
A at B2	B at A2
A at B3	

①: B の各水準における A の単純主効果
②: A の各水準における B の単純主効果

1要因

主効果の検定
(主効果が有意)

NO

YES

要因の水準数

2

3以上

多重比較

【多重比較】
(1)シャフェ (Shaffer) の方法
(2)シェフェ (Scheffe) の方法
(3)テューキーのHSD検定
(4)ボンフェローニの方法

分析終了

分析の流れを概観したところで，「対応なし×対応なし」および「対応なし×対応あり」デザインの分析例を紹介します。

Section 5-2　2元配置対応なし×対応なし：AB（ABs）型

対応なし×対応なし（ABs）デザイン例として，中学生（データ数：90名）の英語のスピーキングテスト得点が，小学校で英会話を習った経験（あり=1・なし=0）および学習動機（上=1・中=2・下=3）によって異なるかを調べます。また，英会話の学習経験と学習動機の要因間に交互作用があるかも見ていきます。

図5.2.1　ABデータ［anova_bb.csv］

	EC	MV	Speaking
1	1	1	10
2	1	1	9
3	1	1	9
4	1	1	8
5	1	1	6
6	1	1	12

5-2-1◆Rの操作手順（対応なし×対応なし）

❶新たに［Ch5anova2］というR projectを作成（1-5-2参照）し，作成されたワーキング・ディレクトリに分析に使用するすべてのデータファイルを入れておきます。

❷データ［anova_bb.csv］を読み込みます。

今回は，table関数とデータ構造（structure）を調べるstr関数でデータが正しく読み取れたか確認してみます。

```
> library(readr) #readr関数でデータ読み込み
> anova_bb <- read_csv("anova_bb.csv")
> View(anova_bb)
> x <- anova_bb
> table (x$MV) #クロス表
 1  2  3
30 30 30
> table(x$EC)
 1  2
45 45
> str(x) #データstructureの表示
tibble [90 x 3] (S3: spec_tbl_df/tbl_df/tbl/data.frame)
 $ EC   : num [1:90] 1 1 1 1 1 1 1 1 1 1 ...
 $ MV: num [1:90] 1 1 1 1 1 1 1 1 1 1 ...
 $ Speaking  : num [1:90] 10 9 9 8 6 12 14 9 12 8 ...
 以下，省略
```

1列目に要因A［English conversation：EC］と2列目に要因B［Motivation：MV］，3列目に従属変数［Speaking］の得点と3変数で各90名のデータセットになっています。

❸ anovakun関数を読み込む前に，4章でダウンロードした［anovakun_485.txt］を現在のワーキングディレクトリ（Ch5anava2）に入れておき，以下のように読み込みます。

```
> source("anovakun_485.txt") #anovakunの読み込み
```

❹条件（独立）変数は名義尺度なので，［EC］と［MV］変数を factor 関数で因子型に変換します。そして，class 関数で変換されたことを確認します。

```
> x$EC <- factor(x$EC) # factor 関数への変換
> x$MV <- factor(x$MV)
> class(x$EC)
[1] "factor"
> class(x$MV)
[1] "factor"
```

❺ MV の 3 群間，および EC の 2 群間の分散が等質かを Levene の検定で調べます。car パッケージを読み込み，leveneTest 関数で実行します。

```
> library(car)
> leveneTest(x$Speaking, x$MV) # x のデータの MV 変数間で Levene の等質性検定を実行
Levene's Test for Homogeneity of Variance (center = median)
      Df F value Pr(>F)
group  2  0.7334 0.4832
      87
> leveneTest(x$Speaking, x$EC) # x のデータの EC 変数間で Levene の等質性検定を実行
Levene's Test for Homogeneity of Variance (center = median)
      Df F value Pr(>F)
group  1  2.0575  0.155
      88
```

分析結果を見ると，有意確率［Pr］が，MV グループ間［0.483］と EC グループ間［0.155］のどちらも，5%水準で有意ではなく，2 要因とも，等分散性は満たされているといえます。

※ただし，今回は各グループのサンプルサイズが同じですので，この前提が少々崩れても結果は頑健であるといえます。

5-2-2◆二元配置分散分析の実行（対応なし×対応なし）

❶ anovakun 関数を使用して，ABs 型の 2 元配置分散分析を実行します。ここでは，比較のために 3 種類の効果量も指定してみます。順に，イータ 2 乗（η^2），偏イータ 2 乗（$\eta_p{}^2$），一般化イータ 2 乗（$\eta_G{}^2$）を指定します。また，行の名前を，以下のように c 関数で設定しておくと，出力された結果が見やすくなります。

```
anovakun(x, "ABs", EC=c("Exp", "NoExp"),
MV=c("High", "Middle", "Low"), eta=T,
peta=T, geta=T) # anovakun を使用した 2 元配置の分散分析の実行
```

❷実行すると，一連の結果が算出されます。まず，記述統計［Describe Statistics］で，各要因の水準別のスピーキング得点や人数を確認します。

```
<< DESCRIPTIVE STATISTICS >>
---------------------------------------
   EC      MV   n     Mean    S.D.
---------------------------------------
  Exp    High  15  10.2667  2.7637
  Exp  Middle  15  12.8000  2.1448
  Exp     Low  15   6.8667  3.7007
NoExp    High  15  10.9333  2.3135
NoExp  Middle  15  10.5333  3.1366
NoExp     Low  15   8.0667  2.8900
---------------------------------------
  7.4667  3.3190
---------------------------------
```

❸次に，2 元配置分散分析［ANOVA TABLE］の結果を見ます（図 5.2.2）。交互作用［EC x MV］が，$F(2, 84)$

＝3.17, p＝.047 で有意になっています。これは英会話経験の水準（Exp・NoExp）によって，やる気［MV］の各水準におけるスピーキング得点のパターンが異なっていることを意味します。効果量の偏イータ2乗と一般化イータ2乗が同じ値になっています。

図 5.2.2　2元配置分散分析（対応なし×対応なし）

```
<< ANOVA TABLE >>
-------------------------------------------------------------------------------
 Source        SS  df        MS  F-ratio  p-value      eta^2  p.eta^2  G.eta^2
-------------------------------------------------------------------------------
     EC    0.4000   1    0.4000   0.0485   0.8262 ns  0.0004   0.0006   0.0006
     MV  285.9556   2  142.9778  17.3390   0.0000 *** 0.2773   0.2922   0.2922
EC x MV   52.2667   2   26.1333   3.1692   0.0471 *   0.0507   0.0702   0.0702
  Error  692.6667  84    8.2460
-------------------------------------------------------------------------------
  Total 1031.2889  89   11.5875
                                        +p < .10, *p < .05, **p < .01, ***p < .001
```

❹この交互作用を視覚的に捉えるために折れ線グラフを作成してみます。それぞれのオプション［response＝従属変数］，［x. factor＝独立変数1］，［trace. factor＝線の定義；独立変数2］には，以下のように指定します。算出された**図 5.2.3** を見ると，MV 中位群［2］だけが異なった動きをしており，他のグループと交差していることがわかります。

図 5.2.3　相互作用プロット図

```
> with(x, interaction.plot(response = Speaking, x.factor = EC, trace.factor = MV))
```

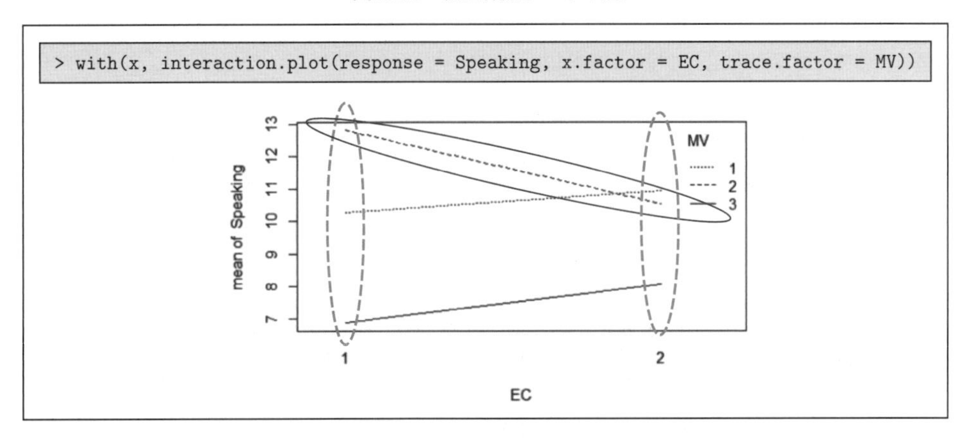

❺次のステップとして，この交互作用どの水準において単純主効果が有意であったかを調べるために，交互作用の単純主効果［SIMPLE EFFECTS for "EC x MV" INTERACTION］を見ます。まず，［MV］の各水準において，［EC］の［Exp・NoExp］に差があるかを見ると，Middle グループ内の EC 間［EC at Middle］で有意差（**図 5.2.4** の結果の囲み）が見られます。

続く，［EC］の各水準内で，［MV］の［High・Middle・Low］に有意差があるかを見ると，どちらも有意になって（図 5.2.4 の点線囲み）います。ここは３水準のため，さらに下の，多重比較結果を見ていきます。

図 5.2.4　交互作用の単純主効果の検定結果

```
< SIMPLE EFFECTS for "EC x MV" INTERACTION >
--------------------------------------------------------------------------------------
      Source        SS df        MS F-ratio p-value       eta^2 p.eta^2 G.eta^2
--------------------------------------------------------------------------------------
   EC at High    3.3333  1    3.3333  0.4042  0.5266 ns  0.0032  0.0048  0.0048
 EC at Middle   38.5333  1   38.5333  4.6730  0.0335 *   0.0374  0.0527  0.0527
    EC at Low   10.8000  1   10.8000  1.3097  0.2557 ns  0.0105  0.0154  0.0154
    MV at Exp 265.9111  2  132.9556 16.1236  0.0000 *** 0.2578  0.2774  0.2774
  MV at NoExp   72.3111  2   36.1556  4.3846  0.0154 *   0.0701  0.0945  0.0945
        Error 692.6667 84    8.2460
--------------------------------------------------------------------------------------
                                      +p < .10, *p < .05, **p < .01, ***p < .001
```

❻ EC の［Exp］水準における多重比較［MULTIPLE COMPARISON for "MV at Exp"］では，すべて有意差があることから，英会話経験ありグループにおいては，やる気が，middle＞high＞low の順に有意にスピーキング得点が高いことがわかります。経験なしグループ［MULTIPLE COMPARISON for "MV at NoExp"］においては，high, middle グループは，有意に low グループより高いことがわかります。

※［adj.p］は Shaffer で多重比較全体（ファミリーワイズ）での Type I エラー（**3 章 3-1-2**）を起こさないように調整した値で（井関，n.d.），こちらを参考にします。

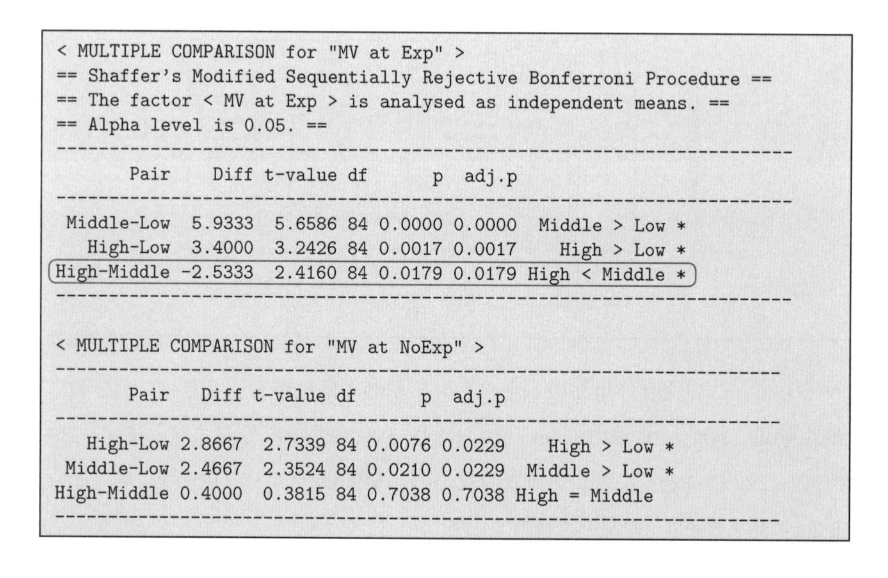

```
< MULTIPLE COMPARISON for "MV at Exp" >
== Shaffer's Modified Sequentially Rejective Bonferroni Procedure ==
== The factor < MV at Exp > is analysed as independent means. ==
== Alpha level is 0.05. ==
---------------------------------------------------------------------
       Pair    Diff t-value df       p  adj.p
---------------------------------------------------------------------
 Middle-Low  5.9333  5.6586 84 0.0000 0.0000  Middle > Low *
   High-Low  3.4000  3.2426 84 0.0017 0.0017    High > Low *
High-Middle -2.5333  2.4160 84 0.0179 0.0179 High < Middle *
---------------------------------------------------------------------

< MULTIPLE COMPARISON for "MV at NoExp" >
--------------------------------------------------------------------
       Pair   Diff t-value df       p  adj.p
--------------------------------------------------------------------
   High-Low 2.8667  2.7339 84 0.0076 0.0229    High > Low *
 Middle-Low 2.4667  2.3524 84 0.0210 0.0229  Middle > Low *
High-Middle 0.4000  0.3815 84 0.7038 0.7038 High = Middle
--------------------------------------------------------------------
```

❼ R Script を［Ch5anaova_bb］などと任意の名前を付けて，保存しましょう。また，output ファイルもメニューの中央の markdown アイコンで，html ファイルとして保存しておくと便利です。

5-2-3◆論文への記載

論文には，記述統計に加えて，文中での説明だけではわかりにくい場合にのみ，**図 5.2.2** の分散分析表を掲載します。なお，比較のために3つの効果量を算出しましたが，最低一つ報告します。また，図を掲載する場合に，対応なし要因の各水準の平均値を線でつないだプロット図は，水準間の独立性がないように見えますので，棒グラフまたは箱ひげ図などを用います。

また，交互作用の単純主効果と多重比較から突き止めた，下記の2群の効果量も掲載します。今回は，3章の以下の式を使って求めます。または，❷の記述統計から Cohen's d を**式 3.5.1** から求めることもできます。

（式 3.5.4）　$$r=\sqrt{\frac{F(1, df_{Error})}{F(1, df_{Error})+df_{Error}}}$$

（式 3.5.5）　$$r=\sqrt{\frac{t^2}{(t^2+df)}}$$

```
#効果量の算出
> r=sqrt(4.6730/(4.6730+84)) # ❺ EC at Middle を式 3.5.4 に代入
> r
[1] 0.2295632
> r1=sqrt(2.4160^2/(2.4160^2+84)) # ❻ High-Middle の値を式 3.5.5 に代入
> r1
[1] 0.2548996
```

■記載例

英会話（あり・なし）×学習動機（上・中・下）の2元配置分散分析の結果，英会話の主効果は $F(1, 84) = .05$，$p = .826$ で有意ではなかったが，学習動機の主効果は $F(2, 84) = 17.34$，$p < .001$，$\eta_G{}^2 = .277$ で効果量も大きく，有意であった。また，英会話と学習動機要因の交互作用は，$F(2, 84) = 3.17$，$p = .047$，$\eta_G{}^2 = .051$ で有意であったので，続いて単純主効果の検定を行った。

その結果，学習動機別に注目すると，中位群においてのみ，英会話の経験あり群の方がなし群より有意にスピーキング得点が高かった（$p = .034$，$r = 0.23$）。英会話の学習経験に関しては，経験あり群において，上位群，中位群ともに1%水準で下位群を有意に上回っていたが，注目すべきは，中位群が上位群より有意に高かった（$p = .018$，$r = 0.25$）。英会話の経験なし群においても，上位群，中位群が下位群を有意に上回っていたが，上位群と中位群には有意差は見られなかった。よって，英会話の経験は学習動機がそれほど高くない中位群にプラスに働いていると言える。

Section 5-3 2元配置対応なし×対応あり：AP（AsB）型

次に，対応なし要因と対応あり要因の混合デザインを紹介します。例として，熟達度で分けた各30名ずつの3グループ（上・中・下）に，英文をくり返して聞かせる（1回目・2回目・3回目）だけでそのテキストの理解度得点が上がるのかを検証します。従属変数は「テスト得点」，独立（条件）変数は「熟達度」（対応なし）と「聞く回数」（対応あり）になります。

5-3-1◆Rの操作手順（対応なし×対応あり）

❶新しくR scriptを立ち上げ，[anova_bw1.csv] データを読み込みます。データを確認すると，1列目が対応なし要因の熟達度 [Proficiency]，そして，参加者が3回英文を聞いていますので，聞く回数 [Time] データが横に並んでいます。

図 5.3.1 データ（対応なし×あり）

	Proficiency	First	Second	Third
1	1	28	34	35
2	1	33	40	40
3	1	35	39	40
4	1	45	40	48
5	1	25	27	29

```
> library(readr) #readr関数でデータの読み込み
> anova_bw1 <- read_csv("anova_bw1.csv")
> View(anova_bw1)
> x <-anova_bw1
> head(x) #データの頭，確認（結果，略）
> str(x) #データ構造の確認
tibble [90 x 4] (S3: spec_tbl_df/tbl_df/tbl/data.frame)
 $ Proficiency: num [1:90] 1 1 1 1 1 1 1 1 1 1 ...
 $ First      : num [1:90] 28 33 35 45 25 30 30 25 20 30 ...
 $ Second     : num [1:90] 34 40 39 40 27 39 45 34 28 36 ...
 $ Third      : num [1:90] 35 40 40 48 29 39 46 34 28 36 ...
 - attr(*, "spec")=
  .. cols(
  ..   Proficiency = col_double(),
  ..   First = col_double(),
  ..   Second = col_double(),
  ..   Third = col_double()
  .. )
```

❷factor関数を用いて，条件（独立）変数 [Proficiency] を因子型に変換します。そして，class関数で確認をします。

```
> x$Proficiency <- factor(x$Proficiency) #factor関数への変換
> class(x$Proficiency)
[1] "factor"
```

❸2元配置分散分析を実行するために，anovakun 関数を読み込みます。

そして，関数 anovakun（データ，“要因計画の型”，各要因の水準数）の順で指定します。以下の2行目のコマンドでも算出できますが，具体的な変数名を入れると，結果が読み取りやすいので，3行目のように指定します。その後に，Mauchley の球面性検定［mau = T］を採用し，球面性が仮定できなければ，［auto = T］としておくと，Greenhouse-Geisser の調整結果を算出できます。効果量指標は，最低1つ報告します。ここでは，比較のために順にイータ2乗，偏イータ2乗，一般化イータ2乗を指定しています。

```
#2元配置分散分析の実行
> source(paste0(wd, "/anovakun_485.txt")) #anovakun の読み込み
#anovakun(x, "AsB",3,3, mau = T, peta = T,auto = T) #変数名指定しない場合
> anovakun(x, "AsB", Proficiency = c("ProH","ProM","ProL"), Time = c("First","Second","Third",
mau = T, eta = T, peta = T, geta = T, auto = T)) #変数名指定する場合。効果量3種類
```

❹一連の結果が算出されます。

まず，記述統計［Descriptive Statistics］で，各要因の水準別にスピーキング得点や人数を見て，正しく分析されたかを確認します。

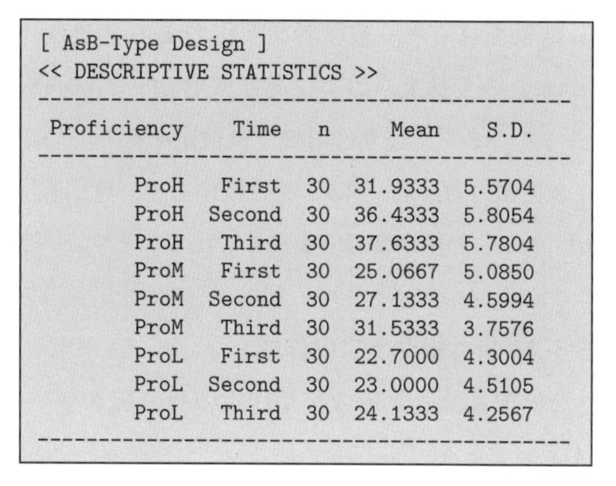

```
[ AsB-Type Design ]
<< DESCRIPTIVE STATISTICS >>
--------------------------------------------
 Proficiency    Time   n     Mean     S.D.
--------------------------------------------
        ProH   First  30  31.9333   5.5704
        ProH  Second  30  36.4333   5.8054
        ProH   Third  30  37.6333   5.7804
        ProM   First  30  25.0667   5.0850
        ProM  Second  30  27.1333   4.5994
        ProM   Third  30  31.5333   3.7576
        ProL   First  30  22.7000   4.3004
        ProL  Second  30  23.0000   4.5105
        ProL   Third  30  24.1333   4.2567
--------------------------------------------
```

❺次に，［Mauchly の球面性検定］：対応あり要因が含まれる場合に算出されます。今回は［有意確率］.0001 となっており，球面性が満たされていません。

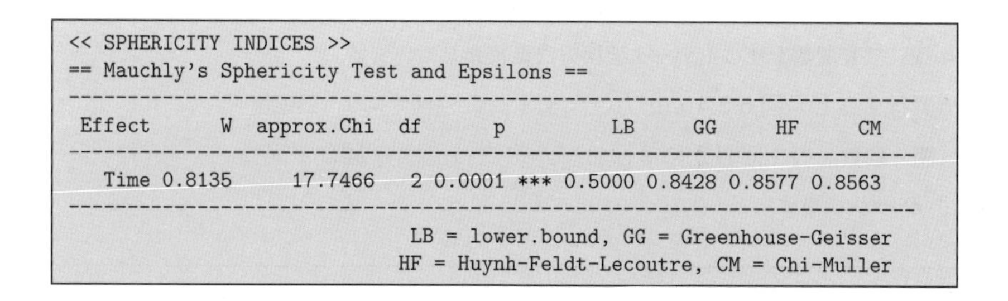

```
<< SPHERICITY INDICES >>
== Mauchly's Sphericity Test and Epsilons ==
-------------------------------------------------------------------------
 Effect      W  approx.Chi  df       p         LB     GG     HF     CM
-------------------------------------------------------------------------
   Time 0.8135     17.7466   2 0.0001 *** 0.5000 0.8428 0.8577 0.8563
-------------------------------------------------------------------------
                              LB = lower.bound, GG = Greenhouse-Geisser
                             HF = Huynh-Feldt-Lecoutre, CM = Chi-Muller
```

❻2元配置分散分析の被験間と被験者内効果の結果が区切られて算出されます（図 5.3.2）。球面性が満たされていませんので，小数点がついた *df* から，［Greenhouse-Geisser］で調整されていることがわかります（4章4-1-2参照）。また，効果量が3種類算出されています。

図 5.3.2 2元配置分散分析（対応なし×対応あり）

```
<< ANOVA TABLE >>
== Adjusted by Greenhouse-Geisser's Epsilon for Suggested Violation ==
---------------------------------------------------------------------------------------------
                 Source          SS      df         MS  F-ratio  p-value      eta^2  p.eta^2  G.eta^2
---------------------------------------------------------------------------------------------
            Proficiency   6656.8074       2  3328.4037  51.9192   0.0000 *** 0.4702   0.5441   0.5149
        s x Proficiency   5577.3444      87    64.1074
---------------------------------------------------------------------------------------------
                   Time    924.8296    1.69   548.6349 116.0335   0.0000 *** 0.0653   0.5715   0.1285
     Proficiency x Time    305.7481    3.37    90.6892  19.1803   0.0000 *** 0.0216   0.3060   0.0465
 s x Proficiency x Time    693.4222  146.66     4.7282
---------------------------------------------------------------------------------------------
                  Total  14158.1519     269    52.6325
                                             +p < .10, *p < .05, **p < .01, ***p < .001
```

結果を見ると，被験者間要因である熟達度［Proficiency］の主効果，被験者内要因である聞く回数［Time］の主効果，および交互作用［Proficiency x Time］のすべてが，1％水準で有意になっています。よって，まず，交互作用の下位検定を行っていきます。

3種類の効果量（囲み）を比較すると，算出方法が異なるため，η_p^2［p.eta^2］の値を見ると，被験者内要因［Time］の値がかなり大きくなっています。一般的に，η_G^2［G.eta^2］は，η_p^2 と η^2 の間の値を取ります。

5-3-2◆折れ線グラフの作成

2元配置分散分析の交互作用の折れ線グラフを作成して視覚化してみます。

❶折れ線グラフの作成には，1章1-9-3で説明したように，データをワイド型からロング型に変換する必要があります。ここでは，あらかじめ図5.3.3のように用意したデータ［anova_bw2.csv］を使っていきます。

※後述（5-4-2）でR関数を使ったデータ変換方法を紹介しています。

❷With関数で実行すると，図5.3.4が出力されます。この図から，［熟達度］によって，［聞く回数］の1回目から3回目で，得点の上がり具合が異なっていることがわかります。

図 5.3.3 ロング型データ

Proficiency	Time	Score
1	1	28
・	・	・
・	・	・
・	・	・
1	3	33
2	1	23
・	・	・
・	・	・
・	・	・
2	3	30
3	1	17
・	・	・
・	・	・
・	・	・
3	3	18

```
> library(readr)
> anova_bw2 <- read_csv("anova_bw2.csv")
> View(anova_bw2)
> x1 <-anova_bw2 #データフレームを変換したデータ
> with(x1, interaction.plot(x.factor=Time, trace.factor=Proficiency, response=Score)) #交互作用プロットの作成
```

図 5.3.4　交互作用の可視化

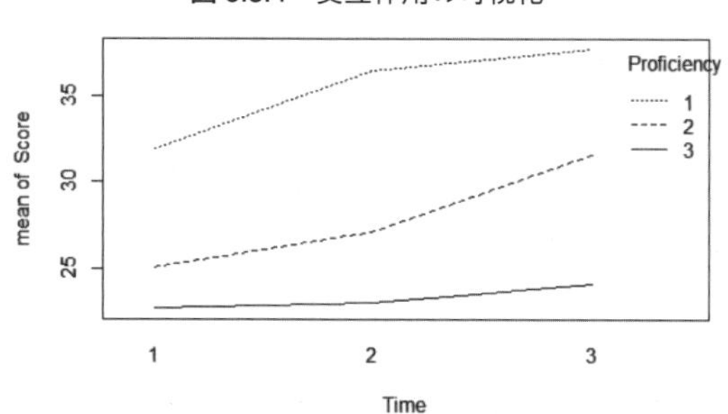

5-3-3◆対応なし要因・対応あり要因の単純主効果と多重比較の検定

❶次に，［聞く回数×熟達度］の交互作用が有意になっているので，**図 5.1.4** のチャートに従って，交互作用の単純主効果（**図 5.3.5**）を見ます。

図 5.3.5　交互作用の単純主効果

```
< SIMPLE EFFECTS for "Proficiency x Time" INTERACTION >
------------------------------------------------------------------------------
       Effect       W  approx.Chi  df       p         LB     GG     HF     CM
------------------------------------------------------------------------------
 Time at ProH 0.6240     13.2056   2 0.0014 **  0.5000 0.7267 0.7552 0.7448
 Time at ProM 0.9152      2.4815   2 0.2892 ns  0.5000 0.9218 0.9815 0.9680
 Time at ProL 0.7560      7.8314   2 0.0199 *   0.5000 0.8039 0.8439 0.8323
------------------------------------------------------------------------------
                                   LB = lower.bound, GG = Greenhouse-Geisser
                                  HF = Huynh-Feldt-Lecoutre, CM = Chi-Muller

-------------------------------------------------------------------------------------------------
               Source         SS    df         MS  F-ratio  p-value      eta^2  p.eta^2  G.eta^2
-------------------------------------------------------------------------------------------------
 Proficiency at First 1380.0667      2   690.0333  27.4620   0.0000 *** 0.3870   0.3870   0.3870
          Er at First 2186.0333     87    25.1268
-------------------------------------------------------------------------------------------------
Proficiency at Second 2840.2889      2  1420.1444  56.6538   0.0000 *** 0.5657   0.5657   0.5657
         Er at Second 2180.8333     87    25.0670
-------------------------------------------------------------------------------------------------
 Proficiency at Third 2742.2000      2  1371.1000  62.6533   0.0000 *** 0.5902   0.5902   0.5902
          Er at Third 1903.9000     87    21.8839
-------------------------------------------------------------------------------------------------
         Time at ProH  541.8000  1.45  372.7626  57.3020   0.0000 *** 0.1599   0.6640   0.1599
     s x Time at ProH  274.2000 42.15    6.5052
-------------------------------------------------------------------------------------------------
         Time at ProM  654.4889     2  327.2444  61.8560   0.0000 *** 0.2696   0.6808   0.2696
     s x Time at ProM  306.8444    58    5.2904
-------------------------------------------------------------------------------------------------
         Time at ProL   34.2889  1.61   21.3274   8.8485   0.0012 **  0.0203   0.2338   0.0203
     s x Time at ProL  112.3778 46.62    2.4103
-------------------------------------------------------------------------------------------------
                                                     +p < .10, *p < .05, **p < .01, ***p < .001
```

この結果で，球面性が満たされていない場合は，自由度が調整されて表示されていますが，すべての比較で有意となっています（囲み部分）。よって，さらに，それぞれの検定の多重比較の結果を見ていきます。

❷続く，多重比較の結果は，一連の［MULTIPLE COMPARISON for “要因×水準”］で算出されます。まず，**図5.3.6**では，聞く1回目における中位群と下位群間のみ有意差はありません［0.0709］が，2回目および3回目における熟達度間はすべて有意となっています。

図 5.3.6　各聞く回数における熟達度の多重比較

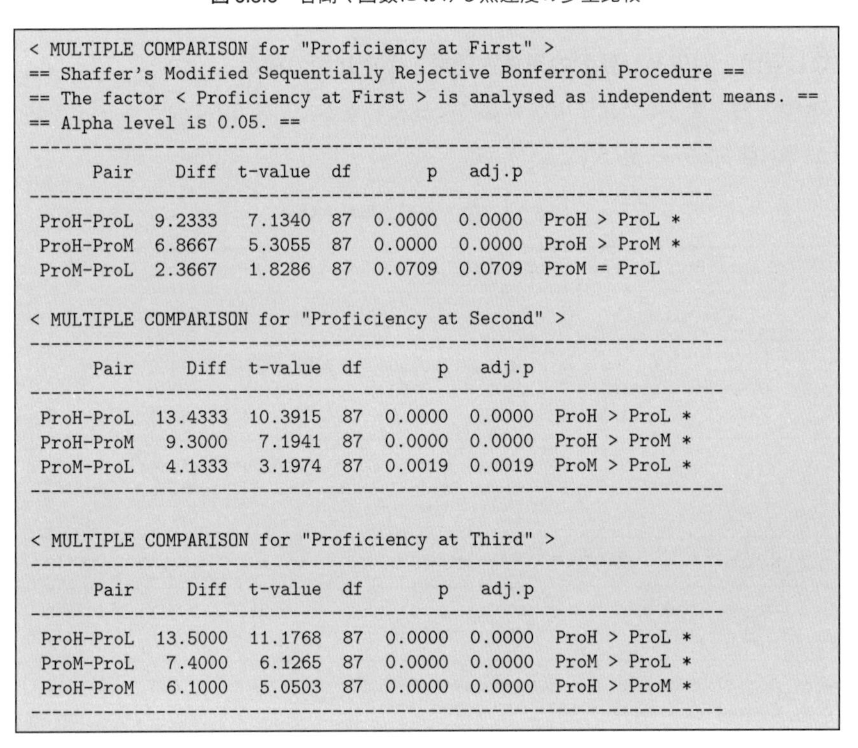

```
< MULTIPLE COMPARISON for "Proficiency at First" >
== Shaffer's Modified Sequentially Rejective Bonferroni Procedure ==
== The factor < Proficiency at First > is analysed as independent means. ==
== Alpha level is 0.05. ==
-----------------------------------------------------------------
      Pair    Diff  t-value  df       p   adj.p
-----------------------------------------------------------------
 ProH-ProL  9.2333   7.1340  87  0.0000  0.0000  ProH > ProL *
 ProH-ProM  6.8667   5.3055  87  0.0000  0.0000  ProH > ProM *
 ProM-ProL  2.3667   1.8286  87  0.0709  0.0709  ProM = ProL

< MULTIPLE COMPARISON for "Proficiency at Second" >
------------------------------------------------------------------
      Pair     Diff  t-value  df       p   adj.p
------------------------------------------------------------------
 ProH-ProL  13.4333  10.3915  87  0.0000  0.0000  ProH > ProL *
 ProH-ProM   9.3000   7.1941  87  0.0000  0.0000  ProH > ProM *
 ProM-ProL   4.1333   3.1974  87  0.0019  0.0019  ProM > ProL *
------------------------------------------------------------------

< MULTIPLE COMPARISON for "Proficiency at Third" >
------------------------------------------------------------------
      Pair     Diff  t-value  df       p   adj.p
------------------------------------------------------------------
 ProH-ProL  13.5000  11.1768  87  0.0000  0.0000  ProH > ProL *
 ProM-ProL   7.4000   6.1265  87  0.0000  0.0000  ProM > ProL *
 ProH-ProM   6.1000   5.0503  87  0.0000  0.0000  ProH > ProM *
------------------------------------------------------------------
```

❸図5.3.7の各熟達度における，聞く回数の多重比較では，下位群の1回目と2回目の間にのみ，有意差がなく，［p = 0.4338］となっています。

anovakun関数では，［Shaffer's Modified Sequentially Rejective Bonferroni Procedure］とあるように，Shafferで調整したp値［adj.p］が算出されているので，それを報告します。

図 5.3.7　各熟達度における聞く回数の多重比較

```
< MULTIPLE COMPARISON for "Time at ProH" >
-----------------------------------------------------------------------
        Pair     Diff  t-value  df       p   adj.p
-----------------------------------------------------------------------
  First-Third  -5.7000   9.7672  29  0.0000  0.0000   First < Third *
 First-Second  -4.5000   6.5752  29  0.0000  0.0000  First < Second *
 Second-Third  -1.2000   3.2474  29  0.0029  0.0029  Second < Third *
-----------------------------------------------------------------------

< MULTIPLE COMPARISON for "Time at ProM" >
-----------------------------------------------------------------------
        Pair     Diff  t-value  df       p   adj.p
-----------------------------------------------------------------------
  First-Third  -6.4667  10.9493  29  0.0000  0.0000   First < Third *
 Second-Third  -4.4000   8.5353  29  0.0000  0.0000  Second < Third *
 First-Second  -2.0667   3.1032  29  0.0042  0.0042  First < Second *
-----------------------------------------------------------------------

< MULTIPLE COMPARISON for "Time at ProL" >
-----------------------------------------------------------------------
        Pair     Diff  t-value  df       p   adj.p
-----------------------------------------------------------------------
 Second-Third  -1.1333   4.3349  29  0.0002  0.0005  Second < Third *
  First-Third  -1.4333   3.4138  29  0.0019  0.0019   First < Third *
 First-Second  -0.3000   0.7937  29  0.4338  0.4338  First = Second
-----------------------------------------------------------------------
```

5-3-4◆論文への記載

論文にまとめる際には，通常，論文中に分散分析結果を報告します。わかりやすく説明するために，適宜，2元配置分散分析表（**図 5.3.2**）や交互作用の図（**図 5.3.4**）だけでなく，多重比較検定の結果が複雑な場合には，それを表にまとめて報告しても構いません。また，今回は省略していますが，必要に応じて，最終の多重比較の効果量を d や r で報告します。

熟達度（対応なし：上・中・下）×聞く回数（対応あり：1回目・2回目・3回目）の2元配置分散分析を行った結果，熟達度と聞く回数の主効果（熟達度：$F(2, 87) = 51.92$，$p < .001$，$\eta_G^2 = .515$；聞く回数：$F(1.69, 146.66) = 116.03$，$p < .001$，$\eta_G^2 = .129$）および熟達度×聞く回数の交互作用（$F(3.37, 146.66) = 19.18$，$p < .001$，$\eta_G^2 = .047$）とすべて1%水準で有意であった。特に熟達度の効果量が大きかった。

次に交互作用の解釈をするために，それぞれの要因の単純主効果の検定とプロット図で可視化を行った。その結果，熟達度の下位群は1回目と2回目の間に有意差は見られなかった（$p = .434$）。しかし，中位群および上位群は聞く回数が増えるごとに有意に伸びていた。

以上のことから，下位群にとっては聞く回数を増やすだけでは理解力があまり上がらないが，他の2群に関しては，聞く回数を重ねるごとに理解できる情報が有意に増えていくことがわかった。

Section 5-4 ベイズでやってみよう

5-4-1◆2 元配置（対応なし×対応なし：AB）の場合

ベイズ統計の要領によって分散分析に相当する分析を行うアプローチの１つを紹介します。Section 5-2 で紹介した対応なし２要因のデータ［anova_bb.csv］を使って，一般線形モデルによって，２水準×３水準からなる計６群のスピーキング力の期待値を予測するモデルについて考えます。

❶まず，標本の中学生を i として，この中学生 i のスピーキング力を y_i とします。次に，この i が小学校において英会話を習った経験（English Conversation：EC）がある場合は１，ない場合に０を返すようなダミー変数を x_{1i} とします。また，学習動機（Motivation：MV）の水準が中位群である場合に１，そうでない場合に０を返すダミー変数を x_{2i} とします。同様に，学習動機の水準が下位群である場合に１，そうでない場合に０を返すダミー変数を x_{3i} とします。ここにそれぞれのダミー変数にかかる係数と誤差を加えると，

（式 5.4.1）　$y_i = \beta_0 + \beta_1 x_{1i} + \beta_2 x_{2i} + \beta_3 x_{3i} + \varepsilon_i$

（式 5.4.2）　$\varepsilon_i \sim \mathrm{Normal}(0, \sigma^2)$

というモデルが考えられます。x_{1i} にかかる β_1 は，英会話を習った経験があるとき，つまりこの値が１のときにおけるスピーキング力の変動に相当します。同様に β_2，β_3 はそれぞれ学習動機が中程度および下程度であることに由来するスピーキング力の変動になります。そして，β_0 は，x_{1i}，x_{2i}，x_{3i} のすべてが０である場合の基準の期待値に相当します。

❷しかし，このモデルでは６群にグループを分けることができないため，上記のモデルに対して交互作用項に相当する部分を導入する必要があります。

（式 5.4.3）　$y_i = \beta_0 + \beta_1 x_{1i} + \beta_2 x_{2i} + \beta_3 x_{3i} + \beta_4 x_1 x_2 + \beta_5 x_1 x_3 + \varepsilon_2$

式 5.4.3 における $\beta_4 x_1 x_2 + \beta_5 x_1 x_3$ の部分が交互作用項で，β_4 は２つのダミー変数の積にかかる係数です。しかし，どうしてダミー変数の積にかかる係数をモデルに導入するのでしょうか？

たとえば，**表 5.4.1** のように，x_1 が１，かつ x_2 が１の場合のみ，これらの積の値が１となります。これは英会話を習った経験があり，さらに，学習動機が中程度である中学生のグループに特有な変動に相当します。同様に，x_1 と x_3 の積は英会話を習った経験があ

表 5.4.1　２つのダミー変数の積

x_1	x_2	$x_1 x_2$
0	0	0
0	1	0
1	0	0
1	1	1

り，学習動機が下位群のみを示します。

❸このようにして交互作用項を導入すると，**表 5.4.2** にあるように，2 水準と 3 水準からなる 2 要因の組み合わせによる各グループの期待値を式で示すことができます。

表 5.4.2　ダミー変数と各グループの期待値

英会話経験（EC）	学習動機（MV）	グループの期待値
EC1：あり	MV1：上	β_0
EC1	MV2：中（$x_2=1$）	$\beta_0+\beta_2 x_{2i}$
EC1	MV3：下（$x_3=1$）	$\beta_0+\beta_3 x_{3i}$
EC2：なし（$x_1=1$）	MV1：上	$\beta_0+\beta_1 x_{1i}$
EC2	MV2：中（$x_2=1$）	$\beta_0+\beta_1 x_{1i}+\beta_2 x_{2i}+\beta_4 x_{1i} x_{2i}$
EC2	MV3：下（$x_3=1$）	$\beta_0+\beta_1 x_{1i}+\beta_3 x_{3i}+\beta_5 x_{1i} x_{3i}$

❹このモデルについて，**4 章 4-5-2** と同様に MCMCpack パッケージにおける MCMCregress 関数を使用して，各係数（β_0〜β_5）と誤差分散（σ^2）をベイズ推定します。ギブスサンプリングによって，MCMC サンプル数を 20,000，バーンイン区間を 5,000，間引き区間なし，チェイン数 1 の設定下でサンプリングをするコードは以下の通りです。なお，これらの事前分布の設定は **4 章 4-5-2** と基本的に同じですが，今回のモデルの方が少し複雑になったため，MCMC サンプル数を 20,000 に増やしています。

```
> x <- read.csv("anova_bb.csv")
> x[,1]<-as.factor(x[,1]) #ECをダミー化
> x[,2]<-as.factor(x[,2]) #MVをダミー化
> library(MCMCpack)
> post1<-MCMCregress(Speaking~EC+MV+EC:MV,
data=x,
mcmc=20000,
burnin=5000,
thin=1)
> summary(post1)

Iterations = 5001:25000
Thinning interval = 1
Number of chains = 1
Sample size per chain = 20000

1. Empirical mean and standard deviation for each variable,
   plus standard error of the mean:

               Mean     SD Naive SE Time-series SE
(Intercept) 10.2743 0.7558 0.005344       0.005344
EC2          0.6596 1.0609 0.007502       0.007390
MV2          2.5266 1.0645 0.007527       0.007453
MV3         -3.4100 1.0725 0.007584       0.007584
EC2:MV2     -2.9305 1.5003 0.010609       0.010479
```

```
EC2:MV3       0.5387 1.4963 0.010580        0.010580
sigma2        8.4440 1.3418 0.009488        0.010235

2. Quantiles for each variable:

                2.5%      25%     50%    75%     97.5%
(Intercept)  8.8051  9.76546 10.2726 10.784 11.760964
EC2         -1.4251 -0.04803  0.6609  1.378  2.740049
MV2          0.4582  1.81515  2.5248  3.237  4.619113
MV3         -5.5093 -4.13062 -3.4132 -2.682 -1.314279
EC2:MV2     -5.8291 -3.93830 -2.9235 -1.927  0.008537
EC2:MV3     -2.3825 -0.46690  0.5343  1.545  3.482545
sigma2       6.2202  7.49360  8.3244  9.227 11.465035
```

上記の summary 関数の結果における［intercept］は β_0，［EC2］は β_1，［MV2］は β_2，［MV3］は β_3，［EC2:MV2］は β_4，［EC2:MV3］は β_5，そして［sigma2］は誤差分散に相当します。これらの MCMC サンプルを使って，これから 6 群のそれぞれの期待値の事後分布を作ります。

❺サンプルを格納した［post1］は，行列形式にて保存されており，各 β の MCMC サンプルは，［post1］の各列に対応しますので，［post1］に適切な列を指定し，これらのサンプルの和を求めることで 6 群のそれぞれ期待値を**表 5.4.2** の式を使って生成量として計算します。このように事後分布を可視化するためには以下のように操作します。右下の Plots プレインに結果が可視化（**図 5.4.1**）されます。そのすぐ下にある［Zoom］機能を使うと図が綺麗に表示されます。

```
> post_EC1MV1<-post1[,1] #EC1 であり，MV1 でありの場合の期待値の事後分布
> post_EC1MV2<-post1[,1]+post1[,3] #C1 であり，MV2 でありの場合の期待値の事後分布
> post_EC1MV3<-post1[,1]+post1[,4] #C1 であり，MV3 でありの場合の期待の事後分布
> post_EC2MV1<-post1[,1]+post1[,2] #EC2 であり，MV1 でありの場合の期待値の事後分布
> post_EC2MV2<-post1[,1]+post1[,2]+post1[,3]+post1[,5] #EC2 であり，MV2 でありの
場合の期待値の事後分布
> post_EC2MV3<-post1[,1]+post1[,2]+post1[,4]+post1[,6] #EC2 であり，MV3 でありの
場合の期待値の事後分布
> install.packages("vioplot", dependencies = T)
> library(vioplot)
> vioplot(post_EC2MV3,
post_EC2MV2,
post_EC2MV1,
post_EC1MV3,
post_EC1MV2,
post_EC1MV1,
side="right", #以下可視化のオプション
 horizontal=T,
 col="gray",
 names=c("EC2MV3"," EC2MV2"," EC2MV1","EC1MV3"," EC1MV2"," EC1MV1"),
 xlab="Mean Score",
 drawRect=F)
> abline(h=1:6,lty=2)
```

図 5.4.1　6 群の期待値の事後分布の概観

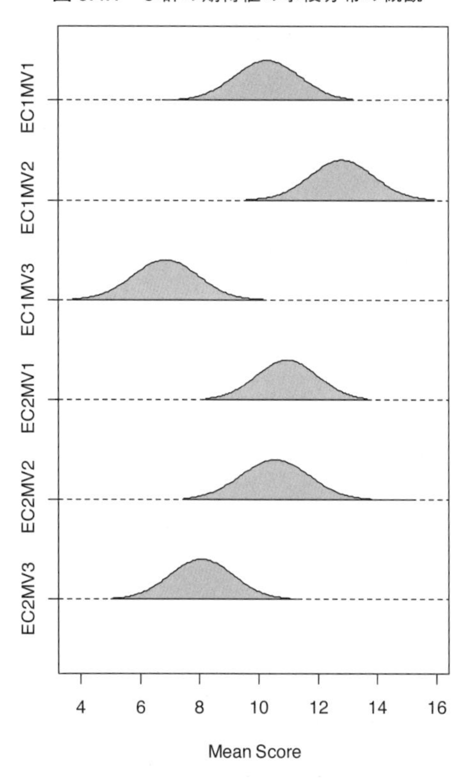

各群の期待値の事後分布から，英会話経験なし群（EC2）では，学習動機上位群（MV1）と中位群（MV2）でおよそ同等にスピーキング力の値が高く，学習動機下位群（MV3）では，上・中位群よりもスピーキング力の値が相対的に低い傾向があることがわかります。一方，英会話経験なし群（EC2）では，学習動機中位群（MV2）でもっともスピーキング力の値の期待値が高く，その次に上位群（MV1）となっています。

❻ここで，各群における期待値が，別の群における期待値よりも高い確率を考えてみます。ある群 i におけるスピーキング力の値の期待値 μ_i が，j 群におけるスピーキング力の値の期待値 μ_j 以上であることを研究仮説とし，この研究仮説に沿う確率を u_{ij} とします（**式 5.4.4**）。

（式 5.4.4）
$$E(u_{ji}) = \begin{cases} 1 & \mu_i - \mu_j \geq 0 \\ 0 & \mu_i - \mu_j < 0 \end{cases}$$

❼ u_{ij} を 6 行 6 列の行列 U として考えると，U を以下のコードで求めることができます。

以下では，まず，cbind 関数を使って，各群の期待値に関する事後分布サンプル（ベクトル）をそれぞれの列としてまとめ，事後分布のサンプル行列を作っています。

次に，この行列に対して，最初にくり返し処理を行う for 関数を使い，各行に入っているサンプルの値を論理演算式（>=）で比較し，片方の期待値の母数が大きい確率を mean 関数で求めています。この作業を各列に対してくり返し，最終的な U の行列を作成しています。

```
> post_means<-cbind(post_EC1MV1, #MCMC サンプルの生成量を行列として格納する
 post_EC1MV2,
 post_EC1MV3,
 post_EC2MV1,
 post_EC2MV2,
 post_EC2MV3)

> post_hypotheses<-matrix(0,6,6) #結果を入れる行列を作成
 #以下が行列 U を求めるコード
for(i in 1:6){
 for(j in 1:6){
 post_hypotheses[i,j]<-mean(post_means[,i]>=post_means[,j])
 }
}
> post_hypotheses
        [,1]   [,2]    [,3]   [,4]    [,5]    [,6]
[1,] 1.00000 0.0087 0.99880 0.2655 0.40655 0.98125
[2,] 0.99130 1.0000 1.00000 0.9585 0.98420 1.00000
[3,] 0.00120 0.0000 1.00000 0.0001 0.00060 0.12465
[4,] 0.73450 0.0415 0.99990 1.0000 0.64970 0.99670
[5,] 0.59345 0.0158 0.99940 0.3503 1.00000 0.98900
[6,] 0.01875 0.0000 0.87535 0.0033 0.01100 1.00000
```

上記の U の行列をまとめたものが**表 5.4.3** です。

表 5.4.3　各群の期待値（行）がもう１方の群（列）の期待値以上である確率

要因・水準			確率					
英会話経験（EC）	学習動機（MV）	グループ	EC1MV1	EC1MV2	EC1MV3	EC2MV1	EC2MV2	EC2MV3
あり（1）	上（1）	EC1MV1	1.00	0.01	1.00	0.27	0.41	0.98
	中（2）	EC1MV2	0.99	1.00	1.00	0.96	0.98	1.00
	下（3）	EC1MV3	0.00	0.00	1.00	0.00	0.00	0.12
なし（2）	上（1）	EC2MV1	0.73	0.04	1.00	1.00	0.65	1.00
	中（2）	EC2MV2	0.59	0.02	1.00	0.35	1.00	0.99
	下（3）	EC2MV3	0.02	0.00	0.88	0.00	0.01	1.00

まとめた**表 5.4.3** で，任意の２群を取り上げ，一方の期待値が高い確率を調べることができます。見方

は，表の行を主語に（～の方が），列を比較対象（～よりも）として読みます。たとえば，EC1MV1とEC1MV2を比べると，EC1MV1がEC1MV2よりも期待値が高い確率は0.01です。同時に，この逆であるEC1MV2がEC1MV1よりも期待値が高い確率は，対角線上にある0.99という確率になります。また，EC1MV1がEC1MV3よりも高い確率は1.00となります。

【論文への記載】

■記載例

従属変数を連続量のスピーキング力の値とし，独立変数をカテゴリ変数の英会話経験（2水準：あり・なし）および学習動機（3水準：上・中・小）とした一般線形モデルを構築した。この一般線形モデルには交互作用項を導入し，誤差に正規分布を仮定した。この一般線形モデルの各係数をマルコフ連鎖モンテカルロ法によってベイズ推定した。マルコフ連鎖モンテカルロ法は，ギブスサンプリングを使用し，MCMC反復数を20,000，バーンイン区間を5,000，間引き区間なし，チェイン数を1とした。各係数のベイズ推定結果は以下の通りである。

	事後期待値	事後標準偏差	95%信用区間
切片	10.28	0.76	[8.81, 11.76]
英会話経験：なし	0.66	1.06	[−1.43, 2.74]
学習動機：中	2.53	1.06	[0.56, 4.62]
学習動機：下	−3.41	1.07	[−5.51, −1.31]
英会話経験なし×学習動機：中	−2.93	1.50	[−5.83, 0.01]
英会話経験なし×学習動機：下	0.54	1.50	[−2.39, 3.48]
誤差分散	8.44	1.34	[6.22, 11.47]

上記の各母数における95%信用区間から，学習動機が上である場合を基準として，学習動機が中である場合は期待値が高くなり，学習動機が下である場合は期待値が低くなる傾向が推測される。一方，英会話経験およびこれらの交互作用に相当する母数の信用区間は原点を超えていた。

また，当該のモデルにおける上記のMCMCサンプルを使用し，学習動機の3水準に分け，英会話経験がありの水準における期待値が，英会話経験がなしの水準における期待値よりも高いことを条件とするMCMCサンプルの比率を求めたところ，それぞれ（a）学習動機が上程度の場合において27%，（b）学習動機が中程度の場合において98%，（c）学習動機が下程度の場合において12%となった（**表5.4.3**）。

この結果から，英会話経験のあるなしは，学習動機の水準に応じて異なる効果をもつことを推測した。英会話経験がスピーキング力の値に向上をもたらすのは，学習動機が中程度の学習者に限定されることが示唆される。

5-4-2◆2元配置（対応なし×対応あり：AsB型）

対応なし×対応ありのAsB型の場合においても同様に，一般線形モデルを適用したモデリングが可能です。Section 5-3で使用したデータを使用します。

❶この分析においても，ロング型データを使用する必要があります。

Section 5-3ではExcelファイルであらかじめ変換したデータを使用しましたが，ここでは，reshape関数を使って，データをワイド型からロング型に整形をしてみましょう。(1章1-9-3参照)。

ただし，本章でよく使うreadr関数を使って，read_csvでデータを読み込んだtbl形式のデータの場合，このreshape関数を使うとバグがでます。そのため，baseパッケージのread.csv関数でデータを読み込んでから，変換します。

```
> x1 <- read.csv("anova_bw1.csv") #データを通常の方法で読み込む
> head(x1) #ワイド型データが取り込まれていることを確認
  Proficiency First Second Third
1           1    28     34    35
2           1    33     40    40
3           1    35     39    40
4           1    45     40    48
5           1    25     27    29
6           1    30     39    39
> x2<-reshape(x1, #変数するデータを指定
            direction="long", #このオプションには変換先となる型を指定
            varying=c("First","Second","Third"), #ロング型に整理し直す変数名を指定
            v.names="Score") #ロング型において集約される変数名を指定
> head(x2) #ロング型に変換されたことを確認
    Proficiency time Score id
1.1           1    1    28  1
2.1           1    1    33  2
3.1           1    1    35  3
4.1           1    1    45  4
5.1           1    1    25  5
6.1           1    1    30  6
> x2$Proficiency<-as.factor(x2$Proficiency) #熟達度をfactor型に変換
> x2$time<-as.factor(x2$time) #聞かせた回数をfactor型に変換
```

このようにロング型に整理すると，従属変数が［Score］にまとめられ，独立変数が［Proficiency］と［time］に変換されています。

❷前節と同様に，y_iをケースiの［Score］の値，x_{1i}とx_{2i}を熟達度［Proficiency］がそれぞれ2または3であるかどうかを示すダミー変数，x_{3i}とx_{4i}を聞かせる回数［time］がそれぞれ2または3であるかどうかを示すダミー変数とします。さらに切片，独立変数x_{1i}～x_{4i}とこれらの積にかかる係数をβ_0～β_8として加えると，**式5.4.5**になります。

(式5.4.5)
$$y_i=\beta_0+\beta_1x_{1i}+\beta_2x_{2i}+\beta_3x_{3i}+\beta_4x_4+\beta_5x_1x_3+\beta_6x_1x_4+\beta_7x_2x_3+\beta_8x_2x_4+\varepsilon_i$$

❸このモデルの各母数をマルコフ連鎖モンテカルロ法によって推定すると，前述のように，研究目的に合わせてさまざまな検証が可能になります。

これまでのベイズ推定では，比較的モデルが単純であるため，チェイン数を1としてマルコフ連鎖モンテカルロ法を実行していましたが，ここではチェイン数を2としたいと思います。MCMCregress関

数に対して，seed 項の値をそれぞれ 1 および 2 を指定して 2 回サンプリングを行います。seed 項は，マルコフ連鎖モンテカルロ法に使用される乱数のパターンを指定するものです。なお，マルコフ連鎖モンテカルロ法に関係するその他の設定は前節と同じです。

```
> chain1<-MCMCregress(Score~Proficiency+time+Proficiency:time,
         data=x2,
         mcmc=20000,
         burnin=5000,
         thin=1,
         seed=1) #seed の値を 1 に設定します
> chain2<-MCMCregress(Score~Proficiency+time+Proficiency:time,
         data=x2,
         mcmc=20000,
         burnin=5000,
         thin=1,
         seed=2) #seed の値を 2 に設定します
```

❹次に，これ以降の分析のために，別々にサンプリングされた 2 つのチェイン（chain1 と chain2）を 1 つのオブジェクトとしてまとめます。

```
> post<-mcmc.list(chain1,chain2)
```

❺さらに，マルコフ連鎖モンテカルロ法の収束診断を行います。比較的よく使用される指標である $\hat{R}$（2 章表 2.3.1 参照）を gelman.diag 関数を使用して求めます。$\hat{R}$ は 2 つ以上のチェインをもつサンプルに対して求めることができます。gelman.diag 関数は，各母数における $\hat{R}$ の点推定値と信用区間の上限を返します。

※但し，収束診断はシンプルモデルの場合は，ほぼ収束するので，行う必要はありません。

```
>gelman.diag(post)
Potential scale reduction factors:
                    Point est. Upper C.I.
(Intercept)                  1          1
Proficiency2                 1          1
Proficiency3                 1          1
time2                        1          1
time3                        1          1
Proficiency2:time2           1          1
Proficiency3:time2           1          1
Proficiency2:time3           1          1
Proficiency3:time3           1          1
sigma2                       1          1

Multivariate psrf
1
```

gelman.diag 関数では，$\hat{R}$ を［Potential scale reduction factors］と記しています。結果を見ると，

全ての母数における $\hat{R}$ の点推定値（Point est.）と多変量の $\hat{R}$（multivariate psrf）が 1.00 の値を示しています。$\hat{R}$ は 1.00 に近い方が収束診断としてよい結果を示しており，しばしば $\hat{R}$>1.10 または $\hat{R}$>1.05 といった目安が使用されています（**2章表 2.3.1** 参照）。ここでは後者の基準に従って，すべての母数と多変量の $\hat{R}$（multivariate psrf）が 1 でしたから，マルコフ連鎖モンテカルロ法による推定は収束したとみなすことにします。

❻次に各母数の推定結果を summary 関数によって確認します。

```
> summary(post)
Iterations = 5001:25000
Thinning interval = 1
Number of chains = 2
Sample size per chain = 20000

1. Empirical mean and standard deviation for each variable,
   plus standard error of the mean:
                       Mean     SD Naive SE Time-series SE
(Intercept)         31.9351 0.8967 0.004484       0.004484
Proficiency2        -6.8687 1.2698 0.006349       0.006349
Proficiency3        -9.2368 1.2719 0.006359       0.006175
time2                4.5001 1.2704 0.006352       0.006377
time3                5.6965 1.2661 0.006330       0.006265
Proficiency2:time2 -2.4250 1.8014 0.009007       0.009007
Proficiency3:time2 -4.1889 1.8049 0.009025       0.009068
Proficiency2:time3  0.7702 1.7926 0.008963       0.008963
Proficiency3:time3 -4.2588 1.8003 0.009001       0.008940
sigma2              24.2130 2.1404 0.010702       0.011051

2. Quantiles for each variable:
                      2.5%      25%     50%    75%   97.5%
(Intercept)         30.183  31.3331 31.9355 32.542 33.6902
Proficiency2        -9.374  -7.7263 -6.8723 -6.015 -4.3541
Proficiency3       -11.727 -10.1004 -9.2305 -8.383 -6.7292
time2                2.025   3.6415  4.4975  5.354  7.0124
time3                3.219   4.8474  5.6952  6.548  8.1951
Proficiency2:time2  -5.964  -3.6374 -2.4093 -1.200  1.0879
Proficiency3:time2  -7.737  -5.4053 -4.1840 -2.974 -0.6537
Proficiency2:time3  -2.730  -0.4414  0.7696  1.978  4.2926
Proficiency3:time3  -7.766  -5.4741 -4.2508 -3.046 -0.7176
sigma2              20.364  22.7205 24.0856 25.572 28.7166
```

$\beta_0 \sim \beta_4$ に相当する intercept，proficiency2，proficiency3，time2，time3 の係数の 95%信用区間はいずれも原点を超えず（事後分布における 95%信用区間の上限および下限が同一の符号である），熟達度が高い方が，そして英文を聞かせる回数が多い方が高い成績を取ると推測することができます。

一方，$\beta_5 \sim \beta_5$ に相当する交互作用の項については，Proficiency3:time2，Proficiency3:time3 が負の値を取り，これらの 95%信用区間の上限（−0.6537，−0.7176）も正の値にはなりません。このことから，聞く回数の影響は，熟達度が低い場合においてはそれほど大きく影響しないと考えられます。

■記載例

従属変数をテスト得点，独立変数をカテゴリカル変数である熟達度（3水準，上・中・下）および英文を聞かせる回数（3水準：1回・2回・3回）とし，これらの交互作用項を加えた一般線形モデルモデルを構築した。

このモデルの母数をマルコフ連鎖モンテカルロ法によってベイズ推定するために，ギブスサンプリングを使用し，MCMC反復数を20,000，バーンイン区間を5,000，間引き区間なし，チェイン数を2とした。なお，$\hat{R}>1.05$を条件として収束診断を行ったところ，すべての推定母数が$\hat{R}=1.00$を示したため，マルコフ連鎖モンテカルロ法を収束したものと判断した。推定結果は以下の表の通りである。

	事後期待値	事後標準偏差	95%信用区間
切片	31.94	0.89	[30.18, 33.69]
熟達度：中	−6.87	1.27	[−9.37, −4.35]
熟達度：下	−9.24	1.27	[−11.72, −6.73]
英文を聞かせる回数：2回	4.50	1.27	[2.03, 7.01]
英文を聞かせる回数：3回	5.70	1.27	[3.22, 8.20]
熟達度：中×英文を聞かせる回数：2回	−2.43	1.80	[−5.96, 1.10]
熟達度：下×英文を聞かせる回数：2回	−4.19	1.80	[−7.74, −0.65]
熟達度：中×英文を聞かせる回数：3回	0.77	1.79	[−2.73, 4.29]
熟達度：下×英文を聞かせる回数：3回	−4.26	1.80	[−7.77, −0.72]
誤差分散	24.21	2.14	[20.36, 28.72]

上記の推定結果から，熟達度および英文を聞かせる回数に応じてテスト得点が高くなる傾向が推測される。一方，熟達度が中位水準における交互作用の95%信用区間は原点を超えるものの，熟達度下水準における交互作用項は負の値を示している。このことから，熟達度が下位水準の場合，英文を聞かせる回数の影響は他の水準よりも小さいことが示唆される。

Section 5-5　3元配置分散分析

5-5-1◆実験デザインとデータの並べ方

これまで2要因の分散分析を見てきましたが，ここからは，さらに1要因加えた3元配置分散分析をとり上げます。3元配置分散分析は，全部で以下の4種類の実験デザイン（**表4.4.1**の区分：ABC，ABP，APQ，PQR；anovakun関数の区分：ABCs，ABsC，AsBC，sABC）があります。データの並べ方もさらに複雑になりますが，対応なし要因のデータは縦に，対応あり要因の場合は横に並べる原則は変わりません。

図 5.5.1　デザイン ABC（ABCs）：
対応なし×対応なし×対応なし

	指導法（要因 A）	学習動機（要因 B）	性別（要因 C）	スピーキング（変量）
1 ⋮ 20	指導法 1（水準 A1）	上（水準 B1）	男（水準 C1）	↓
			女（水準 C2）	
		下（水準 B2）	男（水準 C1）	
			女（水準 C2）	
21 ⋮ 40	指導法 2（水準 A2）	上（水準 B1）	男（水準 C1）	
			女（水準 C2）	
		下（水準 B2）	男（水準 C1）	
			女（水準 C2）	
41 ⋮ 60	指導法 3（水準 A3）	上（水準 B1）	男（水準 C1）	
			女（水準 C2）	
		下（水準 B2）	男（水準 C1）	
			女（水準 C2）	

図 5.5.2　デザイン ABP（ABsC）：
対応なし×対応なし×対応あり

			学期末テスト（要因 P）		
被験者	指導法（要因 A）	学習動機（要因 B）	1 学期（水準 P1）	2 学期（水準 P2）	3 学期（水準 P3）
1 ⋮ 20	指導法 1（水準 A1）	上（水準 B1）	↓	↓	↓
		下（水準 B2）			
21 ⋮ 40	指導法 2（水準 A2）	上（水準 B1）			
		下（水準 B2）			
41 ⋮ 60	指導法 3（水準 A3）	上（水準 B1）			
		下（水準 B2）			

図 5.5.3　デザイン APQ（AsBC）：
対応なし×対応あり×対応あり

		学期末テスト（要因 P）					
		1 学期（水準 P1）		2 学期（水準 P2）		3 学期（水準 P3）	
		課題（要因 Q）					
被験者	指導法（要因 A）	課題 1（水準 Q1）	課題 2（水準 Q2）	課題 1（水準 Q1）	課題 2（水準 Q2）	課題 1（水準 Q1）	課題 2（水準 Q2）
1 ⋮ 10	指導法 1（水準 A1）	↓	↓	↓	↓	↓	↓
11 ⋮ 20	指導法 2（水準 A2）						
21 ⋮ 30	指導法 3（水準 A3）						

図 5.5.4　デザイン PQR（sABC）：
対応あり×対応あり×対応あり

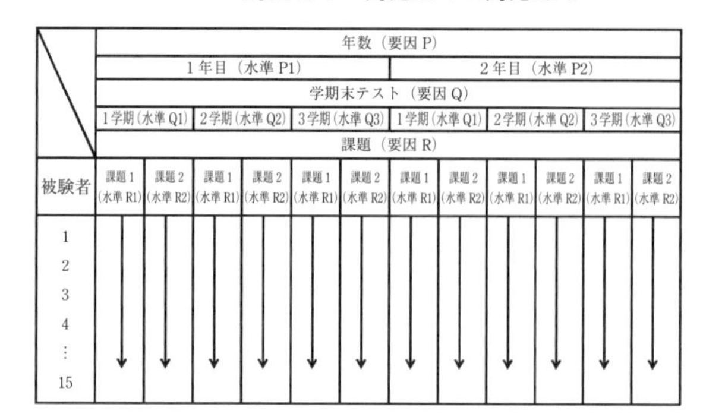

	年数（要因 P）											
	1 年目（水準 P1）						2 年目（水準 P2）					
	学期末テスト（要因 Q）											
	1 学期（水準 Q1）		2 学期（水準 Q2）		3 学期（水準 Q3）		1 学期（水準 Q1）		2 学期（水準 Q2）		3 学期（水準 Q3）	
	課題（要因 R）											
被験者	課題 1（水準 R1）	課題 2（水準 R2）	課題 1（水準 R1）	課題 2（水準 R2）	課題 1（水準 R1）	課題 2（水準 R2）	課題 1（水準 R1）	課題 2（水準 R2）	課題 1（水準 R1）	課題 2（水準 R2）	課題 1（水準 R1）	課題 2（水準 R2）
1 2 3 4 ⋮ 15	↓	↓	↓	↓	↓	↓	↓	↓	↓	↓	↓	↓

5-5-2◆3 元配置分散分析に関わる効果

3 元配置分散分析では，2 元配置分散分析では扱わない次のような効果も検定することになります。

①**2 次の交互作用**（three-way interaction; second-order interaction）：3 要因の交互作用（A×B×C）のことで，3 つの要因の組み合わせのうち，いずれかに交互作用がある場合です。これに対して，前節までで見てきた 2 要因の交互作用のことを 1 次の交互作用（two-way interaction）とよびます。

2 次の交互作用の例として，デザイン ABC（**図 5.5.1**）の要因 C の水準別（男・女）にした**図 5.5.5** をご覧ください。男子学生のほうは，女子学生の得点パターンと異なり，水準間で得点の平均値を結ぶ直線が交差している部分があります。このように，ある要因を水準別（例：男女別）に見て，残りの 2 要因の水準間を結ぶ直線パターンが異なる場合に 2 次の交互作用が起こります（**図 5.5.5** の最も大きい囲み）。2 次の交互作用があれば，次に説明する単純交互作用があるかを見ていくことになります。

②**単純交互作用**（simple interaction effect）：ある要因の特定の水準における別の 2 つの要因間の交互作用の

ことです。たとえば，**図 5.5.5** の男子学生の部分だけを見ると，指導法（要因 A）と学習動機（要因 B）の 2 要因が交差しています。これが要因 A×B の単純交互作用です（左側の四角の囲み）。このような単純交互作用がある場合は，次の単純・単純主効果を見ていくことになります。

図 5.5.5　3 元配置分散分析の交互作用

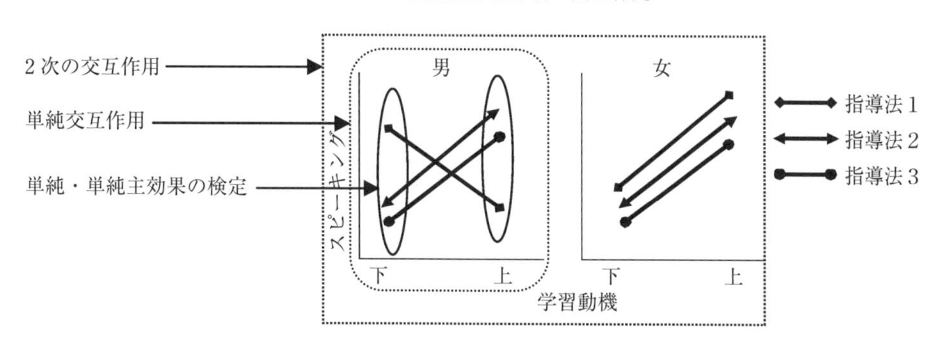

③**単純・単純主効果**（simple-simple main effect）：ある要因と別の要因の特定の水準における 3 つ目の要因の主効果のことです。たとえば，男子学生（要因 C の水準 1）で学習動機が高い（要因 B の水準 1）場合に，指導法（要因 A）の効果の違いがあるかを調べることです（**図 5.5.5** の左側の実線囲み部分）。

5-5-3◆3 元配置分散分析の流れ

3 元配置分散分析に関わる効果の種類と交互作用の仕組みの中でも見てきたように，基本的な手順としては，**図 5.5.6** に示すように，高次の交互作用から順に検討し，有意であれば，解釈可能にするためにそれを分解して下位検定を行っていきます。

図 5.5.6　3 元配置分散分析の流れ（竹原，2010 をもとに作成）

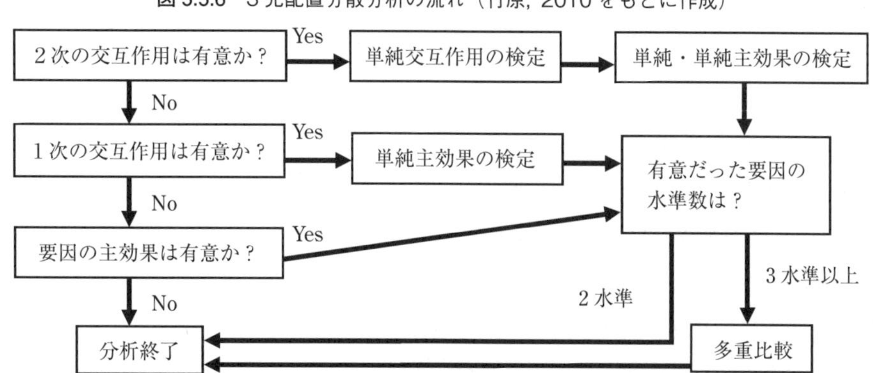

★具体的には次の手順を踏んでいきます。

1. 3 元配置分散分析を行い，2 次の交互作用が有意か確認
2. 2 次の交互作用（A×B×C）が有意な場合：
   ①要因 C の各水準における A×B の単純交互作用の検定
   →有意であれば単純・単純主効果の検定
   要因 C と A の各水準の組み合わせにおける要因 B の水準間の比較
   要因 C と B の各水準の組み合わせにおける要因 A の水準間の比較
   →有意であれば必要に応じて多重比較
   ②要因 B の各水準における A×C の単純交互作用の検定
   →有意であれば単純・単純主効果の検定
   要因 B と A の各水準の組み合わせにおける要因 C の水準間の比較
   要因 B と C の各水準の組み合わせにおける要因 A の水準間の比較
   →有意であれば必要に応じて多重比較
   ③要因 A の各水準における B×C の単純交互作用の検定
   →有意であれば単純・単純主効果の検定
   要因 A と B の各水準の組み合わせにおける要因 C の水準間の比較
   要因 A と C の各水準の組み合わせにおける要因 B の水準間の比較
   →有意であれば必要に応じて多重比較
3. 2 次の交互作用が有意ではなく，1 次の交互作用（A×B，A×C，B×C）のいずれかが有意な場合：
   単純主効果の検定
   ① A×B の交互作用が有意の場合：
   要因 A の各水準における要因 B の水準間の比較
   要因 B の各水準における要因 A の水準間の比較
   →有意であれば必要に応じて多重比較
   ② A×C の交互作用が有意の場合：
   要因 A の各水準における要因 C の水準間の比較
   要因 C の各水準における要因 A の水準間の比較
   →有意であれば必要に応じて多重比較
   ③ B×C の交互作用が有意の場合：
   要因 B の各水準における要因 C の水準間の比較
   要因 C の各水準における要因 B の水準間の比較

→有意であれば必要に応じて多重比較

4. いずれの交互作用（A×B×C，A×B，A×C，B×C）も有意ではない場合：要因 A，B，C の主効果の検定

→有意であれば必要に応じて多重比較

5. いずれの主効果も有意ではない場合：差はみられないと報告

このように，2 次の交互作用が有意であれば，下位検定のステップがたいへん複雑になります。しかし，下位検定の数が多くなればなるほど，検定の多重性の問題が起きてしまいますから，特定の研究目的によっては，直接的に研究仮説に関係する部分だけを取り上げて検討することもあります。たとえば，**図 5.5.2** のようなデザイン ABP（ABsC）であれば，通常対応なしの要因である性別，指導法，対応ありの要因である学期末テストの種類からなる二次の交互作用（性別×指導法×学期末テスト），そして，対応あり要因のそれぞれの水準における単純交互作用（性別×指導）と続きます。しかし，適性処遇交互作用の観点から，指導法ごとの男女差に関心があるとすると，上記の二次の交互作用と単純交互作用の検定を省略し，適正な有意水準の調整をした上で，一学期の指導法 A における男女差の平均差，指導法 B における男女差と多重比較を行う場合もありえます。**図 5.5.6** の流れは，検定の多重性を回避する手順でもありますが，場合によって，より研究仮説に対して最適化された手順を考える必要があるといえます。

本章では，2 次の交互作用があった場合に，比較するグループが絞られていない下位検定方法を，対応なし×対応あり×対応あり（AsBC）デザインを例にとり上げて紹介します。

Section 5-6　3 元配置対応なし×対応あり×対応あり：APQ（AsBC）型

本セクションでは，対応なし×対応あり×対応あり（AsBC）デザインの 3 元配置分散分析の方法を anovakun 関数を使って解説します。anovakun では下位検定は行われませんので，下位検定には anovatan 関数を使用します。そうすると，全ての分析ができるようになっています。

5-6-1◆R の操作手順（対応なし×対応あり×対応あり）

分析例として，評価トレーニングを受けていない評価者 10 名（Rater：Training なし）と評価トレーニングを受けた評価者 10 名（Rater：Training あり）の計 20 名に，大学生のスピーキング能力を面接形式で評価してもらいました。面接テストの受験者は大学生 6 名で，そのうち 3 名は面接に使えるストラテジー技術（アイコンタクトやジェスチャーなど）が高い学生のグループ（HS），残り 3 名は面接ストラテジーの技術が低い学生（LS）のグループです。また，彼らのスピーキング能力は，それぞれ上位・中位・下位（HP，MP，LP）の 3 つのレベルに分けられて，グループ化されています。

そしてここで,「トレーニングを積んだ評価者は，受験者の面接ストラテジー技術に惑わされずにスピーキング能力を評価することができるか」ということを調べます。デザインをまとめると以下の３要因があり，**図 5.6.1** のようになります。

対応なし要因 A：評価者（Rater：1. Training なし，2. Training ありの 2 水準）
対応あり要因 B：面接ストラテジー（Strategy：1. High，2. Low の 2 水準）
対応あり要因 C：スピーキング能力（Proficiency：1. High，2. Mid，3. Low の 3 水準）

図 5.6.1　データの配列
（対応なし×対応あり×対応あり）

			Strategy（要因 P）					
			High Strategy（HS）（水準 P1）			Low Strategy（LS）（水準 P2）		
	指導法（要因 A）		Proficiency（要因 Q）					
			High Prof（水準 Q1）	Mid Prof（水準 Q2）	Low Prof（水準 Q3）	High Prof（水準 Q1）	Mid Prof（水準 Q2）	Low Prof（水準 Q3）
1	Training なし（水準 A1）	1	86	88	97	67	50	47
⋮		1	91	83	86	53	48	46
10		⋮	⋮	⋮	⋮	⋮	⋮	⋮
11	Training あり（水準 A2）	2	89	88	55	93	54	52
⋮		2	84	95	50	85	60	45
20		⋮	⋮	⋮	⋮	⋮	⋮	⋮

【手順】

❶「Ch5anova3」という Rproject（作業ディレクトリ）を作成し，必要なデータ［anova_bww1.csv］を入れておきます。

❷ RStudio の Import Dataset から取り込むか，RScript に右のように書いて，データを読み込みます。

```
> x<- read.csv("anova_bww1.csv")
> head(x)
  Rater HS_HP HS_MP HS_LP LS_HP LS_MP LS_LP
1     1    86    88    97    67    50    47
2     1    91    83    86    53    48    46
3     1    89    99    90    48    48    48
4     1    89    86    87    58    40    53
5     1    80    88    82    57    50    45
6     1    80    96    92    51    42    43
```

❸まず，3 元配置分散分析の前提である等質性を Levene の等質性検定で検証します。先ほどのデータでは，要因と水準がすべて一行目に記載されているので，要因ごとに 1 列に並び変えたデータ［anova_bww2.csv］を取り込みます。

```
> x1 <- read.csv("anova_bww2.csv")
> head(x1) #変更したデータ
  Rater Strategy Score
1     1       HS           HP    86
2     1       HS           HP    91
3     1       HS           HP    89
略
```

❹ str 関数を用いて，3 要因の独立変数のデータ型を確認します。

```
> str(x1)
'data.frame':	120 obs. of  4 variables:
 $ Rater      : int  1 1 1 1 1 1 1 1 1 1 ...
 $ Strategy   : chr  "HS" "HS" "HS" "HS" ...
 $ Proficiency: chr  "HP" "HP" "HP" "HP" ...
 $ score      : int  86 91 89 89 80 80 89  ...
```

❺ factor 関数を使用し，データ型を factor 型に変更しておきます。そして，対応なし要因［rater］を対象に，Levene の分散の等質性検定を行うために car パッケージを取り込みます。そして，関数 leveneTest（従属変数，独立変数，center = mean）を使って，以下のように実行します。分析の結果，［Pr (> F)］の値が 0.86 と 5% 水準より大きく有意でないことから，rater のトレーニングあり・なしの 2 群は等分散であるとみなします。

```
> x1$Rater <- factor(x1$Rater)
> x1$Strategy <- factor(x1$Strategy)
> x1$Proficiency <- factor(x1$Proficiency)
```

```
> library(car)
> leveneTest(x1$Score, x1$Rater, center = mean)
Levene's Test for Homogeneity of Variance (center
= mean)
       Df F value Pr(>F)
group   1  0.0299 0.8631
      118
```

❻ anovakun 関数を取り込みます。anovakun 関数では，要因の水準名を［c("水準名"1, "水準名2")］と順に指定することができます。ここでは，［rater］の水準を rater1 と rater2，［strategy］の水準を HS（High strategy）と LS（Low strategy），［proficiency］の水準を HP（High proficiency），MP（Middle proficiency），LP（Low proficiency）と設定します。

```
> source("anovakun_485.txt")
> anovakun(x, "AsBC", rater = c("rater1","rater2"), strategy = c("HS", "LS"),
proficiency = c("HP", "MP", "LP"), mau = T, peta = T, geta = T)
```

また，3 元配置分散分析の前提である球面性について確認するために Mauchly の球面性検定を行うので，［mau = T］と指定します。効果量は，偏イータ 2 乗［peta = T］と一般化イータ 2 乗［geta = T］を指定してみます。

5-6-2◆3 元配置分散分析の出力結果（対応なし×対応あり×対応あり）

実行すると，一連の出力結果が表示されます。

❶まず，記述統計を見て，各グループ内のデータに問題がないかを確認します。

図 5.6.2　３元配置の記述統計（対応なし×対応あり×対応あり）

```
<< DESCRIPTIVE STATISTICS >>
-------------------------------------------------------
  rater  strategy  proficiency   n     Mean    S.D.
-------------------------------------------------------
 rater1       HS           HP   10  88.3000  5.6970
 rater1       HS           MP   10  88.5000  5.7397
 rater1       HS           LP   10  87.3000  5.4375
 rater1       LS           HP   10  56.8000  5.7310
 rater1       LS           MP   10  48.3000  5.3759
 rater1       LS           LP   10  45.8000  3.5839

 rater2       HS           HP   10  89.6000  6.6366
 rater2       HS           MP   10  87.1000  6.8060
 rater2       HS           LP   10  51.8000  3.4577
 rater2       LS           HP   10  86.7000  5.4375
 rater2       LS           MP   10  51.2000  5.4528
 rater2       LS           LP   10  46.1000  3.0714
-------------------------------------------------------
```

❷続いて，Mauchly の球面性検定の結果を見ます。対応あり要因の［Proficiency］と［Strategy x Proficiency］の項はどちらも有意ではありません（$p=.430$；$p=.731$）。よって，球面性が満たされていると判断します。

```
<< SPHERICITY INDICES >>
== Mauchly's Sphericity Test and Epsilons ==
-------------------------------------------------------------------------------------
               Effect      W  approx.Chi  df        p        LB     GG     HF     CM
-------------------------------------------------------------------------------------
               Global 0.3929     15.0426  14 0.3806 ns  0.2000 0.7431 0.9603 0.9267
             strategy 1.0000     -0.0000   0              1.0000 1.0000 1.0000 1.0000
          proficiency 0.9055      1.6882   2 0.4299 ns  0.5000 0.9136 1.0115 0.9761
strategy x proficiency 0.9638      0.6264   2 0.7311 ns  0.5000 0.9651 1.0788 1.0411
-------------------------------------------------------------------------------------
                              LB = lower.bound, GG = Greenhouse-Geisser
                             HF = Huynh-Feldt-Lecoutre, CM = Chi-Muller
```

❸［ANOVA TABLE］にすべての要因に関する統計量が報告されています。2 次の交互作用 (1) から検定の有意性を確認し，有意でなかった場合は 1 次の交互作用 (2)，それも有意でなかった場合は主効果 (3) の確認へと順に進みます。今回は，2 次の交互作用が $p<.001$ と有意でしたので，次のステップとして，プロット（図 5.7.1，5.7.2）を参考に，どこに交互作用があるか見当をつけ，単純交互作用の検定を行います。

図 5.6.3　3 元配置分散分析（対応なし×対応あり×対応あり）

```
<< ANOVA TABLE >>
------------------------------------------------------------------------------------------------------
                       Source          SS  df          MS    F-ratio p-value     p.eta^2 G.eta^2
------------------------------------------------------------------------------------------------------
(3)                     rater      5.2083   1      5.2083     0.1662  0.6883 ns   0.0091  0.0017
                    s x rater    564.0833  18     31.3380
------------------------------------------------------------------------------------------------------
(3)                  strategy  20724.4083   1  20724.4083  1055.7219  0.0000 ***  0.9832  0.8711
(2)          rater x strategy   3933.0750   1   3933.0750   200.3547  0.0000 ***  0.9176  0.5620
         s x rater x strategy    353.3500  18     19.6306
------------------------------------------------------------------------------------------------------
(3)               proficiency  10217.2167   2   5108.6083   135.3108  0.0000 ***  0.8826  0.7692
(2)       rater x proficiency   5531.6167   2   2765.8083    73.2575  0.0000 ***  0.8028  0.6434
      s x rater x proficiency   1359.1667  36     37.7546
------------------------------------------------------------------------------------------------------
(2)    strategy x proficiency   2281.6167   2   1140.8083    52.0587  0.0000 ***  0.7431  0.4267
(1) rater x strategy x proficiency  1362.1500   2   681.0750  31.0796  0.0000 ***  0.6332  0.3076
s x rater x strategy x proficiency    788.9000  36     21.9139
------------------------------------------------------------------------------------------------------
                        Total  47120.7917 119    395.9730
                                               +p < .10, *p < .05, **p < .01, ***p < .001
```

Section 5-7　3 元配置分散分析の下位分析

5-7-1◆2 次の交互作用の可視化

❶ここで，2 次の交互作用の様子を見るために，プロットを作ります。今回は，Rater 1（経験あり）とRater2（経験なし）に分けてプロットしますので，それぞれに対応したデータが必要となります。ここでは，データの中身を簡単に操作することができる dplyr パッケージをインストールして読み込みます。このパッケージで，一般的に知られている関数には，次のようなものがあります。

- select　与えられた条件に基づいて，特定の列を抽出する
- filter　与えられた条件に基づいて，特定の行を抽出する
- arrange　与えられた条件に基づいて，行を並べ替える
- group_by　与えられた条件に基づいて，データセット全体をいくつかのグループに分ける
- summarise　最大値・最小値・平均値を求めるなどのデータの集計を行う
- mutate　既存のデータセットに新しい列を加える

❷評価者の水準（訓練あり・なし）ごとに，strategy と proficiency の交互作用を表すプロットを出力するため，ここでは，dplyr パッケージにある filter 関数を使用します。filter 関数では，［要因 == “水準名”］とすることで，指定したデータ要因だけのデータセットを抽出することができます。それを新し

い［x2］に格納します。交互作用を表すプロットは interaction.plot 関数を使用します（**図 5.7.1**）。

図 5.7.1　Rater1 における strategy と proficiency の交互作用

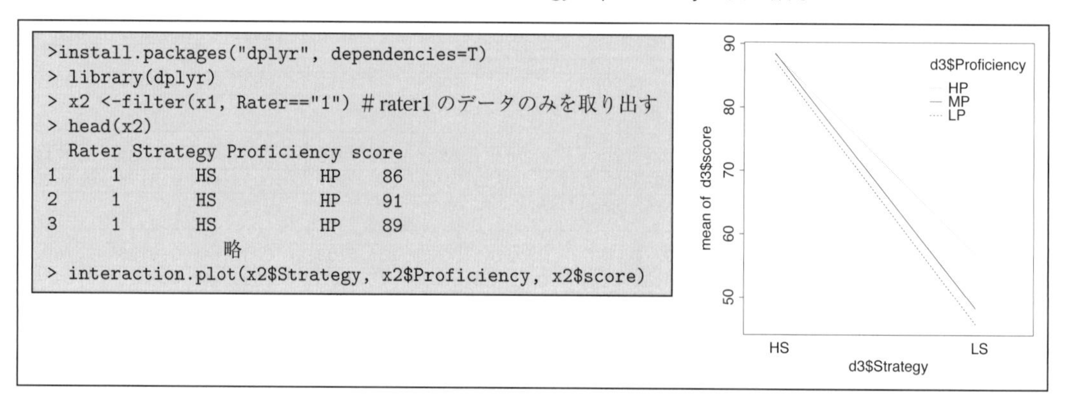

同様に，Rater 2の場合の2次の交互作用を表すプロットを出力するため，**図 5.7.2** のように，Rater 2だけのデータを作成します。

図 5.7.2　Rater2 における strategy と proficiency の交互作用

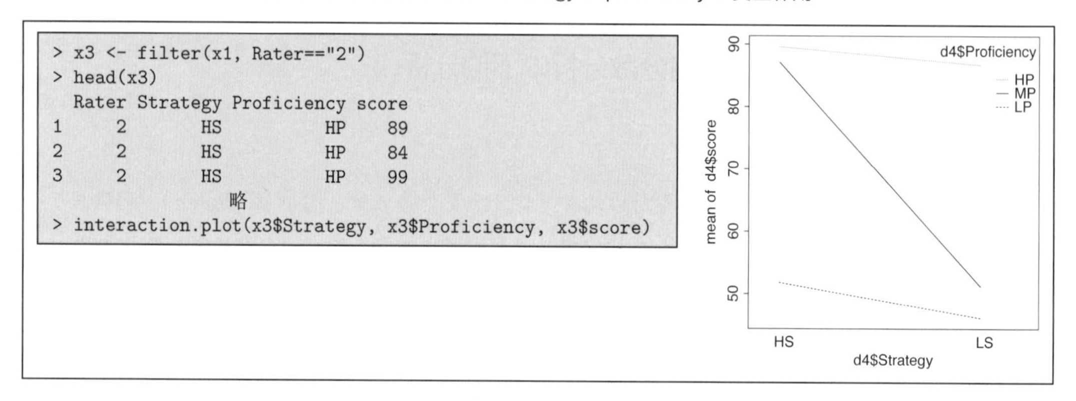

5-7-2◆単純交互作用の検定

2次の交互作用が有意ということは，ある要因の水準ごとに，その他の2要因の単純交互作用のパターンが異なっていることを意味します。たとえば，**図 5.7.1** と**図 5.7.2** のプロット図は Rater の［1.Training なし］・［2. Training あり］に分かれています。この2つの図を比較すると，Proficiency のパターンが異なっているのがわかります。どこに交互作用があるのかを，ある程度，視覚的に掴み，**表 5.7.1** の①～⑦の単純交互作用の分析を行います。

表 5.7.1　単純交互作用の分析

要因名	水準	単純交互作用（水準数）	anovakun での分析
Rater	(1) Training なし	Strategy (2) × Proficiency (3)	①対応あり×対応ありの2元配置分散分析 (a two-way repeated measures ANOVA)
	(2) Training あり	Strategy (2) × Proficiency (3)	②対応あり×対応ありの2元配置分散分析
Strategy	(1) High	Rater (2) × Proficiency (3)	③対応なし×対応ありの2元配置分散分析 (a two-way mixed ANOVA)
	(2) Low	Rater (2) × Proficiency (3)	④対応なし×対応ありの2元配置分散分析
Proficiency	(1) High	Rater (2) × Strategy (2)	⑤対応なし×対応ありの2元配置分散分析
	(2) Mid	Rater (2) × Strategy (2)	⑥対応なし×対応ありの2元配置分散分析
	(3) Low	Rater (2) × Strategy (2)	⑦対応なし×対応ありの2元配置分散分析

3要因以上で交互作用（二次以上の交互作用）の項が有意であった場合，**表 5.7.1** に沿って，2元配置分析を行います。anovakun では1度に下位検定まで行われないので，単純効果の検定のための anovatan 関数を使っていきます。基本的に anovakun と同じですが，anovatan では，最後に分割する要因を，(tfact=" ") で指定する必要があります。

```
> anovatan(x, "AsBC", rater = c("Rater1", "Rater2"), strategy = c("HS", "LS"), proficiency =
c("HP", "MP", "LP"), tfact = "rater", geta = T) #raterにおける下位分析（表5.7.1中①と②）
> anovatan(x, "AsBC", rater = c("Rater1", "Rater2"), strategy = c("HS", "LS"), proficiency =
c("HP","MP", "LP"), tfact = "strategy",geta = T) #strategyにおける下位分析（表5.7.1中③と④）
> anovatan(x, "AsBC", rater = c("Rater1", "Rater2"), strategy = c("HS", "LS"), proficiency =
c("HP", "MP", "LP"), tfact = "proficiency",geta = T) #proficiencyにおける下位分析（表5.7.1中⑤,
⑥, ⑦）
```

5-7-3◆単純交互作用の検定（Rater）

❶ tfact="rater" で要因を［rater］にして分析したときの結果です。まずは，評価者1における記述統計で，欠損値はないかなどデータに不備がないことを確認します。**図 5.7.2** の3要因分散分析で出力された値と同じ値になります。

```
> anovatan(x, "AsBC", rater = c("Rater1", "Rater2"), strategy = c("HS", "LS"),
proficiency = c("HP", "MP", "LP"), tfact = "rater", geta = T) #raterにおける下位分析（表
5.7.1中①と②）

[[ Simple Effects for Rater1 ]]
[ sAB-Type Design ]
<< DESCRIPTIVE STATISTICS >>
```

```
---------------------------------------------
 strategy  proficiency   n     Mean     S.D.
---------------------------------------------
       HS           HP  10  88.3000  5.6970
       HS           MP  10  88.5000  5.7397
       HS           LP  10  87.3000  5.4375
       LS           HP  10  56.8000  5.7310
       LS           MP  10  48.3000  5.3759
       LS           LP  10  45.8000  3.5839
---------------------------------------------
```

❷次に，Mendozaの多標本球面性の仮定［Mendoza's Multisample Sphericity Test］の出力が表示されていますが，Leveneの等質性検定で等分散と，Mauchlyの球面性検定で球面性を既に仮定したので，今回は確認する必要はありません。この分析以降も同様です。もし球面性の仮定が満たされない場合は，Greenhouse-Geisserのp値を確認します。

```
<< SPHERICITY INDICES >>
= Mauchly's Sphericity Test and Epsilons ==
-------------------------------------------------------------------------------------
                 Effect      W  approx.Chi  df       p         LB     GG     HF     CM
-------------------------------------------------------------------------------------
                 Global 0.1188     15.1266  14 0.3969 ns  0.2000 0.6615 1.0917 0.9474
               strategy 1.0000      0.0000   0            1.0000 1.0000 1.0000 1.0000
            proficiency 0.9039      0.8085   2 0.6675 ns  0.5000 0.9123 1.1321 0.9824
strategy x proficiency 0.9135      0.7236   2 0.6964 ns  0.5000 0.9204 1.1459 0.9944
-------------------------------------------------------------------------------------
                                  LB = lower.bound, GG = Greenhouse-Geisser
                                 HF = Huynh-Feldt-Lecoutre, CM = Chi-Muller
```

❸［Rater 1］における［Strategy x Proficiency］の単純交互作用を確認するために，続く［ANOVA TABLE］の出力を見ます。結果は，p=.026で5%水準で有意になっています。

```
<< ANOVA TABLE >>
-----------------------------------------------------------------------------------
                     Source         SS df         MS  F-ratio p-value     G.eta^2
-----------------------------------------------------------------------------------
                          s   163.3333  9    18.1481
-----------------------------------------------------------------------------------
                   strategy 21357.0667  1 21357.0667 974.3846  0.0000 ***  0.9333
               s x strategy   197.2667  9    21.9185
-----------------------------------------------------------------------------------
                proficiency   377.6333  2   188.8167   5.8968  0.0107 *    0.1984
            s x proficiency   576.3667 18    32.0204
-----------------------------------------------------------------------------------
     strategy x proficiency   295.6333  2   147.8167   4.5171  0.0257 *    0.1623
 s x strategy x proficiency   589.0333 18    32.7241
-----------------------------------------------------------------------------------
                      Total 23556.3333 59   399.2599
                                      +p < .10, *p < .05, **p < .01, ***p < .001
```

❹[Rater 1] における [Strategy x Proficiency] の項が有意であるため，さらにそれを詳細に分析した，単純・単純主効果の検定として，続く下位分析 [POST ANALYSIS] の出力を見ていきます。

```
< SIMPLE EFFECTS for "strategy x proficiency" INTERACTION >
-------------------------------------------------------------------------------
                 Source        SS df         MS  F-ratio p-value     G.eta^2
-------------------------------------------------------------------------------
        strategy at HP 4961.2500  1 4961.2500 152.2634  0.0000 ***  0.8941
    s x strategy at HP  293.2500  9   32.5833
-------------------------------------------------------------------------------
        strategy at MP 8080.2000  1 8080.2000 252.6817  0.0000 ***  0.9356
    s x strategy at MP  287.8000  9   31.9778
-------------------------------------------------------------------------------
        strategy at LP 8611.2500  1 8611.2500 377.5944  0.0000 ***  0.9576
    s x strategy at LP  205.2500  9   22.8056
-------------------------------------------------------------------------------
     proficiency at HS    8.2667  2    4.1333   0.1108  0.8958 ns   0.0096
 s x proficiency at HS  671.7333 18   37.3185
-------------------------------------------------------------------------------
     proficiency at LS  665.0000  2  332.5000  12.1236  0.0005 ***  0.4976
 s x proficiency at LS  493.6667 18   27.4259
-------------------------------------------------------------------------------
                                   +p < .10, *p < .05, **p < .01, ***p < .001
```

❺上記の囲み部分の項は有意でかつ3群（$df=2$）比較であるため，どの群が有意に高いかを，続く多重比較 [MULTIPLE COMPARISON for "proficiency at LS"] の出力で確認します。それ以外の結果は，有意でないか，2群の比較であるため，記述統計でどちらの群が有意であるかを確かめることができます。

結果から，訓練なし評価者（Rater 1）は，ストラテジー技術の低い受験者であれば，熟達度の上位群・中位群を弁別できていますが，中位群・下位群を有意に弁別できていないことがわかります。

```
< MULTIPLE COMPARISON for "proficiency at LS" >
== Shaffer's Modified Sequentially Rejective Bonferroni Procedure
== The factor < proficiency at LS > is analysed as dependent means.== Alpha level is 0.05. ==
-------------------------------------------------------------
 Pair    Diff t-value df      p  adj.p
-------------------------------------------------------------
HP-LP 11.0000  4.8342  9 0.0009 0.0028 HP > LP *
HP-MP  8.5000  3.4369  9 0.0074 0.0074 HP > MP *
MP-LP  2.5000  1.1004  9 0.2997 0.2997 MP = LP
-------------------------------------------------------------
```

❻同様の見方で，Rater2 における結果 [Simple Effects for Rater2] を見ていきます（記述統計は，図5.7.2と同じため省略）。[Rater 2] における [Strategy x Proficiency] は，[ANOVA TABLE] を見ると，$p<.001$ で有意となっています。

```
<< ANOVA TABLE >>
-------------------------------------------------------------------------------
                     Source         SS df         MS  F-ratio p-value     G.eta^2
-------------------------------------------------------------------------------
                          s   400.7500  9    44.5278
-------------------------------------------------------------------------------
                   strategy  3300.4167  1  3300.4167 190.3070  0.0000 ***  0.6819
               s x strategy   156.0833  9    17.3426
-------------------------------------------------------------------------------
                proficiency 15371.2000  2  7685.6000 176.7256  0.0000 ***  0.9090
            s x proficiency   782.8000 18    43.4889
-------------------------------------------------------------------------------
     strategy x proficiency  3348.1333  2  1674.0667 150.7665  0.0000 ***  0.6850
 s x strategy x proficiency   199.8667 18    11.1037
-------------------------------------------------------------------------------
                      Total 23559.2500 59   399.3093
                                     +p < .10, *p < .05, **p < .01, ***p < .001
```

❼囲み部分が有意となっているので，さらに下位検定結果［SIMPLE EFFECTS for "strategy x proficiency" INTERACTION］を見ていきます。

```
-------------------------------------------------------------------------------
                    Source        SS df         MS  F-ratio p-value      G.eta^2
-------------------------------------------------------------------------------
        strategy at HP   42.0500  1    42.0500   2.9235  0.1215 ns    0.0597
    s x strategy at HP  129.4500  9    14.3833
-------------------------------------------------------------------------------
        strategy at MP 6444.0500  1  6444.0500 348.4317  0.0000 ***   0.9040
    s x strategy at MP  166.4500  9    18.4944
-------------------------------------------------------------------------------
        strategy at LP  162.4500  1   162.4500  24.3472  0.0008 ***   0.4577
    s x strategy at LP   60.0500  9     6.6722
-------------------------------------------------------------------------------
     proficiency at HS 8937.2667  2  4468.6333 124.8868  0.0000 ***   0.9066
 s x proficiency at HS  644.0667 18    35.7815
-------------------------------------------------------------------------------
     proficiency at LS 9782.0667  2  4891.0333 260.0077  0.0000 ***   0.9405
 s x proficiency at LS  338.6000 18    18.8111
-------------------------------------------------------------------------------
                                  +p < .10, *p < .05, **p < .01, ***p < .001
```

❽上記の，［Rater2］における，HSとLS条件下の，proficiencyの多重比較をそれぞれ見ます。

訓練あり評価者［Rater2］の場合，発表ストラテジーが高い［HS］と，上位と中位熟達度レベル間の差を有意に評価できていませんが，ストラテジーが低いとすべての熟達度レベルを有意に差があり，受験生を有意に評価していることがわかります。

```
< MULTIPLE COMPARISON for "proficiency at HS" >
-----------------------------------------------------------
 Pair    Diff t-value df      p  adj.p
-----------------------------------------------------------
HP-LP 37.8000 15.3806  9 0.0000 0.0000 HP > LP *
MP-LP 35.3000 13.3836  9 0.0000 0.0000 MP > LP *
HP-MP  2.5000  0.8589  9 0.4127 0.4127 HP = MP
-----------------------------------------------------------
< MULTIPLE COMPARISON for "proficiency at LS" >
-----------------------------------------------------------
 Pair    Diff t-value df      p  adj.p
-----------------------------------------------------------
HP-LP 40.6000 26.3048  9 0.0000 0.0000 HP > LP *
HP-MP 35.5000 15.5928  9 0.0000 0.0000 HP > MP *
MP-LP  5.1000  2.6438  9 0.0267 0.0267 MP > LP *
-----------------------------------------------------------
```

5-7-4◆単純交互作用の検定（Strategy）

❶同様にして，anovatan を［tfact = "strategy"］と指定して，単純交互作用の検定を実行します。以下の結果が算出されるので，順に，多重比較（結果省略）まで見ていきます。

```
<< ANOVA TABLE >>
----------------------------------------------------------------------------------
                 Source          SS  df         MS  F-ratio  p-value      G.eta^2
----------------------------------------------------------------------------------
                  rater   2112.2667   1  2112.2667  82.6899   0.0000 ***   0.5433
              s x rater    459.8000  18    25.5444
----------------------------------------------------------------------------------
            proficiency   4738.3000   2  2369.1500  64.8194   0.0000 ***   0.7274
    rater x proficiency   4207.2333   2  2103.6167  57.5545   0.0000 ***   0.7032
s x rater x proficiency   1315.8000  36    36.5500
----------------------------------------------------------------------------------
                  Total  12833.4000  59   217.5153
                                    +p < .10, *p < .05, **p < .01, ***p < .001
```

❷続く，下位検定を見ていきます。

```
< SIMPLE EFFECTS for "rater x proficiency" INTERACTION >
----------------------------------------------------------------------------------
                 Source          SS  df         MS  F-ratio  p-value      G.eta^2
----------------------------------------------------------------------------------
            rater at HP      8.4500   1     8.4500   0.2209   0.6440 ns    0.0121
               Er at HP    688.5000  18    38.2500
----------------------------------------------------------------------------------
            rater at MP      9.8000   1     9.8000   0.2473   0.6250 ns    0.0136
               Er at MP    713.4000  18    39.6333
----------------------------------------------------------------------------------
```

```
              rater at LP 6301.2500   1 6301.2500 303.5122   0.0000 ***   0.9440
                 Er at LP  373.7000  18   20.7611
--------------------------------------------------------------------------------------
     proficiency at Rater1    8.2667   2    4.1333   0.1108   0.8958 ns    0.0096
s x proficiency at Rater1  671.7333  18   37.3185
--------------------------------------------------------------------------------------
     proficiency at Rater2 8937.2667   2 4468.6333 124.8868   0.0000 ***   0.9066
s x proficiency at Rater2  644.0667  18   35.7815
--------------------------------------------------------------------------------------
                                      +p < .10, *p < .05, **p < .01, ***p < .001
```

5-7-5◆単純交互作用の検定（proficiency）

最後に，［tfact = "proficiency"］を指定して，anovatan を実行します。結果は，重複する部分が多いので省略します。

5-7-6◆単純交互作用の検定のまとめ

出力結果が多いので，まとめると**表 5.7.2** になります。この結果から，「Proficiency Mid における Rater ×Strategy」以外の全ての単純交互作用が有意であることがわかります。よって，有意だった結果の単純・単純主効果の検定をそれぞれ見ていきました。

表 5.7.2　単純交互作用の検定結果

単純交互作用	*df*	*F*	*p*	η_G^2
［Rater 1］における［Strategy］×［Proficiency］	2	4.52	.025	0.16
［Rater 2］における［Strategy］×［Proficiency］	2	150.77	.000	0.69
［Strategy High］における［Rater］×［Proficiency］	2	57.55	.000	0.70
［Strategy Low］における［Rater］×［Proficiency］	2	58.10	.000	0.68
［Proficiency High］における［Rater］×［Strategy］	1	87.08	.000	0.62
［Proficiency Mid］における［Rater］×［Strategy］	1	1.83	.193	0.04
［Proficiency Low］における［Rater］×［Strategy］	1	217.39	.000	0.85

5-7-7◆単純・単純主効果の検定と多重比較

単純・単純主効果の検定とは，単純交互作用の検定をさらに分解して有意差があるかを検証することです。それには，それぞれの << ANOVA TABLE >> の後に表示されている << SIMPLE EFFECTS for “　” IINTERACTION >> を見てきました。表の数が多いので，結果の部分を取り出すと**表 5.7.3** のようになります。最後に，必要に応じて多重比較の結果を見て解釈します。

表 5.7.3　単純・単純主効果の検定結果

単純・単純主効果の検定	水準（条件）の組み合わせ	*df*	*F*	*p*	η_G^2
(1) Rater（なし・ありの検定）	① [High Strategy] と [High Proficiency]	1	0.22	.644	0.01
	② [High Strategy] と [Mid Proficiency]	1	0.25	.625	0.01
	③ [High Strategy] と [Low Proficiency]	1	303.51	.000	0.94
	④ [Low Strategy] と [High Proficiency]	1	143.25	.000	0.89
	⑤ [Low Strategy] と [Mid Proficiency]	1	1.43	.247	0.07
	⑥ [Low Strategy] と [Low Proficiency]	1	0.04	.843	0.00
(2) Strategy（高低の検定）	⑦ [Rater 1] と [High Proficiency]	1	152.26	.000	0.89
	⑧ [Rater 2] と [High Proficiency]	1	2.92	.122	0.06
	⑨ [Rater 1] と [Mid Proficiency]	1	252.68	.000	0.94
	⑩ [Rater 2] と [Mid Proficiency]	1	348.43	.000	0.90
	⑪ [Rater 1] と [Low Proficiency]	1	377.59	.000	0.96
	⑫ [Rater 2] と [Low Proficiency]	1	24.35	.001	0.46
(3) Proficiency（下中上位の比較）	⑬ [Rater 1] と [High Strategy]	2	0.11	.896	0.01
	⑭ [Rater 2] と [High Strategy]	2	124.59	.000	0.91
	⑮ [Rater 1] と [Low Strategy]	2	12.12	.000	0.50
	⑯ [Rater 2] と [Low Strategy]	2	260.01	.000	0.94

5-7-8◆論文への記載（対応なし×対応あり×対応あり）

3元配置分散分析で交互作用が有意であった場合は複雑になりますので，文章による分析結果の報告だけでわかりにくい場合は，**表 5.7.4**（**図 5.6.3**）や**図 5.7.1** と**図 5.7.2** のプロット図を掲載します。特に，オープンデータの観点から再現性が重視されていることからも重要です。効果量は，比較のために2つ掲載していますが，最低1つ，あるいは2つとも報告することで読者も全体像がつかめます。

すべての長い分析結果を文章で報告するのは読みづらいため，リサーチ・クエスチョンに沿って，わかりやすく報告することが大切です。

表 5.7.4　３元配置分散分析（対応なし×対応あり×対応あり）

Source	*SS*	*df*	*MS*	*F*	*p*	η_p^2	η_G^2
Between Subjects							
Rater	5.21	1	5.21	0.17	.688	.009	.002
Error	564.08	18	31.34				
Within Subjects							
Strategy	20724.41	1	20724.41	1055.72 **	<.001	.983	.871
Strategy × Rater	3933.08	1	3933.08	200.36 **	<.001	.918	.562
Proficiency	10217.22	2	5108.61	135.31 **	<.001	.883	.769
Proficiency × Rater	5531.62	2	2765.81	73.26 **	<.001	.803	.643
Strategy × Proficiency	2281.62	2	1140.81	52.06 **	<.001	.743	.427
Strategy × Proficiency × Rater	1362.15	2	681.08	31.08 **	<.001	.633	.307
Total	47120.79	117					

注．* p<.05.　** p <.01.

■記載例

評価者（Rater：Training なし・あり），面接ストラテジー（Strategy：上・下），スピーキング能力（Proficiency：上・中・下）からなる３要因の分散分析を行った結果，**表 5.7.3** に示すように評価者の主効果以外の全ての主効果，１次および２次の交互作用が 0.1% 水準で有意であった。そこで，まず２次の交互作用について検討するために下位検定を行った。その結果，評価者の単純・単純主効果は，High Strategy × Low Proficiency，Low Strategy × High Proficiency の各水準の組み合わせにおいて，それぞれ $F(1, 18) = 303.51$，$p < .001$，$\eta_p^2 = .944$；$F(1, 18) = 143.25$，$p < .001$，$\eta_p^2 = .888$，で有意であった。つまり，受験者の面接ストラテジーが高く，かつスピーキング能力が低い場合は，トレーニングを受けていない評価者の方が有意に高く評価し，逆に面接ストラテジーが低くスピーキング能力が高い場合は，トレーニングを受けている評価者の方が有意に高く評価していた。受験者の面接ストラテジーとスピーキング能力との間に大きな差がある場合に，評価者トレーニングの有無が評価に表れることがわかった。

また，Rater 1（Training なし）× High Proficiency と Rater 2（Training あり）× High Proficiency において，Strategy の高（$p < .001$，$d = 5.51$）・低（$p < .001$，$d = 0.47$）によって評価得点が有意に異なっていた。つまり，トレーニングを受けた評価者は，受験者のスピーキング能力が高い場合，ストラテジーの高低に左右されずに高く評価するが，トレーニングを受けていない評価者の場合はストラテジーの高低で評価が左右されることがわかった。しかし，中位レベルの能力がある場合は，Training なし（$p < .001$，$d = 7.23$）・あり群（$p < .001$，$d = 5.75$）とも，有意に面接ストラテジーの高低に左右されていた。結論として，トレーニングを受けた評価者は，面接ストラテジーに惑わされずにスピーキング能力をある程度評価できたといえる。従って，評価者トレーニングは必要であると示唆された。

5-7-9◆多重比較の効果量

上記の多重比較で報告したい部分の2群の平均差に関する効果量である Cohen's d は，5-7-1 の dplyr パッケージにある filter 関数で，x に格納された［anova_bww1.csv］を Rater 1（対応なし）と Rater 2（対応あり）別に選択してから，それぞれ比較する2群（変数）を選定しています。

```
> library(dplyr)
> Rater1 <-filter(x, Rater=="1") #の Rater1 のデータを選択
> head(Rater1)
# A tibble: 6 x 7
  Rater HS_HP HS_MP HS_LP LS_HP LS_MP LS_LP
  <dbl> <dbl> <dbl> <dbl> <dbl> <dbl> <dbl>
1     1    86    88    97    67    50    47
2     1    91    83    86    53    48    46
3     1    89    99    90    48    48    48
```

```
> library(effsize) #effsize 関数を読み込む
>effsize::cohen.d(Rater1$HS_HP,Rater1$LS_HP, paired=T) #Rater1 の HS_HP と LS_HP 間の効果量
Cohen's d
d estimate: 5.512758 (large)
95 percent confidence interval:
   lower    upper
1.735515 9.290002

>effsize::cohen.d(Rater1$HS_MP,Rater1$LS_MP,paired=T) #Rater1 の HS_MP と LS_MP 間の効果量
Cohen's d
d estimate: 7.229464 (large)
95 percent confidence interval:
    lower     upper
 2.252384 12.206543
```

```
> Rater2 <-filter(x, Rater=="2") #Rater2 のデータを選択
>effsize::cohen.d(Rater2$HS_HP,Rater2$LS_HP,paired=T) #Rater2 の HS_HP と LS_HP 間の効果量
Cohen's d
d estimate: 0.4705338 (small)
95 percent confidence interval:
     lower      upper
-0.1387872  1.0798547

>effsize::cohen.d(Rater2$HS_MP,Rater2$LS_MP,paired=T)
Cohen's d
d estimate: 5.745274 (large)
95 percent confidence interval:
   lower    upper
3.039873 8.450675
```

6章 分散分析の応用

Section 6-1 共分散分析とは

第4章および第5章でとり上げた分散分析では，独立変数にいくつかの異なる条件グループ（水準）を設定し，そのグループを比較することによって，独立変数が従属変数に与える影響を検証しました。しかし，設定した独立変数以外の要因が従属変数に影響を与える場合もあります。たとえば，異なった教授法で指導を受けた各グループの学力テストの得点を比較して，教授法の効果を検証するとします。そこで，指導を受ける前の学力がグループ間で異なっていたとしたら，指導後のテスト得点の違いは教授法の違いのみによって生じた，とは言い切れなくなってしまいます。このような場合には，影響を及ぼしていると考えられる「指導前の学力」といった独立変数以外の影響をとり除いてから，本来の要因（あらかじめ設定していた独立変数）である「教授法」の「指導後の学力」への影響を調べる必要があります。この例における「指導前の学力」は**共変量**（covariate）にあたり，この共変量を分析に組みこむことで，より正確なグループ間の比較を行うことができます。これが**共分散分析**（analysis of covariance：ANCOVA）とよばれる分析方法です。

6-1-1◆共変量

共変量とは，従属変数となる観測変数の分散の誤差を小さくし，分析の精度を向上させるための変量です。観測変数の分散には，真の分散（本来の要因によって起こる分散）以外に，系統的誤差分散（観測変数に一定の規則的な影響を及ぼす別の要因による変動）と偶然誤差分散が含まれています（**式 6.1.1**）。

（式 6.1.1）　観測変数の分散＝真の分散＋系統的誤差分散＋偶然誤差分散

共分散分析では，本来の要因以外に影響を与えている要因，すなわち系統的誤差分散を構成している**剰余変数**（extraneous variable）の見当をつけます。そして，それを共変量として，本来の要因と一緒に回帰分析の説明変数のように回帰モデル（9-1-1）に組みこむことによって，誤差分散を少なくする分析といえます。

先ほどとり上げた「教授法」の例を使って，もう少し詳しくみてみましょう。通常の分散分析では，異なる「教授法」によって分けられたグループの「指導後の学力テスト」の得点を分析にかけます。しかし，「指導前の学力」が「指導後の学力テスト」の得点に影響を与える可能性があると考えた場合，実験を行う前にその要因に関するデータも集めます。そして，その要因に起因する分散を共変量とし，「指導後の学力テスト」の分散からとり除いたうえで分散分析にかけます。そうすることで，より純粋に教授法の違いのみから生じる分散によるグループ比較が可能になります。

共変量は1つとは限らず，「指導前の学力」と「指導時間」というように複数の要因を共変量として共分散分析に組みこむこともできます。しかし，不適切な共変量を設定すると間違った分析結果になってしまうこともあるため，次の6-1-2に挙げた前提を満たすような共変量を組みこむようにします。

6-1-2◆共分散分析の前提

分散分析では，サンプルの無作為抽出，母集団の分布の正規性，分散の等質性，サンプルの独立性などが仮定されていました。共分散分析ではこれらに加えて，共変量に関する次の3つの前提があります。では，これらの前提が満たされているかを調べる方法について見ていきましょう。

（1）共変量と独立変数の独立性

この独立性とは，共変量があらかじめ対象とした独立変数の影響を受けない変数である，ということです。たとえば，「勉強量」が「期末テストの得点」に及ぼす影響を検証する場合，「勉強量」という要因があらかじめ設定した独立変数です。この場合，共変量として「学習動機」を設定するとどうなるでしょうか。一般的に，学習動機が高いと勉強量が増え「期末テストの得点」が高くなることが考えられますので，「学習動機」を共変量にすると，「勉強量」によって説明される「期末テストの得点」の分散までとり除いてしまうことになり，正確な結果が出せなくなってしまいます。よって，「学習動機」は共変量としては不適切だといえます。共変量と独立変数（「勉強量」）が独立しているかを確かめるには，共変量を従属変数にして，独立変数の各グループ間に有意差がないかを分散分析あるいはt検定で調べます。ここで有意差がなければ，共変量が独立変数の影響を受けているとはいえず，独立性が担保されたとみなすことができます（Field, 2009）。

（2）回帰直線の平行性（各水準の回帰直線の傾きが等しい）

次に回帰直線の**平行性の検定**（parallel test）について説明します。**図6.1.1**に示すように，独立変数の各水準（グループ）において，共変量をx軸，従属変数をy軸にとった場合の回帰直線（9章9-1-1参照）

は平行するという前提があります。よって，回帰直線の傾きにあたる回帰係数（b）が各水準で等しいという帰無仮説を検証します。たとえば，**6-1-1** の例を当てはめると，従属変数である「指導後の学力テスト（y）」の得点と独立変数「教授法」における水準（1, 2, 3）別の共変量「指導前の学力テスト（x_1, x_2, x_3）」の関係を調べることになります（**式 6.1.2**）。

図 6.1.1　回帰直線の平行性の検定

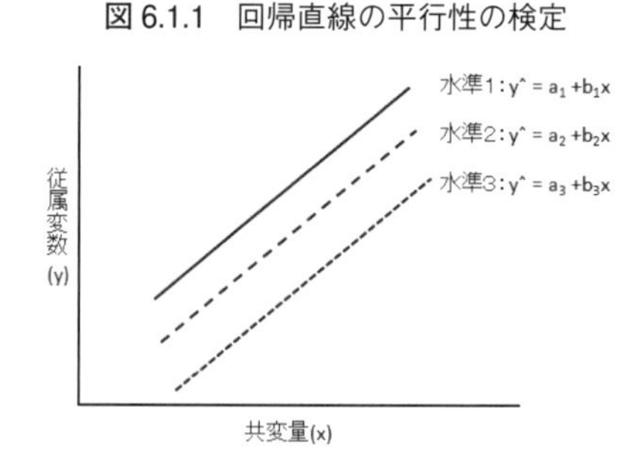

（式 6.1.2）
$$\left.\begin{aligned} E(y_1) &= a_1 + b_1 x_1 \\ E(y_2) &= a_2 + b_2 x_2 \\ E(y_3) &= a_3 + b_3 x_3 \end{aligned}\right\} \quad b_1 = b_2 = b_3$$

具体的には，独立変数と共変量の間に交互作用が存在しないかを検定し，交互作用の有意確率が有意でなければ，共変量として使用してもよいと判断されます。

(3) 回帰の有意性

先ほどの**図 6.1.1** を見ると共変量（x）と従属変数（y）の関係が水平ではなく，傾きのある関係になっています。回帰の有意性の検定とは，この傾きが有意であるかを検定するものです。つまり，回帰係数がゼロである（$b_1 = b_2 = b_3 = 0$）という帰無仮説を検証していきます。

回帰係数が 5％水準で有意である場合，従属変数（y）と共変量（x）は無相関ではない（$b_1 = b_2 = b_3 \neq 0$），つまり相関があるということを意味し，共変量として設定できます。有意でない場合，たとえば回帰直線の傾きが 0 であれば，共変量（x）がどんな値であっても従属変数は変化しませんので，通常の分散分析と同じになってしまいます。

Section 6-2　共分散分析の分析例

ここでは，ある学校の「3 つのクラス間（各 30 名）で期末テストの得点に違いがあるか」を調べます。3 組の担任は授業外の補修もしっかり行っていたので，他のクラスより高い得点が取れているのではと期待しています。但し，学期始めの段階で各クラスの能力が異なっている可能性があったので，前年度の通知簿の 5 段階評定（前年度の成績）の影響をとり除いた上で期末テストの得点を比較することにしました。よって，ここでは「前年度の成績」が共変量，「クラス」が独立変数，そして，「期末テストの得点」が従属変数になります。

まず，共分散分析を行う前に，「前年度の成績」が共変量として，前節で説明した3つの前提を満たしているか検証していきます。

6-2-1◆分析の準備（共分散分析）

❶［Ch6ancova_multianova］というRprojectを作成し，この章で使用するデータファイルを入れておきます。

❷［ancova.csv］データを読み込みます。1列目のクラス［Class］が独立変数，期末テストの得点［FinalExam］が従属変数，そして，前年度の成績［PreGrade］が共変量，になります。

```
> x <- read.csv("ancova.csv")
> head(x)
  Class FinalExam PreGrade
1     1        22        2
2     1        26        3
3     1        33        4
  以下，略
```

❸factor関数で条件を因子型（factor）に変換し，class関数で確認します。

```
> x$Class <- factor(x$Class)
> class(x$Class)
[1] "factor"
```

❹psychパッケージを読み込み，describeBy関数で記述統計を算出します。［group =］で指定した変数（Class）の水準ごとに記述統計を確認できます。

```
#クラス別の記述統計量の算出
> library(psych)
> describeBy(x[,2:3],group = x$Class) #3クラス別に記述統計を表示

 Descriptive statistics by group
group: 1
          vars  n  mean   sd median trimmed  mad min max range skew kurtosis   se
FinalExam    1 30 30.63 6.29     29   29.88 5.19  22  45    23 0.82    -0.01 1.15
PreGrade     2 30  3.13 1.17      3    3.17 1.48   1   5     4 0.00    -0.63 0.21
------------------------------------------------------------------------------------
group: 2
          vars  n  mean   sd median trimmed  mad min max range  skew kurtosis   se
FinalExam    1 30 32.27 6.94   31.5   31.75 5.93  22  47    25  0.63    -0.54 1.27
PreGrade     2 30  3.13 1.01    3.0    3.12 1.48   1   5     4 -0.06    -0.94 0.18
------------------------------------------------------------------------------------
group: 3
          vars  n  mean   sd median trimmed  mad min max range skew kurtosis   se
FinalExam    1 30 32.17 8.51   32.5   32.00 9.64  15  49    34 0.10    -0.85 1.55
PreGrade     2 30  2.70 1.15    2.5    2.67 0.74   1   5     4 0.31    -0.91 0.21
```

❺データを概観するために，ggplot2パッケージを読み込み，ggplot関数でグラフを作成してみましょう。geom_violin関数とgeom_boxplot関数で，バイオリンプロットと箱ひげ図を描画します。ここでは，x軸に独立変数であるクラス［Class］，y軸に従属変数である期末テストの得点［FinalExam］（図6.2.1）と共変量である前年度の成績［PreGrade］（図6.2.2）を指定しています。［width =］のオプションを変更することで，各グラフの幅を調整することができます。

図 6.2.1　期末テストのバイオリンプロットと箱ひげ図

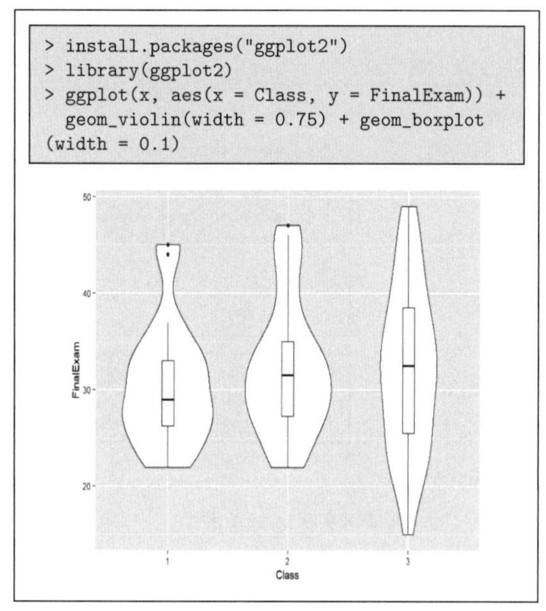

```
> install.packages("ggplot2")
> library(ggplot2)
> ggplot(x, aes(x = Class, y = FinalExam)) +
  geom_violin(width = 0.75) + geom_boxplot
(width = 0.1)
```


図 6.2.2　前年度の成績のバイオリンプロットと箱ひげ図

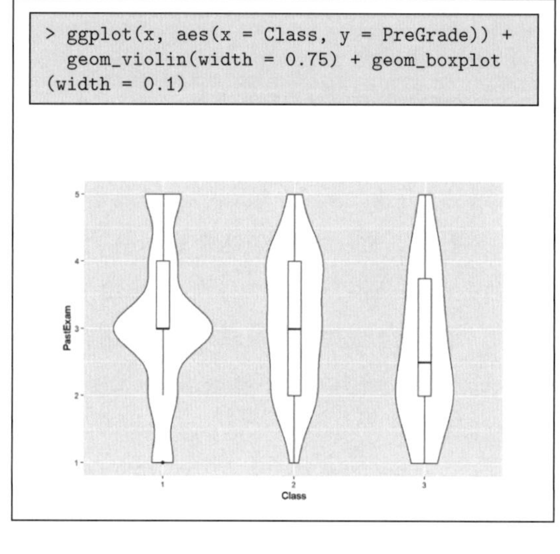

```
> ggplot(x, aes(x = Class, y = PreGrade)) +
  geom_violin(width = 0.75) + geom_boxplot
(width = 0.1)
```


6-2-2◆共変量と独立変数の独立性の検定

```
> anova(lm(PreGrade ~ Class, data = x)) # 独立性の検定
Analysis of Variance Table
Response: PreGrade
          Df  Sum Sq Mean Sq F value Pr(>F)
Class      2   3.756  1.8778  1.5235 0.2237
Residuals 87 107.233  1.2326
```

1つ目の前提である共変量と独立変数の独立性を検証するために，共変量を従属変数に設定して分散分析を実行し，独立変数の各グループ間に有意差がないかを調べます。ここでは，一般線形モデル（liner model）を扱う lm 関数および anova 関数を使って，anova(lm(共変量〜要因, データの名前))のように指定し，分析を実行します。

クラス［Class］の有意確率は［0.2237］でクラス間に5%の水準で有意差はありません。よって，前年度の成績［PreGrade］はクラス要因から影響を受けておらず，独立した変量であることがわかります。

※分散分析に使用できる関数は以下のようにいくつかあります。大きく異なる点は，平方和の算出方法です。

- aov 関数：変動要因（**表 4.1.2**）の効果を1つずつモデルに追加し，モデルの平方和の増加分をその効果の平方和とするタイプIの平方和が算出されます。よって，この平方和は，要因の投入順序によって異なった値を取ります。
- anova 関数：同じレベルの効果は，モデルに一斉に投入されるため，要因の投入順序が変わっても値が変わらないタイプⅡの平方和が算出されます。

・Anova 関数：タイプⅡもしくはタイプⅢの平方和が算出されます。タイプⅡは主効果の検討において交互作用の影響を考慮しませんが，タイプⅢはその影響を考慮するという違いがあります。

6-2-3◆回帰直線の平行性の検定

2つ目の前提である回帰直線の平行性を検証するために，独立変数と共変量の間の交互作用が有意でないかを検定します。ここでは，分散分析に使う関数の一つである aov 関数を，summary(aov(従属変数~共変量*独立変数, データ名))の形式で記述し，分析を実行します。

```
> summary(aov(FinalExam ~ PreGrade * Class, data = x)) #平行性の検定
               Df Sum Sq Mean Sq F value   Pr(>F)
PreGrade        1   3176    3176 215.101  < 2e-16 ***
Class           2    231     115   7.811 0.000774 ***
PreGrade:Class  2     49      24   1.653 0.197681
Residuals      84   1240      15
---
Signif. codes:  0 '***' 0.001 '**' 0.01 '*' 0.05 '.' 0.1 ' ' 1
```

出力結果では，前年度の成績×クラス［PreGrade:Class］の有意確率は［0.1976］と有意ではありません。よって，この2要因の交互作用が有意でないことから，平行性は保証されているといえます。

6-2-4◆回帰の有意性の検定

3つ目の前提である回帰の有意性を検証するため，共変量と従属変数の傾きの関係が有意であるかを調べます。ここでは，lm 関数を summary(lm(従属変数~共変量+独立変数, データ名))の形式で記述し，分析を実行します。

```
#有意性の検定
> summary(lm(FinalExam ~ PreGrade + Class, data = x))
Call:
lm(formula = FinalExam ~ PreGrade + Class, data = x)
Residuals:
   Min     1Q Median     3Q    Max
-8.251 -2.521  0.020  2.603  9.885
Coefficients:
            Estimate Std. Error t value Pr(>|t|)
(Intercept)  13.1044     1.3681   9.578 3.27e-15 ***
PreGrade      5.5943     0.3739  14.964  < 2e-16 ***
Class2        1.6333     0.9996   1.634 0.105915
Class3        3.9575     1.0126   3.908 0.000185 ***
---
Signif. codes:  0 '***' 0.001 '**' 0.01 '*' 0.05 '.' 0.1 ' ' 1

Residual standard error: 3.871 on 86 degrees of freedom
Multiple R-squared:  0.7255,     Adjusted R-squared:  0.7159
F-statistic: 75.76 on 3 and 86 DF,  p-value: < 2.2e-16
```

結果は，共変量として設定した前年度の成績［PreGrade］の傾きが［2e-16 ***］（見方は3-3-1❼参照）と5%水準で有意になっています。よって，「回帰係数の傾きは0ではない」という回帰の有意性が成り立ちます。

6-2-5◆共分散分析の実行

❶ここまでで，共分散分析の前提がすべて満たされていることがわかりました。それでは，共分散分析を行っていきましょう。

まず，関数 aov(従属変数～独立変数＋共変量，データ名))の形式で記述し，分析のモデル［testModel］を構築します。

続いて，car パッケージ内の Anova 関数で，このモデルを共分散分析にかけます。［type =］は，どの方法で平方和を推定するか選択するためのものです。ここでは，比較的よく使われているタイプⅢを使用します（井関（n.d.）の HP「平方和のタイプ」参照）。

分析の結果，共変量を含めた場合のクラス［Class］の主効果は，［0.0008］と p<.001 で有意となっています。

```
#共分散分析の実行
> testModel <- aov(FinalExam ~ Class + PreGrade, data = x)
> library(car)
> Anova(testModel, type = 3)
Anova Table (Type III tests)
Response: FinalExam
            Sum Sq Df  F value    Pr(>F)
(Intercept) 1375.0  1  91.7428 3.273e-15 ***
Class        230.6  2   7.6943 0.0008431 ***
PreGrade    3356.0  1 223.9180 < 2.2e-16 ***
Residuals   1289.0 86
---
```

❷次に，glht 関数で多重比較を行い，どのクラス間で有意差があったかを確認します。まず，［multcomp］パッケージをインストールします．その後，glht(モデル，linfct = mcp(独立変数＝“多重比較法”))の形式で記述し，分析を実行します。そして，summary 関数で多重比較の結果を見ます。

```
#多重比較の分析
> install.packages("multcomp",dependencies=T)
> library(multcomp)
> testPost <- glht(testModel, linfct = mcp(Class = "Tukey"))
> summary(testPost)
        Simultaneous Tests for General Linear Hypotheses
Multiple Comparisons of Means: Tukey Contrasts
Fit: aov(formula = FinalExam ~ Class + PreGrade, data = x)
Linear Hypotheses:
           Estimate Std. Error t value Pr(>|t|)
2 - 1 == 0   1.6333     0.9996   1.634  0.23699
3 - 1 == 0   3.9575     1.0126   3.908  0.00053 ***
3 - 2 == 0   2.3242     1.0126   2.295  0.06178 .
---
Signif. codes:  0 '***' 0.001 '**' 0.01 '*' 0.05 '.' 0.1 ' ' 1
(Adjusted p values reported -- single-step method)
```

結果を見ると，3 組の得点が 1 組の得点よりも［0.00053］と有意（p<.001）に高いことが認められます。

❸また，confint 関数で多重比較の信頼区間を確認することができます。

上記で有意であった，3組と1組の間の95%信頼区間のみ，0を含まない（つまり，有意に差がある）ことがわかります。

```
#信頼区間の分析
> confint(testPost)
        Simultaneous Confidence Intervals
Multiple Comparisons of Means: Tukey Contrasts
Fit: aov(formula = FinalExam ~ Class + PreGrade, data = x)
Quantile = 2.3847
95% family-wise confidence level
Linear Hypotheses:
           Estimate lwr      upr
2 - 1 == 0  1.63333 -0.75043  4.01710
3 - 1 == 0  3.95755  1.54268  6.37242
3 - 2 == 0  2.32422 -0.09066  4.73909
```

❹続いて，[effects] パッケージをインストールし，関数 effect(“群の変数”，モデル名，se = T)の形式で，共変量を設定した時の期末テストの推定平均値を算出してみましょう。共変量を設定する前の期末テストの平均値（6-2-1❸ Final Exam の［mean］）と比較すると，共変量を設定する前では，3組の平均値が他のクラスとあまり変わらないのに対し，設定後では，1組の平均値との開きが大きくなっており，かつ2組より高くなっていることがわかります。

```
> install.packages("effects")
> library(effects)
> testAdjM <- effect("Class", testModel, se = T)
> summary(testAdjM)
#共変量を設定した後の期末テストの平均値
 Class effect
Class
       1        2        3
29.82526 31.45859 33.78281

 Lower 95 Percent Confidence Limits
Class
       1        2        3
28.41606 30.04939 32.36139

 Upper 95 Percent Confidence Limits
Class
       1        2        3
31.23447 32.86780 35.20423
```

❺最後に，EtaSq 関数で各変数の効果量を算出します。[type =] のオプションを変更することで，平方和の推定方法を指定することができます。ここでは，クラス［Class］と前年度の成績［PreGrade］の η^2 がそれぞれ .049 と .715 になっています。

```
> library(DescTools) #効果量
> EtaSq(testModel, type = 3, anova = F)
             eta.sq eta.sq.part
Class    0.04912227   0.1517792
PreGrade 0.71476882   0.7225072
```

6-2-6◆論文への記載（共分散分析）

論文には，共変量を入れる前の記述統計量（6-2-1❹）に加えて，紙面に余裕があれば，共変量で推定された平均値（6-2-5❹）も入れるとわかりやすいでしょう。共分散分析表（6-2-5❶）は，必ずしも掲載する必要はありませんが，以下のように F 値から報告します。

■記載例

> 期末テストの成績が３クラス間で異なるかを調査した。「前年度の成績」を共変量として，指導前の実力の違いをとり除いた比較を行うにあたり，まず，その前提である共変量の独立性，回帰直線の平行性および有意性を調べた。これらのすべての条件を満たしていたため，「前年度の成績」を共変量として分析に加え，クラスを独立変数，期末テストを従属変数とした共分散分析を行った。その結果，期末テストの平均値について，指導前の実力をとり除いた推定平均値と比較したところ，$F(2, 86) = 7.69$，$p = .001$，$\eta^2 = .049$ と5％水準で有意な差がみられた。その後の多重比較で，３組の期末テストの平均値が１組の平均値より有意に高いことがわかり（$p < .001$），補習指導の効果を確認することができた。

Section 6-3　多変量分散分析とは

このセクションでは，もう１つ分散分析の応用としてよく使われる**多変量分散分析**（multivariate analysis of variance：MANOVA）を紹介します。通常の分散分析は，１つの従属変数（変量）を扱っているため**１変量分散分析**（univariate analysis of variance）ともよばれます。それに対して，多変量分散分析は，複数の変量をデザインに組みこみます。それによって総合的に独立変数の条件グループ（水準）を比較することができます。

たとえば，「早期英語教育の必要性」に関して調査する場合，「早期英語教育経験」という独立変数が影響を与える従属変数としては，中学に入学してからの「英語学習へのやる気」「コミュニケーション能力」「異文化理解への態度」「リスニング力」などが考えられます。これらの従属変数を一度に分析に含めることによって，早期英語教育の必要性を複数の側面から検討することができます。この場合，お互いの従属変数は正の相関関係にあると思われますが，たとえば，製品の品質特性と製造コストのように負の相関があると思われる従属変数を同時に含めて，それらに影響を与えている要因の条件を求めることもできます（田中・垂水・脇本，1990）。

このように多変量分散分析は，２つ以上の従属変数を同時にとり上げて，グループ間の平均値差を調べ，主効果や交互作用を検討する場合に使用します。

6-3-1◆多変量分散分析の利点

多変量分散分析では，１変量分散分析を利用することに比べて，以下のような利点があります。

(1) 従属変数を効率的に特定できます。先ほどの例でいうと，「早期英語教育が中学校入学後の学習動機に良い影響を及ぼす」という仮説を立てれば，「早期英語教育経験の程度の違い」を独立変数，「学習動機」を従属変数として，1変量分散分析を行うことになります。その結果が有意でなければ，別の従属変数で仮説を立て，分散分析を行うというプロセスをくり返すことになります。

　しかし，最初から影響を受けると考えられる「コミュニケーション能力」「異文化理解への態度」および「リスニング力」などのデータを集め，一度に多変量分散分析デザインに含めていれば，これらの関係も考慮に入れて，「早期英語教育経験」から影響を受けやすい従属変数を特定することができます。

(2) 第1種の過誤および第2種の過誤（3章3-1-2参照）に気づくことができます。1変量分散分析を使用すると従属変数の数だけ分析を繰り返すことになり，結果として誤差を積み上げ，第1種の過誤を犯す確率が高くなってしまいます。それを防ぐために，有意水準を5%から調整するボンフェローニの方法もあります。しかし，従属変数の数が多い場合，かえって有意水準を厳しくしすぎることになり，今度は第2種の過誤を犯す可能性もでてきます。

　一方で，多変量分散分析で分析を行っても有意差がなかった場合，その後に算出される個々の従属変数の1変量分散分析の結果が有意であったとしても，それは第1種の過誤によるものだとわかります。逆に，多変量分散分析の結果が有意であっても，すべての従属変数の1変量分散分析の結果が有意でない場合もあります。これは，後述する従属変数間の相関関係やサンプルサイズによるものです。このような場合，ここで分析を終了してしまうと多変量分散分析のよさが生かされないため，Field (2009) は，判別分析を行うことを勧めています。

(3) 球面性の前提がありません。よって，対応あり要因を含む1変量分散分析で球面性に問題がある場合は，その変量の各水準を従属変数とみなして，多変量に切り替えて分析することも可能です。

このように，いくつかの利点がありますが，多変量分散分析が必ずしも1変量分散分析より優れているわけではありません。それについては，6-3-4で触れていきます。

6-3-2◆多変量分散分析の前提

多変量分散分析も1変量分散分析と同じ前提があり，無作為抽出したサンプルであることを仮定し，そこから得たデータは独立している必要があります（3章3-2-1参照）。さらに，データの分布の正規性および分散の等質性を発展させた，多変量正規性および分散共分散行列の等質性の前提のもとで分析がなされます。

(1) 多変量正規性（multivariate normality）

多変量分散分析の場合は，分散分析の前提である各水準のデータの正規性に加えて，各要因のそれぞれの水準における複数の従属変数のデータが正規分布していることが前提になっています。1変量分散分析と同様に，多変量分散分析も正規性に対して頑健性がありますが（Tabachnick & Fidell, 2007），外れ値に対しては繊細なため，気がつかないうちに第1種あるいは第2種の過誤を引き起こす可能性があります。したがって，前もって外れ値がないか確認しておくことが大切です。

(2) 分散共分散行列の等質性（homogeneity of variance-covariance matrices）

それぞれの従属変数において，各水準の分散・共分散が等しいという前提です。1変量分散分析では，各水準の分散が等しいという等分散性の前提があります。多変量分散分析では，それぞれの従属変数に関して，その前提が成り立っていることに加えて，どの2つの従属変数間の相関も等しいと仮定しています。つまり，相関$(r_{xy}) = \dfrac{\text{共分散}(S_{xy})}{x\text{と}y\text{の標準偏差}(S_x S_y)}$であることから，分散・共分散も等しいことを仮定しています。

分散共分散行列の等質性の前提が満たされにくい場合として，①従属変数の数が多い場合，②サンプルサイズが不均衡なグループを比較した場合，③サンプルサイズが小さく分散が大きい場合，④1つのグループ内のデータが，従属変数の数より少し多いくらいしかない場合が挙げられます。

④に関しては，たとえば，4つの従属変数と1つの独立変数に3水準あるデザインの場合，全部で12（=4×3）条件グループになります。それぞれのグループに従属変数の数より数個多いデータ（例：4+3=7）をそろえるとなると，最低約80（≒12×7）のデータが必要になってきます。このように，従属変数が増えるとかなりのデータを用意する必要がありますので，従属変数は多くても10個以下に留め，最終的には独立変数のグループ数も考慮に入れてサンプルサイズを決定する必要があります。

●多変量分散分析の前提をチェックする方法

シャピロ＝ウィルク検定（Shapiro-Wilk test）（第1章参照），多変量正規Q-Qプロット（Q-Q plot of multivariate normality）をチェックする方法，そして頻繁に利用される**BoxのM検定**（Box's M Test）などがあります。

BoxのM検定は，分散共分散行列の等質性を調べる検定で，従属変数が2つ以上で，被験者間要因の水準が2以上の場合に算出できます。この検定結果が有意でなければ，グループ間は同質であると判断します。しかし，BoxのM検定の結果が有意になったとしても，各グループのサンプルサイズが同じであれば頑健性が保たれるため，比較的正規性に頑健な**Pillaiのトレース**（Pillai's Trace）や，2水準の場合は**Hottellingのトレース**（Hottelling's Trace）の多変量検定の結果を使用できます（**6-3-4**参照）。

6-3-3◆多変量分散分析の流れ

以下に多変量分散分析の流れを説明します。

図 6.3.1 多変量分散分析の手順

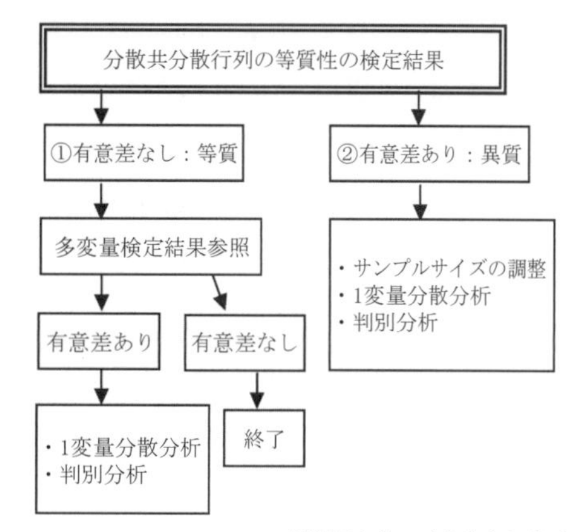

出村ほか(2004)をもとに作成

① Box の M 検定は，多変量正規性に敏感なため，有意になりやすいといえます。よって，0.1％水準以下（p <.001）で帰無仮説が棄却されない限り，分散共分散行列は等質と判断してもかまいません。その場合は，**図 6.3.1** の左側の手順で分析を進めます。そして，多変量検定の結果が有意であれば，どの従属変数が影響を受けやすいかを調べるために，各従属変数の 1 変量分散分析を行い，必要であれば多重比較検定を行います。しかし，1 変量分散分析では，従属変数間の相関を考慮に入れないため，最初に多変量検定を行う意義が薄れてしまいます。よって，対応なし要因が含まれる場合は，従属変数の相互作用がわかる**判別分析**（discriminant analysis）を行うことが勧められています（Field, 2009；Tabachnick & Fidell, 2007）。

判別分析は，統計的には多変量検定と同じですが，独立変数のグループが最も分かれる従属変数あるいはその組み合わせを特定します。つまり，従属変数によってどのようにグループ化しているか，従属変数と独立変数の立場を逆にして，従属変数から独立変数を見ているような関係です。判別分析に関しては本書では省略します。

②各グループのサンプルサイズが異なる場合で，Box の M 検定において有意確率が 0.1％水準以下で異質と判断された場合，小さいグループのサンプルを増やすか，大きいグループのサンプルをランダムに削除するなどしてグループ間のサンプルサイズをできる限り揃え，多変量検定の結果を参照できるようにします。サンプルサイズを調整しても異質性が残る場合は，従来の方法である，従属変数ごとの 1 変量分散分析を行うか，判別分析を行います。

6-3-4◆多変量分散分析の検定と検定力

(1) 多変量分散分析の検定法

以下の 4 種類の多変量検定法があり，データの質によって検定力や頑健性が若干ですが異なります。

① **Pillai のトレース（Pillai's Trace）**：主効果の 2 乗和の行列にデータ全体の偏差の 2 乗和の行列の逆行列を掛け合わせた結果に基づく統計量で，値が 1 に近いほど主効果が残差に比べて大きいことを意味

します。比較的小さなサンプルサイズでも正規性に頑健とされています（Olson, 1976；Stevens, 1980）。

② **Wilks のラムダ（Wilks' Lambda）**：残差２乗和行列の行列式をデータ全体の偏差２乗和の行列の行列式で割って算出され，０に近いほど残差が少ないことを意味します。多変量分散分析における効果量（多変量 η^2）を「1－Wilks のラムダ」で簡単に算出できるため，最もよく用いられます。

③ **Hottelling のトレース（Hottelling's Trace）**：主効果の２乗和を残差の２乗和で割る形で主効果の大きさを評価するため，値が１に近いほどほど主効果が残差に比べて大きいことを意味しますが，１を超えることがあります。

④ **Roy の最大根（Roy's Largest Root）**：グループ間の違いが１変量だけに見られる場合は，最も検定力が高くなる傾向がありますが，サンプルサイズにばらつきがある場合は不安定な結果をもたらすという指摘があります。

(2) 多変量分散分析の特徴と１変量分散分析との比較

多変量分散分析は，従属変数間の関係も考慮に入れて分析するので，１変量分散分析より検定力が下がりやすく，有意になりにくい場合が多く見られます。主に，以下のような特徴があります。

①従属変数間に強い負の相関，あるいはどちらかの方向で中程度（$|r|=.60$ 程度）の相関がある場合はうまく機能し，かなり弱い正の相関や無相関のときは検定力が下がります（Tabachnick & Fidell, 2007）。

②かなり強い相関がある場合（$r=.90$ 程度以上）は，２つめの従属変数の分散が１つめの従属変数と重なり，分析を阻害することもあります。２つの従属変数を合わせて主成分得点（component score；**10 章 10－5** 参照）を算出するか，どちらか１つを削除して再分析を行う必要があります。これは１変量分散分析を使用する場合でも同様で，どちらの従属変数に対しても有意となり，第１の過誤を起こしやすくなります。また，実際は同じような従属変数に対して分析をしただけであるにも関わらず，２つの異なった側面を説明することができたと解釈してしまう危険性があります。

③ **6－3－1** で述べたように，サンプルサイズが小さいと検定力が下がり，分散共分散行列の等質性の前提も満たされなくなります。

④従属変数どうしの関係だけでなく，１つの従属変数が独立変数から強い影響を受ける場合は検定力が高くなります。

以上のように，多変量分散分析の検定力は，従属変数間の相関やサンプルサイズに左右されるため，第１種の過誤あるいは第２種の過誤を起こさないように，十分なサンプルサイズを集め，データの相関などの性質を把握した上で使用するようにします。

しかし，慎重に多変量分散分析を行っても，従来の方法（**図 6.3.1**）では，最終的にはそれぞれの従属変数ごとに 1 変量分散分析を行っていくことになります。よって，1 変量分散分析をくり返す際には，グループ間の差があることを確実に検証したいのであれば，第 1 種の過誤の可能性がない状態で主張できるように，ボンフェローニの方法で有意水準を厳しくする，あるいは従属変数における検定が有意であった場合の多重比較の方法としては，比較的有意になりにくいシェフェの検定を使うことが望ましいとされています（Harris, 1975；Tabachnick & Fidell, 2007）。

Section 6-4　対応のない 1 要因モデル

対応のない 1 つの要因が複数の従属変数に及ぼす影響をみる 1 要因モデルとして，［manova.csv］データを使って，「教員歴の異なるクラス間で，英語の知識や技能を測る 4 つのテストの 1 年後の成績は異なるか」を調べます。このデータは 1 クラス 30 名の中学 3 年生の 3 クラスに，英語力の指標となる 4 種類（語彙・文法・読解・聴解）のテストを学期ごとに実施したものです。クラスは無作為に分けられた等質の 3 クラスです。また，各クラスの担当教員の指導経験年数は異なっており，クラス 1 は 20 年，クラス 2 は 10 年の指導経験がある教師ですが，クラス 3 はまだ 2 年目の新米教師です。今回の分析は，データセットの中から，3 学期のみのテスト得点（各 10 点満点）を使って分析します。この場合，「クラス」が要因（独立変数）で 3 水準，「3 学期」の 4 種類のテスト（語彙 3，文法 3，読解 3，聴解 3）が従属変数になります。

6-4-1◆対応のない 1 要因分析の準備

❶［manova.csv］データの読み込みと確認を行います。

```
> x<- read.csv("manova.csv")
> head(x)
  Class V1 V2 V3 G1 G2 G3 R1 R2 R3 L1 L2 L3
1     1  1  9  7  4  5  3  9  0  4  5  4  4
2     1  5  6  7  3  5  4  7  5  8  4  6  6
3     1  3  4  8  1  1  3  5  4  8  4  4  7
以下，略
```

❷このデータセットの中から，独立変数［Class］と，従属変数として，語彙 3［V3］，文法 3［G3］，読解 3［R3］，聴解 3［L3］を抽出し，x1 に入れます。

❸ factor 関数で条件を因子型に変換し，class 関数で確認します。

```
>x1 <- x[, c(1, 4, 7, 10, 13)] # データの選択
> head(x1)
  Class V3 G3 R3 L3
1     1  7  3  4  4
2     1  7  4  8  6
3     1  8  3  8  7
以下，略
> x1$Class <- factor(x1$Class) # 因子型に変換
> class(x1$Class)
[1] "factor"
```

❹ describeBy 関数で記述統計を算出します。[group =] で群の変数を指定し，それぞれの群について記述統計を確認します。

```
> describeBy(x1[, 2:5], group = x1$Class) #クラスごとの記述統計
 Descriptive statistics by group
group: 1
   vars  n mean   sd median trimmed  mad min max range  skew kurtosis   se
V3    1 30 6.57 1.91      7    6.67 1.48   3  10     7 -0.32    -0.89 0.35
G3    2 30 4.53 2.50      4    4.42 1.48   0   9     9  0.44    -0.92 0.46
R3    3 30 5.90 2.07      6    5.88 2.97   2  10     8  0.13    -0.95 0.38
L3    4 30 5.10 1.97      5    5.12 2.97   2   8     6 -0.24    -1.23 0.36
------------------------------------------------------------------------
group: 2
   vars  n mean   sd median trimmed  mad min max range  skew kurtosis   se
V3    1 30 5.77 1.94    6.0    5.71 2.97   3   9     6  0.10    -1.20 0.35
G3    2 30 5.27 2.13    5.0    5.33 2.97   1   9     8 -0.09    -1.09 0.39
R3    3 30 5.87 1.72    6.0    5.83 1.48   3   9     6  0.24    -0.74 0.31
L3    4 30 4.77 2.43    4.5    4.75 2.97   0   9     9  0.10    -1.18 0.44
------------------------------------------------------------------------
group: 3
   vars  n mean   sd median trimmed  mad min max range  skew kurtosis   se
V3    1 30 5.30 2.14    5.5    5.29 2.22   2   9     7  0.03    -1.26 0.39
G3    2 30 4.47 2.13    4.5    4.42 2.22   1   9     8  0.23    -0.57 0.39
R3    3 30 4.57 1.91    4.5    4.58 2.22   1   8     7 -0.03    -1.23 0.35
L3    4 30 5.13 2.08    5.0    5.00 2.22   2   9     7  0.41    -0.94 0.38
```

6-4-2◆多変量正規性の検定

1つ目の前提である多変量正規性（Multivariate Normality）を検証するには，MVN パッケージにある関数 mvn(データ, subset = “独立変数”, mvnTest = “多変量正規性の検定法”) を使います。多変量正規性の検定法として，多変量歪度と尖度に関して統計量を算出する Mardia の検定を指定します。

関数 mvn のデータを result 変数に格納した後に，multivariateNormality を引数として指定することで結果を参照することができます。

それぞれの群において，歪度［Skewness］と尖度［Kurtosis］はいずれも5%水準で有意ではありません。よって，それぞれのクラスの各テスト得点は，正規分布しているとみなします。

```
> library(MVN) #多変量正規性の検定
> result <- mvn(x1, subset = "Class", mvnTest = "mardia") #mvn 関数を result に格納
> result$multivariateNormality
$'1'
             Test          Statistic           p value Result
1 Mardia Skewness   14.7417617272275 0.790988413453479    YES
2 Mardia Kurtosis 0.0330140124598604 0.973663413405778    YES
3             MVN               <NA>              <NA>    YES
```

```
$'2'
             Test          Statistic           p value Result
1 Mardia Skewness  5.63193862399459 0.999311099116109    YES
2 Mardia Kurtosis -1.37286709611512 0.169793667317003    YES
3             MVN              <NA>              <NA>    YES

$'3'
             Test          Statistic           p value Result
1 Mardia Skewness   15.253722780247 0.76171008172017 6    YES
2 Mardia Kurtosis -1.09428313162556 0.273830821115443    YES
3             MVN              <NA>              <NA>    YES
```

6-4-3◆分散共分散行列の等質性の検定

```
> library(biotools) # 等質性の検定
> boxM(x1[, 2:5], x1[, 1])
       Box's M-testfor Homogeneity of Covariance Matrices
data:  x1[, 2:5]
Chi-Sq (approx.) = 11.98, df = 20, p-value = 0.9168
```

２つ目の前提である分散共分散行列の等質性を検証します。biotools パッケージを読み込み，関数 boxM（従属変数，独立変数）の形式で，Box の M 検定を実行します。

有意確率［p-value］が .917 であるため，クラス間の共分散行列は等質であるとみなすことができます。

※ただし，サンプルサイズが等しい場合は，分析結果にそれほど留意する必要はありません。

6-4-4◆対応のない１要因分析の実行

```
> x2 <- cbind(x1$V3, x1$G3, x1$R3, x1$L3) # 従属変数の１元化
> model <- lm(x2 ~ Class, data = x1, contrasts = list(Class
= contr.sum))
```

❶多変量分散分析の前提が満たされていることがわかりました。よって，次は cbind 関数で従属変数を一元化し，新たなデータフレームに格納します。

❷次に，関数 lm（従属変数～独立変数，データ，contrasts = list（独立変数＝contr.sum））の形式で記述し，分析モデルを構築します。

❸そして，このモデルについて Manova 関数で多変量分散分析を実行します。［type =］のオプションで，上記 6-2-5 ❺と同じ平方和の推定方法を指定します。その後，結果を summary 関数で表示します。

どの多変量検定法に基づいても結果はほとんど変わりませんが，ここでは Wilks のラムダの結果を見てみます。有意確率が .020 とクラス間のテスト得点に有意差があることがわかります（囲み）。

```
> library(car)
> output <-  Manova(model, type = 3) # 多変量分散分析を実行し，output に格納
> summary(output, multivariate = T) # 多変量分散分析の結果を表示
```

```
Type III MANOVA Tests:
略
------------------------------------------
Term: Class
Sum of squares and products for the hypothesis:

           [,1]      [,2]     [,3]       [,4]
[1,] 24.6222222 -1.288889 23.22222  0.5333333
[2,] -1.2888889 11.822222 11.04444 -5.4000000
[3,] 23.2222222 11.044444 34.68889 -5.1000000
[4,]  0.5333333 -5.400000 -5.10000  2.4666667

Multivariate Tests: Class
                 Df test stat approx F num Df den Df   Pr(>F)
Pillai            2 0.2011879 2.376703      8    170 0.018836 *
Wilks             2 0.8080719 2.361154      8    168 0.019664 *
Hotelling-Lawley  2 0.2260545 2.345315      8    166 0.020542 *
Roy               2 0.1493046 3.172724      4     85 0.017613 *
---
Signif. codes:  0 '***' 0.001 '**' 0.01 '*' 0.05 '.' 0.1 ' ' 1
```

❹多変量検定で有意差があったので，どのテストにおいてクラス間に差があるのかを，1変量分散分析を実行して検証します。今回は，4つのテストの内，読解3［Response 3］のみ，$p = .011$（囲み）と5%水準で有意になっています。

```
> summary.aov(model) #1変量分散分析の結果（読解部分）
 Response 1 :
            Df Sum Sq Mean Sq F value Pr(>F)
Class        2  24.62 12.3111  3.0864 0.0507 .
Residuals   87 347.03  3.9889
---
Signif. codes:  0 '***' 0.001 '**' 0.01 '*' 0.05 '.' 0.1 ' ' 1

 Response 2 :
            Df Sum Sq Mean Sq F value Pr(>F)
Class        2  11.82  5.9111  1.1562 0.3195
Residuals   87 444.80  5.1126

 Response 3 :
            Df  Sum Sq Mean Sq F value Pr(>F)
Class        2  34.689 17.3444  4.7823 0.0107 *
Residuals   87 315.533  3.6268
---
Signif. codes:  0 '***' 0.001 '**' 0.01 '*' 0.05 '.' 0.1 ' ' 1

 Response 4 :
            Df Sum Sq Mean Sq F value Pr(>F)
Class        2   2.47  1.2333   0.262 0.7701
Residuals   87 409.53  4.7073
```

❺1変量分散分析で有意であった読解3［R3］において，3クラス間のどこに有意差があるのか，比較的

有意になりにくいシェ（ッ）フェ（Scheffe）を使って，多重比較を行います。青木氏のHPにある以下のソースを読み込んだ後，tapply関数を用いて，クラス［Class］を独立変数，読解3［R3］を従属変数としたときのデータ数，平均値，標準偏差を算出し，それぞれ任意のデータフレームに格納します。

```
> source("http://aoki2.si.gunma-u.ac.jp/R/src/scheffe.R", encoding="euc-jp")
> n <- tapply(x1$R3, x1$Class, length) #データ数の算出
> m <- tapply(x1$R3, x1$Class, mean) #平均値の算出
> sd <- tapply(x1$R3, x1$Class, sd) #標準偏差の算出
```

❻そして，関数scheffe(データ数，平均値，標準偏差^2，水準名，水準名)で，多重比較を実行します。

```
#多重比較（シェフェの方法による線形比較）
> scheffe(n, m, sd^2, 1, 2) #多重比較（クラス1とクラス2）
        シェッフェの方法による線形比較
data:  1 and 2
theta = 0.0333333, V(theta) = 0.2417880, F = 0.0022977, df1 = 2, df2 = 87, p-value = 0.9977
95 percent confidence interval:
 -1.191294  1.257961

> scheffe(n, m, sd^2, 1, 3) #多重比較（クラス1とクラス3）
        シェッフェの方法による線形比較
data:  1 and 3
theta = 1.33333, V(theta) = 0.24179, F = 3.67632, df1 = 2, df2 = 87, p-value = 0.02933
95 percent confidence interval:
 0.108706 2.557961

> scheffe(n, m, sd^2, 2, 3) #多重比較（クラス2とクラス3）
        シェッフェの方法による線形比較
data:  2 and 3
theta = 1.30000, V(theta) = 0.24179, F = 3.49480, df1 = 2, df2 = 87, p-value = 0.03468
95 percent confidence interval:
 0.07537264 2.52462736
```

出力結果では，クラス1と3の間［p-value = 0.02933］とクラス2と3の間［p-value = 0.03468］の差が5%水準で有意になっています。また，**6-4-1**❹の各クラスの得点からもわかりますが，出力の平均値の差［theta］から，新米教員が担当するクラス3の読解テストの得点が，他の2クラスよりも有意に低いことがわかります。

■記載例

教師の指導年数が異なるクラス間の3学期の成績が異なるのかを検証するため，クラス（1・2・3）を独立変数，4種類のテスト（語彙・文法・読解・聴解）を従属変数として，多変量分散分析で得点を比較した。Wilksのラムダの結果から，クラス間に有意な違いがみられた（$F(8, 168) = 2.36$, $p = .020$）。よって，下位検定として，1変量分散分析およびシェフェの多重比較を行ったところ，読解テストにおいて，クラス1・2とクラス2・

3の間でそれぞれ.029と.035の有意な差がみられ，クラス3の得点が最も低かった。このことから，語彙・文法・聴解の英語テストでは，クラス間の成績に差はなかったが，読解テストにおいてのみ，新米教員の担当クラスの得点が他の2クラスよりも有意に低いことがわかった。

●より複雑な多変量分散分析

なお，多変量分散分析では，通常の分散分析と同様に3つ以上の独立変数で，2つ以上の対応ありの要因を実験計画に組み込むこともできます。しかし，2要因以上の混合モデルとなる多変量分散分析を行うと，(a) 結果の解釈が難しくなる，(b) 前提を逸脱する例が多くなる，そして (c) 検定の多重性がより複雑になる，といった可能性があります。そのような場合は，異なるアプローチを試してみてもよいかもしれません。たとえば，教育学研究や心理学研究の分野においては，因子分析や主成分分析などによって，複数の従属変数をあらかじめ1つの変数にまとめることで，よりシンプルに独立変数の影響を検証することがあります。特に，分散分析と因子分析は構造方程式モデリング（structure equation modeling）の枠組みを使うことで，同時に分析することができます（狩野，2002）。また，複数回測定するような時系列データを利用する場合，近年では，潜在曲線モデル（latent curve model）や線形混合効果モデル（liner mixed effect model），あるいは階層ベイズモデルの枠組みを用いて時系列分析をする例もあります（e.g., Bollen & Curran, 2006；久保，2012）。本章ではこれらの分析を細かく紹介しませんが，いずれもRで分析することが可能です。

7章 相関分析

変数間の関係を分析する

Section 7-1 相関分析とは

相関（correlation）とは，ある2つのデータの間にある線形の関係の強さを指し，この関係の強さを分析することを**相関分析**（correlation analysis）といいます。たとえば，英語の語彙力が英語のリスニング力とどの程度関連しているかを調べる場合，英語の語彙力とリスニング力を測定した2つの変数の相関を分析することになります。分析においては，視覚的に関係を表す**散布図**（scatter plots），数値として客観的にその線形な関係の強さを示す指標である**相関係数**（correlation coefficient）が一般的に用いられます。2つの変量 x，y を散布図で表現したとき，多くの場合，**図7.1.1** のいずれかの傾向がみられます。

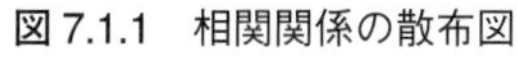

図7.1.1　相関関係の散布図

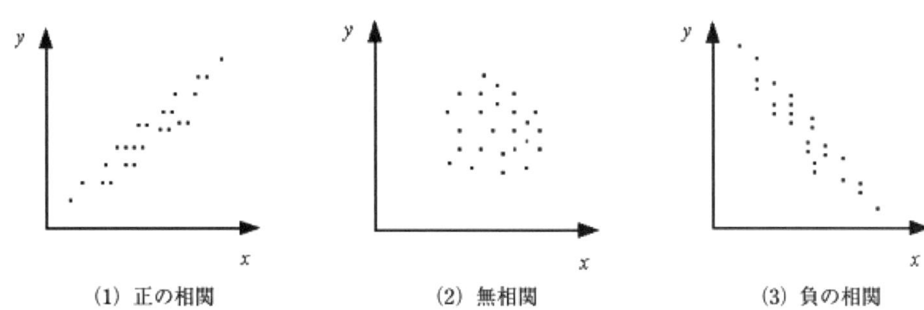

(1) **正の相関**（positive correlation）の散布図は，右上がりの直線的に点が集まり，x が増加すると y も増加する関係となります。

(2) **無相関**（non-correlation）の散布図は，全体的に点がばらつき，2変数が独立している関係となります。

(3) **負の相関**（negative correlation）の散布図は，右下がりの直線的に点が集まり，x が増加すると y が減少する関係となります。

相関係数は通常，**ピアソンの（積率）相関係数**（Pearson's correlation coefficient，記号 r）のことを指し，$-1 \leqq r \leqq 1$ の範囲で表されます。相関係数が正の値を取る際には正の相関，負の値を取る際には負の相関，0付近では無相関となり，r が ± 1 に近づくほど，散布図のデータがより直線的になります。つまり，相関係数は2変数が**線形関係**（linear relationship）にある場合にのみ表すことができます。

また，ピアソンの相関係数は外れ値に影響されやすいため，使用する際には線形かどうかだけでなく，外れ値の有無にも気をつける必要があります。このような問題を未然に把握し，適切に相関分析を行うために，2変数の関係を散布図で確かめることが非常に大切です。

図7.1.2のように，カーブを描いた**曲線関係**（curvilinear relationship）は，一定の関係があるにもかかわらず相関係数では正しく表すことができず，無相関として扱われてしまうことになります。このようなカーブになる関係の場合は，別の分析手法を使用します。たとえば，第4章で挙げた η^2 は線形及び非線形の2変数の関係を表すことができます（Glass & Hopkins, 1996 p.181）。また近年，minerva パッケージにある，関数 MIC（Maximal information coefficient；Reshef et al., 2011）で，非線形の関係を分析できます。さらに dHSIC パッケージにある，非線形だけでなく線形の関係もとらえられる HSIC（Hilbert-Schmidt Independence Criterion）test というノンパラメトリックな独立性検定（Gretton et al., 2005, 2010）もあります。

図7.1.2　曲線相関

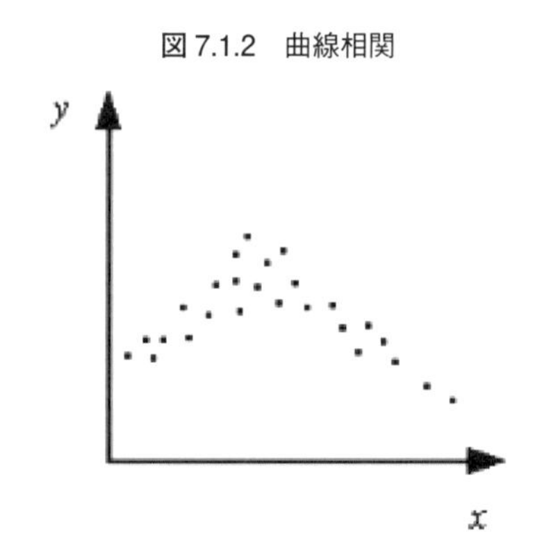

7-1-1◆散布図の作成

それでは実際に，あるクラスにおいて調査した英語の語彙，リスニング，リーディングのテスト得点の相関関係を分析してみることにしましょう。テストの参加者は大学1年生32名で，各テストとも30点満点です（**図7.1.3**）。

図7.1.3　3つのテストデータ

ID	Vocabulary	Listening	Reading
1	26	17	27
2	16	17	14
3	20	12	16
4	23	16	20
5	17	16	15
6	25	28	24
7	28	24	30
8	21	21	28
9	24	15	29

【操作手順】

❶［Ch7correlation］という R project（作業ディレクトリ）を作成し，この章で使用するデータファイルをこのフォルダに入れておきます。

❷データ［correlation.csv］を，右下 Files ペインの［correlation.csv］をダブルクリックするか，右上ペイン［Environment］→［Import Dataset］→［From Text（readr）］などの方法で，読み込みます。

❸データを任意のオブジェクト x に入れます。

```
> library(readr)
> correlation <- read_csv("correlation.csv")
> View(correlation)
> x <- correlation
> head(x)
# A tibble: 6 x 4
        ID Vocabulary Listening Reading
     <dbl>      <dbl>     <dbl>   <dbl>
1        1         26        17      27
2        2         16        17      14
3        3         20        12      16
以下，略
```

❹ plot 関数と with 関数で，散布図を表示する方法があります（図 7.1.4）。

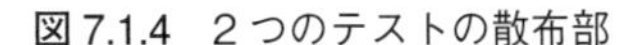

図 7.1.4　２つのテストの散布部

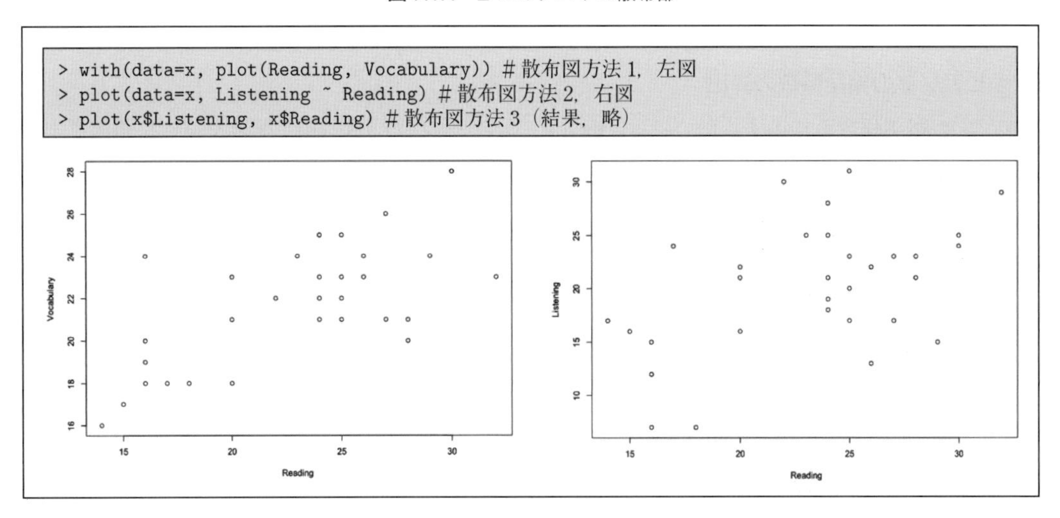

```
> with(data=x, plot(Reading, Vocabulary)) # 散布図方法 1，左図
> plot(data=x, Listening ~ Reading) # 散布図方法 2，右図
> plot(x$Listening, x$Reading) # 散布図方法 3（結果，略）
```


❺すべての変数の組み合わせの散布図を作成するためには，pairs 関数や，散布図だけでなくヒストグラムや相関係数を算出してくれる psych パッケージ内の pairs.panels 関数を使います（図 7.1.5）。

図 7.1.5　すべての組み合わせの散布図と相関

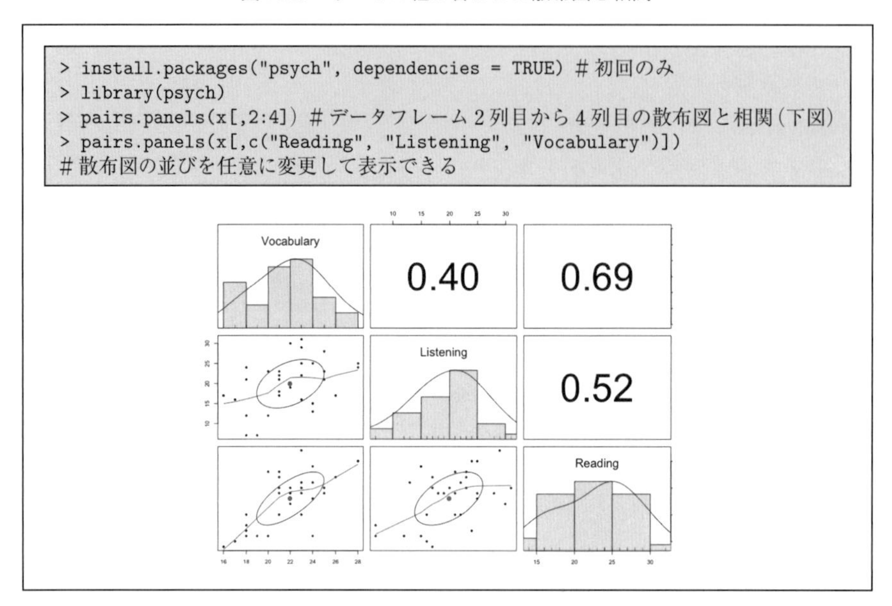

```
> install.packages("psych", dependencies = TRUE) # 初回のみ
> library(psych)
> pairs.panels(x[,2:4]) # データフレーム 2 列目から 4 列目の散布図と相関（下図）
> pairs.panels(x[,c("Reading", "Listening", "Vocabulary")])
# 散布図の並びを任意に変更して表示できる
```


7-1-2◆ピアソンの相関係数の算出

❶ピアソンの相関係数を算出するためには，psych パッケージの corr.test 関数を使い，相関を求めたい変数の列を指定します。

```
> corr.test(x[,2:4])
Call:corr.test(x = x[, 2:4])
Correlation matrix
           Vocabulary Listening Reading
Vocabulary       1.00      0.40    0.69
Listening        0.40      1.00    0.52
Reading          0.69      0.52    1.00
Sample Size
[1] 32
Probability values (Entries above the diagonal are adjusted for multiple tests.)
           Vocabulary Listening Reading
Vocabulary       0.00      0.02    0.00
Listening        0.02      0.00    0.00
Reading          0.00      0.00    0.00
```

❷詳細なピアソンの相関係数（小数点 3 桁以上，信頼区間）を算出する場合は，cor.test（変数 1，変数 2）関数を使用します。

　結果から，語彙とリーディングの相関係数は，$r=.691$（$p<.001$），95% CI（0.45，0.83）のように報告できます。

```
> cor.test(x$Vocabulary, x$Reading) #ピアソンの相関係数と信頼区間の算出

          Pearson's product-moment correlation
data: x$Vocabular and x$Reading
t = 5.245, df = 30, p-value = 1.166e-05
alternative hypothesis: true correlation is not equal to 0
95 percent confidence interval:
 0.4519219 0.8381805
sample estimates:
      cor
0.6916275
```

※スピアマンの相関係数とケンドールの相関係数も，上記で使った corr.test 関数や cor.test 関数のオプションの指定を変えるだけで，簡単に算出できます。

```
> cor.test(x$Vocabulary, x$Reading, method = "spearman") #スピアマンの相関係数
> cor.test(x$Vocabulary, x$Reading, method = "kendall") #ケンドールの相関係数
```

7-1-3◆相関係数の解釈と有意性

表 7.1.1 は，よく使われる相関係数の解釈の目安を示していますが，これはあくまで目安です。相関係数は，測定する変数の関係などにより，解釈の仕方が変わってくることもあります。今回の例では，英語の語彙とリスニングの得点の相関係数は $r=.40$ だったので，「中程度の相関がある」と解釈できます。

注意すべき点は，相関係数の値が高いからといって，2つの変数の間に，因果関係があるかどうかまではわからないということです。よってこの相関係数の値のみで，語彙力が高くなればリスニング力も高くなるという方向性（因果関係）までは判断できません。

また，上記で述べたように，語彙とリーディングの得点の相関係数は $r=.69$，リスニングとリーディングの得点の相関係数は $r=.52$ で，1％水準で有意（$p<.01$）になっており，リーディングとの2変数は無相関であるという帰無仮説を棄却できます。ただし，サンプルサイズが大きくなるほど有意になりやすく，有意性はあくまでも，無相関ではないという主張ができるだけです。

表 7.1.1　相関係数の解釈の目安

r の値	相関の強さの判定
.00～± .20	ほとんど相関がない
±.20～± .40	弱い相関がある
±.40～± .70	中程度の相関がある
±.70～±1.00	強い相関がある

（田中・山際，1992 p.188 にもとづく）

7-1-4◆論文への記載（相関分析）

分析結果を論文に報告する際，変数が多い場合は，**表 7.1.2** のようにまとめ，焦点とする部分を論文本文で言及します。相関係数に加えて，記述統計量（平均値 *M* と標準偏差 *SD*）も併記しておきます。また，アスタリスクの数から相関関係の有意性が判断できるように，注を付けます。信頼区間も入れておくとなおよいでしょう。

表 7.1.2　語彙，リスニング，リーディングのテスト得点の相関と記述統計（*N*=32）

	M	*SD*	1	2	3
1. 語彙テスト	21.97	3.02	–		
2. リスニングテスト	19.94	6.06	.40*	–	
3. リーディングテスト	23.00	4.97	.69**	.52**	–

注．**p<.01，*p<.05，

■**記載例**

表 7.1.2 から，英語の語彙とリーディングの得点間には，r=.69 と中程度の相関があり，1%水準で有意であることがわかります。

Section 7-2　いろいろな相関係数

もっとも一般的に用いられる代表的な相関係数はピアソンの相関係数ですが，**表 7.2.1** にあるように，他にもいくつかの種類の相関係数があります。これらの相関係数は，主に２つの変数の尺度（**1 章 1-1-2** 参照）によって使い分けを判断します。また，データに対して正規分布を仮定しているか，あるいは仮定しないノンパラメトリックの手法なのかによっても使われる場面が異なります。

ノンパラメトリックな方法である，スピアマンの順位相関係数とケンドールの順位相関係数については，**8 章 8-8-5** をご参照下さい。

7-2-1◆ポリコリック相関係数とテトラコリック相関係数

正規分布からサンプリングされた値を一定の閾値に基づいてカテゴリ変数と仮定した順序尺度どうしの関係をみる**ポリコリック相関係数**（**多分相関係数**：polychoric correlation coefficient）と，そのカテゴリ数が２個（２値データ）どうしの関係をみる**テトラコリック相関係数**（**四分相関係数**：tetrachoric correlation

表 7.2.1　相関係数の種類と変数

変数	相関係数の種類	変数の尺度
2 変数	ピアソンの（積率）相関係数 （Pearson's (product-moment) correlation coefficient, r）	間隔尺度以上（ただし，5 件法などの順序尺度にも用いられることがある）
	スピアマンの順位相関係数 （Spearman's correlation coefficient, r_s）	2 変数が順序尺度。分布の前提を必要としない，ノンパラメトリックな方法（8-8-5 参照）
	ケンドールの順位相関係数 （Kendall's correlation coefficient, τ）	2 変数が順序尺度。分布の前提を必要としない，ノンパラメトリックな方法（8-8-5 参照）
	ポリコリック相関係数（多分相関係数） （polychoric correlation coefficient）	2 変数とも背後に正規分布を仮定する順序尺度
	テトラコリック相関係数（四分相関係数） （tetrachoric correlation coefficient）	2 変数とも背後に正規分布を仮定する 2 値変数
	ポリシリアル相関係数（多分系列相関係数） （polyserial correlation coefficient）	間隔尺度以上と順序尺度
	双列相関係数（バイシリアル相関係数） （biserial correlation coefficient, r_b）	間隔尺度以上と背後に連続変数を仮定する 2 値データ
	点双列相関係数（ポイント・バイシリアル相関係数） （point-biserial correlation coefficient, r_{pb}）	間隔尺度以上の変数と 2 値の離散変数
3 変数以上	重相関係数 （multiple correlation coefficient, R）	間隔尺度以上，0～±1 の値を取る（7-2-3 および 9-1-3 参照）
	偏相関係数 （partial correlation coefficient, $_pr$）	間隔尺度以上（7-2-3 参照）
	部分相関係数 （semi-partial / part correlation coefficient, $_sr$）	間隔尺度以上（7-2-3 参照）

（岩淵，1997 p.119；小塩，2004 p.31 を改作）

coefficient）があります。

この 2 つの相関係数は，分布の前提がないスピアマンの順位相関係数より高く算出される傾向があるため，項目応答理論の一次元性を測定する場合などに使われます。また，5 件法のアンケートデータを間隔尺度とみなしてピアソンの相関を行うよりも，本来の順序尺度としてポリコリック相関係数を使う方がより正確で，その相関係数に基づいた因子分析や共分散構造分析もより正確な結果が得られると考えられます（豊田，2012）。

7-2-2◆ポリシリアル相関係数，双列相関係数，点双列相関係数

ポリシリアル相関係数（多分系列相関係数：polyserial correlation coefficient）は，正規分布を仮定する連続変数（1 章 1-1-2）である間隔尺度と順序尺度の相関です。その順序変数の方が 2 値の場合は，**双列相関**

係数（**バイシリアル相関係数**：biserial correlation coefficient, r_b）と呼びます。この２値データも，背後に正規分布を仮定した連続変数を２つに分けたような場合のデータ，たとえば，合否など合格に近い不合格もあれば，かなり低い不合格もあるようなデータになります。

点双列相関係数（point-biserial correlation coefficient, r_{pb}）も，ポリシリアル相関係数（またはピアソンの相関係数）の１つのバリエーションで，連続変数と２値データの相関の場合にこのようによばれます。双列相関係数と異なる点は，その２値データは背後に連続変数を仮定しておらず，たとえば，実験参加経験の有無など，連続しない離散変数（1章1-1-2参照）の場合になります。項目分析として，項目とテスト全体得点間の相関を求める際などに使用されます。

7-2-3◆3 変数以上の相関係数

重相関係数（multiple correlation coefficient, R）とは，３変数以上の変数間にあらかじめ一定の予測 関係が存在する場合の相関関係（田中・山際, 1992）を示す数値です。たとえば，Section 7-1 で扱った３つの変数のうち，語彙とリーディングのテストの結果から作文力が予測できると仮に想定してみます。この場合，独立変数 x（予測変数ともよぶ）は，語彙力と読解力です，従属変数 y（目的変数ともよぶ）は，作文力になります。重相関係数は，この独立変数全体と従属変数との相関を表します。この重相関係数は，回帰分析で使用する重要な指標ですので，算出方法などは9-1-3をご覧ください。

上記の例のように複数の独立変数がある場合，１つの独立変数と従属変数の相関係数が，別の独立変数によって影響を受け，本来の２つの変数の相関関係より高めに出る**疑似相関**（spurious correlation）を起こすことがあります。そのような可能性がある場合は，別の独立変数である第３の変数の影響をとり除いた**部分相関係数**（semi-partial/part correlation coefficient, ${}_sr$）あるいは**偏相関係数**（partial correlation coefficient, ${}_pr$）を求めることで，疑似相関であるかどうかを調べることができます。

この概念はややこしく，また部分相関と偏相関係数の違いがわかりづらいので，次にアンケートの例を使って詳述します。

7-2-4◆部分相関と偏相関

あるクラスにおいて，授業の満足度との関係から，教科書以外に使用した補助教材が役立ったかを調査するために実施した授業アンケートを例にとり上げます。アンケートは大学２年生30名を対象に，「1. 全くそう思わない」から「5. 非常にそう思う」の５段階で回答してもらったデータ［partialcorr.csv］（図7.2.1）です。

図 7.2.1　トピック，教材，満足度データ

Topic	Material	Satisfaction
6	4	5
3	3	5
6	3	5
4	3	4
3	3	7
6	4	6
4	4	4
5	4	5

❶データ［partialcorr.csv］を取り込み，任意のオブジェクトdに入れます。質問項目の授業満足度［Satisfaction］と補助教材が役立ったか［Material］，そして，トピックが面白かったか［Topic］の3変数の散布図と相関係数を出してデータの様子を確認します。**図7.2.2**から，すべての変数間で右上がりの直線傾向があり，正の相関関係があるといえます。

❷小数点3桁まで相関係数を出したい場合は，Cor.test関数を使います。

「授業の満足度 (y)」と「補助教材が役立ったか (x_1)」の相関係数を算出したところ，r=.705でした。相関係数 (r) を2乗した値は，1つの変数に対するもう1つの変数の説明率になりますので，この例では，$r^2=(.7050)^2=.497$ となり，授業の満足度 (y) の分散の49.7%は，補助教材 (x_1) の変数で説明できることを表しています。**図7.2.3**で見ると，2変数の重なり部分（a+b）になります。

図7.2.2　3変数の相関

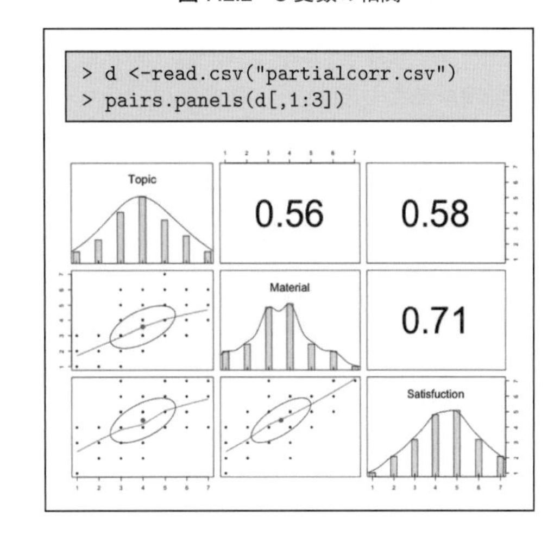


```
> cor.test(d$Material,d$Satisfaction)
中略
0.7050064
> cor.test(d$Topic,d$Satisfaction)
中略
0.5776484
> cor.test(d$Topic,d$Material)
中略
0.5649794
```

この数値だけを見れば，強い相関関係があると判断できます。しかし，補助教材の種類によって学習者が好意的に受け入れるかどうか変わるので，補助教材で扱っているトピックの違いが，少なからず授業の満足度と関連があると考えられます。よって，次に「授業の満足度 (y)」と「授業で扱ったトピッ

図7.2.3　授業の満足度，補助教材の使用，トピックの相互相関

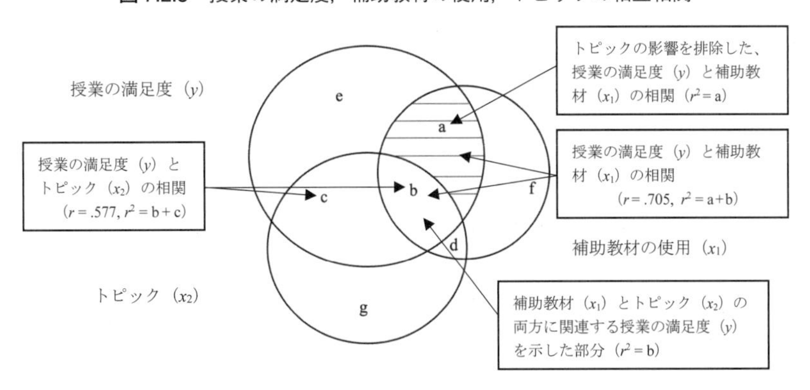

クに興味をもった（x_2）」という項目の回答データを，同じくピアソンの相関係数から分析します。すると結果は $r=.577$（$r^2=.332$）となり，中程度の相関関係が示されました。これは，**図 7.2.3** の b+c の部分にあたります。

ここで，授業の満足度（y）と補助教材の使用（x_1）の間に，トピックの違い（x_2）をとり除いても，独自の関係が見られるか（**図 7.2.3** の a の部分があるか），言い換えると，単にトピックの違いを反映しているだけの疑似相関ではないかという疑問に関して調べていきます。これを調べるには，変数（x_2）によって完全に予測可能な成分（b+d の部分）と変数（x_2）と無相関の成分（a+f の部分）に分けます（南風原，2002）。

この分解は，トピック（x_2）によって補助教材（x_1）を予測する回帰分析（9章参照）を行うことによって可能です。そのときの予測値がトピック（x_2）によって完全に予測可能な成分（b+d）になります。そして，残差がトピック（x_2）とは無相関の成分で，つまり，「補助教材（x_1）からトピック（x_2）の影響を除いた成分（a+f）」にあたります。したがって，この残差変数と y の間の相関を調べることによって，トピック（x_2）の影響を除いても補助教材（x_1）と授業の満足度（y）の間に相関があるかどうか（a の部分）を調べることができます。

つまり，相関を求める2つの変数のうち，1つの変数が第3の変数（ここでは x_2）の影響を除いたものであるとき，その相関係数を部分相関係数とよび，次の**式 7.2.1** で計算できます。ただし，授業の満足度に関しては，トピックの影響は残ったまま（b と c 部分）で，y の変数データをそのまま使用します。

（式 7.2.1）
$$\text{部分相関係数}\ {}_{s}r=\frac{x_1\text{と}y\text{の相関係数}-(x_2\text{と}y\text{の相関係数})\times(x_1\text{と}x_2\text{の相関係数})}{\sqrt{1-(x_1\text{と}x_2\text{の相関係数})^2}}$$

$$=\frac{.705-(.577\times.564)}{\sqrt{1-(.564)^2}}=\frac{.705-.325}{\sqrt{1-.318}}=\frac{.380}{.682}=.557$$

これは，**図 7.2.3** の a の部分で $r^2=(.557)^2=.332$ となり，x_1 が y の分散の33.2%を独自に説明しています。部分相関係数においては，補助教材（x_1）からトピック（x_2）の影響を除いてありますが，変数 y には変数 x_2 との相関のある成分も含まれています。

そこで次に，変数 y からも x_2 の影響を除き，先ほどの x_1 から x_2 の影響をとり除いた残差変数との相関を調べてみます。このように，相関係数を求める2つの変数のそれぞれから，共通の第3の変数による影響を除くとき，その相関係数を偏相関係数とよびます。これは以下の式で求められます。

（式 7.2.2）
$$\text{偏相関係数}\ {}_{p}r=\frac{x_1\text{と}y\text{の相関係数}-(x_2\text{と}y\text{の相関係数})\times(x_1\text{と}x_2\text{の相関係数})}{\sqrt{1-(x_2\text{と}y\text{の相関係数})^2}\sqrt{1-(x_1\text{と}x_2\text{の相関係数})^2}}$$

$$= \frac{.705-(.577\times.564)}{\sqrt{1-(.577)^2}\sqrt{1-(.564)^2}} = \frac{.705-.325}{\sqrt{1-.332}\sqrt{1-.318}} = \frac{.380}{.674} = .563$$

この2つの式の分子は同じで，分母が若干異なることがわかりますが，**図7.2.3**のベン図で視覚的にとらえてみましょう。まず，**図7.2.3**のaは，yとx_1の相関のある部分で，かつx_1からx_2の影響をとり除いた部分になっています。部分相関は，yからはx_2の影響をとり除かないので，y全体におけるx_1が独自に説明する部分がaになり，下の①式のように示されます。一方，偏相関はyからもx_2の影響をとり除くので，②に示すように，yの範囲はa＋eの部分になり，その中のaの説明率になります。よって，偏相関の分母のほうが小さくなることから，常に，部分相関は偏相関より大きな値になることはありません。

①　yとx_1の部分相関係数の2乗$= \dfrac{a}{y} = \dfrac{a}{a+b+c+e}$

②　yとx_1の偏相関係数の2乗$= \dfrac{a}{a+e}$

7-2-5◆偏相関係数の算出

では，先ほどのデータを使って，満足度と補助教材にみられた相関が単にトピックの違いを反映しているだけの疑似相関ではないことを調べるために，偏相関を算出します。これには，ppcorパッケージ内のppcor関数を使用します。以下のように，最初の2つの引数にそれらの相関を見る2つの変数名，3つ目の引数に影響を除きたい変数名を入れます。

ここでは，最初に「授業満足度」と「補助教材が役立ったかどうか」を入れ，最後に「トピックに興味を持ったか」を入れます。

※コマンドにあるダブルコロン［::］は，（パッケージ名::関数名）で使用し，パッケージ内の指定の関数のみを呼び出す時に使うことができます。今回はlibrary（ppcor）の代わりに使っています。

```
> install.packages("ppcor", dependencies = TRUE)
> ppcor::pcor.test(d$Material, d$Satisfuction, d$Topic) #ダブルコロン使用
   estimate      p.value statistic  n gp  Method
1 0.5621899 3.593802e-06  5.132284 60  1 pearson
```

この結果，r=.562となり，元のピアソンの相関係数r=.705よりも低い値となりました。このことから，トピックの影響を取り除けば，補助教材の使用と授業の満足度の相関係数は，やや下がるものの，中程度の相関関係があることがわかります。

Section 7-3 相関係数と信頼性

このセクションでは，相関を利用した信頼性，特に，**内的一貫性**（internal consistency），評価者信頼性の推定方法を紹介します。相関係数は，信頼性を求める際にも利用されます。評価者信頼性には，複数の評価者の採点の一致度を示す**評価者間信頼性**（inter-rater reliability）と，1人の評価者内の採点の一貫性を示す**評価者内信頼性**（intra-rater reliability）があります。また，信頼性が相関係数に及ぼす影響についても，本セクションの最後でふれることにします。

7-3-1◆折半法（奇遇折半）による信頼性係数の算出

テストにおける内的一貫性とは，テスト個々の項目の得点がどの程度一貫した精度で測定されたものかという，得点の安定性を意味します。この内的一貫性を調べる方法として，まず折半法が挙げられます。折半法は，その名のとおり，テスト項目を半分に分けて2つの合計得点の相関を算出することから始めます。

今回は，高校生36名を対象に実施した30項目（Q1～Q30）からなるリスニングテストのデータを使用します。なお，このテストは正答を1点，誤答を0点の合計30点，半分で計15点となります。

図7.3.1 偶数・奇数項目データ

	ID	Odd	Even
1	1	14	14
2	2	14	14
3	3	15	15
4	4	13	11
5	5	14	14
6	6	14	14

本データ［OddEven.csv］（**図7.3.1**）には既に36名の生徒の得点が，奇数番号の群（Odd，Q1，Q3，Q5と続く15項目）と偶数番号の群（(Even，Q2，Q4，Q6と続く15項目）の合計得点として，生徒の出席番号とともに入力されています。

❶［OddEven.csv］を読み込み，任意のオブジェクトx2に入れます。

❷奇数番号群［Odd］と偶数番号群［Even］の相関関係を，cor.testまたはcorr.test関数で求めます。

❸得られたピアソンの相関係数（$r=.778$）は，テスト項目を半分に分けたものの相関を示しています。項目数が倍のテスト全体の信頼性関係数ρ（ロー）を求めるには，**スピアマン・ブラウン公式**（Spearman-Brown Prophecy Formula）を使って相関係数を修正する必要があります。

```
> library(readr)
> x2 <- read_csv("OddEven.csv")
> cor.test(x2$Odd,x2$Even)
中略
0.777691
```

（式7.3.1）　テスト全体の信頼性係数　$$\rho = \frac{kr}{1+r(k-1)}$$

ただし，k＝分割したテスト数（通常$k=2$）

r=分割したテスト間の相関係数

これにより，$\rho = \frac{2 \times .778}{1 + .778} = \frac{1.556}{1.778} = .875$

と算出されます。一般的にρ=.80 以上であれば信頼性の高いテストといえますので，この数値からは今回のリスニングテストの高い信頼性が推定されます。また，**式 7.3.1** を使うと，項目数をたとえば3倍（k=3）に増やした場合に，どの程度まで信頼性を高めることができるかを推定することができます。

❹ Rで評価者間信頼性を算出するには，CTT パッケージの関数 `spearman.brown(r.xx, input = 2, n.or.r = "n")` を使用します。

```
> install.packages("CTT", dependencies = T)
> library(CTT)
> spearman.brown(r.xx = .778, input = 2, n.or.r = "n")
    # r.xx=オリジナルの相関係数
    # input=求めたいテストの長さ（“n”）か希望信頼性係数（“r”）
    # n.or.r=何を求めたいかで，n か r を選択
> spearman.brown(.778, 2, "n") # 上記を数値のみでも可
$r.new
[1] 0.8751406
```

結果は，**式 7.3.1** と同様にρ=.875 となり，リスニングテストの高い信頼性が確認されました。

7-3-2◆折半法（前後折半）による信頼性係数の算出

7-3-1 では，テスト項目を奇数番号と偶数番号に分けて相関係数を算出し，項目数が2倍あったとすればどれぐらいの信頼性になるかを予測しました。しかし折半法は，テスト項目の分け方によって信頼性の数値が変わる問題点があります。したがって今度は，テスト項目の前半（Q1〜Q15）と後半（Q16〜Q30）に分けて，同様の方法で調べてみます。

❶上記の奇数・偶数に分ける前の30項目のデータセット［listening.csv］に入っていますので，x3 として読み込み，前半と後半に分割します。

❷ 2分割後に，それぞれの得点を合計してから，相関係数を算出します。

```
> library(readr)
> x3<- read_csv("listening.csv") # データの取り込み
> names(x3) # 変数名の確認
 [1] "ID"      "Q1"      "Q2"      "Q3"      "Q4"      "Q5"      "Q6"
 [8] "Q7"      "Q8"      "Q9"      "Q10"     "Q11"     "Q12"     "Q13"   略
> x3a <- x3 [,2:16] # データの分割（Q1-Q15）
> x3b <- x3 [,17:31] # データの分割（Q16-Q30）
> x <- rowSums(x3a) # 行合計
```

```
> y <- rowSums(x3b)
> cor.test(x, y) # 前後項目得点の相関
  中略
0.6896496
```

❸算出された相関係数（r=.6896）を，スピアマン・ブラウン公式に当てはめるために，CTT パッケージを読み込み，spearman.brown 関数を使用します。

```
> library(CTT)
> spearman.brown(r.xx = .6896, input = 2, n.or.r = "n")
$r.new
[1] 0.8162879
```

結果は ρ=.816 になり，奇数・偶数で分けた場合と多少異なりますが，どちらも高い信頼性が示されたと言えます。

このように，どのように 2 分割するかで，相関係数の結果が変わってくるところが，留意すべきところです。

7-3-3◆アルファ係数の算出

先述の折半法の問題点に対しては，アルファ（α）係数を使用することで対応できます。これは，折半法をすべての組み合わせについて行い，その結果を平均する考え方で，テストの内的一貫性の指標として最もよく用いられています。別名，クロンバックのアルファ（Cronbach's α）とも呼ばれています。

α 係数を求めるには，psych パッケージの alpha 関数を使用します。マイナス記号を使うと該当部分のみ分析から除くことができるので，ID 部分の 1 列目以外を分析に使います。

```
> library(psych)
> alpha(x3[,-1]) # 一行目を除外
Some items ( Q1 ) were negatively correlated with the total scale and
probably should be reversed.
To do this, run the function again with the 'check.keys=TRUE' option
Reliability analysis
Call: alpha(x = x3[, -1])
       ①
  raw_alpha std.alpha G6(smc) average_r S/N   ase mean   sd median_r
       0.84      0.85    0.98      0.15 5.5 0.038 0.75 0.17     0.17

 lower alpha upper     95% confidence boundaries
0.76 0.84 0.91
        ②
 Reliability if an item is dropped:
   raw_alpha std.alpha G6(smc) average_r S/N alpha se var.r med.r
Q1      0.86      0.86    0.98      0.18 6.3    0.034 0.030  0.18
Q2      0.83      0.84    0.98      0.15 5.2    0.039 0.037  0.16
Q3      0.82      0.83    0.97      0.15 5.1    0.041 0.036  0.16
Q4      0.84      0.85    0.98      0.16 5.5    0.038 0.037  0.17
```

```
中略
Item statistics
     n raw.r std.r r.cor r.drop mean   sd
Q1  36 -0.28 -0.30 -0.32  -0.37 0.67 0.48
Q2  36  0.49  0.51  0.51   0.43 0.81 0.40
Q3  36  0.65  0.63  0.63   0.58 0.56 0.50
Q4  36  0.28  0.28  0.27   0.21 0.86 0.35
Q5  36  0.67  0.68  0.69   0.62 0.75 0.44
```

出力の以下の部分を見て，テスト全体の信頼性を下げている項目を調べます。

・①の［raw_alpha］は項目全体の α 係数のことで，.84と高い信頼性があることを示しています。

・②の［raw_alpha］はその項目が削除された場合の α 係数のことで，たとえばQ1を削除すると，全体の α 係数が.84から.86になることを示しています。

・［raw.r］は，その項目得点と，全項目得点の相関を表しています。

・［r.drop］は，その項目得点と，その項目を除いた全項目得点の相関（点双列相関係数）を表しています。今回は結果の最初に示されているように，Q1がマイナスになっており，信頼性にまったく貢献していないため削除を検討します。

α 係数はあくまで内的一貫性を示す指標であるため，項目難易度や構成概念の点で似通った項目ばかりのテストでは，項目数が少なくても信頼性が高くなります。しかし，内容的妥当性あるいは構成概念妥当性の観点から見ると，内容の重複した少ない項目数では不十分といえます。

■記載例

高校生36名を対象として実施したリスニングテスト30項目の内的一貫性は，α=.84であった。点双列相関係数の値がかなり低い1項目を除くと，α=.86にとなり，さらに高い信頼性を得ることができた。よって，この項目を除外した29項目で分析を進めることとする。

7-3-4◆カッパ係数の算出

次に，データが名義尺度または順序尺度の際に適用されるノンパラメトリックな指標である**カッパ係数**（kappa coefficient，または κ coefficient）を紹介します。カッパ係数は，評価者間の一致度やくり返し測定の一致度を評価する時に使われます。なお，採点データが間隔尺度以上であれば，カッパ係数を用いずにピアソンの相関係数を算出して，信頼性を推定します。

それでは中学1年生20名を対象に実施したスピーキングのパフォーマンステストの評価者間信頼性を，カッパ係数で算出してみましょう。このテストでは，教員2名がそれぞれ3段階（1~3）で評価しているので，順序尺度であるとみなします（**図7.3.2**）。

カッパ係数を算出するには，irr パッケージの中の kappa2 関数を用います。

❶まず，作業ディレクトリーに入れた，データ「kappa.csv」（図 7.3.2）を読み込みます。

❷ irr パッケージをインストール後，kappa2 関数を呼び出します。

❸ Rater A と Rater B を比較するため，データの 1 列目以外を指定し分析を実行します。

```
> library(readr)
> x4 <- read_csv("kappa.csv") #データを x4 に入れる
> View(x4) #図 7.3.2 のデータを確認
> install.packages("irr", dependencies=TRUE)
> library(irr)
> kappa2(x4[,-1]) #ID 列のみ除外しカッパ係数を算出
 Cohen's Kappa for 2 Raters (Weights: unweighted)
 Subjects = 20
   Raters = 2
    Kappa = 0.684
        z = 4.4
  p-value = 1.1e-05
```

図 7.3.2 kappa データ

	ID	RaterA	RaterB
1	15	2	1
2	16	2	1
3	17	2	1
4	18	1	1
5	19	1	1
6	20	1	1

表 7.3.1 にあるように，カッパ係数の統計量 κ は 0 から 1 の値をとり，1 に近づくほど一致の度合いが高いことを意味します。

今回のデータのカッパ係数は，κ=.684 で，この判定基準に照らし合わせてみると，2 人の評価者の評価者間信頼性はかなり高いといえます。また，z の値が 4.4 から，0.1％水準で有意となっています。

表 7.3.1 カッパ係数（κ）の判定基準の目安

値	判定（一致度）
.00－ .20	slight（低い）
.21－ .40	fair（やや低い）
.41－ .60	moderate（中程度）
.61－ .80	substantial（かなり高い）
.81－1.00	almost perfect（ほぼ一致）

注．Landis & Koch［1977］p.165 をもとに作成

なお，カッパ係数を用いる際の注意点として，2 人の評価者が使用する評価基準は同じでなければなりません。たとえば，1 人が 3 段階で，もう 1 人が 5 段階で評価している場合には，この係数を算出することができません。

評価者が 3 名以上の場合は，irr パッケージにあるフライスのカッパ（kappam.fleiss 関数）を使うと計算できます。

■記載例

中学 1 年生 20 名に実施したスピーキングテストにおける，教員 2 名の評価結果の一致度を検討するためにカッパ係数を求めた。その結果，2 名の評価は高い水準で一致していることがわかった（κ=.684，p<.001）。

このように，さまざまな信頼性の推定方法があります。留意すべき点は，信頼性はあくまでも集団（サンプル）に依存するということです。別の集団で高い信頼性が検出されたテストや質問紙でも，集団が変わると同じ程度の信頼性があるとは限りません。よって，その都度，信頼性を求める必要があります。

7-3-5◆相関係数の希薄化

観測変数に測定誤差が含まれていることは，これまでも述べてきましたが，その誤差が大きく，信頼性が低い変数の場合には，その変数と別の変数の相関係数は，誤差がない真の相関係数より低くなります。これを相関係数の**希薄化**（attenuation）といいます。そこで，真の相関係数を推定する場合には，2つの変数（x, y）におけるそれぞれの信頼性係数を用いて，以下の希薄化の修正公式（**式 7.3.1**）にあてはめます。

たとえば，**7-1-2** の語彙テスト（x）とリスニングテスト（y）の相関が $r=.404$ と中程度の相関関係を示していますが，比較的低い値になっています。このそれぞれのテストの信頼性係数を算出した場合，変数 x の信頼性係数は $\alpha=.550$，変数 y に関しては $\alpha=.800$ だったとします。これらの数値を**式 7.3.1** にあてはめてみると，修正後の相関係数は $r=.609$ と高くなりました。

（式 7.3.1）

$$\text{修正後の相関係数} = \frac{\text{修正前の相関係数}}{\sqrt{\text{変数}\,x\,\text{の信頼性係数} \times \text{変数}\,y\,\text{の信頼性係数}}}$$

$$= \frac{.404}{\sqrt{.550 \times .800}} = \frac{.404}{.663} = .609$$

希薄化修正前の相関係数は，希薄化された真の相関の下限値を示しており，修正後は上限値を示しています。よって希薄化の修正は，真の相関係数が含まれる範囲を示す場合や，何らかの制約で尺度やテストの完全版が用いられず，高い信頼性が確保できない場合などに行われます（近江・服部・坂本, 2005）。

しかし，実際には希薄化の修正はあまり行われていません。それにはいくつかの理由があります。第1に，希薄化の修正は変数の信頼性係数がわかっている場合に限られるからです。第2に，信頼性係数の種類によって係数の値が異なるため，どの信頼性係数を使用したかによって修正相関係数が異なってくるからです。たとえば，上記の例では α 係数を使用していますが，α 係数は信頼性係数の中でも低めに算出される傾向にあります。上記の公式では，信頼性係数が分母にきますので，低い信頼性係数ほど，修正後の相関係数が高く算出されます。そのため，ときに1を超えることもあり，過大評価される恐れがあります。

信頼性が低いデータは妥当性も低いわけですから，それを修正したところで，実際のデータ自体の問題が解決するわけではありません。したがって，まずは質のよいデータを揃えることが基本となります。希薄化の修正を行った場合は，修正前の相関係数を，計算に使用した信頼性の種類と係数の値とともに報告するようにします。

Section 7-4 ベイズでやってみよう

ベイズ統計も，本章で紹介したさまざまな相関係数を求め，分析に活用する点では同じですが，ベイズ統計を利用することで，(a) 母相関係数などの事後分布のサンプルが得ることができること，そして (b) 無相関検定などの代わりに，ベイズ因子の枠組みによって柔軟な意思決定ができること，といったメリットがあります。ここでは，この２点のメリットに絞って説明します。

7-4-1◆母相関係数の事後分布

ベイズ統計では，最初に，データが発生する分布について推測する必要があります。ここでは，相関係数を求めるための事前準備として，データが**多変量正規分布**（multivariate normal distribution）に従っていると仮定します（6-3-1）。なお，順序尺度のデータや，明らかに正規分布から逸脱する分布，または対応のないデータに対して多変量正規分布を仮定することはできません。

多変量正規分布は，正規分布を２つ以上の変数に対して拡張したもので，k 個の変数であれば，k 個の母平均値からなる**平均ベクトル** $\boldsymbol{\mu}=(\mu_1, \mu_2, \mu_3 \cdots \mu_k)$ と k 行 k 列からなる**分散共分散行列**（variance and covariance matrix）Σを母数にもちます。

❶まず，２つの変数（$k=2$）の２変量正規分布について考えます。この２変数を x_1，x_2 とし，これらのデータを行列 $\mathbf{X}$ としたとき，それぞれ x_1 の平均値が 50，x_2 の平均値が 60 であったなら，$\mathbf{X}$ が従う多変量正規分布の平均ベクトルは，

（式 7.4.1）　$\boldsymbol{\mu}=(50, 60)$

となります。分散共分散行列は，この場合２行２列となり，

（式 7.4.2）　$$\Sigma=\begin{bmatrix} V(x_1) & COV(x_1, x_2) \\ COV(x_1, x_2) & V(x_2) \end{bmatrix}$$

となります。ここで，対角成分にある $V(x_1)$ は x_1 の分散，$V(x_2)$ は x_2 の分散を表します。一方，$COV(x_1, x_2)$ は x_1 と x_2 の共分散になります。このように，分散共分散行列とは，それぞれ変数の分散と共分散を行列の形にまとめたものになります。

❷共分散と相関係数に密接な関係があるため，マルコフ連鎖モンテカルロ法（第２章参照）を使って，母数である平均ベクトルと分散共分散行列をベイズ推定します。事後分布を求めたい母相関係数を ρ とすると，相関係数は，その定義式から

(式 7.4.3) $$\rho=\frac{COV(x_1,x_2)}{\sqrt{V(x_1)}\sqrt{V(x_2)}}$$

という関係が成り立ちますから，多変量正規分布の母数をベイズ推定すれば，推定された分散と共分散を使って，これらの母数から計算される生成量として相関係数を求めることができます。このような間接的な手続きによって，母相関係数の事後分布に近似するサンプルを得ることができます。

❸ Rによって母相関係数の事後分布を得るためには，BayesFactor パッケージの correlationBF 関数を使います。語彙テスト，リスニングテスト，リーディングテストのそれぞれの得点における例（“correlation.csv”）を使って，最初に，語彙テストとリスニングテストの相関を始めに分析します。

```
> install.packages("BayesFactor", dependencies = T) #初回のみ
> library(BayesFactor)
> x <-read.csv("correlation.csv")
> x1 <-x[,-1] #ID列を取る
> head(x1)
  Vocabulary Listening Reading
1         26        17      27
2         16        17      14
3         20        12      16
> post1 <-BayesFactor::correlationBF(x1[,1],x1[,2], #語彙テストとリスニングテストの相関
posterior=T, #サンプリングを行う
iterations=20000) #MCMC反復数
> summary(post1[,1]) #1列めの相関係数のサンプルを出力
Iterations = 1:20000
Thinning interval = 1
Number of chains = 1
Sample size per chain = 20000

1. Empirical mean and standard deviation for each variable,
    plus standard error of the mean:
        Mean            SD       Naive SE Time-series SE
    0.330740      0.146931      0.001039       0.001518
2. Quantiles for each variable:
   2.5%     25%     50%     75%  97.5%
 0.0215 0.2363 0.3388 0.4347 0.5924
```

マルコフ連鎖モンテカルロ法によって推定した結果，語彙テストとリスニングテストの得点における母相関係数の事後期待値［mean］は ρ(rho)=.331，95%信用区間は［.022，.592］となっています。

❹この母相関係数の事後分布を plot 関数で可視化します（図 7.4.1）。

```
> plot(density(post1[,1]),
main="", #タイトルを描きません
type="n") #最初は何も描画しません
> polygon(density(post1[,1]), col="gray") #事後分布の面積を塗りつぶします
```

図7.4.1　相関係数の事後分布の概観

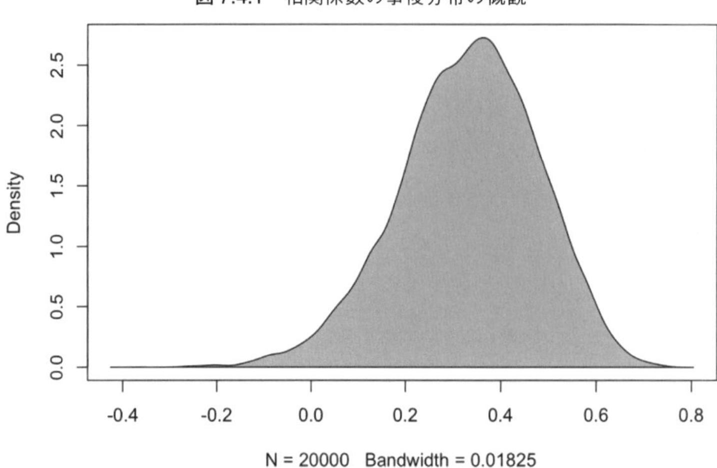

❺次に，語彙テストとリーディングテスト，そしてリスニングテストとリーディングテストにおける母相関についても同様に算出します。

```
> post2<-BayesFactor::correlationBF(x[,1],x[,3], #語彙テストとリーディングテストの相関
posterior=T,
iterations=20000)
> post3<-BayesFactor::correlationBF(x[,2],x[,3], #リスニングテストとリーディングテストの相関
posterior=T,
iterations=20000)

> summary(post2[,1])
Iterations = 1:20000
Thinning interval = 1
Number of chains = 1
Sample size per chain = 20000

1. Empirical mean and standard deviation for each variable,
   plus standard error of the mean:

       Mean             SD       Naive SE Time-series SE
  0.6040521      0.1090904      0.0007714      0.0017565

2. Quantiles for each variable:

  2.5%    25%    50%    75%  97.5%
0.3554 0.5367 0.6155 0.6835 0.7836
> summary(post3[,1])
Iterations = 1:20000
Thinning interval = 1
Number of chains = 1
Sample size per chain = 20000
```

```
1. Empirical mean and standard deviation for each variable,
   plus standard error of the mean:

          Mean             SD       Naive SE Time-series SE
     0.4332176      0.1358922      0.0009609      0.0016100

2. Quantiles for each variable:

  2.5%    25%    50%    75%  97.5%
0.1437 0.3479 0.4422 0.5298 0.6714
```

❻この2つの母相関係数の事後分布を plot 関数で可視化します（図 7.4.2）。

```
> par(mfrow=c(1,2))
> plot(density(post2[,1]),
main="",
type="n")
> polygon(density(post2[,1]), col="gray")
> plot(density(post3[,1]),
main="",
type="n")
> polygon(density(post3[,1]), col="gray")
```

図 7.4.2　語彙テストとリーディングテスト（左），リスニングテストとリーディングテスト（右）の母相関係数の事後分布

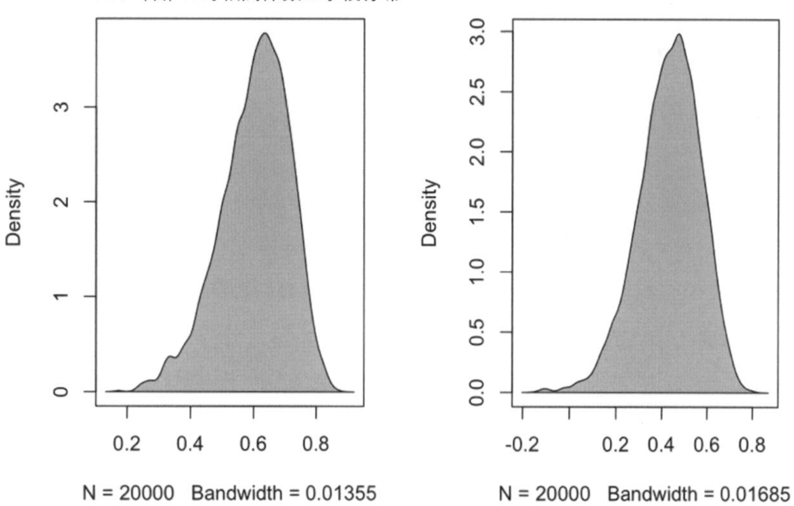

語彙テストとリーディングテストに関して，母相関係数の事後期待値は $\rho=.604$，95％信用区間は [.355, .784] となっており，リスニングテストとリーディングテストに関して，母相関係数の事後期待値は $\rho=.433$，95％信用区間は [.144, .671] となっています。

7-4-2◆母相関係数に関するベイズ因子

また，ベイズ因子の方法によって，複数の仮説について評価を与えることもできます。たとえば，上記のデータに対して，それぞれ母相関係数が 0 であることを帰無仮説相当のモデルと考え，このモデルに対する対立仮説相当のモデルのベイズ因子の値を求めます。ここでは事前分布をデフォルトの設定で実行してみます。

```
> BayesFactor::correlationBF(x1[,1],x1[,2])
Bayes factor analysis
--------------
[1] Alt., r=0.333 : 3.487937  ±0%
Against denominator:
  Null, rho = 0
> BayesFactor::correlationBF(x1[,1],x1[,3])
Bayes factor analysis
--------------
[1] Alt., r=0.333 : 1346.267  ±0%

Against denominator:
  Null, rho = 0
---
Bayes factor type: BFcorrelation, Jeffreys-beta*

> BayesFactor::correlationBF(x1[,2],x1[,3])
Bayes factor analysis
--------------
[1] Alt., r=0.333 : 19.44296  ±0%
Against denominator:
  Null, rho = 0
---
Bayes factor type: BFcorrelation, Jeffreys-beta*
```

ベイズ因子の値は，語彙テストとリスニングテストの場合に 3.487，語彙テストとリーディングテストでは 1346.26，リスニングテストとリーディングテストでは 19.442 となっています。語彙テストとリスニングテストの変数間のベイズ因子の数値が小さいことから，これらの間に相関があると強く結論づけることはできません（**2 章表 2.4.1** 参照）。

■記載例

語彙テスト，リーディングテスト，リスニングテストのスコア間における母相関係数をベイズ推定することとした。これら 3 つの変数に対して多変量正規分布を仮定し，多変量正規分布における分散および共分散から母相関係数を生成量として，マルコフ連鎖モンテカルロ法による事後分布のサンプルを 20,000 個得た。なお，サンプリングにはメトロポリス・ヘイスティング法を使用し，チェイン数を 1，バーイン区間および間引き区間なしとし，事前分布にはすべて無情報事前分布を与えた。

事後分布のサンプルの要約は以下の表の通りである。

	事後期待値	事後標準偏差	95%下限	95%上限
語彙テスト・リスニングテスト	.331	.147	.021	.592
語彙テスト・リーディングテスト	.604	.109	.355	.783
リスニングテスト・リーディテスト	.433	.136	.144	.671

語彙テスト・リーディングテスト間，そしてリスニング・リーディングテスト間にはおよそ中程度とみなされる相関係数が推定されたが，語彙テスト・リスニングテストに関しては，95%下限の値が.02と原点に近かった。そのため，母相関係数が0であるとするモデルに対するベイズ因子の値（*BF*）を求めることとした。以下がベイズ因子の値である。なお，Jeffreysの方法を使用し，尺度母数の設定を$r=0.333$とした。

仮説	*BF*
語彙テスト・リスニングテストの得点が無相関	3.488
語彙テスト・リーディングテストの得点が無相関	1346.28
リスニングテスト・リーディングテストの得点が無相関	19.442

語彙テスト・リスニングテストに関して，ベイズ因子の値は，およそ3であったため，母相関係数が0ではないという解釈については保留することとした。

8章 ノンパラメトリック検定

名義尺度と順序尺度を分析する

Section 8-1 名義尺度データの集計と分析方法

8-1-1◆ノンパラメトリック検定とは

統計的検定には，大きく分けて**パラメトリック検定**（parametric test）と**ノンパラメトリック検定**（non-parametric test）があります。2群の平均値の差を分析する t 検定や3群以上の平均値を比較する分散分析などのパラメトリック検定は，比較する母集団の分布に正規性と等分散性があることを前提として統計的推測がなされます。そのため，これらの前提から大きく逸脱したデータでは，正確な推定結果は望めません。

これに対して，ノンパラメトリックな検定は，母集団に確率分布を前提としないため，名義尺度や順序尺度のデータに対しても適用できるものが多く，分析範囲が広いのが特徴です。名義尺度データでは，カテゴリ間の頻度の偏りや変化を分析できます。また，順序尺度データとして，t 検定などのパラメトリック検定による分析が適切でない間隔尺度データにも使用でき，変数間の中央値の比較や関連を分析します（詳細 8−7−2 参照）。

8-1-2◆名義尺度を扱うノンパラメトリック検定

まず，**名義尺度**（nominal scale；categorical scale）のデータを扱ったノンパラメトリック検定を紹介します。名義尺度とは，「A型・B型・AB型・O型」，「文系・理系」などの序列がない尺度のことで，それによって分類した**カテゴリ・データ**（カテゴリカル・データ：categorical data）を分析します。得点やアンケートなど間隔尺度（interval scale）や順序尺度（ordinal scale）でも，「低い（0～4）・やや高い（5～9）・高い（10～）」などとカテゴリ区分すれば名義尺度データとして分析することができます。名義尺度データを扱う検定では，各変数の度数や頻度データを，カテゴリごとに集計した**分割表**（contingency table/frequency table）が使われ，カテゴリ毎の度数が一度にわかります。この表は，**クロス集計表**（cross tabulation）とも呼ばれています。

2変数のカテゴリをそれぞれ**表側**（行：row）と**表頭**（列：column）に見出しをとって，クロスする**セル**（cell）に該当する度数や**頻度**（frequency）を記載します。**図 8.1.1** の場合は，表側に2カテゴリ，表頭に4カテゴリ（計8つのセル）に分類される2×4分割表になります。そして，それぞれの行と列の合計頻度を**周辺度数**（marginal frequency）と呼びます。

用語に関しては，設定や場合によって変数は「説明変数」「目的変数」「要因」「条件」「標本」，カテゴリは「水準」「群」「条件」と呼ばれます。

図 8.1.1　クロス集計表（分割表）の例

		卒業旅行先希望				（周辺度数）
		1. アジア	2. 南米	3. オセアニア	4. 欧米	計
性別	1. 男	15	10	7	8	40
	2. 女	10	5	10	15	40
（周辺度数）計		25	15	17	23	80

8-1-3◆対応あり／なし実験デザイン

データの性質によって2種類の実験デザインに分けられます。1つは「**対応あり**」デザインで，変数の各カテゴリが時間経過で区分されている場合や，同一参加者にある処理を与える前後に得た場合のように，対応があるデータが分析対象となります。もう1つは「**対応なし**」デザインで，各カテゴリが異なった参加者からの独立したデータなどを対象とします。

(1) 図 8.1.2 と図 8.1.3 のデータ表

図 8.1.2 の左のデータ表の2列目にあるように，小6と中1の異なる参加者による場合は，小6と中1

図 8.1.2　カイ2乗検定 2×2 デザイン（対応なし）

参加者	学年（変数1）小6（0）中1（1）	英語の好み（変数2）嫌い（0）好き（1）
1	0	0
2	0	0
3	0	1
4	0	1
5	1	0
6	1	0
7	1	1
8	1	1
・	・	・
・	・	・

		英語の好み（変数2）	
		0 嫌い	1 好き
学年（変数1）	0 小6	5	20
	1 中1	10	10

設定：異なる学年の生徒（小6と中1）に英語が好きかを尋ね，その違いを調べる

図 8.1.3　マクネマー検定 2×2 デザイン（対応あり）

参加者	小6英語（変数1）好き（0）嫌い（1）	中1英語（変数2）好き（0）嫌い（1）
1	0	0
2	0	0
3	0	1
4	0	1
5	1	0
6	1	0
7	1	1
8	1	1
・	・	・
・	・	・

		中1英語（変数2）	
		0 嫌い	1 好き
小6英語（変数1）	0 嫌い	5	2
	1 好き	15	5

設定：同じ生徒に小6の3月と中1の3月に英語が好きかを尋ね，その変化を調べる

図 8.1.4 マクネマー検定の拡張 3×3 デザイン（対応あり）

参加者	小6英語（変数1）好き（0）普通（1）嫌い（2）	中1英語（変数2）好き（0）普通（1）嫌い（2）
1	0	0
2	0	0
3	0	1
4	1	2
5	1	0
6	1	1
7	2	2
8	2	0
9	2	1
・	・	・
・	・	・

		中1英語（変数2）		
		0 嫌い	1 普通	2 好き
小6英語（変数1）	0 嫌い	10	8	2
	1 普通	10	12	6
	2 好き	12	10	4

設定：同じ生徒に小6の3月と中1の3月に英語が好きかを3択で尋ね，その変化を調べる

図 8.1.5 コクランの Q 検定 4 条件デザイン（対応あり）

参加者	集中できる場所（変数1） 1 自宅（0, 1）	2 図書館（0, 1）	3 自習室（0, 1）	1 カフェ（0, 1）
1	1	1	1	1
2	0	0	1	0
3	1	1	1	1
4	0	1	1	0
5	0	0	0	1
・	・	・	・	・
・	・	・	・	・
・	・	・	・	・

		集中できるか（変数2）	
		できない（0）	できる（1）
集中できる場所（変数1）	1 自宅	8	12
	2 図書館	5	15
	3 自習室	3	17
	4 カフェ	10	10

設定：同じ被験者にそれぞれの場所で勉強に集中できるか2択で答えてもらった

をそれぞれ 0 と 1 にして縦に並べます。それに対して，**図 8.1.3** のデータ表のように，同じ参加者の小 6 と中 1 の時のデータは対応ありデータとして，参加者の横列に小 6 と中 1 のデータを並べます。

(2) 図 8.1.2 と図 8.1.3 の分割表

また，分割表にも違いがあり，**図 8.1.2** のカイ 2 乗検定では，2 変数が独立した 0, 1 データですので，行・列の内容が異なります。どちらの変数を行・列にとってもいいのですが，説明変数の条件カテゴリ（ここでは小 6 か中 1 か）を表側に置き，表頭に目的変数のアンケートの回答カテゴリをもってくることが多いようです。それに対して，**図 8.1.3** のマクネマー検定では，参加者に同じ質問をしているので，行・列の回答カテゴリを対称的に並べます。

(3) 図 8.1.4 と図 8.1.5 の比較

図 8.1.4 は，**図 8.1.3** の 2 値（0, 1）から多値（0, 1, 2）になり，より明確にデータの**対称性**（symmetry）がわかります。それに対して，**図 8.1.5** のコクランの Q 検定は，**図 8.1.3** からデータ表の列が増えています。これは，対応ありデータの条件カテゴリが 3 以上の場合に用いる検定です。データはマクネマー検定（**図 8.1.3**）と同様に 2 値データのみを扱います。この分割表は 3 つ以上の多数の条件を扱うことができるので縦に増やせるように並べています。

8-1-4◆分割表を扱う検定の種類

名義尺度を扱った分析において，比較的よく使われるものに**表 8.1.1** のような検定があります。上記の分割表で見てきたように，分析の目的と対応あり／なしデータによって使う検定が異なっています。また，複数の条件群を扱う検定は，必要に応じて多重比較へ進んでいくことになります。

表 8.1.1　分割表を使う検定

目的	変数（群数・条件数）	群間対応	名義尺度を扱う（頻度の偏りや連関を検定）	備考（その後の検定・効果量等）	主な記載箇所
1 変数のカテゴリ間の比率の差	1 変数 1×2 または 1×k	なし	適合度検定 ・カイ 2 乗検定 ・2 項検定（1×2 の場合）	・多重比較 （2 項検定，カイ 2 乗検定） ・効果量（r）	8-3-1 8-3-4 8-4-1
2 変数の関連	2 変数 2×2 または 1×m	なし	独立性の検定 ・カイ 2 乗検定 ・フィッシャーの正確確率検定（Fisher's exact test）	・効果量（主に r，Cramer's V；その他 w，ϕ，オッズ比，リスク比） ・イェーツの補正（Yates' correction） ・残差分析と多重比較（カイ 2 乗検定または 2 項検定）	8-2-2 8-3-5 8-3-6 8-4-2
2 変数の変化	2 変数 2×2	あり	マクネマー検定 （McNemar test）	・効果量（r）	8-6-1
2 変数の複数カテゴリの変化	2 変数 k×k	あり	マクネマーの拡張検定 ・マクネマー・バウカー検定（McNemar-Bowker test） ・周辺等質性検定（marginal homogeneity test）	・効果量（r） ・ウィルコクソンの符号付順位検定（Wilcoxon signed-rank test）	8-6-1 8-6-2
複数の条件の差	2 変数 2×k	あり	・コクランの Q 検定 （Cochran's Q test）	・多重比較（マクネマー検定） ・効果量（r）	8-6-1 8-6-2

Section 8-2　名義尺度の多重比較と効果量

8-2-1◆名義尺度の多重比較

カイ 2 乗検定では，残差分析によるセルごとの観測度数の有意なズレからデータを解釈することができます。しかし，どのカテゴリ間に有意差があるかを特定したい場合は多重比較を行います。基本的に，カテゴリ間に対応がない検定の多重比較は，対応なしの 2 群の対比較，対応のある検定の場合は対応ありの対比較を行います。

すべての対比較に 5%水準の危険率で有意差を判定すると，全体で 5%水準よりはるかにゆるい危険率となり，間違った有意性判断をしてしまう**ファミリーワイズの第 1 種の過誤**（Type I familywise error）の可能性が出てきます。これを防ぐために，次の方法で有意水準の調整を行います。

(1) ボンフェローニによる方法やその改良法

ボンフェローニ（Bonferroni）の不等式に基づく多重比較法は，手計算でする場合は，全体の有意水準

αを変えないように，対比較を行った回数で割るか，算出されたp値に回数を掛けます。但し，比較群の数が多いと，有意水準が厳しくなりすぎ，有意差が出にくくなり，お勧めしません。たとえば，4群間（$k=4$）の多重比較では，6回（$k(k-1)/2$）の分析を行うことになるので，有意水準が，.008（=.05/6）と厳しくなってしまいます。よって，以下の方法が提案されています。

①実験計画であらかじめ決めた対比較のみに絞って行います。ただし，永田・吉田（1997 p.82）は，データを取った後で有意になりそうなペアを選ぶやり方は，第1種の過誤をコントロールできないので誤りであるとしています。

②ボンフェローニによる方法を改良したホルン（Holm）の方法（永田・吉田，1997 p.87）があります。

(2) ライアン法

ライアン法（Ryan's method）は，ステップ数によって有意水準を調整する多重比較法で，平均値，比率，中央値，相関係数などのさまざまな多重比較に適用できます。名義的有意水準（α'：nominal significance level）と呼ばれる概念が使われ，処理水準数（m）と各比較のステップ数（k）を基に，**式 8.2.1** で算出されます（森・吉田，1990 p.171；青木，http://aoki2.si.gunma-u.ac.jp/ lecture/Average/Ryan.html）。

（式 8.2.1）
$$\alpha' = \frac{2\alpha}{m(k-1)}$$

たとえば，5群の対比較の場合は次の手順を踏みます。

①平均値の最大値と最小値に有意な差を検定（名義的有意水準 $\alpha' = \frac{2\times.05}{5(5-1)} = .005$）
有意差がなければここで終了。有意であれば次へ。

②最大値と次に小さい値，および最小値と次に大きな値の2つの対比較（$\alpha' = \frac{2\times.05}{5(4-1)} = .00667$）
有意差がなければここで終了。有意であれば次へ。

③次に差の大きい対比較（$\alpha' = \frac{2\times.05}{5(3-1)} = .01$）と続く。

このように，次の有意になる候補の対比較の有意水準をゆるくしていく点で，一律に水準を調整するボンフェローニの方法よりは検定力が高くなります。

※js-STAR（http://www.kisnet.or.jp/nappa/software/star/）を使えば，2×kのカイ2乗検定後にライアンの方法で，すべての対比較が算出されます（**図 8.4.2** 参照）

(3) 対比較に統計量z値を求め，その後，ボンフェローニの方法で有意水準を調整する方法

それぞれの対比較にイェーツの連続性の補正をした統計量zを算出し（**式 8.2.2**），R等を使って，その

値から確率を求めます。たとえば，標準正規分布表で見ると，$z=1.96$，$z=2.58$ が，それぞれ5%水準，1%水準に対応しますが，それらの z 値より大きな値になれば $p<.05$，$p<.01$ と報告します（竹内・水本，2012 p.152；出村，2007 p.201）。

（式 8.2.2）　$$z=\frac{|O_1-O_2|-1}{\sqrt{O_1+E_1}}$$　（O_1＝観測度数 1，O_2＝観測度数 2，E_1＝期待度数 1）

8-2-2◆名義尺度の効果量

有意差検定はサンプルサイズに左右されやすいため，効果量（effect size）も併せて解釈することが大切です。名義尺度の効果量としては，次の**効果量指標**（effect size index）が用いられます。

● r-family の効果量（2群のカテゴリ・データの関係を表す指標）

(1) Cohen's w と r 指標

$w=r=\sqrt{\frac{\chi^2}{N}}$ で求めることができます。また，2×2分割表による χ^2 値は，$z^2=\chi^2$ の関係にあり，標準正規分布に従う確率変数 z の2乗が，自由度1のカイ2乗分布に従います（南風原，2002）。よって，有意水準 .05 の $\chi^2=3.84$ となり，$z^2=(1.96)^2=3.84$ と同じ値になります。以上のことから，**式 8.2.3** の関係が成り立ち，適合度検定（$1\times k$）の多重比較で行う対比較後の χ^2 値や z 値から，最も広く使われる効果量指標として r 値を算出することができます。

（式 8.2.3）　$$w=r=\sqrt{\frac{\chi^2}{N}}=\sqrt{\frac{z^2}{N}}=\frac{z}{\sqrt{N}}$$

［効果量の大きさの目安：$w, r=0.1$（小），0.3（中），0.5（大），（Cohen, 1988）］

※効果量は，p 値の結果と異なる場合があり，結果を解釈する上で，多重比較検定で対象としたすべての対比較の効果量を算出することが望ましいです。

(2) ファイ係数と r 指標

ファイ係数（phi coefficient，ϕ 係数）は，2変数のどちらも2値（0, 1）データの場合のピアソン積率相関係数 r に相当し，−1から1の値を取ります。**四分点相関係数**とも呼ばれ，2×2分割表のときに使用します。

また，ファイ係数と他の指標とは，**式 8.2.4** の関係にあり，0から1までの正の値を取ります。

（式 8.2.4）　$$\phi=r=w=\sqrt{\frac{\chi^2}{N}}=\sqrt{\frac{z^2}{N}}=\frac{z}{\sqrt{N}}$$

(3) クラメールの連関係数（クラメールの V，Cramer's measure of association：Cramer's V）

名義尺度データにおける関連の強さを測定します。0から1の範囲を取り，1に近いほど連関が強いことを表します。クラメールの V と w の関係は以下の関係にあります（Cohen, 1988 p.223）。

（式 8.2.5）

$$V=\sqrt{\frac{x^2}{N(m-1)}}=\frac{w}{\sqrt{m-1}}$$

（m は2変数の少ない方のカテゴリ数。たとえば，2×3分割表なら2）

※関連の強さを示す指標に，**分割度係数** C（Contingency Coefficient）もあります。関連が強くなるほど1に到達しにくい特徴があり，クラメールの関連係数の方が適しています（Field, 2009 p.698）。

➢ $2\times k$ 分割表の場合

$2\times k$ の場合の効果量は，**式 8.2.5** の注から $m=2$ となります。これは，**式 8.2.4** と同じになるので，クラメールの V 係数は ϕ 係数と一致します。よって，2×2のときは，$w=|\phi|=V$ の関係にあります。

➢ $l\times m$ の場合（ただし，$l, m\geq 3$）

大きな分割表ではクラメールの V 係数が効果量の指標として使われますが，**式 8.2.5** から分割表が大きくなるほど w の値より小さくなり，1になりにくくなります。たとえば，5×5分割表で，$V=.80$ と効果量が大きくても，$V=.80/\sqrt{5-1}=.40$ と小さい値になります。よって，分割表が大きい場合は，上記の効果量の目安は厳しすぎてしまうことに留意すべきです（Cohen, 1988, Table 7.2.3 pp.222−224）。

●その他の効果量（2群のカテゴリ・データの違いを表す指標）

名義尺度の2群の違いを表す指標として，Field（2009）は，**リスク比**（risk ratio）と**オッズ比**（odds ratio）が解釈しやすいとしています。医療系分野などで広く利用されており，中でも，オッズ比はコーパス分析にも使用されています。計算が簡単で便利な指標のため，**8-5** で実践します。

Section 8-3　カイ2乗検定

8-3-1◆カイ2乗検定とは

カイ2乗検定（chi-square test）のうち，最も広く使われているのが，**ピアソンのカイ2乗検定**（Pearson's chi-square test）で，ある集団の変数が出現する頻度である観測度数（observed frequency）に偏りがあるかを検定する際にも使います。観測度数の比較に使用される期待度数（expected frequency）の設定は，以下のような場合があり，大抵は(1)の場合に使われます（村上，2015)。

(1) すべてのカテゴリで一様と仮定する場合（例：サイコロの出る目，アンケート調査）
(2) 特定の理論分布や確率分布に従うと仮定する場合（例：正規分布を仮定する身長や体重，実力テストなどのデータを等間隔でカテゴリ化する）
(3) 経験的あるいは理論的に一定の度数を取ると期待される場合（例：血液型の割合）

カイ2乗検定は，人数や個数などの数値間に中間値がない離散変数（1章1-1-2参照）を扱いますが，その χ^2 値はカイ2乗分布（chi-square distribution：χ^2 distribution）に近似的に従うという理論に基づいています。そして，χ^2 値はカイ2乗分布の上側（右側）の**棄却限界値**（critical value）を見る片側確率が両側検定（two-tailed test）における**漸近有意確率**（asymptotic significant probability）を表しており（森・吉田，1990)，その値が，棄却限界値より大きい場合に帰無仮説を棄却します。3つ以上のカテゴリがある場合は，観測度数が期待度数より大きい場合と小さい場合があり得るので，両方向（two-directional）の検定であるともいえます（Howell, 2007)。

8-3-2◆カイ2乗検定の前提と留意点

カイ2乗検定はノンパラメトリックな手法（non-parametric method）の1つで，以下のことに留意する必要があります。

(1) 観測データの独立性：データをカテゴリ区分する際に，いずれか1つのセルに1回しか入れることができません。たとえば，**図8.1.1**の2×4分割表の場合は，8つのセルのいずれか1回だけカウントし，総合計数がデータ数と一致する分割表にします。
(2) 無作為抽出：正規分布を仮定しませんが，標本分布と母集団分布と等しいという仮説のもとで行うので，母集団からの標本の抽出は無作為に行うことが前提になっています（森・吉田，1990 p.176)。
(3) サンプルサイズ：一般的に，サンプルサイズが大きくなるほど，有意になりやすくなります。よって効果量も併せて報告するようにします。逆に，サンプルサイズが小さすぎると，正確な検定ができませんので，次のような対処を考えます。

①最低1つのカテゴリの期待値が5以上になるようにデータをさらに集める。
②少ない期待値になるカテゴリを隣のカテゴリと併合する。
③後述するフィッシャーの正確確率検定を適用する。

8-3-3◆カイ2乗検定の流れ

図8.3.1 はカイ2乗検定を行う手順を示しています。1変数のカイ2乗検定は，「**適合度検定**」と呼ばれています。1×3などの3カテゴリ以上ある場合でカテゴリ間に有意差があった場合は多重比較検定に進みます。2変数の場合は，「**独立性の検定**」として使われ，セルごとに観測度数が期待度数からずれているかを測る残差分析やカテゴリ間の比較のための多重比較を行います。

図8.3.1　カイ2乗検定の手順

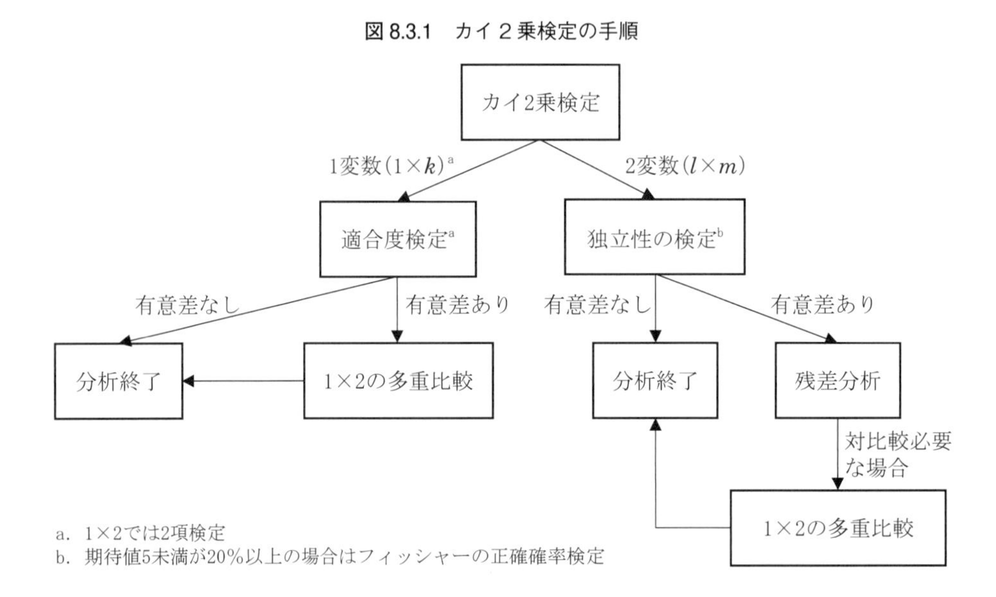

8-3-4◆適合度検定（1変数のカイ2乗検定）

適合度検定（goodness-of-fit test）は，1変数のカイ2乗検定で，各セルの観測度数が帰無仮説のもとで予測される各セルの期待度数と一致するかという適合度を分析します。**式8.3.1** の観測度数とカテゴリ間で一様とする期待度数の差をもとに χ^2 値を算出していることからもわかります。

（1）1変数のカイ2乗検定の求め方

①**式8.3.1** から χ^2 値を求めます。

（式8.3.1）

$$\chi^2 = \sum \frac{(\text{観測度数} - \text{期待度数})^2}{\text{期待度数}} = \sum_{i}^{k} \frac{(n_i - E_i)^2}{E_i}$$

（n_i＝カテゴリ i 行目の観測度数；E_i＝カテゴリ i 行目の期待度数）

②自由度（df）：$k-1$（ただし，k＝カテゴリ数）

③求めたχ^2値と自由度（df）が，カイ２乗分布から得られる棄却限界値より大きければ帰無仮説を棄却し，カテゴリ間の度数が一様でないと判断します。たとえば，有意水準 .05，自由度１の棄却限界値は，$\chi^2(1)=3.84$，自由度２では，$\chi^2(2)=5.99$ となり，これらの値と求めたχ^2値を比較します。

(2) ２項検定の求め方

２項検定（binominal test）は，コインの裏か表かのように２分類された観測度数の比率が偏っているかを，理論的に期待される２項分布（binominal distribution）の期待値と比較して，直接確率を求める正確確率検定の１つです。よって，サンプルサイズが小さいときには，正規分布やF分布，あるいは，カイ２乗分布に近似させる検定より正確で適しています。以下の**式 8.3.2** が２項分布を表す一般式です。

（式 8.3.2）　$$p(x)=\binom{n}{x}p^x(1-p)^{n-x}$$

（p＝ある事象が起こる確率，n＝試行回数やサンプルサイズ，

x＝ある事象が起こる回数，$\binom{n}{x}$：２項係数であり，nCx と等しい）

8-3-5◆独立性の検定

２変数以上のカイ２乗検定では，変数が関連しているかを検定する**独立性の検定**（test for independence）として使用されます。**表 8.3.1** のようにそれぞれの変数にl個とm個の複数のカテゴリを設定し分析します。

表 8.3.1　$l \times m$ 分割票

	分類 W_1	分類 W_2	・・・	分類 W_m	列合計
分類 V_1	n_{11}	n_{12}	・・・	n_{1m}	$n_{1\cdot}$
分類 V_2	n_{21}	n_{22}	・・・	n_{2m}	$n_{2\cdot}$
：	：	：	・・・	：	：
分類 V_l	n_{l1}	n_{l2}	・・・	n_{lm}	$n_{l\cdot}$
行合計	$n_{\cdot 1}$	$n_{\cdot 2}$	・・・	$n_{\cdot m}$	N

①　i行，j列の期待度数を**式 8.3.3** より求めます。

（式 8.3.3）　$$E_{ij}=\frac{n_{i\cdot}n_{\cdot j}}{N}$$ （E_{ij}＝i行j列目の期待度数，$n_{i\cdot}$＝i行目の周辺度数，$n_{\cdot j}$＝j列目の周辺度数，N＝総度数）

② 次に，観測度数と上記の期待度数を，**式 8.3.4** に代入し，χ^2 値を求めます。

（式 8.3.4）　$$\chi^2=\sum_{i=1}^{l}\sum_{j=1}^{m}\frac{(n_{ij}-E_{ij})^2}{E_{ij}}$$　（$l\times m$ 分割表）

③ 自由度（df）を求めます。$df=(l-1)(m-1)$

➢ $l\times m$ 分割表の簡略式

次の**式 8.3.5** からも χ^2 値を求めることができます（森・吉田，1990 p.192）。

（式 8.3.5）　$$\chi^2=N\left(\sum_{i}^{l}\sum_{j}^{m}\frac{{n_{ij}}^2}{n_{i\cdot}n_{\cdot j}}-1\right)$$

(2) 2×2 のカイ 2 乗検定の算出例

表 8.3.2 は，海外経験がある人は英語を話すのが好きな傾向があるかを 54 名に尋ねた結果を分割表にしたものです。これを使って計算式を説明します。

表 8.3.2　「英語で話すこと」の好み

	好き	嫌い	計
海外経験あり	a(10)	b(11)	$a+b$(21)
海外経験なし	c(8)	d(25)	$c+d$(33)
計	$a+c$(18)	$b+d$(36)	$a+b+c+d$(54)

① 2 つの変数が独立している場合の確率的に起こる期待度数を，**式 8.3.3** より求めます。

$$E_a=\frac{21\times18}{54}=7,\ E_b=\frac{21\times36}{54}=14,\ E_c=\frac{33\times18}{54}=11,\ E_d=\frac{33\times36}{54}=22$$

② 次に，**式 8.3.4** から χ^2 値を算出します。算出した値（3.16）は有意水準 .05，自由度 1 の場合の棄却限界値（3.84）より小さいため，帰無仮説を棄却することはできません（not significant : n.s.）。

$$\chi^2=\sum_{i=1}^{l}\sum_{j=1}^{m}\frac{(n_{ij}-E_{ij})^2}{E_{ij}}=\frac{(10-7)^2}{7}+\frac{(11-14)^2}{14}+\frac{(8-11)^2}{11}+\frac{(25-22)^2}{22}=3.16$$

$df=(l-1)(m-1)=(2-1)\times(2-1)=1$；$x^2(1)=3.84>3.16$（*n.s.*）

➢ 2×2 分割表の簡略式

2×2 分割表の場合は次の**式 8.3.6** でも求めることができます。

（式 8.3.6）
$$\chi^2=\frac{N(\mathrm{ad}-\mathrm{bc})^2}{(\mathrm{a}+\mathrm{b})(\mathrm{c}+\mathrm{d})(\mathrm{a}+\mathrm{c})(\mathrm{b}+\mathrm{d})}=\frac{54(10\times25-11\times8)^2}{(10+11)(8+25)(10+8)(11+25)}=3.16$$

(3) 残差分析

2 変数のカイ 2 乗検定の結果が有意であった場合に，どのセルの観測度数が期待度数より有意にずれているかを分析するのが**残差分析**（residual analysis）です。分析方法は，**標準化されていない残差**（residual）以外に，**標準化残差**（standardized residual）と**調整済み標準化残差**（adjusted standardized residual：ASR）があります。後者の 2 つは，期待度数からのずれ（残差）を期待度数の平方根で割って標準化されており（**式 8.3.7**，**式 8.3.8**），近似的に，平均 0，分散 1 の標準正規分布に従います。

しかし，標準化残差は，絶対値が同じ残差度数であっても，セルそれぞれの期待度数が異なるので，異なる値になってしまいます。その点，調整済み標準化残差は，標準化残差を残差分散の平方根で割ることによって，すべてのセルを比較しやすく調整していますので，一般的に論文ではこちらを報告します（田中・山際，1992 p.264）。

各セルの調整済み残差が $z=\pm1.96$ を超える値であれば 5% 水準で，$z=\pm2.56$ を超える値であれば 1% 水準で，観測度数が期待度数より有意に大きいと解釈できます。

（式 8.3.7）
$$\text{標準化残差}=\frac{\text{残差}}{\sqrt{\text{期待度数}}}=\frac{n_{ij}-E_{ij}}{\sqrt{E_{ij}}}\quad(n_{ij}=i\text{ 行 }j\text{ 列目の観測度数})$$

（式 8.3.8）
$$\text{調製済み標準化残差}=\frac{\text{標準化残差}}{\sqrt{\text{残差分散}}}=\frac{\text{残差}}{\sqrt{\text{期待度数}\times\text{残差分散}}}=\frac{\text{残差}/\sqrt{\text{期待度数}}}{\sqrt{\text{残差分散}}}$$
$$=\frac{(n_{ij}-E_{ij})/\sqrt{E_{ij}}}{\sqrt{(1-n_i/N)(1-n_j/N)}}$$

8-3-6◆独立性の検定を行う際の留意点

①カテゴリ（条件）間のサンプルサイズをそろえるようにします（対馬，2007 p.127）。**表 8.3.2** の例でいうと，海外経験のない人ばかりではなく，海外経験がある人も同じ程度に集め，アンケートを実施した方がより正確になります。偏りがある場合は，カイ 2 乗検定や ϕ 係数（8-2-2）の結果や値が変わることもあるので，後述する尤度比やフィッシャーの正確確率検定の結果も参照します。

②2×2 分割表のように自由度が 1 の場合は，第 1 種の過誤が起こる危険性も高くなるため，次に説明するフィッシャーの正確確率検定，または，それが難しい場合はイェーツの連続性の補正による値を報告します（前田，2004 p.107）。

(1) フィッシャーの正確確率検定

サンプルサイズが小さいと推定される期待度数も小さくなるので，カイ2乗分布から大きく逸脱し，正確な推定ができなくなります。これに対処するために考案されたのが，カイ2乗分布に頼らない**フィッシャーの直接法**（**フィッシャーの正確確率検定**，Fisher's exact test）です。現在では，サンプルサイズが大きくとも計算に時間がかからなくなっていますので，カイ2乗検定の代わりにこちらだけを使用しても問題はありません。特に，以下の場合はフィッシャーの直接法の使用が推奨されます。

※5未満の期待値が全体の20%以上ある場合，あるいは1未満の期待値が1つでもある場合に使用します（森・吉田，1990 p.183）。1×2や2×2分割表では1つでもそのような値がある場合は20%以上になります。

※ただ，元のデータが十分集められていないなど改善の余地がある場合は，サンプルサイズを増やすなど，データの質を上げる方がよいとされています。また，カテゴリが細かすぎていないかなども検討します（Howell, 2007）。

(2) 尤度比検定

尤度比（Likelihood ratio）は，2×2のカイ2乗検定を行う際や，カテゴリ比が極端に違う場合やサンプルサイズが小さいときに参考になると言われています（Howell, 2007）。ただし，このような場合もフィッシャーの正確確率検定を使う方が一般的です。

(3) イェーツの連続性の補正

イェーツの連続性の補正（または**修正**）（Yates' continuity correction）は，離散型データを連続的なカイ2乗分布に近似させて統計的検定を行う際に，高めに算出されないように補正する方法です。主に2×2分割表のデータ（**式 8.3.6**）に対して行われる補正で，各々の観測値（n_{ij}）とその期待値（E_{ij}）との間の差から0.5を差し引くことにより第1種の過誤が起こる危険性を防ぎます（**式 8.3.9**）。しかし，過剰に修正される傾向があるため，フィッシャーの正確確率検定を実行することが推奨されています（Field, 2009 p.691）。

（式 8.3.9）
$$\chi^2_{\text{Yates}} = \sum \frac{(|n_{ij} - E_{ij}| - 0.5)^2}{E_{ij}} = \frac{N(|ad - bc| - N/2)^2}{(a+b)(c+d)(a+c)(b+d)}$$

Section 8-4　カイ 2 乗検定の実践例

8-4-1◆適合度検定（1 変数のカイ 2 乗検定）の実践例

では，1 変数のカイ 2 乗検定を実践していきましょう。英語の授業で学生 60 名に歌，映画，ニュースのどれを使った授業を受講したいかアンケートを取った結果，それぞれ，17 名，29 名，14 名の希望がありました。これらの 3 つのカテゴリの期待値（母比率）は等しいと仮定されるので，各々20（33.3%）となります。つまり，「3 つのカテゴリの度数は一様である」という帰無仮説を検証します。

【操作手順】

❶まず，R project「Ch8nonparametric」を作成し，すべての必要なデータを作業ディレクトリーに入れておきます。

❷以下の R コマンドまたは右上 Environment ペインの［Import Dataset］からデータ［chisq.csv］を読み込み，任意のオブジェクト x に入れます。Source ペインに表示されるデータで正しく読み込めたかを確認します（図 8.4.1）。

図 8.4.1　chisq.csv データ

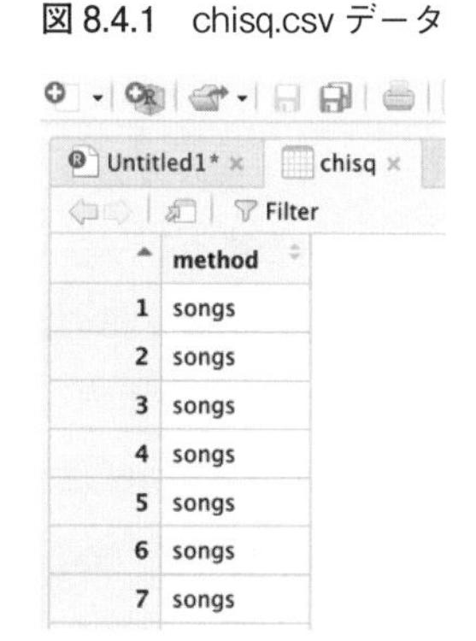

```
> x<- read.csv("chisq.csv") #x にデータを格納
> View(x)
```

❸続いて，table 関数を使って，データからクロス集計表を作成します。それを，任意のオブジェクト tx に入れます。

そして，chisq.test 関数を用いてカイ 2 乗検定を行います。

カイ 2 乗検定の結果が［X-squared = 6.3］，p 値が 0.04285 となっており，5% 水準で，受講希望に有意差があるといえます。

```
> tx<-table(x) #クロス集計表の作成
> tx
> chisq.test(tx)
movies   news  songs
    29     14     17
        Chi-squared test for given probabilities
data:  tx
X-squared = 6.3, df = 2, p-value = 0.04285
```

8-4-2◆1 変数のカイ 2 乗検定の多重比較

続いて，3 つのカテゴリのどこに有意差があるか多重比較を行いますが，方法は 3 つあります。

（1）それぞれのカテゴリ間（1×2）のカイ２乗検定を３回行い，ボンフェローニの方法で有意水準の調整をする

ボンフェローニによる方法で，5%有意水準を検定を繰り返した回数（3）で割った値の p=.0167（=0.05÷3）を基準に，それより小さい値である場合に有意であると判断します。結果として，映画とニュースのカテゴリ間が，［p-value = 0.02217］（囲み）で有意傾向はありますが，有意とはいえません。

```
> chisq.test (c(29, 14), p=c(0.5, 0.5)) #映画とニュース
Chi-squared test for given probabilities
data: c(29, 14)
X-squared = 5.2326, df = 1, p-value = 0.02217
> chisq.test (c(29, 17), p=c(0.5, 0.5)) #映画と歌
Chi-squared test for given probabilities
data: c(29, 17)
X-squared = 3.1304, df = 1, p-value = 0.07684
> chisq.test (c(17, 14), p=c(0.5, 0.5))  #歌とニュース
Chi-squared test for given probabilities
data: c(17, 14)
X-squared = 0.29032, df = 1, p-value = 0.59
```

（2）それぞれのカテゴリ間の z 値から p 値を算出し，ボンフェローニの方法で有意水準の調整をする

カテゴリ間の標準化得点 z 値を**式 8.2.2** を使って算出します。ここで使う abs 関数は絶対値（absolute）を，sqrt 関数は平方根を返します。

z 値を算出後，pnorm 関数で p 値を求めます。

```
> z=(abs(29-14)-1)/sqrt(29+14) #映画とニュース
> z
[1] 2.135
> p=pnorm(z,lower.tail=FALSE) #上側確率
> p
[1] 0.01638
> z1=(abs(29-17)-1)/sqrt(29+17) #映画と歌
> p1=pnorm(z1,lower.tail=FALSE)
> p1
[1] 0.05242
> z2=(abs(14-17)-1)/sqrt(14+17) #歌とニュース
> p2=pnorm(z2,lower.tail=FALSE)
> p2
[1] 0.3597
```

［lower.tail=FALSE］で，標準正規分布における検定量 z に対する上側確率を返します。

算出結果を見ると，映画とニュースのカテゴリ間が，p が［0.01638］（囲み）で，設定した有意水準（p=.0167）よりわずかに小さく，有意といえます。

（3）ライアン法を用いた有意水準の調整

js-STAR（http://www.kisnet.or.jp/nappa/software/star/）で，以下の手順で，カイ２乗検定とライアン法を用いた結果が算出され，R コードも参照できます。

❶ 1×J 表（カイ２乗検定）を選択します。

❷３列に指定し，度数欄に29，14，17（観測度数）と入力し，［計算！］をクリックすると，結果が算出されます。

❸結果：**図 8.4.2** 下の［名義水準］（囲み）と［検定］を比較した結果，すべての対比較で有意ではない［ns］となっています。ただし，映画とニュース［1=2］間が，方法１同様に，有意とはいえません（p=.0324）。

※8-2-1 (2) のライアン法の説明にあるように，最も差があった［1=2］間とそれ以外で名義水準の値が異なっています（囲み）。

図 8.4.2　ライアン法による結果

```
「カイ二乗検定の結果」
（上段実測値,下段期待値）
-------------------
29        14        17
 19.998   19.998   19.998

x2(2)=    6.301    ,  p<.05

==ライアンの名義水準を用いた多重比較==
  (有意水準 alpha = 0.05 とします)
--------------------------------------
セル比較  臨界比      検定        名義水準
--------------------------------------
1 = 2     2.13    ns  p=0.0324    0.01667
1 = 3     1.62    ns  p>.05       0.03333
2 = 3     0.36    ns  p>.05       0.03333
--------------------------------------

 _/_/_/ Analyzed by js-STAR _/_/_/
```

以上 (1)～(3) の多重比較の結果はよく似ていますが，(2) がわずかに5%水準で有意になっています。有意水準で白黒つけると，(2) だけ結果が変わり危険です。よって，どの方法を使ったのかと，正確な p 値を示すことが大切です。さらに，p 値だけに頼るのではなく，効果量も必要になります。

【論文への記載】

カイ２乗検定を行った際には，χ^2（自由度）$=\chi^2$ 値，$p=$（有意確率）または $p<$ 有意水準，$r=$（効果量）を報告します。効果量は，それぞれのカテゴリ間を報告しますが，ここでは，有意傾向を示した映画とニュースの効果量を計算してみます。

8-4-2 (1) の χ^2 値（囲み）を使って，**式 8.2.3** より

$$r=w=\sqrt{\frac{\chi^2}{N}}=\sqrt{\frac{5.2326}{(29+14)}}=0.349$$

上記 (2) の z 値または，(3) のライアン法の z に相当する臨界比を使って，**式 8.2.3** より

$$r=w=\frac{z}{\sqrt{N}}=\frac{2.13}{\sqrt{29+14}}=0.325$$

■**記載例**

学生60名に映画，ニュース，歌のうちどれを使った授業を受講したいか調査した結果，それぞれ29，17，14人であった。カイ２乗検定を行った結果，$\chi^2(2)=6.30$，$p=.0429$ と5%水準で受講希望が有意に異なっていた。そこで，多重比較を行い，ボンフェローニの方法で補正した有意水準（$\alpha=.0167$）と比較した結果，どこにも有

意差はみられなかった。しかし，映画とニュースの間[$\chi^2(1)=5.23$, $p=0.022$, $r=.35$]に有意傾向がみられ，効果量が中程度あるため，映画による授業を受けたいと考えている学生が他の方法より多い傾向はみられた。

8-4-3◆3×3 分割表のカイ 2 乗検定の実践

高校生 55 名の単語テストの得点順に 3 グループに分けた後，「声に出す」「書き写す」あるいは，その「両方」のいずれの方法で暗記したかを尋ねました（**表 8.4.1**）。「単語テストの成績と暗記方法に関連はない」という帰無仮説のもとで検定します。

表 8.4.1　成績と暗記方法（3×3 分割集）

		暗記方法		
		両方（1）	書き写す（2）	声に出す（3）
成績	下位群（1）	4	7	10
	下位群（2）	6	4	6
	下位群（3）	13	3	2

❶**表 8.4.1** の分割表の頻度値を，関数 matrix(c(度数), ncol(行数), nrow(列数), byrow = T) を用いて，任意のオブジェクト x に格納します。byrow の部分を T にすると横並びに，F にすると縦に数字が並びます。

```
> x <- matrix(c(4,7,10,6,4,6,13,3,2),
ncol = 3, nrow = 3, byrow = T)
> x
     [,1] [,2] [,3]
[1,]    4    7   10
[2,]    6    4    6
[3,]   13    3    2
```

❷データ［x］の入力が完了したら，chisq.test 関数を使用してカイ 2 乗検定を行います。

出力結果から，χ^2 値が［11.818］，漸近有意確率が 0.019 と，5％水準で有意となっています。表下の［警告メッセージ］は，期待度数が 0 になるセルがある場合，もしくは期待度数が 5 未満になるセルが全体の 20％以上の場合に表示されます。

```
# カイ 2 乗検定（3×3）
> output <- chisq.test(x)
警告メッセージ：
chisq.test(x) で：カイ自乗近似は不正確かもしれません
> output
Pearson's Chi-squared test
data: x
X-squared = 11.818, df = 4, p-value = 0.01876
```

❸この警告が表示された場合には，Fisher の直接法の値も確認します。今回は漸近有意確率が $p=0.017$ と僅かに厳しく算出されていますが，結果に違いはありません。

```
# Fisher の直接法（3×3）
> fisher.test(x)
Fisher's Exact Test for Count Data
data: x
p-value = 0.01728
alternative hypothesis: two.sided
```

❹成績と暗記方法の関連の強さ（効果量）を算出します。指標となる Cramer の V は，vcd パッケージの assocstats 関数を用いて算出することができます。

出力結果の一番下にある，Cramer's V の値を確認すると，0.328 であることから，有意な相関があることがわかります。

```
> install.packages("vcd", dependencies = T)
> library(vcd)
> assocstats(x) #効果量の算出
                     X^2 df P(> X^2)
Likelihood Ratio 12.511  4 0.013929
Pearson          11.818  4 0.018758 #カイ二乗値
Phi-Coefficient   : NA
Contingency Coeff.: 0.421 #分割度係数
Cramer's V        : 0.328 #クラメールの連関係数
```

❺ χ^2 値（8-4-3❷）が 5％水準で有意だったので，次にどのセルが期待値からずれているかを調整済み標準化残差［stdres］から判断します。これはカイ２乗検定を行った際に作成した output に算出されているので，output の中から取り出して表示させます。

```
> output$expected #期待値
   結果，略
> output$residuals #標準化残差
   結果，略
> output$stdres #調整済み標準化残差
           [,1]        [,2]       [,3]
[1,] -2.6905996  1.05418707  1.8497949
[2,] -0.4158472 -0.04956705  0.4831714
[3,]  3.1883928 -1.04353624 -2.3829827
```

表示される集計表は，**表 8.4.1** に対応しており，横軸［,1］［,2］［,3］が暗記方法，縦軸［1,］［2,］［3,］が成績を表しています。列［3.］の上位群において［,3］の声に出すの値が -2.38 と，5％水準棄却値＝|1.96| より大きく，有意です。それに対して［1,］の下位群は，［,1］の両方が -2.69 と 1％水準棄却値＝|2.56| より有意に低い値になっています。

各カテゴリの p 値を確認したい場合は，8-4-2 (2) のコマンドを参照ください。最後にスクリプトファイルを任意の名前［Ch8chi.R］を付けて保存しましょう。

■記載例

単語テストを受けた 55 名の単語の暗記方法とテストの成績に関連があるかをカイ２乗検定で分析した。その結果，$\chi^2(1) = 11.82$，$p = .018$，Cramer's $V = .33$ と，有意な関連がみられた。クロス集計表で期待値５未満が全体の 20％以上あったため，Fisher の直接法を行った。その結果，$p = .017$ と 5％水準で有意だった。そこで，標準残差で判断したところ，上位群は暗記の際に声を出す方法だけを使用する場合が有意に少なく（$z = -2.38$, $p < .05$），その方法と書き写す方法の両方を使う傾向にあることがわかった（$z = -3.19$，$p < .08$）。それに対して，下位群は声を出す方法だけを使う傾向があり（$z = 1.85$，$p < .05$），両方の方法を使うことが有意に少なかった（$z = -2.69$，$p < .01$）。中位群にはそのような顕著な傾向はみられなかった。

Section 8-5　リスク比とオッズ比の求め方

8-5-1◆リスク比

リスク比は**相対危険度**（relative risk）とも呼ばれ，リスクの比率（発生率）を示します。**表 8.5.1** を使ってリスク比率を算出します。設定は，「海外経験がある人は英語を話すのが好きな傾向があるのか」です。それを調査した結果を示しています。

表 8.5.1　「英語で話すこと」の好み（2×2）の分割表

	好き	嫌い	計
海外経験あり	$a(10)$	$b(11)$	$a+b(21)$
海外経験なし	$c(8)$	$d(25)$	$c+d(33)$
計	$a+c(18)$	$b+d(36)$	$a+b+c+d(54)$

注.（　　）は観測度数

①まず各群のリスクを算出します**式 8.5.1a** や**式 8.5.1b** のように，どちらのセルを分子に置くかで２通りずつの算出ができます。

（式 8.5.1a）　$$\text{リスク } 1a = \frac{a}{a+b} = \frac{\text{海外経験あり群で英語を話すのが好き}}{\text{海外経験あり群全体}} = \frac{10}{21} = 0.476$$

⇒海外経験のある人の約半数が英語で話すのが好きである（好きになる）。または，

$$\text{リスク } 1b = \frac{b}{a+b} = \frac{11}{21} = 0.524$$

（式 8.5.1b）　$$\text{リスク } 2a = \frac{c}{c+d} = \frac{\text{海外経験なし群で英語を話すのが好き}}{\text{海外経験なし群全体}} = \frac{8}{33} = 0.242$$

⇒海外経験のない人の約４分の１が英語で話すのが好きである（好きになる）。または，

$$\text{リスク } 2b = \frac{d}{c+d} = \frac{25}{33} = 0.758$$

②次にリスク比を算出するため，それぞれのリスクの値を分子と分母におきます。

（式 8.5.1c）　$$\text{リスク比 } 1 = \frac{a/(a+b)}{c/(c+d)} = \frac{0.4762}{0.2424} = 1.964$$

⇒海外経験のある人は英語を話すのが好きになる確率が，海外経験のない人の約２倍である（になる）。または，

$$\text{リスク比 } 2 = \frac{b/(a+b)}{d/(c+d)} = \frac{0.524}{0.758} = 0.691$$

8-5-2◆オッズ比

オッズ比はリスク比と似ています。

①各群のオッズ（群内の比率）を算出します。

（式 8.5.2a）　$オッズ\ 1a = \frac{a}{b} = \frac{海外経験あり群で英語を話すのが好き}{海外経験あり群で英語を話すのが嫌い} = \frac{10}{11} = 0.909$

⇒海外経験のある人は英語を話すのが好きと嫌いの比率は 0.909：1 とほぼ等しい。または，

$$オッズ\ 1b = \frac{b}{a} = \frac{11}{10} = 1.10$$

（式 8.5.2b）　$オッズ\ 2a = \frac{c}{d} = \frac{海外経験なし群で英語を話すのが好き}{海外経験なし群で英語を話すのが嫌い} = \frac{8}{25} = 0.320$

⇒海外経験のない群で英語を話すのが好きと嫌いの比率は 0.320：1 で嫌いが 3 倍高い。または，

$$オッズ\ 2b = \frac{d}{c} = \frac{25}{8} = 3.125$$

②次に，オッズ比を算出するために，上記のそれぞれのオッズ比を分子と分母におきます。

（式 8.5.2c）　$オッズ比\ 1 = \frac{a/b}{c/d} = \frac{0.9091}{0.32} = 2.841$

⇒海外経験のある人は英語を話すのが好きになる確率が，海外経験のない人の 2.84 倍である（になる）。
　または，

$$オッズ比\ 2 = \frac{b/a}{d/c} = \frac{1.1}{3.125} = 0.352$$

リスク比もオッズ比も，上記のようにどちらを分子にするかによって数値が変わります。分子に大きい値をもってきて 1 を超える方が解釈しやすくなります（Howell, 2007 p.155）。

8-5-3◆リスク比とオッズ比の操作手順

ここでは，R を使って，分割表の度数データだけを使って算出する方法を紹介します。

❶新しい R スクリプトを開き，R または右上 Environment ペインの［Import Dataset］から［`Risk_Odds.csv`］を読み込み，オブジェクト `x` に入れます。

```
> library(readr)
> x<- read_csv("Risk_Odds.csv")
> head(x)
# A tibble: 4 x 3
  abroad speaking     N
   <dbl>    <dbl> <dbl>
1      1        1    10
2      1        2    11
3      2        1     8
4      2        2    25
```

❷行列を作成する関数 matrix(c(データ名$必要な変数名, 行数, 列数)) を使って，2×2分割表を作成し，任意のオブジェクト m に入れます。

※データの様々な形式に関しては，1-9-2（データの型と構造）を参照ください。

```
#集計表作成
> m <- matrix((x$N),2,2) #集計表作成
> m
     [,1] [,2]
[1,]   10    8
[2,]   11   25
```

```
#行と列の入れ替え
> m1 <- t(m)
> m1
     [,1] [,2]
[1,]   10   11
[2,]    8   25
```

出力結果を見てみると，行と列が逆になっているので，行列を縦横に入れ替える（転置）関数 t（テーブル名）を使います。

❸リスク比とオッズ比を Epi パッケージの twoby2 関数を使って分析していきます。まずは分母が「留学経験あり群」のパターンです。上段にある相対危険度，つまりリスク比は 1.9643 であり，下段にあるオッズ比は 2.8409 であることがわかります（囲み）。これらの値は**式 8.5.1c** のリスク比の値と，**式 8.5.2c** のオッズ比の値と一致しています。また，その右には，95%信頼区間の値も出力されています。

```
#リスク比とオッズ比（留学あり群が分母の場合
> install.packages("Epi", dependencies = T)
> library(Epi)
> twoby2(m1)
2 by 2 table analysis:
------------------------------------------------------
Outcome : Col 1
Comparing : Row 1 vs. Row 2
Col 1 Col 2 P(Col 1) 95% conf. interval
Row 1 10 11 0.4762 0.2785 0.6816
Row 2 8 25 0.2424 0.1261 0.4150
95% conf. interval
              Relative Risk: 1.9643  0.9263  4.1653
          Sample Odds Ratio: 2.8409  0.8824  9.1468
Conditional MLE Odds Ratio: 2.7827  0.7570 10.7417
    Probability difference: 0.2338 -0.0218  0.4641
```

```
            Exact P-value: 0.0870
       Asymptotic P-value: 0.0801
```

❹次に，分母が「留学経験なし群」のパターンを分析するために，分割表内の「留学あり群」と「留学なし群」の列を入れ替えます。

その後，twoby2 関数で結果を出力します。囲み部分から，リスク比は 0.6914，オッズ比は 0.3520 であり，**式 8.5.1c** で得られたリスク比 2 および**式 8.5.2c** で得られたオッズ比 2 の値とも一致しています。

```
#列の入れ替え
> m2<- m1[,c(2,1)]
> m2
     [,1] [,2]
[1,]   11   10
[2,]   25    8
```

```
#リスク比の算出（留学なし群が分母の場合）
> twoby2(m2)
2 by 2 table analysis:
--------------------------------------------------
Outcome : Col 1
Comparing : Row 1 vs. Row 2
Col 1 Col 2 P(Col 1) 95% conf. interval
Row 1 11 10 0.5238 0.3184 0.7215
Row 2 25 8 0.7576 0.5850 0.8739
95% conf. interval
            Relative Risk:  0.6914  0.4404 1.0856
        Sample Odds Ratio:  0.3520  0.1093 1.1333
Conditional MLE Odds Ratio:  0.3594  0.0931 1.3211
    Probability difference: -0.2338 -0.4641 0.0218
            Exact P-value:  0.0870
       Asymptotic P-value:  0.0801
```

8-5-4◆リスク比とオッズ比の使用の留意点

(1) コホート調査（cohort study）

前向き調査（prospective study）または**追跡調査**（follow-up study）とも呼ばれ，原因と考えられる因子の有無によって構成された 2 群を追跡調査して，その因子の影響のあり・なしを検討するものです。

(2) 対照コントロール調査（case-control study）

後ろ向き調査（retrospective study）ともよばれ，結果がわかった後に，その原因をさかのぼって調査する研究です。この場合にリスク比は使えません。以下の対照コントロール調査事例で，リスク比とオッズ比を使って説明します。

表 8.5.2 の事例は，先述の**表 8.5.1** を使って，もう少し厳密に「英語の好きな人は本当に海外経験をしている人が多いのか」を調べるために，英語が好きな人ばかりを当初の 18 名から 180 名集め，海外経験の有無を尋ねたとします（**表 8.5.2**）。このように，対照コントロール調査では，その研究目的に応じて，

表 8.5.2　対照コントロール調査:「英語で話すこと」の好み

	好き	嫌い	計
海外経験あり	a(100)	b(11)	$a+b$(111)
海外経験なし	c(80)	d(25)	$c+d$(105)
計	$a+c$(180)	$b+d$(36)	$a+b+c+d$(216)

注.（　　）は観測度数

変数の１つのカテゴリ条件だけ意識的に集めて調査することもあります。

・リスク比 $1=\dfrac{a/(a+b)}{c/(c+d)}=\dfrac{10/(100+11)}{80/(80+25)}=1.182$；または，

リスク比 $2=\dfrac{b/(a+b)}{d/(c+d)}=\dfrac{11/(100+11)}{25/(80+25)}=0.416$

・オッズ比 $1=\dfrac{a/b}{c/d}=\dfrac{100/11}{80/25}=2.841$；または，オッズ比 $2=\dfrac{b/a}{d/c}=\dfrac{11/100}{25/80}=0.352$

この結果と**表 8.5.1** の結果（**式 8.5.1c**）を比較すると，1.964 → 1.182；0.691 → 0.416 とリスク比の値が変化しており，結果が歪んでいることがわかります。それに対して，オッズ比は 2.841 と 0.352 で，**式 8.5.2c** の結果から変化しておらず，このような調査でも使用することができることがわかります。

Section 8-6　ノンパラメトリック検定（対応のあるデータを比較する）

8-6-1◆マクネマー検定（対応のある２変数を比較する）

マクネマー検定または**マクネマーの検定**（McNemer/McNemer's test）は，対応のある２変数の２値データ（paired nominal/dichotomous data）の変化を調べる際に用います。間隔尺度で使用する対応ある t 検定，順序尺度以上で使用する**ウィルコクソンの符号付順位検定**に対応する検定です。

表 8.6.1　話すことへの自信

		留学後	
		ない	ある
留学前	ない	15(a)	21(b)
	ある	3(c)	11(d)

マクネマー検定は 2×2 分割表で使用し，例えば，体験談の前後で勉強のやる気が（1. 高まった・0. 変わらない）など介入前の１，０の比率と介入後の１，０の比率に変化があったかを分析します。

※但し，３カテゴリ以上の多値データによる $k\times k$ 分割表における２変数の変化を検定する際には，対応ある２

変数の順序尺度の検定に使用するウィルコクソンの符号付順位検定（8-8-2）で分析可能です。

【操作手順】

表 8.6.1 は，長期留学していた50名の学生に，留学前後に留学先の言語で話す自信が変化したかを尋ねました。それぞれの変数は，2値の名義尺度データを扱うので，2×2分割表をもとに分析がなされます。

❶［McN_Signed.csv］を読み込み，任意のオブジェクト x に入れ，データを確認します。

このデータセットには，「ある（1）」または「ない（0）」の回答データ［Before2］と［After2］と，**8-8-2** で使用する［Before3］と［After3］が並んでいます。

❷マクネマー検定では，データの中の［Before2］と［After2］のみを使用しますので，任意のオブジェクト x1 にこの2列を入れます。

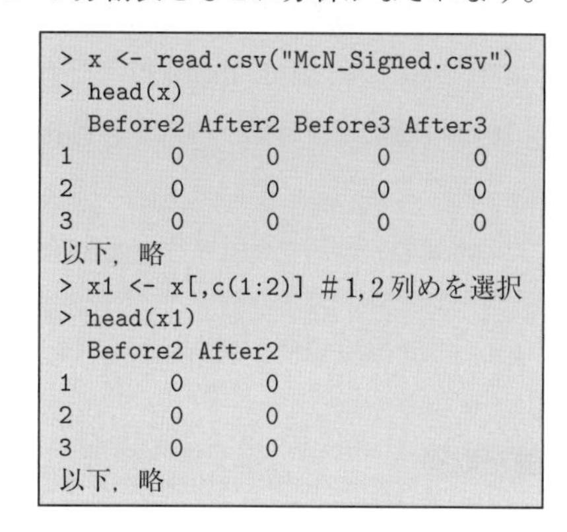

```
> x <- read.csv("McN_Signed.csv")
> head(x)
  Before2 After2 Before3 After3
1       0      0       0      0
2       0      0       0      0
3       0      0       0      0
以下，略
> x1 <- x[,c(1:2)] #1,2列めを選択
> head(x1)
  Before2 After2
1       0      0
2       0      0
3       0      0
以下，略
```

❸ table 関数を使って2×2分割表を作成します（囲み）。そして，**表 8.6.1** の分割表と同じかを確認します。

```
#2x2 分割表作成
> table(x1$Before2,x1$After2)
     0  1
  0 15 21
  1  3 11
```

❹マクネマー検定には，関数 mcnemar.test(変数名1，変数名2) を使用します。

出力結果から，有意になっていることがわかります。

```
#マクネマー検定
> mcnemar.test(x1$Before2,x1$After2)
        McNemar's Chi-squared test with continuity correction

data:  x1$Before_2 and x1$After_2
McNemar's chi-squared = 12.042, df = 1, p-value = 0.0005202
```

【算出式】

マクネマー検定は，**表 8.6.1** の4つのセルの内，2変数間で変化度数を表す b と c のセル情報のみを利用して，**式 8.6.1a** または**式 8.6.1b** で統計量 z を求めます（8-2-1 (2) 参照）。$\chi^2 = z^2$ の関係から，以下のように χ^2 で求めることもできます。

（式 8.6.1a）　$$z_1 = \frac{b-c}{\sqrt{b+c}} = \frac{21-3}{\sqrt{21+3}} = 3.674 \ (p<.01)\ ;\ \chi^2 = \frac{(b-c)^2}{b+c} = 13.50$$

（式 8.6.1b）　$z_2 = \frac{|b-c-1|}{\sqrt{b+c}} = = \frac{21-3-1}{\sqrt{21+3}} = 3.470$；$\chi^2 = \frac{(|b-c-1|)^2}{b+c} = 12.042$

① **式 8.6.1a** では，b＝c の時は，z＝0 となります。

② サンプルサイズが十分大きいときは**式 8.6.1a** を使用します。

③ サンプルサイズが小さいとき（例：b＋c≦25）は，**式 8.6.1b** のイェーツの連続性の修正を利用します（出村，2007；森・吉田，1990 p.191）。今回は，**式 8.6.1b** で算出された値になっています。

また，効果量は，以下の式から算出し，論文に記載します。

$$\text{効果量 } r = \sqrt{\frac{\chi^2}{N}} = \sqrt{\frac{12.04}{21+3}} = 0.708$$

（但し，N＝b＋c）

■**記載例**

> 1 年間の留学を経験した 50 名の学生に対して，留学先の言語で話す自信があるかを留学前後で尋ね，その変化をマクネマー検定で分析した。その結果，留学前後で，「自信がない」から「自信がある」となった学生は 21 名で，逆に，「自信がある」から「自信がない」に変わった学生は 3 名で，検定の結果 p<.001 で有意な変化が見られた。また，効果量も r＝.71 と大きく，1 年間の留学は，話すことへの自信につながることが示された。

8-6-2◆コクランの Q 検定

マクネマー検定が 2 変数の変化を検定するのに対し，**コクランの Q 検定**（Cochran's Q test）は，対応ある 3 変数以上の間でそれぞれの比率に変化や差があるかを検定します。データは 2 値（0/1）データを扱い，「1/0 の比率がすべての変数（条件）間で等しい」という帰無仮説のもとで，次のような場合に使用されます。

(1) 集団が k 個の条件下である特性を有するか否かを調べ，その条件間に差があるかを検定する。

(2) ある一定期間をおいて k 回くり返し調査し，その特性を有する比率が変化したかを調査する。

コクランの Q 検定は，次節で説明するフリードマン検定（Friedman's Test）の 2 値データ版で，変数間の比率の変動や変化が大きいほど Q 値が大きく，有意な結果となります（森・吉田，1990 p.195）。前提として，最低でも 10 以上のサンプルが必要とされています（出村，2007）。また，多重比較にはマクネマー検定が使えます。

【操作手順】

データは，TOEFL コースの学生 15 名に，4 技能（聞く，話す，読む，書く）の苦手意識を調べるため，それぞれの技能に関して，「得意（1）」「苦手（0）」かの 2 択で回答してもらったものです。同一参加者が 4 条件に回答しているため，「対応あり」の 2 値データになります。帰無仮説に対応した「4 技能の苦手意識に違いはない」かを検証していきます。

❶データ［Cochran.csv］を読み込み，任意のオブジェクト x に入れます。4 技能それぞれに対して，「得意（1）」または「苦手（0）」の回答データが並んでいます。

```
> x <- read.csv("Cochran.csv")
> head(x)
  Listening Reading Speaking Writing
1         0       1        0       0
2         1       1        0       0
3         0       1        0       0
4         1       0        0       1
5         1       1        0       1
6         0       1        0       0
```

❷コクランの Q 検定は nonpar パッケージにある cochrans.q（データ名）関数で実行することができます。

出力結果の p 値が .021 であり，5% 水準で有意となっています。

```
#コクランのQ検定
> install.packages("nonpar", dependencies =T)
> library(nonpar)
> cochrans.q(x)
Cochran's Q Test
 H0: There is no difference in the effectiveness of treatments.
 HA: There is a difference in the effectiveness of treatments.

 Q = 9.71428571428572
 Degrees of Freedom = 3
  Significance Level = 0.05
 The p-value is  0.0211576681477015
 There is enough evidence to conclude that the effectiveness of at least
two treatments differ.
```

❸次に，4 技能間のどこに差があるかを 2×2 分割表に基づくマクネマー検定によって調査します。

マクネマー検定には，8-6-1 で使用した，関数 mcnemar.test（変数名 1，変数名 2）で，検定を行う変数を以下のように指定します。

```
> mcnemar.test(x$Listening, x$Speaking)
> mcnemar.test(x$Listening, x$Writing)
> mcnemar.test(x$Reading, x$Speaking)
> mcnemar.test(x$Reading, x$Writing)
McNemar's Chi-squared test with continuity correction
data:  x$Listening and x$Speaking
McNemar's chi-squared = 2.2857, df = 1, p-value = 0.1306
```

```
McNemar's Chi-squared test with continuity correction
data:  x$Listening and x$Writing
McNemar's chi-squared = 0.25, df = 1, p-value = 0.6171

       McNemar's Chi-squared test with continuity correction
data:  x$Reading and x$Speaking
McNemar's chi-squared = 6.125, df = 1, p-value = 0.01333

       McNemar's Chi-squared test with continuity correction
data:  x$Reading and x$Writing
McNemar's chi-squared = 1.4545, df = 1, p-value = 0.2278
```

結果は，ボンフェローニの方法で調整した有意確率（$=\alpha/$ 比較回数 $=.05/4=0.0125$）では，かなり厳しい有意水準となりますが，Reading と Speaking の間に有意傾向（$p=0.0133$）があることがわかります。

効果量は，上記の結果におけるカイ二乗値から，以下のように求めることができます。

$$\text{読む・話す間の効果量 } r=\sqrt{\frac{\chi^2}{N}}=\sqrt{\frac{6.125}{15}}=0.639$$

■記載例

> 学生15人に対して，英語の4技能に対する苦手意識を調査した。技能間によって得意と感じる比率に差があるかどうかを，コクランのQ検定で検証したところ，$Q(3)=9.714$，$p=.021$ と5%水準で有意であった。そこで，マクネマー検定であらかじめ関心のある技能間で4回の多重比較を行ったところ，ボンフェローニの方法で調整した有意水準（$=.05/4=0.0125$）で判断すると，読む・話すの間に $p=.013$ と有意傾向がみられ，効果量が $r=0.639$ と大きかった。

Section 8-7　順序尺度の検定

8-7-1◆順序尺度を扱うノンパラメトリック検定の特徴

順序尺度データを使ったノンパラメトリック検定は，どのような特徴があるか概観しましょう。

①どのような形状かわからない母集団からのデータを扱うので，正規性を仮定しません。しかし，等分散性は求められています。

②分析の代表値として中央値が使われます。散らばり（散布度）のパラメータとしては，範囲，四分位範囲，および四分位偏差が利用できます。

・**中央値**（median）：順序尺度以上のデータを順番に並べた時の真ん中（50%タイル）にあたる値。データの真ん中の値が4と5の場合は，平均を取って4.5になります。
・**範囲**（range）：最大値と最小値の差
・**四分位偏差**（quartile deviation）：最小値から順に並べたデータを4等分し，その境界となる第1四分位数（Q_1：25%タイル）と第3四分位数（Q_3：75%タイル）の差である**四分位範囲**（inter-quartile range：IQR）を2で割った値。$Q=(Q_3-Q_1)/2$

③順序尺度以上のデータも扱うことができます。よって，パラメトリック検定で行うことが適当でない比率や間隔尺度データを順序尺度として分析できます。
④外れ値があった場合，平均値では外れた距離に大きく影響を受けますが，中央値では順序に対応した値が使われるため大きな影響を受けません。
⑤サンプルサイズがかなり小さい場合や2群の散布度に大きな偏りがある場合は不正確になります（Filed, 2009 p.540）。サンプルサイズがあまりに小さい場合は，如何なる値をとっても有意になりにくくなります。そのため，各群10以上は必要で（永田・吉田，1997 pp.64−65），2群の順位が同じ（タイの）場合はさらにサンプルが必要になります。特に，多重比較する場合は対比較の有意水準を厳しく調整するため，検定力が落ちます。
⑥パラメトリック検定との比較に，次の**漸近相対効率**という用語が使われます。
⑦母集団から無作為抽出したデータであることを前提にします。

●**漸近相対効率**（asymptotic relative efficiency：ARE）とは，パラメトリック検定とノンパラメトリック検定の検出力の比で，1の時に等しく，値が小さくなるに連れてノンパラメトリック検定の検出力の方が劣ることを意味します。ウィルコクソンの順位和検定もウィルコクソンの符号順位検定も，正規分布の場合は0.955となり，パラメトリック検定より若干劣ります。
　間隔尺度データほど情報を活用していない順序尺度データを扱うノンパラメトリック検定ですが，正規分布以外の多くの分布に対して1を超えることがわかっており，正規性がない場合はノンパラメトリック検定を利用した方が妥当だと言えます（村上，2015）。

　以上のことから，ノンパラメトリック検定は，外れ値が含まれるデータに頑健でパラメトリック検定を補完することができます。しかし，有意差検定であるので，サンプルサイズがかなり小さい場合や2群の散らばりが大きく偏っている場合は，パラメトリック検定同様に，正確な検定は難しくなります。よって，サンプルサイズなど，データの質を確保することが基本になります。

8-7-2◆順序データの種類

表8.7.1は，順序尺度データを扱う主なノンパラメトリック検定と，それに対応するパラメトリック検

表 8.7.1　順序尺度を扱う検定と多重比較

目的	要因群数	群間対応	順序尺度を扱う ノンパラメトリック検定手法	対応するパラメトリック検定手法・ 備考	記載箇所
代表値の差の検定	1要因 2群	なし	・マン・ホイットニーの U 検定 （Mann-Whitney U test） ・ウィルコクソンの順位和検定 （Wilcoxon rank sum test）	・対応なし t 検定に相当 ・効果量は r	8-8-1
		あり	・ウィルコクソンの符号付順位検定 （Wilcoxon signed-rank）	・対応あり t 検定に相当 ・効果量は r	8-8-2
	1要因 2群以上	なし	・クラスカル・ウォリス（の順位和）検定 （Kruskul-Wallis Test；Kruskal-Wallis rank sum test）	・対応なし一元配置分散分析に相当 ・マン・ホイットニーによる多重比較後，p 値を調整 ・効果量は r	8-8-3
		あり	・フリードマン検定 （Friedman's Test；Friedman's ANOVA） （Kendall's W：Kendall's coefficient of concordance）	・対応あり一元配置分散分析に相当 ・ウィルコクスンの符号付順位検定による多重比較後，p 値を調整 ・効果量は r ・Kendall's W はフリードマン検定の統計を正規化したもの	8-8-5
関係の強さ	順序＆順序		・スピアマンの順位相関係数（Spearman's rank correlation coefficient；r_s） ・ケンドールの順位相関係数（Kendall's rank correlation coefficient）	・ピアソンの積率相関係数に相当 ・効果量指標となる	6-8-6

定を示しています。

8-7-3◆順序データの多重比較と効果量

●順序尺度を扱う検定の多重比較

表 8.7.1 にあるように，3 水準（群，条件）以上ある検定では，有意であった場合はどこに有意差があるかを調べるために，以下の方法で多重比較を行います。

(1) 2 群の比較検定（ウィルコクソンの順位和検定など）で対比較を行い，ボンフェローニの方法で調整した p 値を出す方法（**8-8-4❻**）やライアン法で有意水準の調整を行います。

(2) 多重検定として，スティール・ドゥワスの方法（Steel-Dwass test）もよく使われます。この手法は，テューキー（Tukey）の方法のノンパラメトリック版です。群間ですべての対比較を同時に検定するために順位が使われます。また，オンライン上で計算できるサイト（http://www.gen-info.osaka-u.ac.jp/MEPHAS/s-d.html）もあります。詳細は，永田・吉田（1997）を参照してください。

●順序データの効果量

順序尺度で使用できる効果量として，以下の方法があります。

(1) z 値から r 値を算出し，効果量として報告：$r = \frac{z}{\sqrt{N}}$（式 8.2.3）（0～1の範囲の値を取る；Field, 2009 p.550）

(2) ノンパラメトリック用効果量 Cliff 's delta または d（Cliff 's Delta effect size for ordinal variables）

この Cliff 's delta の目安は，以下のように示されています（Romano, 2006）。

$|d| < 0.147$ "negligible"，$|d| < 0.33$ "small"，$|d| < 0.474$ "medium"，otherwise "large"

●サンプルサイズや散布度に問題がある場合

(1) **正確確率検定**（Exact test）：名義尺度の場合と同様にサンプルサイズがかなり小さい場合や偏りがある場合は，正確な近似確率を求めることができないため，こちらの方法が推奨されています（Field, 2009 p.547；7-3-3 参照）。どの組み合わせを含むかは検定によって異なりますが，A 変数と B 変数の 2 変数の総ペアを比較し，A>B となるペア数がどの程度多いかを確率計算する方法です。サンプルサイズが大きい場合は，次の (2) の方法が有効です。

(2) **モンテカルロ法**（Monte Carlo method）：元データから，シミュレーションでたくさんの統計量の分布を発生させ，統計量の発生確率を求める方法で，その有意水準の信頼区間も算出されます。この方法は，上記の正確確率検定に比べてサンプルサイズが大きい場合に使います。

● Kolmogorov-Smirnov および Shapiro-Wilk による正規性の検定

パラメトリック検定の母集団分布の正規性が仮定できないデータであるかを確認する方法の 1 つに，第 1 章（1-8-1）で紹介したコルモゴロフ・スミルノフの検定（Kolmogorov-Smirnov test）およびケース数が少ない場合に参考になるシャピロ・ウィルクの検定（Shapiro-Wilk test）があります。

Section 8-8 順序尺度検定の実践

8-8-1◆ウィルコクソンの順位和検定（対応なしの 2 群比較）

ウィルコクソンの順位和検定（Wilcoxon rank sum test；または Wilcoxon の W）と**マン・ホイットニーの U 検定**（Mann-Whitney U test；または **U 検定**：U test）は，対応がない 2 群の中央値に差があるかを検定し，実質的には同じ検定です。そのため，Wilcoxon-Mann-Whitney U test とも呼ばれることもあります。対応がない t 検定に対応するノンパラメトリック検定になり，R では，ウィルコクソンの順位和検定を用います。

これらの検定を使用する際に以下のことに留意します。

(1) ノンパラメトリック検定の中でも比較的検定力が高いのですが，サンプルサイズがかなり小さい（たとえば，２群の合計が 10 以下）と有意差が出にくくなります。

(2) ２群のサンプルサイズがほぼ等しいことが望ましいです（対馬，2007 p.76）。

【操作手順】

使用データ［WilcoxonRankSum.csv］は，習得させたい単語を 10 名には句の形で，別の 10 名には文の中で覚えさせ，２週間後にどちらの条件が単語の定着がより良かったかを調べたものです。正規性に問題があったためウィルコクソンの順位和検定を行います。帰無仮説は「単語提示条件の違いによって，語彙テスト得点の中央値に差はない」となります。

❶データ［WilcoxonRankSum.csv］を読み込み，確認します。条件［Condition］は，句条件［1］，と文条件［2］があります。従属変数の［Vocabulary］では 30 点満点の得点が入っています。

❷グループ変数になる［Condition］変数を因子型にします。

```
> x<-read.csv("WilcoxonRankSum.csv")
> head (x)
  Condition Vocabulary
1         1          5
2         1          8
3         1         11
4         1         29
以下，略
> x$Condition <-factor(x$Condition)
> class(x$Condition)
[1] "factor"
```

❸語彙テスト得点の条件別の分布を調べるために，hist 関数または lattice パッケージの histogram 関数を使って，ヒストグラムを作成します。

図 8.8.1 を見ると明らかに正規分布になっていないことがわかります。

```
#グループ別ヒストグラム１
> par(mfrow=c(1,2)) #１画面に１と２のヒストグラム表示
> hist(x$Vocabulary[x$Condition==1],xlab = "句条件")
> hist(x$Vocabulary[x$Condition==2],xlab = "文条件")
(par(mfrow=c(1,1)) #１画面に１つに戻す場合）

#グループ別ヒストグラム２
> install.packages("lattice") #初回のみ
> library(lattice)
> histogram(~Vocabulary|Condition,
data=x,breaks=seq(0,30, 5), xlab = "句条件と文条件")
  図，略
```

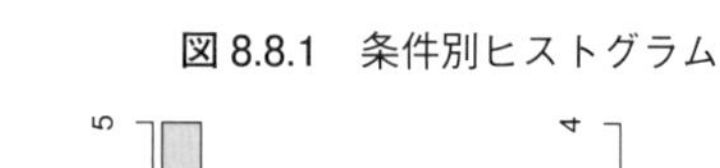

図 8.8.1　条件別ヒストグラム

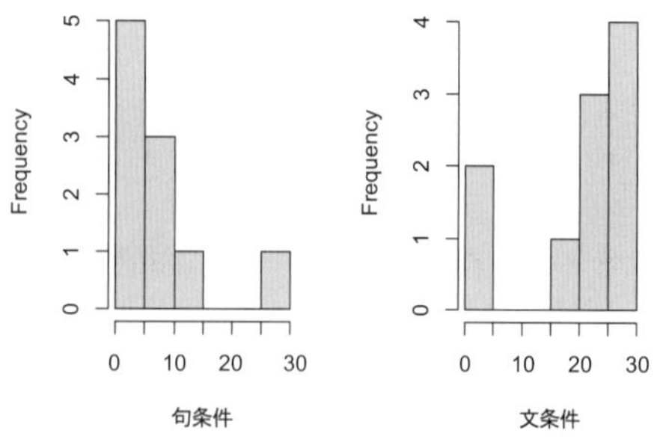

❹今度は，条件ごとの蜂群図も見てみます。

```
>with(x,boxplot(Vocabulary~Condition,names =
c("句条件","文条件")))
library(beeswarm)
beeswarm(x$Vocabulary ~ x$Condition, add = T)
```

図 8.8.2　条件別蜂群図

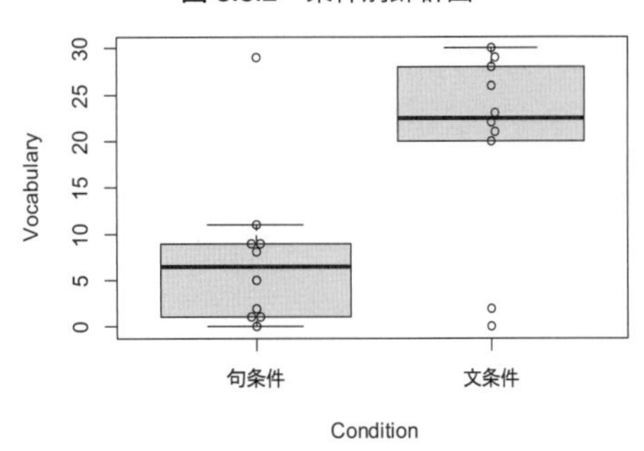

❺ノンパラメトリック検定の記述統計として使われる指標値には，分析の代表値として中央値（median），散らばり（散布度）のパラメータとしては，範囲（range），四分位範囲（1st Qu.），および四分位偏差があります。describe 関数と summary 関数で条件ごとに出します。

```
> library(psych)
> describeBy(x$Vocabulary, group = Condition)
 Descriptive statistics by group
group: 1
   vars  n mean   sd median trimmed  mad min max range skew kurtosis  se
X1    1 10  7.5 8.54    6.5    5.75 6.67   0  29    29 1.42     1.16 2.7
-------------------------------------------------------
group: 2
   vars  n mean    sd median trimmed  mad min max range  skew kurtosis  se
X1    1 10 20.1 10.64   22.5   21.38 6.67   0  30    30 -0.97    -0.72 3.36
> summary(x$Vocabulary[x$Condition==1],xlab)
   Min. 1st Qu.  Median    Mean 3rd Qu.    Max.
   0.00    1.25    6.50   7.50    9.00   29.00
> summary(x$Vocabulary[x$Condition==2],xlab)
   Min. 1st Qu.  Median    Mean 3rd Qu.    Max.
   0.00   20.25   22.50   20.10   27.50   30.00
```

❻正規性がないこと，そしてデータに同じ数字があるため，ウィルコクソンの順位和検定を通常の `wilcox.test` 関数ではなく，`wilcox.exact` 関数で実行します。なお，ウィルコクソンの順位和検定では `paired=FALSE` とします。ちなみに，`paired=TRUE` とするとウィルコクソンの符号付順位検定となります。

```
> install.packages("exactRankTests", dependencies = T) #初回のみ
> library(exactRankTests)
> x1 <- wilcox.exact(x$Vocabulary~x$Condition, paired = FALSE, correct = FALSE)
> x1
        Exact Wilcoxon rank sum test

data:  x$Vocabulary by x$Condition
W = 22.5, p-value = 0.03696
alternative hypothesis: true mu is not equal to 0
```

❼続いて，p 値から z 値を求め，その情報から効果量 r を算出します。

以下の式からも算出できます。

$$r=\frac{z}{\sqrt{N}}=\frac{2.08624}{\sqrt{20}}=0.466$$

```
> pval<-x1$p.value
> z1<-qnorm(1-(pval/2))
> z1
[1] 2.08624
> r1<-z1/sqrt(length(x$Vocabulary))
> r1
[1] 0.4664957
```

【論文への記載】

論文内でデータから得られた結果に言及する場合，各グループの中央値，W 値，p 値，r 値等を報告します。

■記載例

それぞれ10名の生徒に句または文単位で単語を覚えさせた後，30点満点の語彙テストを行った。得点が正規分布から逸脱していたため，ウィルコクソンの順位和検定を用いて，暗記条件間で語彙の定着度に差があるかを検証した。その結果，文グループ（mediam = 22.5）が5%水準で有意に句グループ（mediam = 6.5）より高いことがわかった（W = 22.5，p = .037，r = .47）。また，効果量も中程度以上であった。このことから，単語を文単位で提示された方が，句単位で提示するより効果的だと言える。

8-8-2◆ウィルコクソンの符号付順位検定（1要因の対応ある2群の比較）

ウィルコクソンの符号付順位検定（Wilcoxon signed-rank test / Wilcoxon signed ranks test）は，順序尺度以上のデータを扱い，対応のある2群（水準）の中央値の差を検定します。セクション8-8-1のウィルコクソンの順位和検定とは異なる検定法で，対応あり t 検定に対応するノンパラメトリック検定にあたります。特徴としては，母集団分布に対称性を仮定しています（村上，2015 p.34）。

【操作手順】

8-6-1で使ったデータ［McN_Signed.csv］を使います。学生50名に対し，6か月間の留学前後に，留学先の言語で話す自信度（ある［2］・少しある［1］・ない［0］）を尋ねました。順序性があるので順序尺度として扱い，留学前後でどう自信度が変化したかを分析します。

❶［McN_Signed.csv］を読み込みます。今回は，最後の2列［Before3］［After3］を使用します。

```
> x2<-read.csv("McN_Signed.csv")
> tail(x2)
   Before2 After2 Before3 After3
45       1      1       2      2
46       1      1       2      2
47       1      1       2      2
以下，略
```

❷ describe 関数や summary 関数を用いて，データの傾向を見ます。

```
> library(psych)
> describe(x2[,3:4])
        vars  n mean   sd median trimmed  mad min max range  skew kurtosis   se
Before3    1 50 0.98 0.77      1    0.98 1.48   0   2     2  0.03    -1.34 0.11
After3     2 50 1.14 0.86      1    1.18 1.48   0   2     2 -0.26    -1.62 0.12
> summary(x2[,3:4]) #要約関数
  略
```

❸ウィルコクソンの符号付順位検定を，wilcox.exact 関数で paired = TRUE と指定します。

```
> x3 <- wilcox.exact(x2$Before3,x2$After3, paired = TRUE, correct = FALSE)
> x3
        Exact Wilcoxon signed rank test
data:  x2$Before3 and x2$After3
V = 22.5, p-value = 0.05737
alternative hypothesis: true mu is not equal to 0
```

❹ z, r 値の出し方については，ウィルコクソンの順位和検定の場合（8-8-1 ❼）と同様です。

```
> pval<-x3$p.value
> z3<-qnorm(1-(pval/2))
> z3
[1] 1.900458
> r3<-z3/sqrt(100)
> r3
[1] 0.1900458
```

【論文への記載】

ウィルコクソンの符号順位和検定を行った際には，検定で得た統計値と p 値，および効果量を以下のように報告します。

■記載例

> 50 名の学生を対象に 6 ヶ月の留学前後で，留学先の言語を話す自信について変化があったかどうかを調査した。ウィルコクソンの符号付順位和検定の正確性検定で分析したところ，$V=22.5$，$p=.057$，$r=0.190$ で有意傾向はみられたが，効果量は小さかった。よって，自信がついたと回答した人は有意に増えるとはいえない。

8-8-3◆クラスカル・ウォリスの順位和検定（対応のない 3 群以上の比較）

クラスカル・ウォリスの順位和検定（Kruskal-Wallis test；Kruskal-Wallis rank sum test）は，対応のない 3 群以上のデータの中央値に差がないかを検定します。対応なしの一元配置分散分析に対応するノンパラメトリック検定で，順序尺度以上を扱い，正規性を仮定しないので，その仮定に問題がある場合にこちらを使用することができます。また，「賛成・どちらかと言えば賛成・反対」「上位・中位・下位」などの順序

関係があるアンケート回答の3件法や4件法の分析にも使えます。

有意差があった場合は，スティール・ドゥワスの方法などで多重比較を行います。一度に多重比較できない場合は，対応がない2群を比較するウィルコクソンの順位和検定（8-8-1）を使用し，ボンフェローニの方法またはライアン法で有意水準を調整します。

【操作手順】

使用するデータ［KuruskalWallis.csv］は，1クラス8名のクラスA・B・Cのスピーチパフォーマンスを10点満点で評価したものです。ここでは，「3クラスの得点の中央値に差がない」という帰無仮説を検証します。

❶［KuruskalWallis.csv］を読み込みます。［Class］は一列に1〜3クラス，［Exam］はスピーチの得点となっています。

❷ factor 関数で，Class 変数を因子型に変換します。

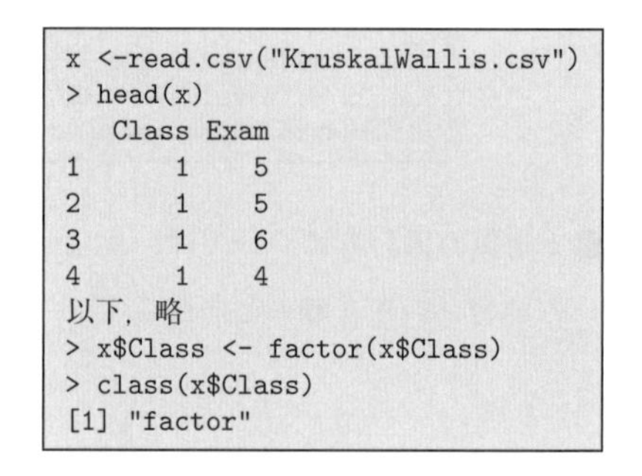

```
x <-read.csv("KruskalWallis.csv")
> head(x)
  Class Exam
1     1    5
2     1    5
3     1    6
4     1    4
以下，略
> x$Class <- factor(x$Class)
> class(x$Class)
[1] "factor"
```

❸その後，boxplot を使ってクラスの中央値の確認を行います。

```
> with(x, boxplot(Exam~Class, names=c("1","2","3")))
```

図 8.8.3　3クラスのボックスプロット

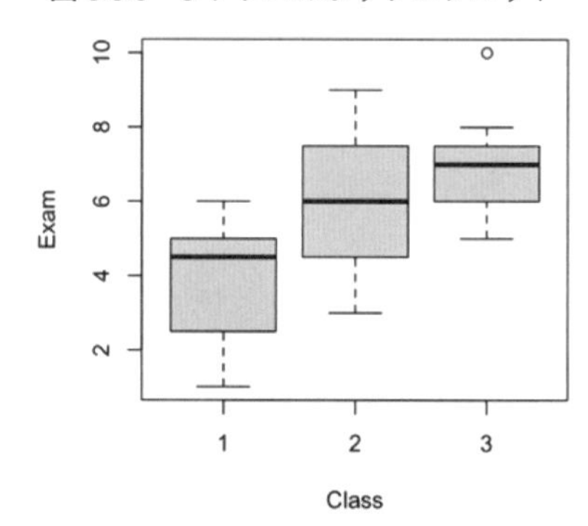

❹記述統計 summary 関数で中央値を確認します。

```
> summary(x$Exam[x$Class==1])
   Min. 1st Qu.  Median    Mean 3rd Qu.    Max.
  1.000   2.750   4.500   3.875   5.000   6.000
> summary(x$Exam[x$Class==2])
   Min. 1st Qu.  Median    Mean 3rd Qu.    Max.
   3.00    4.75    6.00    6.00    7.25    9.00
> summary(x$Exam[x$Class==3])
   Min. 1st Qu.  Median    Mean 3rd Qu.    Max.
   5.00    6.00    7.00    7.00    7.25   10.00
```

❺クラスカル・ウォリスの順位和検定を，kruskal.test 関数を用いて算出します。結果は，p=.011 で5%水準で有意となっています。

```
#クラスカル・ウォリスの順位和検定
> library(psych)
> kruskal.test(x$Exam~factor(x$Class), data = x)
      Kruskal-Wallis rank sum test
data:  x$Exam by factor(x$Class)
Kruskal-Wallis chi-squared = 9.022, df = 2,
p-value = 0.01099
```

❻3群のどこに有意差があるかを，Steel-Dwass 法による多重比較を行います。NSM3 パッケージをインストールし，関数 pSDCFlig（独立変数，従属変数）を読み込みます。

```
# Steel-Dwass 法による多重比較
> install.packages("NSM3", repos = "http://cran.ism.ac.jp/")
> library(NSM3)
> pSDCFlig(x$Exam,x$Class)
Ties are present, so p-values are based on conditional null distribution.
Group sizes: 8 8 8
Using the Monte Carlo (with 10000 Iterations) method:

For treatments 1 - 2, the Dwass, Steel, Critchlow-Fligner W Statistic is 2.5687.
The smallest experimentwise error rate leading to rejection is 0.163 .

For treatments 1 - 3, the Dwass, Steel, Critchlow-Fligner W Statistic is 4.29.
The smallest experimentwise error rate leading to rejection is 0.0031 .

For treatments 2 - 3, the Dwass, Steel, Critchlow-Fligner W Statistic is 1.2873.
The smallest experimentwise error rate leading to rejection is 0.6573
```

クラスA−B，A−C，B−C 間の結果が出力されます。モンテカルロ法（8-7-3）による1万回のシミュレーション分析によるため，分析するたびに若干数値が異なります（囲み）。多重比較の結果は上記の結果，得られたp値をもとにz値を出し，効果量$r(=\frac{z}{\sqrt{N}})$から算出します（8-7-3または8-8-1❺参照）。

A−B：p=.163，z=1.39，r=.35

A−C：p=.003，z=2.99，r=.75

B−C：p=.657，z=0.44，r=.11

【論文への記載】

論文へは，中央値を報告すると，どのクラスが最も得点が高いか把握できます。以下のように，クラスカル・ウォリスの順位和検定の統計量とp値，また，多重比較で算出されるp値，z値および効果量r値を報告します。

■記載例

> A・B・C組（各８名）のスピーチのパフォーマンスに違いがあるかをクラスカル・ウォリスの順位和検定を用いて検証した。その結果，$\chi^2(2)=9.02$，$p=.011$ で，5%水準で有意差があった。Steel-Dwass 法による多重比較の結果，C組（medium＝7.0）がA組（medium＝4.5）より中央値が有意に高く，効果量 r も大きかった（$p=.003$，$z=2.99$，$r=.75$）。

8-8-4◆フリードマン検定（対応ある３条件以上の比較）

フリードマン検定（Friedman test）は，対応ある３条件以上の順序尺度データを扱います。各条件の中央値に差があるかを検定します。対応あり一元配置分散分析に相当するノンパラメトリック検定で，**フリードマンの分散分析**（Friedman's ANOVA）とも呼ばれています。帰無仮説のもとで，自由度 $k-1$ の χ^2 分布に近似的に従うことを利用して検定が行われます。また，複数条件を設定することからサンプルサイズはある程度大きくなくては正確な検定はできません（吉田・森，1990 p.214）。

【操作手順】

ここでは，15人に学期中に事前テスト（PreTest）後に，音読指導を進め，計３回の事後の音読テストを行った例を取り上げます。事前テストからの伸びを検定するために，フリードマン検定を使用します。正規性が満たされていない８点満点のデータ［Friedman.csv］になります。

❶データ［Friedman.csv］を読み込み，確認します。

```
> x<-read.csv("Friedman.csv")
> head(x)
  ID PreTest Test1 Test2 Test3
1  1       3     6     4     5
2  2       5     4     8     6
3  3       4     5     5     8
以下，略
```

❷フリードマン検定を行う際には，データを行列（マトリックス）形式にします。そのため，1列めのID列を取り除きます。

```
> x1 <- x[,c(-1)]
> head(x1)
  Pretest Test1 Test2 Test3
1       3     6     4     5
2       5     4     8     6
3       4     5     5     8
以下，略
```

❸中央値などの記述統計でデータを確認します。

```
> summary(x1)
    Pretest          Test1             Test2            Test3      
 Min.   :1.000   Min.   : 1.000   Min.   :2.0   Min.   : 2.0  
 1st Qu.:3.000   1st Qu.: 4.000   1st Qu.:4.0   1st Qu.: 4.0  
 Median :4.000   Median : 5.000   Median :5.0   Median : 5.0  
 Mean   :4.067   Mean   : 5.133   Mean   :5.4   Mean   : 5.6  
 3rd Qu.:5.000   3rd Qu.: 6.500   3rd Qu.:6.5   3rd Qu.: 7.0  
 Max.   :7.000   Max.   :10.000   Max.   :8.0   Max.   :10.0  
```

❹そして，friedman.test 関数を用いる際に，as.matric（データ）とすることで，行列形式で

```
> friedman.test(as.matrix(x1))
        Friedman rank sum test
data:  as.matrix(x1)
Friedman chi-squared = 17.109, df = 3, p-value = 0.0006713
```

データを分析してくれます。結果より，p 値［0.00067］が1%水準で有意となっています。

❺多重比較を行うには，まず，stack 関数で，データを縦長のリスト形式（スタック形式）にする必要があります。

続いて，変数名が自動で付けられているので，colnames 関数で，わかりやすい変数名（［Score］，［Test］）に変更します。

```
> x2 <- stack(x1) #リスト形式にする
> head(x2)
  values     ind
1      3 Pretest
2      5 Pretest
3      4 Pretest
以下，略
> colnames(x2) <- c("Score", "Test") #変数名の変更
> head(x2)
  Score    Test
1     3 Pretest
2     5 Pretest
3     4 Pretest
以下，略
```

❻多重比較ができるデータフレームになったところで，pairwise.wilcox.test 関数を使って，対応ありの2変数の比較で使用するウィルコクソンの符号付順位検定（8-8-2）ですべてのペアの比較をします。その際，Bonferroni の方法で有意水準を調整します（［p.adj="holm"］にすると，Holm の方法で調整されます）。

結果から，Pretest と有意差があるのが，Test2 と Test3 となっています。

```
> pairwise.wilcox.test(x2$Score, x2$Test, p.adj="bonferroni", paired = TRUE, exact=F)
      Pairwise comparisons using Wilcoxon signed rank test with continuity correction
data:  x3$Score and x3$Test
      Pretest Test1  Test2
Test1 0.1683  -      -
Test2 0.0024  1.0000 -
Test3 0.0218  1.0000 1.0000
P value adjustment method: bonferroni
```

❼効果量 r については，上記の結果で得られた p 値から z 値を求め，その情報から効果量を算出します。プレテストとテスト2の間では，$z=3.04$，$r=.78$ であることがわかりました。その他のテストどうしも，同じように計算します。

```
> pval <- 0.0024 #プレテストとテスト2
> z5 <- qnorm(1-(pval/2))
> z5
[1] 3.035672
> r5 <- z5/sqrt(15)
> r5
[1] 0.7838072
> pval <- 0.0218 #プレテストとテスト3
> z6 <- qnorm(1-(pval/2))
> z6
[1] 2.293835
> r6 <- z6/sqrt(15)
> r6
[1] 0.5922656
```

【論文への記載】

論文内でデータから得られた主要な統計値を以下のように報告します。

■記載例

> 15名に8点満点の音読テストを指導後に3回行い，変化があったかどうかをフリードマン検定で調べた。その結果，$\chi^2(3) = 17.11$，有意確率 $p<.001$ と1%水準で有意であった。プレテストとどのテストの間で有意かを多重比較で調べた結果，プレテストとテスト2（$p=.002$，$z=3.04$，$r=.78$），およびテスト3の間（$p=.022$，$z=2.30$，$r=.59$）に有意差がみられた。よって，指導後の効果が確認できた。徐々にテスト得点が伸び，プレテストからテスト2，プレテストからテスト3で有意な伸びがみられ，かつ中程度の効果量があった。

8-8-5◆順序相関係数（関係の強さを測る）

パラメトリック検定でよく使われるピアソンの積率相関係数に対応する，ノンパラメトリック検定の相関係数には，**スピアマンの順位相関係数**（Spearman's rank correlation coefficient：r_s）と**ケンドールの順位相関係数**（Kendall's rank correlation coefficient）があります（**7章表7.2.1**参照）。どちらも，順序尺度同士の相関係数で，−1から1の値を取り，0で無相関，±1に近づくほど正または負の相関が強いことを表しています（**表8.8.1**）。

ピアソンの順位相関係数は外れ値によって，大きく正規性がくずれ相関係数が低くなる場合があります。そのような場合に，正規性を前提としない順位情報のみを使ったスピアマン順位相関係数を使用します。算出式は下記の**式8.8.1**で求めることができます。

Rの操作方法は，ピアソンの相関係数と同様の関数を使って，`cor.test(x,y,method="spearman")`とします。ケンドールの順位層関係係数の場合は，`method="kendall"`に変更すると算出できます（**7-1-2**参照）。

表8.8.1　相関係数の解釈の目安

$\|r\|$の値	相関の強さの解釈
1.0～0.7	強い相関がある
0.7～0.4	中程度の相関がある
0.4～0.2	弱い相関がある
0.2～0.0	ほぼ相関がない

注．田中・山際（1992 p.188）に基づく

（式8.8.1）　$$r_s = 1 - \frac{6\sum_i^n d_i^2}{n^3 - n}$$　（d_i：対応する順位の差）

9章 回帰分析

変数間の影響を予測する

Section 9-1 回帰分析とは

7章で扱った相関分析は，因果関係を想定せずに変数間の関係の強さを調査する場合に使用しました。それに対して，本章では使う**回帰分析**（regression analysis）は，変数間に方向性を想定して，1つまたは複数の独立変数（説明変数）の従属変数（目的変数）に対する影響の大きさ（説明率）を検討する場合などに用います。

たとえば，回帰分析ではアパートを借りる場合の条件から，アパートの家賃を予測することができます。この場合，「駅からの距離」「築年数」「部屋の広さ」という条件が独立変数，「アパートの家賃」などを従属変数にすることができます。なお，1つの従属変数（Y）に対して1つの独立変数（X）から予測する場合は**単回帰分析**（simple regression），この例のように，複数の独立変数（$x_1, x_2, x_3, \ldots, x_n$）から予測する場合は**重回帰分析**（multiple regression）を用います。

回帰分析にはいくつか種類があります。まず，独立変数と従属変数の関係を直線的なモデルで表す線形回帰分析と，非直線的に表す非線形回帰分析があります。一般的に，線形回帰分析は，誤差が正規分布に従うことを仮定しており，一般線形モデルと呼ばれる方法です。本章では，この線形回帰分析を扱っています。

また，誤差がどの分布に従うかによって，ロジスティック回帰（二項分布），ポアソン回帰（ポアソン分布），ガンマ回帰（ガンマ分布）といった方法を使用することがあります。これらは，一般化線形モデルと呼ばれます。また，データを複数の集団から集めた場合には，集団間で異なる回帰式が得られる可能性があります。このような場合には，線形混合効果モデル，階層線形モデル，または誤差分布に応じて一般化線形混合効果モデルなどを使う必要があります（平井，2018）。

9-1-1◆単回帰分析と回帰式

回帰分析に限りませんが，独立変数から従属変数の予測値を求めるには，**式 9.1.1** のように，観測値に当てはまるモデルを立てて，そのモデルの当てはまりのよさを検討します。

（式 9.1.1）　観測値（observed）＝予測値（model）＋残差（deviation/residual）

（式 9.1.2）　残差平方和（SS_R）$=\sum$(観測値－予測値)^2

回帰分析の場合は**線形モデル**（linear model）を立て，それぞれの観測値から回帰直線までの距離が最も小さくなる直線の傾きと切片を求めます。このような直線を見つけるのに**最小 2 乗法**（method of least square）を使います。これは，それぞれの観測値（observed）と直線（model）の差（**残差**：residual）を 2 乗し足し合わせた**残差平方和**（residual sum of square：SS_R）が最小になるように計算する方法です（**式 9.1.2**）。

このようにして求めた直線を**回帰直線**（regression line），予測値と観測値のずれを残差または誤差とよびます。また，回帰直線が Y 軸と交わる点を切片（b_0）とよびます。**図 9.1.1** は，勉強量から期末テストの得点を予測した場合の単回帰直線を示しています。期末テストの予測点は，単回帰式（**式 9.1.3**）に当てはめた，**式 9.1.4** で求めることができます。なお，回帰直線は，必ず観測値（この例では勉強量と期末テストの得点）の平均値を通ります。

図 9.1.1　期末テスト得点を予測する単回帰直線

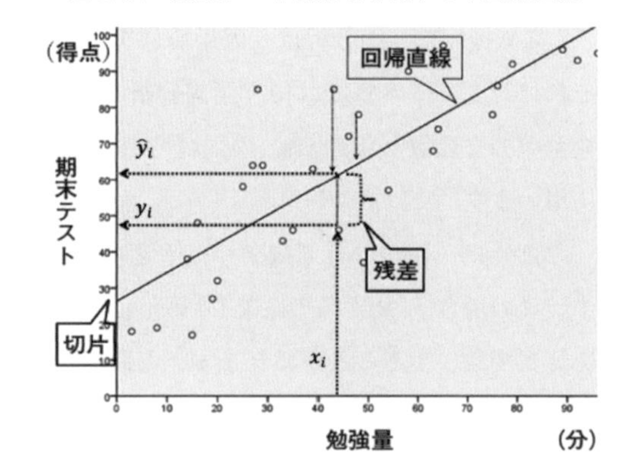

（式 9.1.3）　単回帰式　$\hat{y}=b_0+b_1x$

（式 9.1.4）　期末テストの予測得点（$\hat{y}_i$）$=b_0+b_1\times$勉強量（x_i）

$\hat{y}_i$：予測値（predicted y）。回帰式（モデル）で予測された値

x_i：独立変数 i 番目の値。説明変数または予測変数ともよぶ。予測に用いられる変数

b_1：**回帰係数**（regression coefficients）。独立変数が従属変数に与える影響力，直線の傾き

b_0：**定数**（regression constant）。回帰直線が縦軸と交わる点。**切片**（intercept）

式 9.1.3 の単回帰式のなかで最も重要な指標が回帰係数（b_1）です。これは，独立変数から従属変数を予測する際の影響の程度を表します。**図 9.1.1** でいうと直線の傾きのことで，勉強量（x_i）が 1 分長くなると期末テストが何点上がるか（つまり，どの程度影響を及ぼすか）を表しています。また，b_0 は図の x_i が 0 のときの Y 軸の値で，切片（定数）とよびます。言い換えると，テスト勉強しなかったときの（$x_i=0$）予測得点です。

この回帰係数と切片を使って，少し回帰直線より下にずれている観測値 y_i は**式 9.1.5** のように表すことができます。**式 9.1.1** を比較するとわかりますが，$(b_0+b_1x_i)$ が今回導いたモデル（回帰直線）で ε_i が残差（誤差）になります。

（式 9.1.5）　$y_i=b_0+b_1x_i+\varepsilon_i$

y_i：従属変数（または目的変数ともよぶ）i 番目の観測値
ε_i：残差。誤差ともよぶ。i 番目の残差

9-1-2◆重回帰分析と重回帰式

重回帰式は単回帰式の応用で，複数の独立変数が式に追加された直線モデル（**式 9.1.6**）になります。はじめに取り上げたアパートの家賃の例では，駅からの距離，築年数，部屋の広さという 3 つの独立変数がありました。これを重回帰式に当てはめると，**式 9.1.7** のようになります。そして，それぞれの**偏回帰係数**（partial regression coefficient）を重回帰分析によって求めれば，重回帰式が完成します。

（式 9.1.6）　$\hat{y}=\underbrace{b_0}_{\text{切片}}+\underbrace{b_1x_1+b_2x_2+b_3x_3}_{\text{変動する部分}}$

（式 9.1.7）　アパートの家賃 $=b_0+$ ($b_1\times$駅からの距離) $+$ ($b_2\times$築年数) $+$ ($b_3\times$部屋の広さ)

ただし，
$\hat{y}$：予測値。重回帰式（モデル）で予測された値
x_1, x_2, x_3：独立変数
b_1, b_2, b_3：各独立変数の偏回帰係数

重回帰式における回帰係数は偏回帰係数（b）とよばれ，他の独立変数の影響をとり除いた，ある独立変数の従属変数への影響力を示します。たとえば，**式 9.1.7** の「駅までの距離」の偏回帰係数が -1500 だったとします。これは，他の独立変数の偏回帰係数がどのような値であれ，駅から 1 km 離れたアパートであれば，家賃が 1500 円（$=-1500\times1$），10 km 離れた場合は 15000 円（$=-1500\times10$）安くなることを意味します。つまり，b_1 の値が大きいほど，km あたりの家賃が大きく変わります。このように，ある独立変数の偏回帰係数は，他の独立変数の影響を一定にしたときの従属変数への影響度を示しています。

重回帰分析では，このアパートの家賃の例のように，距離・年数・広さと独立変数の単位が異なる場合は，それぞれの偏回帰係数の大きさを比較することはできません。$b_1=-1500$，$b_2=2500$，$b_3=1000$，だったとすると，最も絶対値が大きい b_2 が一番影響力（予測力）があるとはいえません。よって，比較する

場合は，従属変数およびすべての独立変数の平均を 0，分散を 1 に標準化します。その時の偏回帰係数を**標準（化）偏回帰係数**（standardized partial regression coefficient：β）とよび，この係数が 1 に近いほど，影響力が大きいといえます。この標準偏回帰係数は偏相関（7 章 7−2−3 参照）の概念と似ていますが，前者は独立変数から従属変数を予測する一方向の関係で，後者は双方向の関係にあり，若干異なります。

●偏回帰係数の解釈

上記で説明したように，偏回帰係数は各独立変数の従属変数に対する単独の影響力を示していますが，ここで留意しておくことが 3 点あります。

1 点目は，重回帰式は（**式 9.1.6** 参照），従属変数（家賃）を変化させる部分（$b_1x_1+b_2x_2+b_3x_3$）と変化させない定数部分（b_0）から成り立っていることです。よって，定数部分の割合が変動する部分よりかなり大きければ，いくら偏回帰係数が大きくとも，その独立変数の従属変数全体に及ぼす影響は小さくなります。たとえば，定数である基準家賃が 3 万円ではなく 30 万円もした場合，偏回帰係数によって家賃を変動させることができる割合は全体としては小さくなり，どのような条件であっても比較的家賃が高くなることがわかります。次のセクションで説明する決定係数も，この変動する部分のみの説明率を 0 から 1 の範囲で表したものです。

2 点目は，偏回帰係数の大きさは従属変数と独立変数との因果関係の強さまでは示していないということです。独立変数は必ずしも従属変数の原因となる変数である必要はなく，従属変数を説明するのに適切な独立変数かという観点から選択されるものだからです（浦上・脇田，2008）。よって，偏回帰係数を因果関係の強弱として解釈する場合は，理論的な根拠が必要になってきます。

3 点目は，標準偏回帰係数は，単独では従属変数に対して大きな影響力をもつ独立変数であっても，他の独立変数の従属変数への予測力に影響され，どのような変数を投入するかによって，標準偏回帰係数が小さい値になったり時に負の値になったりすることがあることです。これは，一方の独立変数が従属変数に与える影響が，他の独立変数が従属変数に与える影響と重なるために起こります（後述の**図 9.2.2** 参照）。よって，単純に各標準偏回帰係数の値を従属変数への影響の大きさの違いとみなすことは危険（前田，2004）で，従属変数と独立変数の関係だけでなく独立変数同士の相関や後述する多重共線性の問題などを考慮に入れて解釈する必要があります。

9-1-3◆重相関係数と決定係数

重回帰分析では，前節で説明した個々の独立変数の予測力を示す偏回帰係数に加えて，独立変数全体から得られた従属変数との相関を表す重相関係数（R）が示されます（R の目安として **7−1−3 表 7.1.1** 参照）。ただし，単回帰分析の場合は独立変数が 1 つですので，算出される R は従属変数との相関係数となり，標準回帰係数と同じ値になります。

そして，R を 2 乗した値は**決定係数**（coefficient of determination：R^2）とよばれ，独立変数全体でどのくらい従属変数を説明しているかを示します。つまり，決定係数は回帰式の当てはまりのよさを表しており，1 に近いほど当てはまりがよいといえます。

図 9.1.2　回帰平方

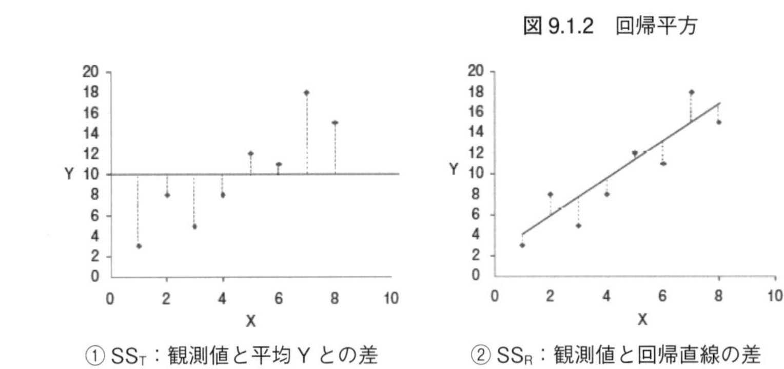

① SS_T：観測値と平均 Y との差　② SS_R：観測値と回帰直線の差

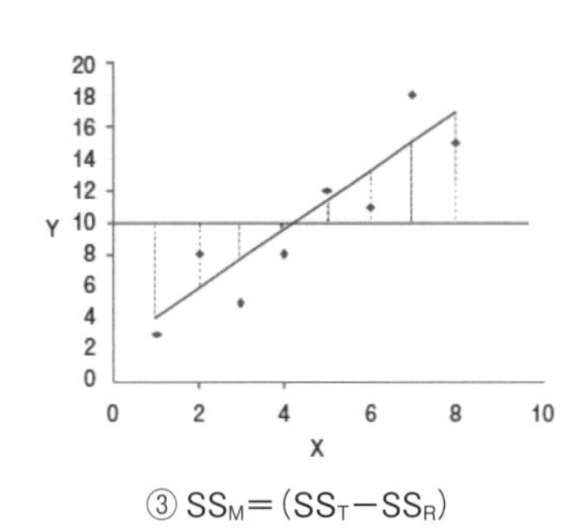

③ $SS_M = (SS_T - SS_R)$

決定係数を算出するにあたり，**図 9.1.2** に示すように 3 種類の分散が算出されます。

① SS_T（total sum of square）：個々の観測値と平均の差の 2 乗を足し合わせた全平方和（全変動）のことで，従属変数の平均が観測値のモデルとしてどの程度適切であるかを表します。これは，回帰直線の傾き（b_1）が 0 の場合の分散を表しています。

※ちなみに，分散分析はこの従属変数全体の平均をモデルにしています。そして，そこから各グループの平均が有意に変動しているかを分析しています（**4 章図 4.1.2** 参照）。

② SS_R（residual sum of square）：残差平方和のことで，平均が回帰直線からどの程度ずれているかを表します。図のように回帰直線はすべての観測値に対して最も適合する直線ですが，それぞれの観測値は回帰直線から多少ずれており，残差を含んでいます。

③ SS_M（model sum of square）：SS_T から SS_R を引いた平方和で，回帰直線による変動（モデルの分散）のことです。つまり，従属変数の平均値より回帰直線を予測に使うことで，どの程度予測が良くなったかを示します。よって，決定係数（R^2）は全変動（SS_T）に対する回帰直線による変動（SS_M）の割合を示します（**式 9.1.8**）。

（式 9.1.8）　$$R^2 = \frac{SS_M}{SS_T}$$

●回帰式の有意性（F 検定）

従属変数の平均を使う（すべての偏回帰係数は0であるという帰無仮説）より，回帰式のほうが観測値のあてはまりがよいかという回帰モデルの有意性を，F 検定を使って検証します。F 値は，モデルの分散（SS_M）を自由度で割った平均平方和（MS_M）が，モデルの誤差分散（SS_R）を自由度で割った平均誤差分散（MS_R）よりどの程度大きいかを分散比（F 値）として算出し，p 値で判断します（**図 9.1.3**）。結果が有意でなければ，算出されたモデルを使った予測値が，実際の値と大きく異なることを意味します。**式 9.1.9** にあるように，決定係数（R^2）から直接的に F 値を算出することもできます（金，2017）。

図 9.1.3　回帰式の有意性検定の表示例

```
##
## Call:
## lm(formula = TermEnd ~ MidSem, data = x)
##
## Residuals:
##     Min      1Q  Median      3Q     Max
## -38.523  -7.832   0.399   7.684  48.402
##
## Coefficients:
##             Estimate Std. Error t value Pr(>|t|)
## (Intercept)  9.51009    2.73141   3.482 0.000699 ***
## MidSem       0.84640    0.04817  17.569  < 2e-16 ***
## ---
## Signif. codes:  0 '***' 0.001 '**' 0.01 '*' 0.05 '.' 0.1 ' ' 1
##
## Residual standard error: 13.3 on 118 degrees of freedom
## Multiple R-squared:  0.7235, Adjusted R-squared:  0.7211
## F-statistic: 308.7 on 1 and 118 DF,  p-value: < 2.2e-16
```

F値　　p値

（式 9.1.9）　$$F = \frac{MS_M}{MS_R} = \frac{R^2}{1 - R^2} \times \frac{n - k - 1}{k}$$

ただし，n = サンプルサイズ；k = 独立変数の数

Section 9-2　回帰分析を行う際の注意点

9-2-1◆回帰分析の前提

ここでは，回帰分析を行う際に留意すべき前提について解説します。特に，重回帰分析を行う場合には，関わってくる前提が多く，注意が必要です。

(1) サンプルサイズ

回帰分析では，厳密な基準はありませんが，比較的多くのサンプルが必要です。たとえば，Tabachnick & Field（2007）では，信頼性のある決定係数を得るために，$50 + 8k$（k = 独立変数の数）のサンプルが，また各独立変数の有意性を検定するには $104 + k$（k = 独立変数の数）以上のサンプルが必要であるとしています。ただし，それ以上に重要なのは，測定における誤差が少ないデータであることです。また，独立変数がどのくらい従属変数を説明できているかも問題となります。高い説明率が得られると期待できるのであれば，サンプルサイズは80でも十分といえます。しかし，得られる説明率が中程度しか期待できないの

であれば，サンプルサイズは200以上必要となります（Field, 2009）。

さらに，制限付きデータであれば正確な分析ができません。たとえば，本来なら1から50の範囲をとる変数であるのに，得られたデータは20から40の狭い範囲の制限された値しか採取できなかった場合などがこれにあたります。

(2) 多重共線性

独立変数間で非常に高い相関がある場合，本来は関係ないはずの独立変数が従属変数の予測に貢献していると思われてしまったり，独立変数の偏回帰係数が正しく推定できなかったりと，得られた回帰式の信頼性が低いものになることがあります。このような独立変数間の関係から生じる問題を**多重共線性**（multicolinearity）といいます。独立変数間の相関係数は，研究目的にもよりますが，.80以上であれば（.90以上であれば必ず）多重共線性を疑う必要があります。アパートの家賃の例でいえば，「駅からの距離」とあわせて「駅からの所要時間」が独立変数として用いると，よく似た変数であるため高い相関がありそうです。そのような場合，以下の指標で多重共線性が発生してないか診断します。

①**許容度**（tolerance）：ある独立変数を従属変数として，他の独立変数群から予測した場合に得られる決定係数の値を，1から引くことで求められます。通常，この値が.10以下の時に多重共線性が生じていると判断されます。つまり，ある独立変数の許容度が.10以下ということは，その独立変数がほかの独立変数群から.90以上説明されてしまっていることを意味します。

② **VIF**（variance inflation factor）：許容度の逆数（VIF＝1/許容度）で，10以上であると多重共線性が発生しているとされます。10未満であっても，10に近い値になっていれば注意が必要です。

③**条件指数**（condition index）：条件指数が15以上で強い多重共線性が，30以上で重大な多重共線性が生じていると考えます。

これ以外に，各独立変数の分散の比率から診断する方法があります（9-2-2）。もし多重共線性が生じていると判断できる場合は，①相関の高い2つの独立変数のうち，1つを分析から外す，②相関の高い2つの独立変数の平均値，あるいは因子得点（10章10-4-3を参照）などの合成得点を使う，などの対策をとる必要があります（小塩, 2011；柳井・緒方, 2006）。

(3) 外れ値

回帰直線は外れ値に大きく影響されますので，データに外れ値が含まれていないかを事前に調べる必要があります。外れ値を調べる指標はたくさんありますが，ここでは代表的な以下の4つを説明します。

①**残差**：各データの残差を標準値（z 得点）に変換し，その標準偏差±2SD または±3SD 以上の値の割合を調べます。たとえば，正規分布であれば確率的に 95％のデータが±2SD に入ることを考慮すると，±2SD 以上の値をとるデータの数が全体の 5％以内であれば問題がないといえます。同様に，±2.5SD 以上の値の割合が 1％以内であれば問題はありません。しかし，サンプルサイズにもよりますが，0.1％以下の確率で起こる±3.3SD 以上の値は検討の余地があります（Field, 2009）。

②**クックの距離**（Cook's distance）：データが回帰式全体に与える影響を示す指標であり，この値が 1 以上であれば問題があると考えられます。

③**てこ比**（leverage）：各ケースにおける複数の変数データが全体の平均からどの程度ずれているかを示す指標で，0（そのデータは予測に全く影響を及ぼさない）から 1（そのデータは予測に完全に影響を及ぼす）までの値をとります。よって，この値が大きいケースは外れ値である可能性があります。てこ比は，以下の**式 9.1.10** で求められる平均てこ比の 3 倍以上（厳しく見て 2 倍以上）の値をとるケースは問題があります（Stevens, 1992）。

（式 9.1.10）　$\text{平均てこ比} = \dfrac{k+1}{n}$

ただし，k = 独立変数の数；n = サンプルサイズ（9-3-2参照）

④**マハラノビス距離**（Mahalanobis distance）：複数の独立変数における各データの平均（重心）と各ケースのデータの距離を示す指標であり，この値が大きいデータは外れ値である可能性があります。サンプルサイズと独立変数の数，有意水準によってマハラノビスの表（Barnet & Lewis, 1994）を参考にしてカットポイントを定めます。たとえば，サンプルサイズが 500 で独立変数が 5 つの場合は 25 以上，100 で独立変数が 3 つの場合は 15 以上，30 で独立変数が 2 つの場合は 11 以上であれば問題があるとしています。

ただし，実際には，このようなカットポイントを定めなくとも，マハラノビス距離は，重回帰分析で使用する独立変数の数と同じ自由度のカイ二乗分布に従うので，カイ二乗値から統計的検定を行うことが可能です。この場合，p 値が .001 以下になるカイ二乗値より大きい値のデータは，外れ値であると判断します（高木, 2016）。

また，マハラノビス距離は上記のてこ比と同じような外れ値が検出されることになりますので，いずれか一方の指標を用いれば十分でしょう。

（4）残差の独立性，正規性，等分散，線形性

回帰分析では，従属変数自体の正規性が重要ですが，それ以上にデータの残差に関して①独立性，②正

規性，③等分散性，④線形性の 4 つが満されているという前提があります。

①**残差の独立性**（independence of residuals）：どの独立変数の残差間にも相関がないという前提です。残差の独立性を調べる方法には，ダービン・ワトソン検定（Durbin-Watson statistics）があります。これは，0 から 4 までの値をとり，この値が 2 に近いほど良いと考えられます。反対に，この値が 1 以下あるいは 3 以上の場合には残差の独立性に問題があります。

②**残差の正規性**（normality of residuals）：残差分布の正規性を検討するには，残差の散布図やヒストグラムを作成し，データが正規分布しているかを確認します。この前提が満たされない場合は，データを変換したり，本書では使いませんが，線形回帰分析から非線形回帰に切り替えたりすることを検討する必要があります。

③**残差の等分散性**（homoscedasticity of residuals）：独立変数がどの値のときも残差分散は同じである（等質性がある）必要があります。つまり，残差は予測した回帰直線に沿って同じように散らばっていることが望ましく，かなり異なっている場合（**図 9.2.1** の b, d）は**不等分散性**（**不均一分散性**：heteroscedasticity）があり，他の要因が予測に関係していると考えられます。

図 9.2.1　標準化残差と標準化予測値の関係

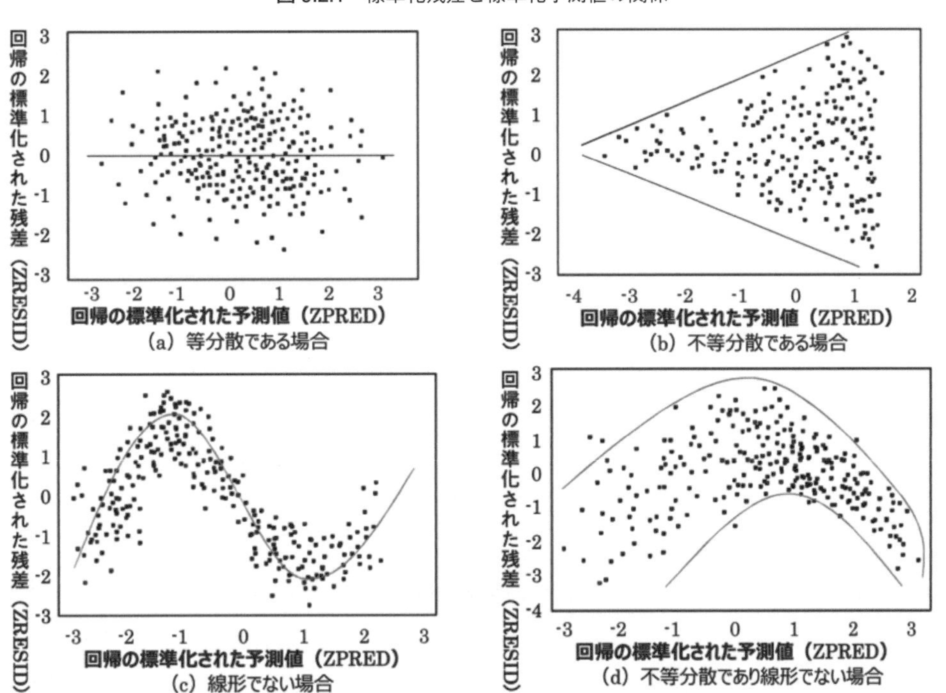

④**残差の線形性**（linearity of residuals）：線形回帰分析の場合，残差は予測値（Y'）と線形関係にある必要があります（**図 9.2.1a**）。これは，後述の手順（**図 9.3.4**）にあるように，**標準化残差**（regression standardized residual：ZRESID）と**標準化予測値**（regression standardized predicted value：ZPRED）の関係を散布図にして調べることができます。この線形の関係が成り立っていない場合（**図 9.2.1** の c, d）は，得られた結果が一般化できるものにはなりません。よって，前述したように，線形モデルではなく非線形モデルなどを使うことなどが考えられます。

9-2-2◆投入法

複数の独立変数から求められた重回帰式が有意であるかは F 検定（分散分析）で検定されますが，個々の独立変数が従属変数の予測に有意に寄与するかは t 検定が使われます。ここで重回帰式が有意であったとしても，モデルに投入されたすべての独立変数が有意とは限りませんので，重回帰式の有意性と各独立変数の有意性とは別に考える必要があります。さらには，重回帰分析の場合，従属変数の予測に用いる独立変数をどの順序で重回帰式に投入するかによって各独立変数の有意性および偏回帰係数が変化しますので，個々の独立変数の解釈も変わることがあります。よって，目的に合った投入法を用いて解釈することが大切です。では，代表的な投入法の特徴をみていきましょう。

(1) **強制投入法**（forced method）：すべての独立変数を一度に投入して従属変数の予測を行う方法です。すべての独立変数を合わせてどの程度従属変数を説明することができるのか，また，従属変数の予測における各独立変数の独自の寄与がどの程度であるかを調べる際に使用します。しかし，関係のない独立変数であっても，分析に投入されると決定係数は大きくなるため，本当に重要な変数を過小評価することにも繋がります。そのため，理論や仮説に基づいて慎重に選んだ独立変数のみを投入するようにします。目的によっては，従属変数の予測に寄与しない独立変数を除いて再分析を行ない，回帰式および決定係数を算出することもあります。

(2) **階層的投入法**（hierarchical/sequential/blockwise entry）：**階層的回帰分析**（hierarchical regression）ともよばれ，理論や仮説に基づいて，独立変数を１つずつ投入していく方法です。一般的に，従属変数の予測に重要とされる変数から投入することで，理論的に優先する独立変数の説明率を調べるために使用します。また，強制投入法による分析を行った後に，階層的回帰分析を行うことで，各独立変数の説明率が変化する過程を確認することができます。

(3) **ステップワイズ法**（stepwise method）：**統計的回帰分析**（statistical/stepwise regression）ともよばれ，統計的に最も予測率が高いと考えられる変数から順に自動的に投入される方法です。まず，最も従属変数と相関の高い独立変数が投入され，その後，偏回帰係数の有意性が次に最も高くなる独立変数が選ばれ，順に投入されていきます。階層的回帰分析では，使用者が投入する独立変数の順を決定するのに対し，ステップワイズ法は統計的に最も予測に寄与する独立変数が順に投入されます。よって，最終的に適合度が最良の重回帰式を調べる際に使用します。ただし，あくまでも統計的な根拠に基づいて投入されるため，投入された独立変数が理論にかなっているかは別途判断する必要があります。

この他に，ステップワイズ法と同様に独立変数を順に投入していく**変数増加法**(forward method)があります。ただし，ステップワイズ法では，独立変数を投入するごとに除去すべき変数がないか分析できますが，変数増加法ではその分析はできません。また，最初にすべての独立変数を投入し，予測への寄与が小さい独立変数から順に変数を抜いていく**変数減少法**(backward method)があります。なお，ステップワイズ法は，変数が投入される際にもともと投入されていた有効な変数が除去されやすく，第2種の過誤（3章3-1-2参照）を生じる可能性があるため，変数減少法を用いる方が望ましいという意見もあります（Field, 2009）。

これらの投入法を視覚的に表したのが**図9.2.2**のベン図です（Tabachnick & Field, 2007）。独立変数どう

図9.2.2 強制投入法と階層的投入法（Tabachnick & Field, 2007 p.145 をもとに作成）

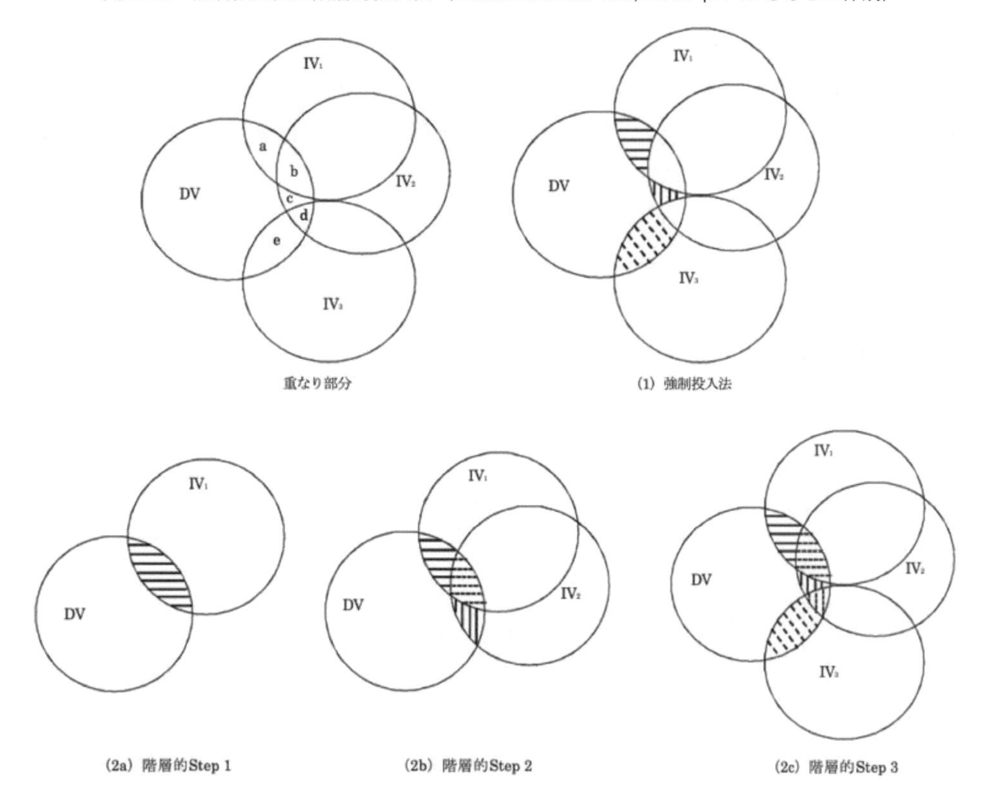

しがどのように互いに影響しあって，従属変数を説明していくかをみてみましょう。

(1) の強制投入法ではすべての独立変数（Ⅳ）が１度に投入されるため，個々の独立変数が独自に寄与する部分のみが偏回帰係数として現れます。つまり，$Ⅳ_1$ の偏回帰係数では a，$Ⅳ_2$ の偏回帰係数では c，$Ⅳ_3$ の偏回帰係数では e が反映されます。ただし，それぞれの変数が重なっている部分 b と d も従属変数の説明率に寄与していますので，a から e すべてが重相関（R）および決定係数（R^2）に反映されます。

(2) の階層的投入法では，$Ⅳ_1$，$Ⅳ_2$，$Ⅳ_3$ の順に投入された各時点での決定係数および偏回帰係数がわかります。たとえば，Step2 として $Ⅳ_2$ が導入された場合（**図 9.2.2**（2b）），決定係数に関しては従属変数への独自寄与部分（c＋d）のみが R および R^2 の増加分となり，R^2 変化量に反映されます。$Ⅳ_1$ と $Ⅳ_2$ の重なった部分（b）に関しては，$Ⅳ_1$ が投入された時点で R および R^2 に反映されていますので変化しません。ただし，$Ⅳ_1$ の偏回帰係数は $Ⅳ_2$ と重なるために小さくなり，a の部分のみが $Ⅳ_1$ の偏回帰係数として反映され，$Ⅳ_2$ の偏回帰係数では（c＋d）が反映されます。最終的に Step3 で $Ⅳ_3$ が投入されると（**図 9.2.2**（2c）），R^2 として e の部分が加算されますので，R と R^2 は強制投入法の場合と同じ値になります。また，偏回帰係数も，それぞれ独自説明部分のみになりますので，強制投入法の場合と同じ値になります。

(3) のステップワイズ法は，基本的には階層的投入法と同様ですが，変数が投入される順番が従属変数への寄与部分が大きい順になる点が異なっています。したがって，今回の場合は，$Ⅳ_1$，$Ⅳ_2$，$Ⅳ_3$ のなかで独立変数への寄与が大きい，すなわち（a＋b），（b＋c＋d），（d＋e）のなかで独立変数の説明部分が大きい変数が最初に投入されます。仮に，ここでは（d＋e）の説明部分が最も大きかったとすると，1つ目として $Ⅳ_3$ が投入されます。そして，次に投入される変数は（a＋b）と（b＋c）のうち，独立変数への寄与が大きい変数となります。すると，（a＋b）の寄与する $Ⅳ_1$ が投入されることになります。そして最後に，（c）の寄与する $Ⅳ_2$ が投入されます。

以上のように階層的投入法では，ステップワイズ法と同様に，段階ごとに投入された変数による説明部分がわかります。強制投入法の場合は，その過程が表示されないため，従属変数との重なり部分が大きい変数であったとしても，独自説明部分が小さいと偏回帰係数は小さくなってしまいます。このため，解釈の際には，偏回帰係数と同時に表示することができる，元々の相関，偏相関，部分相関も参考にします（偏相関，部分相関については 7-2-3 を参照）。

Section 9-3　重回帰分析：強制投入法

9-3-1◆相関係数

まず，強制投入法による重回帰分析を使って，高校１年生 120 名が今年受けた試験の得点から，年度末模試の得点をどの程度予測できるかを調べます。

ここでの従属変数は年度末模試の得点［EndT］，独立変数はプレイスメントテスト［Placement］，前期試験［FirstT］，中間模試［MidT］，および後期試験［LastT］の4つの得点です（図 9.3.1）。

図 9.3.1　重回帰分析で使用するデータ

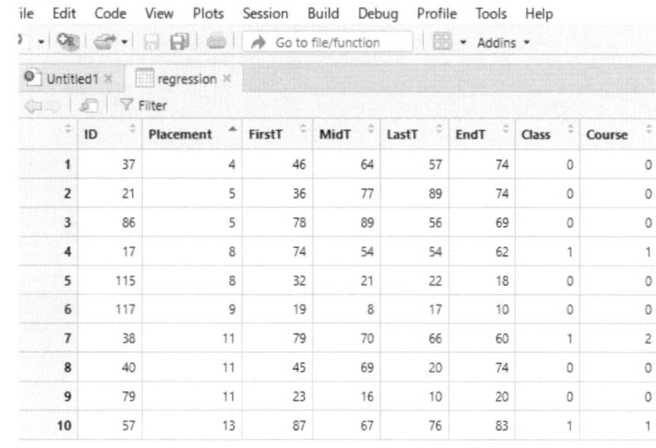

	ID	Placement	FirstT	MidT	LastT	EndT	Class	Course
1	37	4	46	64	57	74	0	0
2	21	5	36	77	89	74	0	0
3	86	5	78	89	56	69	0	0
4	17	8	74	54	54	62	1	1
5	115	8	32	21	22	18	0	0
6	117	9	19	8	17	10	0	0
7	38	11	79	70	66	60	1	2
8	40	11	45	69	20	74	0	0
9	79	11	23	16	10	20	0	0
10	57	13	87	67	76	83	1	1

【操作手順】

❶まず，「Ch9_Regression」という R project を作成します。そして，[regression.csv] ファイルを作成したこのフォルダーに入れておきます。

❷ R または右上 Environment ペインの［Import Dataset］からデータ［regression.csv］を読み込みます。すると，History ペインと Console ペインに次のようなコマンドが表れ，Source ペインにデータが表示されます（図 9.3.1）。このデータ［regression］を，任意のオブジェクト x に入れます。

```
> library(readr)
> regression <- read_csv("regression.csv")
> View(regression)
> x <-regression
```

❸ describe 関数でそれぞれの変数の基本統計量を算出します。

```
> library(psych)
> describe(x) #基本統計量の算出
          vars   n  mean    sd median trimmed   mad min  max range  skew kurtosis   se
ID           1 120 60.50 34.79   60.5   60.50 44.48   1  120   119  0.00    -1.23 3.18
Placement    2 120 54.20 28.50   50.5   54.61 37.81   4   99    95 -0.02    -1.32 2.60
FirstT       3 120 54.19 24.00   54.0   54.22 31.13  10   99    89  0.02    -1.15 2.19
MidT         4 120 50.79 25.30   52.0   51.08 31.13   4  100    96 -0.09    -1.12 2.31
LastT        5 120 50.50 24.53   47.5   49.68 27.43   6  100    94  0.28    -0.99 2.24
EndT         6 120 52.50 25.18   53.0   52.74 31.13   6   98    92 -0.05    -1.13 2.30
Class        7 120  0.66  0.48    1.0    0.70  0.00   0    1     1 -0.66    -1.58 0.04
Course       8 120  0.97  0.81    1.0    0.96  1.48   0    2     2  0.06    -1.48 0.07
```

❹続いて，箱ひげ図と蜂群図（1-7-3 ❺参照）を表示し分布を確認します（図 9.3.2）。

```
install.packages ("beeswarm", dependencies = TRUE)
library(beeswarm)
boxplot (x[,2:6], xlab = "Test", ylab = "Score", ylim = c(0, 100)) #箱ひげ図の作成
beeswarm (x[,2:6],add =TRUE) #蜂群図の作成
```

図9.3.2　蜂群図

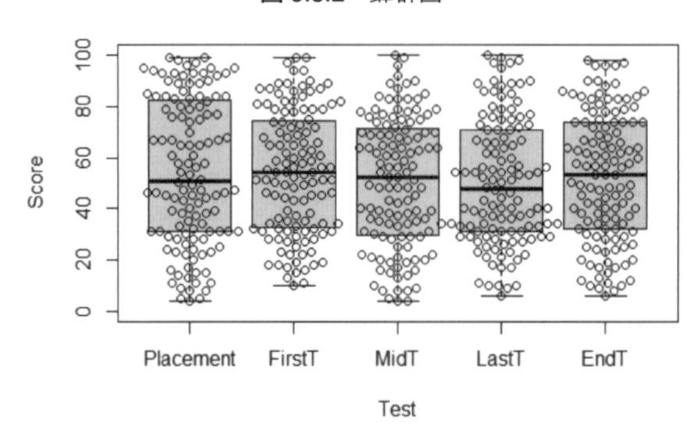

❺続いて，それぞれの独立変数間の相関係数と散布図を，corr.test 関数と pairs.panels 関数で算出します（図9.3.3）。

相関係数から，今回は，r=.90を超える相関はなく，多重共線性の問題はなさそうです。

```
> corr.test(x[,2:6]) #相関係数
Correlation matrix
          Placement FirstT  MidT LastT  EndT
Placement      1.00   0.02 -0.36 -0.09 -0.30
FirstT         0.02   1.00  0.26  0.08  0.37
MidT          -0.36   0.26  1.00  0.43  0.85
LastT         -0.09   0.08  0.43  1.00  0.53
EndT          -0.30   0.37  0.85  0.53  1.00

Probability values (Entries above the diagonal are adjusted for multiple tests.)
          Placement FirstT MidT LastT EndT
Placement      0.00   0.99 0.00  0.99    0
FirstT         0.80   0.00 0.02  0.99    0
MidT           0.00   0.00 0.00  0.00    0
LastT          0.33   0.40 0.00  0.00    0
EndT           0.00   0.00 0.00  0.00    0
```

■他にも，相関係数と相関関係が有意かを図のみで確認するだけであれば，GGally パッケージの ggpairs（データ名）関数や PerformanceAnalytics パッケージの chart.Correlation（データ名）関数があります。

```
> ggpairs(x) #図略
> chart.Correlation(x) #図略
```

❻重回帰分析：線形モデル（linear model）の lm 関数や一般化線形モデル（generalized linear model）の glm 関数があります。ここでは，線形モデルを用いた重回帰分析を行うので，lm(従属変数~独立変数1+独

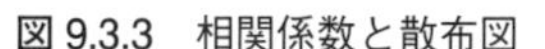
図 9.3.3　相関係数と散布図

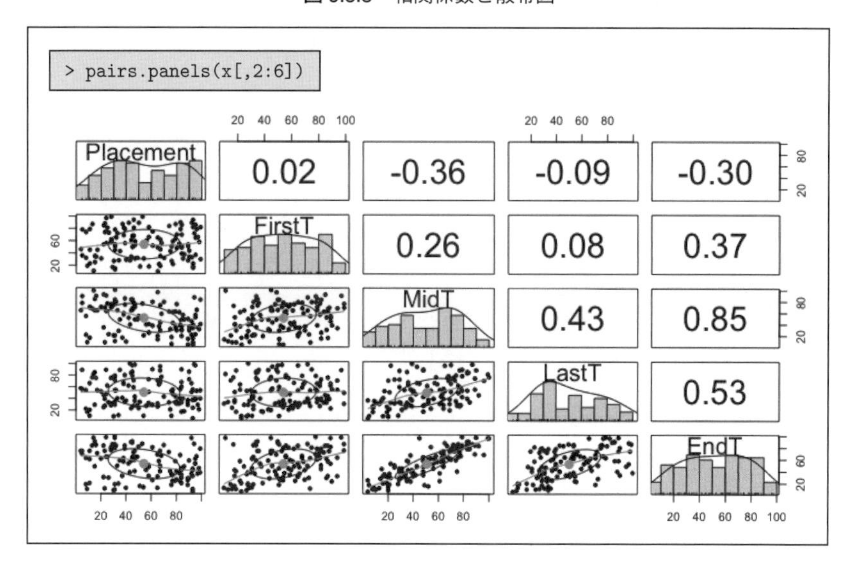

立変数 2... 独立変数 n，data=データ名）関数を使います。

今回は，データ x の最後の 2 列に最後に分析で使用するダミー変数が含まれているので，独立変数を指定して分析します。分析結果は任意の output に代入し，summary 関数で結果を出力します。

```
#線形重回帰分析を行う（説明変数名～独立変数名 +...，data＝使用するデータ）
> output <- lm(EndT~Placement + FirstT + MidT + LastT, data=x)
> summary(output) #結果の確認
Call:
lm(formula = EndT ~ Placement + FirstT + MidT + LastT, data = x)
Residuals:
    Min      1Q  Median      3Q     Max
-29.999  -6.532   0.373   7.884  39.006
Coefficients:
            Estimate Std. Error t value Pr(>|t|)
(Intercept) -2.11492    4.42429  -0.478  0.63354
Placement   -0.03101    0.04154  -0.747  0.45684
FirstT       0.18318    0.04749   3.857  0.00019 ***
MidT         0.69883    0.05334  13.101  < 2e-16 ***
LastT        0.21533    0.04960   4.341 3.06e-05 ***
---
Signif. codes:  0 '***' 0.001 '**' 0.01 '*' 0.05 '.' 0.1 ' ' 1
Residual standard error: 11.91 on 115 degrees of freedom
Multiple R-squared:  0.7839,     Adjusted R-squared:  0.7764
F-statistic: 104.3 on 4 and 115 DF,  p-value: < 2.2e-16
```

決定係数［Multiple R-squared］（囲み）の値が .7839 となっていることから，4 つの独立変数で従属変数の 78.4％を説明していることがわかります。独立変数の数が多い場合は，その影響の大きさにかかわらず決定係数が大きくなる傾向があります。その欠点を補ったものが調整済み決定係数［Adjusted R-squared］になり，こちらを報告します。

また，［estimate］と［Pr］はそれぞれ偏回帰係数と p 値を意味しています。今回の結果では，プレイスメントテストのみ予測に有意ではありませんでした。

■データが従属変数と独立変数のみで構成されていれば，強制投入法の場合は独立変数の部分をピリオド［.］にすることでデータにある従属変数以外の変数を独立変数として指定することができます。結果は上記と同じものが出力されるため，ここでは省略します。

```
> y <- x[,2:6] # 任意の文字 y に従属変数と独立変数のみ抽出
> output2 <- lm(EndT~., data = y) # 独立変数をピリオド［.］で指定
> summary(output2) # 結果の確認
```

9-3-2◆外れ値の診断

❶外れ値の診断方法 1：resid（分析結果）関数で残差を算出し，scale（データ名）関数で標準化します。以下のコマンドは，この 2 つの関数を組み合わせたもので，結果を任意のオブジェクト zres に代入し，結果の記述統計を describe（データ名）関数により表示しています。

```
# 外れ値の診断 1
> library(psych)
> zres <- scale(resid(output)) # 残差の標準化
> describe(zres) # 標準化残差の確認
> boxplot(zres) # 標準化残差の箱ひげ図を作成

vars  n mean sd median trimmed  mad   min   max  range  skew  kurtosis  se
X1 1 120  0  1   0.03    0.01   0.95  -2.56  3.33  5.9  -0.03    0.45   0.09
```

今回は，最大値［max］が z＝3.33 で最小値［min］が −2.56 でした。また，箱ひげ図からこれら 2 つは外れ値である可能性があるため，分析から除外する必要があるデータかを検討していきます。

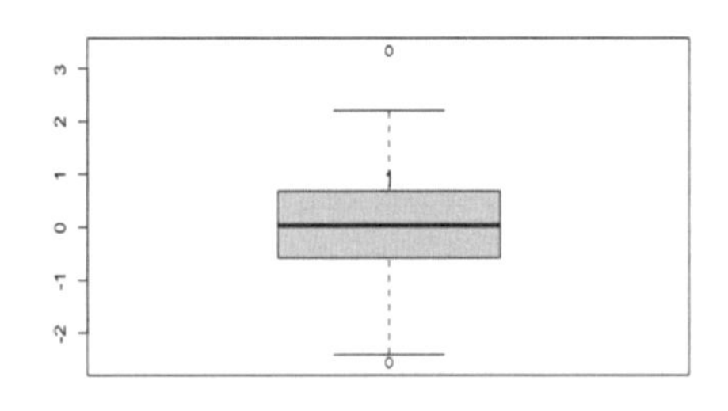

❷まず，何番のデータかを確認します。今回のケースでは，最大値と最低値のデータを確認するため，which.max関数とwhich.min関数を用いて特定します。すべてのデータを確認したい場合は，view関数を使用することで確認できます。出力結果から，最大値は10番，最小値は92番の人であることがわかりました。

```
> which.max(zres) # 最大値の確認
> which.min(zres) # 最小値の確認
[1] 10
[1] 92
```

❸外れ値の診断方法2：以下のコマンドを用いることで，**9-2-1**で取り上げた様々な外れ値や残差の診断ができる一連の図や散布図を一度に表示することができます（**図9.3.4**）。

```
# 外れ値の診断 2
> install.packages("olsrr") # 初回のみ
> library(olsrr)
> ols_plot_diagnostics(output) # 図の表示
```

焦点になる10番（z＝3.33）と92番（z＝2.56）の生徒ですが，10番はCook's D Chartで0.1あたりまで達しています（4段目左）。しかし，残差ヒストグラム（**図9.3.4**の3段目右）やQ−Q Plot（2段目右）で正規分布を表す対角線上に並んでいることから残差の正規性は満たされていると判断できます。ボックスプロットはてこ比（1段落目右）で上下どちらにもoutlierがあり，それほど多くないことから，分析に大きな影響を及ぼさないと判断し，この生徒を削除せずにこのまま分析を進めます。

❹外れ値の診断方法3：student化された残差が t 分布に従うことを利用して，特定の残差の t 値から p 値を算出することによって，残差が有意に大きい値かを診断する方法です。carパッケージのoutlierTest関数では，モデルに含まれる残差の絶対値のなかで，最も大きい値の残差の t 値を算出し，t 値に基づくBonferroni法で調整された p 値が出力されます。

出力結果を左から解釈すると，今回の10番の残差（3.5）は，Bonferroniで調整された p 値［0.076］から，5％水準で有意に大きいわけではないことがわかります。よって，10番のデータも含めることにします。

```
> install.packages("car")
> library(car)
> outlierTest(output) # 外れ値の診断 3
No Studentized residuals with Bonferroni p < 0.05
Largest |rstudent|:
   rstudent unadjusted p-value Bonferroni p
10      3.5            0.00063        0.076
```

図9.3.4 残差の診断

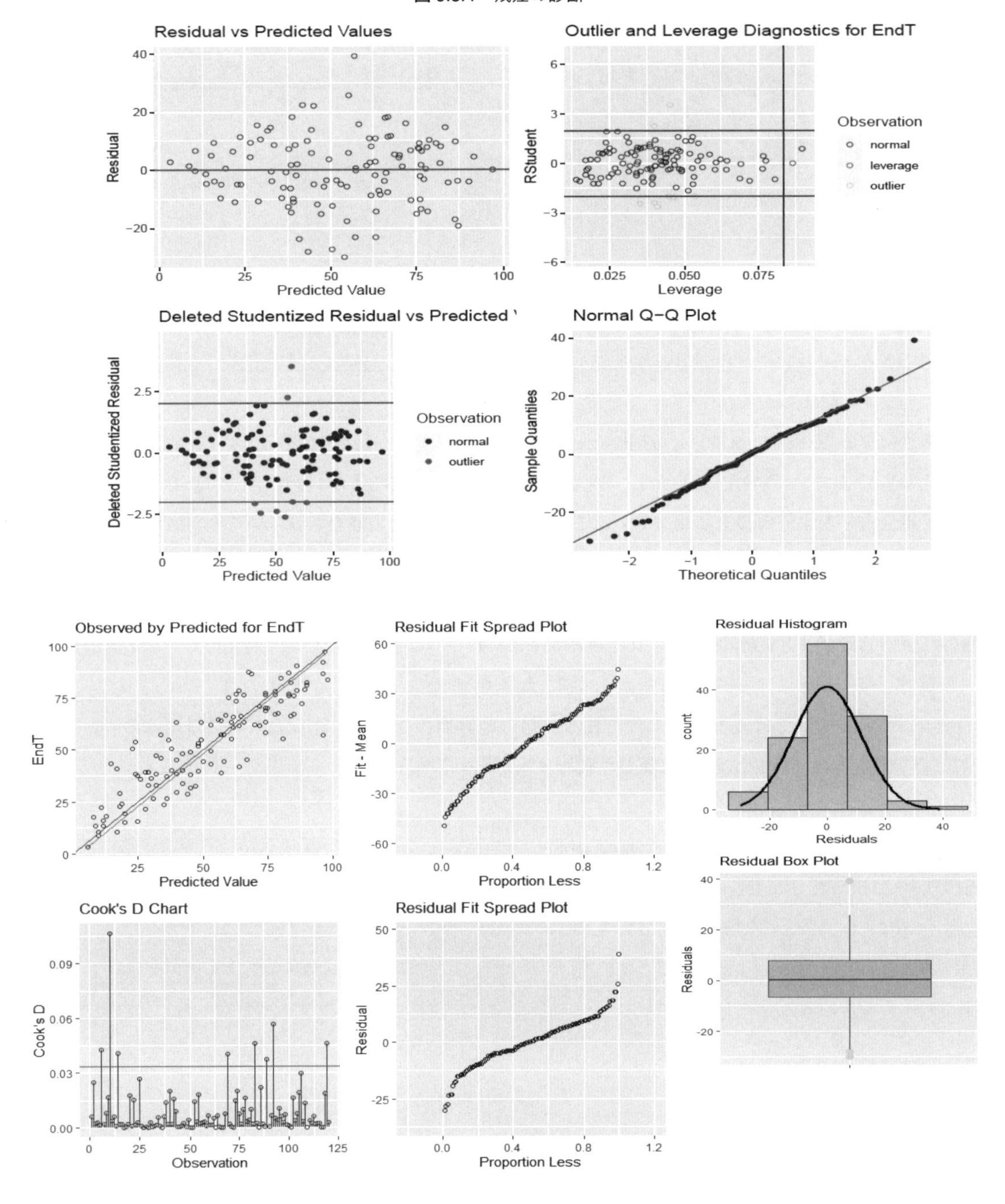

Residual vs Predicted Values
Residual
Predicted Value
Outlier and Leverage Diagnostics for EndT
RStudent
Leverage
Observation
normal
leverage
outlier
Deleted Studentized Residual vs Predicted
Deleted Studentized Residual
Predicted Value
Observation
normal
outlier
Normal Q-Q Plot
Sample Quantiles
Theoretical Quantiles
Observed by Predicted for EndT
EndT
Predicted Value
Residual Fit Spread Plot
Fit - Mean
Proportion Less
Residual Histogram
count
Residuals
Residual Box Plot
Residuals
Cook's D Chart
Cook's D
Observation
Residual Fit Spread Plot
Residual
Proportion Less

9-3-3◆多重共線性の診断

多重共線性があるかを，olsrr パッケージにある ols_vif_tol（分析結果）関数で，許容度と VIF を算出して確認します。または，ols_coll_diag（分析結果）関数で許容度，VIF，固有値，条件指数を算出することもできます。

※car パッケージにある vif 関数でも VIF を算出できますが，許容度は自分で計算する必要があります。

```
> install.packages("olsrr")
> library(olsrr)
> ols_coll_diag(output) # 許容度, vif 以外に Eigenvalue と Condition Index を算出

Tolerance and Variance Inflation Factor
---------------------------------------
  Variables Tolerance  VIF
1 Placement     0.850 1.18
2    FirstT     0.917 1.09
3      MidT     0.654 1.53
4     LastT     0.805 1.24

Eigenvalue and Condition Index
------------------------------
  Eigenvalue Condition Index intercept Placement   FirstT    MidT   LastT
1     4.4054            1.00 0.0029880   0.00752 6.87e-03 0.00579 0.00695
2     0.3050            3.80 0.0016420   0.36547 2.74e-07 0.12393 0.04486
3     0.1565            5.31 0.0000637   0.04646 5.26e-01 0.00352 0.39412
4     0.0869            7.12 0.0159951   0.10330 3.71e-01 0.62079 0.51741
5     0.0463            9.76 0.9793112   0.47724 9.59e-02 0.24597 0.03666
```

結果から，［VIF］が 10 以上や許容度［Tolerance］が .10 以下になっている変数がないことから，多重共線性が生じていないと判断できます。

また，固有値［Eigenvalue］と条件指数［Condition Index］を見ます。今回は，条件指数が 15 以下で問題はありません。その隣の列は，それぞれの変数の分散の比率を表しており，その次元における変数間で共線性が表れているかを診断します。今回は，［MidT］と［LastT］の最大の分散が次元 4 で重なっていますが，条件指数が大きくないので問題はありません（囲み）。

Section 9-4　重回帰分析：ステップワイズ法

強制投入法の結果から，プレイスメントテストは年度末模試の予測に適さないことがわかりました。このまま有意な独立変数のみを用いて強制投入法を用いることもできますが，ステップワイズ法を用いることで，有効な独立変数のみを使って重回帰分析を行うことができます。

9-4-1◆ステップワイズ法の流れ

【操作手順】

❶ステップワイズ法は，step（データ名）関数を用います。ここでは，分析結果を任意のオブジェクト stepre に入れています。この関数では，AIC（Akaike's Information Criterion）の値が最も低い，つまり，最も良いとされるモデルが選択されます。AIC が最も小さくなる変数をモデルから削除していった結果が出力されます。このなかで，none は何もしない状態（すべての変数を投入したモデル：フルモデル）を示しています。

結果を見ると，まず，左図の出力結果の囲み①から，最も AIC 基準が減る変数は［-Placement］，つまり，プレイスメントテストを除いた場合に AIC が最も低いモデルになることがわかります。次に，続く出力結果である囲み②，none，つまりプレイスメントテストを除いたモデルから何も除外しないモデルが最も AIC が低いモデルであることがわかります。

右図の summary（分析結果）関数では，step 関数で最も良いモデルの結果を出力することができます。囲み③から，プレイスメントテストを除いたモデルで，年度末試験の得点の 78% を説明することがわかります。特に，中間テストだけで 71%（囲み④）を説明しています。

```
> stepre <- step(output) #ステップワイズ法
Start:  AIC=599.41
EndT ~ Placement + FirstT + MidT + LastT
            Df Sum of Sq   RSS    AIC
- Placement  1      79.0 16384 597.99
<none>                   16305 599.41   ①
- FirstT     1    2109.1 18414 612.00
- LastT      1    2672.0 18977 615.62
- MidT       1   24332.6 40637 706.99

Step:  AIC=597.99
EndT ~ FirstT + MidT + LastT

         Df Sum of Sq   RSS    AIC
<none>                16384 597.99
- FirstT  1    2038.4 18422 610.06   ②
- LastT   1    2613.6 18997 613.75
- MidT    1   29590.9 45974 719.80
F-statistic: 139.4 on 3 and 116 DF,
p-value: < 2.2e-16
```

```
> summary(stepre)
Call:
lm(formula = EndT ~ FirstT + MidT + LastT, data = x)

Residuals:
Min 1Q Median 3Q Max
-30.995 -6.820 0.491 7.669 38.131

Coefficients:
            Estimate Std. Error t value Pr(>|t|)
(Intercept) -4.14790    3.48037  -1.192 0.235773
FirstT       0.17853    0.04699   3.799 0.000233 ***
MidT       ④ 0.71384    0.04932  14.474  < 2e-16 ***
LastT        0.21220    0.04933   4.302 3.55e-05 ***
---
Signif. codes:  0 '***' 0.001 '**' 0.01 '*' 0.05 '.'
0.1 ' ' 1                                      ③
Residual standard error: 11.88 on 116 degrees of
freedom
Multiple R-squared: 0.7828, Adjusted R-squared: 0.7772
F-statistic: 139.4 on 3 and 116 DF, p-value: < 2.2e-16
```

■記載例

プレイスメントテスト，前期試験，中間模試，および後期試験の得点から年度末試験の得点を予測するために，ステップワイズ法による重回帰分析を行った。その結果，中間模試，後期試験，および前期試験の得点が予測に有意で，この3つの変数のモデルは従属変数の分散の 78%（$R^2=.783$，調整 $R^2=.777$）を説明しており，かなり予測率が高いといえる。なかでも，中間試験のみによって分散の 71% を説明していた。

Section 9-5 ダミー変数を使った回帰分析

これまで回帰分析で使用した独立変数は，間隔尺度の量的データを扱ってきました。しかし，本章の冒頭でふれたように，たとえば2つのカテゴリからなる名義尺度も，0と1の2値データに変換して，一緒に解釈することができます。さらに，3カテゴリ以上の名義尺度も，他の量的データと同様に比較はできませんが，**ダミー変数**（dummy variables）という0と1から成るデータに変換して分析することができます。本セクションでは，まず2値の名義尺度データを回帰分析で使用してみます。その後，3つのカテゴリに分けた名義尺度のとり扱いについても解説します。

9-5-1◆2値の名義尺度

データ［regression.csv］を使って，前セクションで有効と判断された3つの試験に，2値の名義尺度変数であるクラスを独立変数として加えて，年度末模試の得点の予測力がさらに高まるかを調べます。

【操作手順】

❶［regression.csv］データ内の［Class］変数は，普通コースと進学コースの2値データです。この2つのカテゴリのうち，統制群（ベースライン・グループ）を決めます。ここでは普通コースを統制群として，［0＝普通コース］，［1＝進学コース］とラベル付けをしています。この2値データを，関数factor(データ名$変数名)で因子型に指定することで，分析に用いることができます。

```
#ダミー変数を使った回帰分析
> x$Class <- factor(x$Class) #2値の名義尺度Classを因子型に変換
```

❷強制投入法を使用しますが，前回の分析で，有意でなかったプレイスメント以外のテストと❶のClassを独立変数として，線形モデル（lm関数）に組み込みます。その後，summary関数で結果を算出します。その結果，普通コース（0）より，「進学コース（1）のほうが，年度末試験［EndT］の得点が5.343点（囲み部分）高いことがわかります。

```
> output3 <- lm(EndT~ FirstT + MidT + LastT + Class, data=x) #強制投入法による重回帰分析
> summary(output3)

Call:
lm(formula = EndT ~ FirstT + MidT + LastT + Class, data = x)
Residuals:
```

```
    Min      1Q  Median      3Q     Max
-31.157  -7.291   0.640   7.222  37.089
Coefficients:
            Estimate Std. Error t value Pr(>|t|)
(Intercept) -4.63721    3.43370  -1.350 0.179508
FirstT       0.15947    0.04709   3.386 0.000970 ***
MidT         0.69080    0.04970  13.899  < 2e-16 ***
LastT        0.19586    0.04914   3.985 0.000119 ***
Class1       5.34279    2.46644   2.166 0.032360 *
---
Signif. codes:  0 '***' 0.001 '**' 0.01 '*' 0.05 '.' 0.1 ' ' 1

Residual standard error: 11.7 on 115 degrees of freedom
Multiple R-squared:  0.7914,     Adjusted R-squared:  0.7841
F-statistic:   109 on 4 and 115 DF,  p-value: < 2.2e-16
```

9-5-2◆ダミー変数の作成

今までみてきたように，独立変数が2つのカテゴリからなる名義尺度の場合は，2値（0, 1）データに変換するだけで，独立変数として投入することができます。しかし，独立変数が3つ以上のカテゴリがある場合は，2値より多くの分類が必要になるため，そのまま回帰分析に投入することができません。そのため，カテゴリ数より1つ少ないダミー変数を作成します。

先ほどクラス変数の進学コースが普通コースより有意に年度末試験の得点が高いことがわかりました。そこで，進学コースをさらに文系進学コースと理系進学コースの2つに分け，普通コース，文系進学コース，および理系進学コースの3つのカテゴリからなる名義尺度［Course］を独立変数とした場合の分析方法を説明します。

❶2値データのときと同様に，［Course］変数を因子型にします。

```
> x$Course <- factor(x$Course) #factor型にする
> class(x$Course) #factor型になったか確認
[1] "factor"
```

❷［Course］変数は，0（普通コース），1（文系進学コース），2（理系進学コース）の3値からなるデータをそれぞれ00，10，01というダミー変数に変換します。makedummiesパッケージをインストールして呼び出し，以下のコマンドを使ってダミー変数に変換します。最後にデータフレームの形に戻します。データを確認するとCourseの列が2列に分かれていることがわかります。［Course_1］が，普通コースを基準とした文系進学コース，［Course_2］が理系進学コースを表しています。

```
> install.packages("makedummies", dependencies = TRUE)
> library(makedummies)
> x1<-makedummies(x, basal_level = FALSE) #ダミー変数作成，最初のlevelを含まない
> x1<-data.frame(x1)
> head(x1) #データの確認
```

```
  ID Placement FirstT MidT LastT EndT Class Course_1 Course_2
1 1         15     35   84    85   90     1        0        1
2 2         29     17   72    76   85     1        0        1
3 3         17     45   64    54   70     1        1        0
4 4         77     59   42    48   34     0        0        0
5 5         54     31   20    10   13     0        0        0
6 6         51     18   52    34   15     1        1        0
```

9-5-3◆ダミー変数を含んだ階層的回帰分析

作成した2つのダミー変数は，1つの独立変数として重回帰分析に同時（同じブロック）に投入します。よって，ステップワイズ法などで削除するときも2つの変数を同時に扱います。ここでは，階層的回帰分析で，作成した選択コースの2つのダミー変数にどの程度の説明率があるのか，普通コースと比較して，文系進学コースおよび理系進学コースの違いにより，どのくらい学期末模試の得点が変化するのか，そして，他の独立変数と合わせてどのくらい学期末模試の得点を予測するのかを調べます。

❶ダミー変数を含めて階層的重回帰分析を行うために，進学コースに独立変数を一つずつ増やした回帰モデルを作ります。そして，その後，説明変数が増えるごとに決定係数が高くなっているかを確認します。出力結果より，model1 から model4 までのモデルの決定係数は，説明変数を増やすごとに高くなり，model1 のときに 0.250 だった値が 0.795 まで高くなっていることがわかります。

```
> model1 <- lm(EndT~Course_1 + Course_2, data=x1)
> model2 <- lm(EndT~FirstT + Course_1 + Course_2, data=x1)
> model3 <- lm(EndT~FirstT + MidT + Course_1 + Course_2, data=x1)
> model4 <- lm(EndT~FirstT + MidT + LastT + Course_1 + Course_2, data=x1)
> summary(model1)$r.squared # model の決定係数を算出
[1] 0.2496549
> summary(model2)$r.squared
[1] 0.3395712
> summary(model3)$r.squared
[1] 0.7683214
> summary(model4)$r.squared
[1] 0.7952844
```

❷次に，これらの決定係数は，独立変数を増やすことで有意に変化したのかを確かめるために，関数 anova(モデル 1，モデル 2，モデル n) を使ってモデルを比較します。

anova の結果を見ると，各モデルが有意になっていることから，独立変数が増えるごとに，決定係数が有意に変化していることがわかります。

```
> anova(model1, model2, model3, model4)
Analysis of Variance Table
Model 1: EndT ~ Course_1 + Course_2
```

```
Model 2: EndT ~ FirstT + Course_1 + Course_2
Model 3: EndT ~ FirstT + MidT + Course_1 + Course_2
Model 4: EndT ~ FirstT + MidT + LastT + Course_1 + Course_2
  Res.Df   RSS Df Sum of Sq       F    Pr(>F)
1    117 56612
2    116 49828  1      6784  50.072 1.285e-10 ***
3    115 17480  1     32348 238.758 < 2.2e-16 ***
4    114 15445  1      2034  15.015 0.0001786 ***
---
Signif. codes:  0 '***' 0.001 '**' 0.01 '*' 0.05 '.' 0.1 ' ' 1
```

❸すべてのモデルの決定係数を summary 関数で調べることができます。必要な値のみを表示させたい場合には，summary(モデル名) 関数に**表 9.5.1** のコマンドを付け足します。たとえば，上記❶は，決定係数のみ算出しています。また，各モデルの AIC の値は AIC(モデル名) 関数で確認することができます。

```
> summary(model1)
> summary(model2)
> summary(model3)
> summary(model4)
```

表 9.5.1　モデルの決定係数出力コマンド

コマンド	出力される値
$coefficients	回帰係数
$residual	残差
$call	モデル式
$r.squared	決定係数
$adj.r.squared	調整済み決定係数

ここでは，最終の決定係数が最も高いモデル 4 の分析結果を表示しています。結果の［Course_2］から理系進学コースが普通コースより，7.81 点高い得点をとることが予想されます（囲み）。しかし，［Course_1］普通コースと文系進学コースの間には有意な得点差が見られません（3.71 点，$p>.05$）。

```
> summary(model4)
Call:
lm(formula = EndT ~ FirstT + MidT + LastT + Course_1 + Course_2,
    data = x1)
Residuals:
    Min      1Q  Median      3Q     Max
-29.841  -7.782   1.065   7.653  34.392
Coefficients:
            Estimate Std. Error t value Pr(>|t|)
(Intercept) -4.17705    3.43032  -1.218 0.225857
FirstT       0.17084    0.04748   3.598 0.000475 ***
MidT         0.67166    0.05112  13.140  < 2e-16 ***
LastT        0.19007    0.04905   3.875 0.000179 ***
Course_1     3.70743    2.69180   1.377 0.171117
Course_2     7.81089    2.96822   2.632 0.009677 **
---
Signif. codes:  0 '***' 0.001 '**' 0.01 '*' 0.05 '.' 0.1 ' ' 1
Residual standard error: 11.64 on 114 degrees of freedom
```

```
Multiple R-squared:  0.7953,     Adjusted R-squared:  0.7863
F-statistic: 88.57 on 5 and 114 DF,  p-value: < 2.2e-16
```

■記載例

選択クラス，前期試験，中間模試，および後期試験を用いて，年度末試験の得点をどの程度予測できるかを調査するために，階層的回帰分析を行った。その結果，すべての独立変数が年度末試験を有意に予測していた。全体で年度末試験の得点の79.5%（$R^2=.786$）も説明しており，予測力のある重回帰式を得ることができた（調整済み $R^2=.79$）。また，選択クラスに関しては，ダミー変数を使って3グループを比較すると，理系進学コースが普通コースよりも7.81点有意に高い得点を取ることが予想されるが，文系進学コースと普通コースの違いは有意ではなかった。

Section 9-6　ベイズでやってみよう

9-6-1◆ベイズ因子によるモデル選択

Section 9-4では，AICに基づくステップワイズ法によって**モデル選択**（model selection）を行いましたが，ベイズ統計の枠組みでは，ベイズ因子を使用することによってモデル選択を実行することができます。

たとえば，従属変数を y_i とし，3つ独立変数（x_{1i}, x_{2i}, x_{3i}）があるとした場合，基準とするモデル（M_0）を，

（式9.6.1）　$M_0: y_i = b_0 + \varepsilon_i$

（式9.6.2）　$\varepsilon_i \sim \mathrm{Normal}\,(0, \sigma^2)$

とします。これは，切片（b_0）だけのモデルに相当し，誤差が平均0の正規分布に従っていることを意味しています。次に，1つ目の独立変数 x_{1i} のみを独立変数とする単回帰モデルを M_1 として，回帰式だけに注目すると，

（式9.6.3）　$M_1: y_i = b_1 x_{1i} + b_0 + \varepsilon_i$

と形式化することができます。同様に，他の独立変数1つだけを使用して，M_2 と M_3 を，

（式9.6.4）　$M_2: y_i = b_2 x_{2i} + b_0 + \varepsilon_i$

（式9.6.5）　$M_3: y_i = b_2 x_{3i} + b_0 + \varepsilon_i$

とおきます。

ここまでは単回帰モデルだけでしたが，同様に重回帰モデルを作成しましょう。重回帰モデルは独立変数をnとすると，2^n-1個のモデルが可能ですから，この例では7個のモデルを作ることができます。重回帰モデルとして，M_4〜M_7を以下のように形式化します。

（式 9.6.6）　$M_4 : y_i = b_1x_{1i} + b_2x_{2i} + b_0 + \varepsilon_i$

（式 9.6.7）　$M_5 : y_i = b_1x_{1i} + b_3x_{3i} + b_0 + \varepsilon_i$

（式 9.6.8）　$M_6 : y_i = b_1x_{1i} + b_2x_{2i} + b_3x_{3i} + b_0 + \varepsilon_i$

（式 9.6.9）　$M_7 : y_i = b_2x_{2i} + b_3x_{3i} + b_0 + \varepsilon_i$

ここで，1つも独立変数をもたない，切片だけのモデルM_0を分母とし，j個目のモデルM_jがもつベイズ因子である，

（式 9.6.10）　$$\mathrm{BF}_{0j} = \frac{P(M_j \mid D)}{P(M_0 \mid D)}$$

を考えます。このBFの値をj個のモデル（$M_1, M_2, M_3, \ldots M_j$）の間で比較すると，もっとも高いBFの値を示すモデルが，ベイズ因子の観点からはもっとも優れたモデルだと推測できます。このようにして，複数のモデルのなかから1つのモデルを選択することができます。

例として，［regression.csv］データの「年度末試験」を予測するという目的で，(a) プレイスメントテスト，(b) 前期試験，(c) 中間模試，(d) 後期試験の4変数を使用するモデルについて考えます。この場合，独立変数は4つで，$2^n-1=2^4-1=15$と，モデルの作成可能数がわかります。ベイズ因子の観点から，これら15個のモデルのなかで最も優れたモデルを選択してみましょう。

BayesFactor パッケージには，まさに回帰モデルのモデル選択を行うための，regressionBF という関数があります。このパッケージでは，最初にすべての独立変数を使用したフルモデルを指定し，結果を得ます。この関数では，事前分布としてJZS事前分布を使用しています。

```
> x <- read.csv("regression.csv")
> library(BayesFactor) #初回の場合はインストールおよびupdateを行う
> bf <-regressionBF(EndT~Placement+FirstT+MidT+LastT,data=x)
```

この結果は，以下のようになります。

```
> bf
Bayes factor analysis
--------------
[1] Placement                             : 35.47451     ±0%
[2] FirstT                                : 598.837      ±0.01%
[3] MidT                                  : 1.590105e+31 ±0.01%
[4] LastT                                 : 19005215     ±0%
[5] Placement + FirstT                    : 83773.91     ±0%
[6] Placement + MidT                      : 1.126386e+30 ±0.01%
[7] Placement + LastT                     : 636764895    ±0%
[8] FirstT + MidT                         : 2.477852e+32 ±0%
[9] FirstT + LastT                        : 29732317001  ±0%
[10] MidT + LastT                         : 1.454899e+33 ±0%
[11] Placement + FirstT + MidT            : 2.238582e+31 ±0%
[12] Placement + FirstT + LastT           : 4.764955e+12 ±0%
[13] Placement + MidT + LastT             : 1.24302e+32  ±0%
[14] FirstT + MidT + LastT                : 9.668764e+34 ±0%
[15] Placement + FirstT + MidT + LastT : 1.162067e+34 ±0.01%

Against denominator:
  Intercept only
---
Bayes factor type: BFlinearModel, JZS
```

すべてのモデルにおけるベイズ因子が列記されていますが，head 関数を適用して，この一覧をベイズ因子が高いモデル順に並び変えて表示することもできます。

```
> head(bf)
Bayes factor analysis
--------------
[1] FirstT + MidT + LastT              : 9.668764e+34 ±0%
[2] Placement + FirstT + MidT + LastT : 1.162067e+34 ±0.01%
[3] MidT + LastT                       : 1.454899e+33 ±0%
[4] FirstT + MidT                      : 2.477852e+32 ±0%
[5] Placement + MidT + LastT           : 1.24302e+32  ±0%
[6] Placement + FirstT + MidT          : 2.238582e+31 ±0%

Against denominator:
  Intercept only
---
Bayes factor type: BFlinearModel, JZS
```

ここで使用した head 関数はデフォルトの状態で上位 6 つのモデルを表示しますが，表示数を以下のように 3 つ選択などと指定することもできます。

```
> head(bf,3)
以下，略
```

また，これらのモデルのベイズ因子の一覧を図として出力することもできます。

```
> plot(bf)
```

この結果から，前期試験，中間模試，そして後期試験の3つを使用したモデルがもっとも優れたモデルだと考えられます。

図 9.6.1　全15モデルにおけるベイズ因子の値

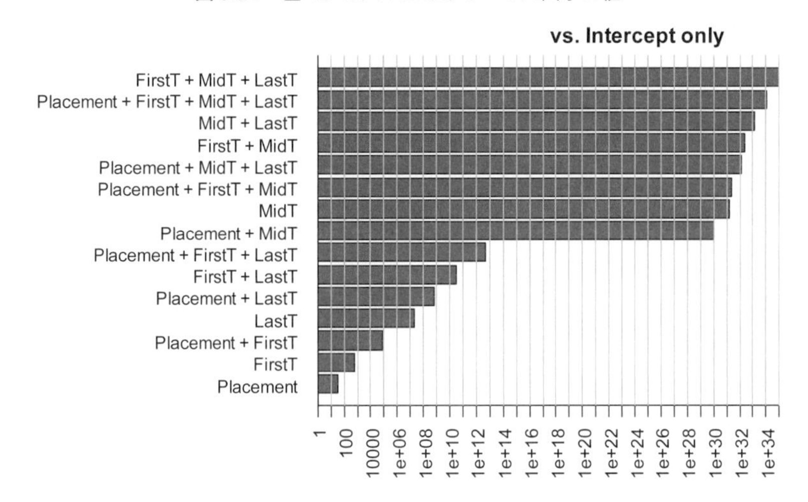

■記載例

一般線形モデルの要領によって，年度末試験の得点を従属変数とし，(a) プレイスメントテスト，(b) 前期試験，(c) 中間模試，(d) 後期試験の得点からなる全組み合わせを独立変数とする15のモデルを作成した。これらすべてのモデルについて，切片だけのモデルを分母とするベイズ因子を求め，このベイズ因子の値の大小によってモデル選択を行うことにした。なお，事前分布としてJZS分布を使用した。

全モデルのうち，もっとも高いベイズ因子の値を示したのは，前期試験，中間模試，後期試験を独立変数とするモデルで，このモデルのベイズ因子の値は 9.67×10^{34} であった。次に高いベイズ因子の値を示したモデルは，全独立変数を投入するフルモデルで，ベイズ因子は 1.16×10^{34} であった。僅差であるが，本研究は前者の前期試験，中間模試，後期試験を独立変数とするモデルを選択することとした。

9-6-2◆回帰係数の事後分布

モデル選択をしたら，次は回帰モデルにおける各回帰係数のベイズ推定をし，事後分布の概観を得ます。ここでは MCMCpack パッケージの MCMCregress 関数を使用します。ここでは，ギブスサンプリングを使用して，チェイン数を1，間引き区間をなし，バーンイン区間を5,000，MCMC サンプル数を20,000とします。事前分布に関しては，各回帰係数に対して無情報事前分布とします。

```
> install.packages("MCMCpack", dependencies = T) # 初回の場合のみ
> library(MCMCpack)
> post<-MCMCpack::MCMCregress(EndT~FirstT+MidT+LastT,
data=x,
mcmc=20000,
thin=1,
burnin=5000)

> summary(post)
Iterations = 5001:25000
Thinning interval = 1
Number of chains = 1
Sample size per chain = 20000

1. Empirical mean and standard deviation for each variable,
   plus standard error of the mean:
                Mean       SD  Naive SE Time-series SE
(Intercept)  -4.1210  3.48862 0.0246683      0.0246683
FirstT        0.1781  0.04746 0.0003356      0.0003356
MidT          0.7141  0.04995 0.0003532      0.0003532
LastT         0.2118  0.04933 0.0003488      0.0003488
sigma2      143.5884 19.03956 0.1346300      0.1394572
2. Quantiles for each variable:
                 2.5%      25%      50%      75%    97.5%
(Intercept) -10.84864  -6.4913  -4.1178  -1.8177   2.7993
FirstT        0.08369   0.1466   0.1781   0.2099   0.2705
MidT          0.61594   0.6804   0.7143   0.7476   0.8130
LastT         0.11524   0.1787   0.2118   0.2446   0.3087
sigma2      110.59972 130.2124 142.0882 155.4336 185.1558
```

図 9.6.2 それぞれの回帰係数のトレース図と事後分布

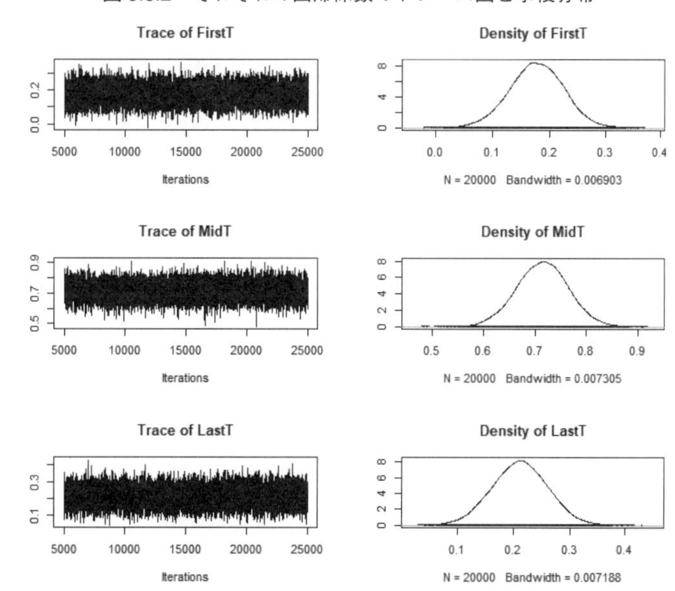

このMCMCについて，トレース図と事後分布の概観を可視化することもできます。ここでは，それぞれの回帰係数のみを抽出します。

※［plot.new() でエラー：figure margins too large］とエラーメッセージが出て，図が表示されない場合は，右上角で調整して，plotsプレインを大きくするなどで対処してください。

```
> plot(post[,2:4])
```

それぞれ，前期試験，中間模試，そして後期試験にかかる係数は，5%水準のベイズ信用区間においてすべて正の値を取るため，これらの係数は正の値を取るだろうと推論することができます。同時に，中間模試にかかる係数は，他の2つの独立変数にかかる係数よりも高い値を取るとも推論できます。

■記載例

個人iにおける年度末試験の得点を予測するため，年度末試験の得点y_iを従属変数とし，(a) 前期試験の得点x_{1i}，(b) 中間模試の得点x_{2i}，(c) 後期試験の得点x_{3i}を独立変数とする一般線形モデルを以下のように立てた。

（式9.6.11）　$y_i = b_1x_{1i} + b_2x_{2i} + b_3x_{3i} + b_0 + \varepsilon_i$

（式9.6.12）　$\varepsilon_i \sim \mathrm{Normal}(0, \sigma^2)$

なお，事前分布については，各独立変数にかかる回帰係数については無情報事前分布とした。

（式9.6.13）　$b_0, b_1, b_2, b_3, \sim \mathrm{Uniform}(-\infty, \infty)$

以上のモデルからマルコフ連鎖モンテカルロ法によって観測に近似させ，各独立変数に係る回帰係数の事後分布について検査することとした。なお，マルコフ連鎖モンテカルロ法にはギブスサンプリングを使用し，チェイン数を1，間引き区間をなし，バーンイン区間を5,000，MCMCサンプル数を20,000とした。

サンプリングが収束したものとみなし，MCMCサンプルの事後期待値，事後標準偏差，95%信用区間下限，95信用区間上限をまとめたものが**表9.6.1**である。なお，信用区間の構築にはパーセンタイル法を使用した。

表9.6.1　回帰係数の事後分布における要約値

回帰係数	事後期待値	事後標準偏差	95%信用区間下限	95%信用区間上限
b_1	0.18	0.05	0.08	0.27
b_2	0.71	0.50	0.61	0.71
b_3	0.21	0.50	0.12	0.31

各回帰係数の95%信用区間の下限は原点を超えないことから，すべての回帰係数は正の値を取ると考えられる。また，中間模試の回帰係数は，他の変数の回帰係数よりも比較的高い値を示した。

10章 因子分析

変数の背後に潜む共通概念を検証する

Section 10-1 因子分析

大学入試に備えて，文系コースと理系コースに分けたクラス編成がなされる高等学校があります。一般的に，文系科目に含まれる国語・英語・世界史などは何らかの文系能力が，そして，理系科目として扱われている数学・物理・化学などは，何らかの理系能力が必要だと考えられています。因子分析を用いることによって，このような2つの概念的な能力が想定可能かを，推測することができます。

因子分析（factor analysis）とは，関連した**観測変数**（observed variable）の背後に共通して影響を与える構成概念や要因を推定する統計的分析手法のことです。文系能力や理系能力のような潜在的概念や要因は，**因子**（factor）もしくは**潜在変数**（latent variable）とよばれます。動機づけや適性，性格など，1つの数値として直接的に観測しにくい概念なども因子に相当します。

10-1-1◆共通因子を探る

図 10.1.1 は，6科目のテスト得点を観測変数として，因子分析を行った結果をイメージ化したものです。観測変数1〜6の背後に推定されている2つの因子は，図の矢印の向きから，観測変数に対して共通して影響を与える要因ととらえられます。そして，太線の矢印が因子と観測変数の強い影響，破線矢印が弱い影響を示しています。観測変数1〜3の間，観測変数4〜6の間にそれぞれ高い相関がみられ，別の因子の影響を受けている可能性を示しています。このように，観測変数間の強い相関は，それらに影響を与える共通の因子によってもたらされると考えられ，因子1

図 10.1.1　因子と観測変数

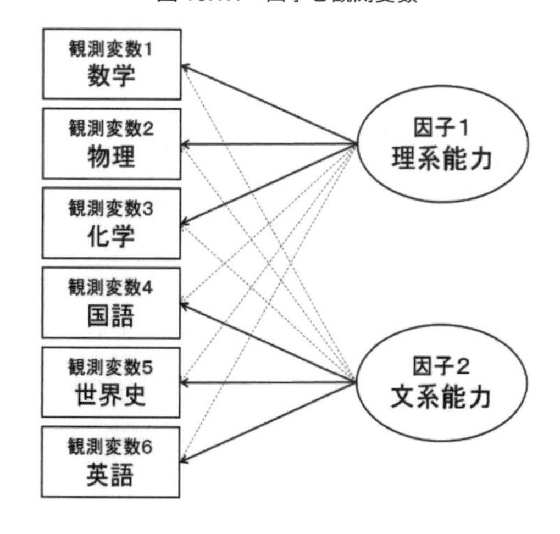

は理系能力，因子2は文系能力を表すと推察できます。

しかし，抽出された因子のみで，観測変数が説明されると考えるのは不自然で，観測変数独自の測定誤差や他の因子からの影響も考えられます。それらを考慮すると**図10.1.2**のようになります。

図10.1.2　共通因子と独自因子

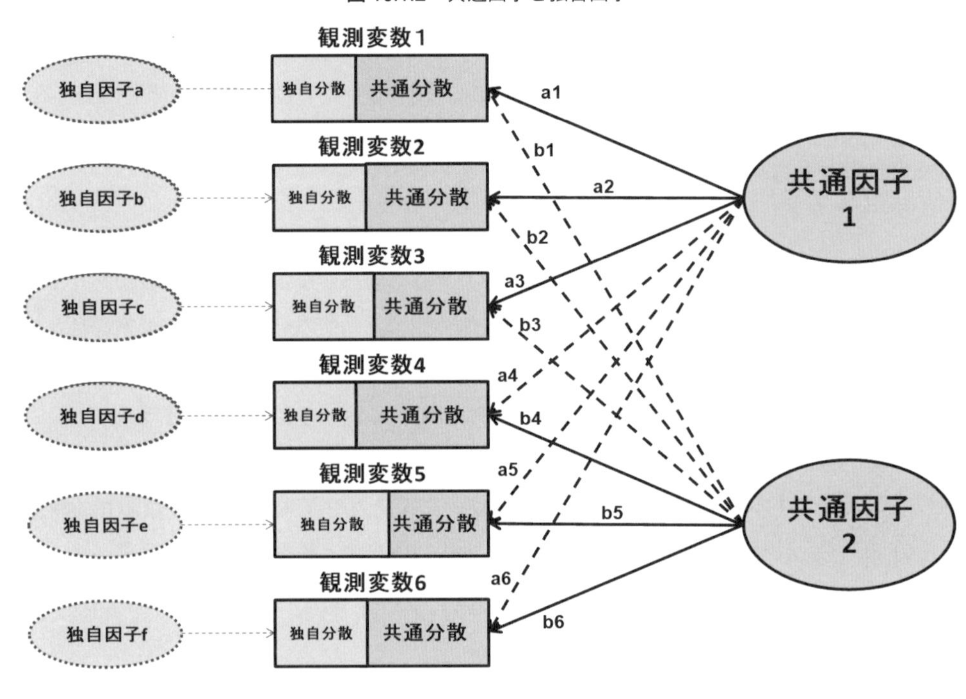

いくつかの観測変数に共通する因子が**共通因子**（common factor）で，観測変数の分散の一部を説明しています。そして，その説明された部分は**共通分散**（common variance）とよび，**共通性**（communality）として算出されます。この共通性の値が大きいほど，因子の意味づけがしやすくなります。観測変数の残りの分散は，**独自分散**（unique variance）とよび，個別に各観測変数に影響する**独自因子**（unique factor）と測定の誤差によって説明されます。

共通因子1から観測変数へ，破線・実線を問わずa1〜a6の矢印（パス：path）と，共通因子2からb1〜b6の矢印が引かれています。これらの矢印で表された因子と観測変数の関係性の強弱は，**因子負荷量**（factor loading）という値によって表され，推定された因子の解釈に使用される重要な値となります。このように，因子分析では，強弱はあるものの，因子はすべての観測変数に影響するというモデルを想定します。これらの情報を基本的なモデル**式10.1.1**に当てはめたのが，**式10.1.2**になります。

（式 10.1.1）　観測変数（observed）＝予測値（model）＋残差（residual）

（式 10.1.2）　観測変数 1＝（因子負荷量 a1×共通因子 1）＋（因子負荷量 b1×共通因子 2）＋…＋誤差 a
観測変数 2＝（因子負荷量 a2×共通因子 1）＋（因子負荷量 b2×共通因子 2）＋…＋誤差 b

式 10.1.2 は，それぞれの観測変数が，各共通因子からの影響と観測変数独自の誤差から成り立っていることを表しています。このモデルに基づいて，まず，観測変数間の相関係数により因子負荷量や共通性，誤差を推定します。その後，推定された各因子の解釈を行います。

10-1-2◆探索的因子分析と検証的因子分析

因子分析は，大きく分けて，上記のモデルで示した探索的因子分析と検証的因子分析の 2 種類があります。

（1）**探索的因子分析**（exploratory factor analysis：EFA）：「観測変数間に相関関係をもたらす潜在的な要因は何か」を探るデータ駆動型の分析です。観測変数の背後にどのような因子があるかを推定するため，**図 10.1.2** や**式 10.1.2** が示すように，探索的因子分析では分析内のすべての観測変数と因子が関連するモデルを想定します。そして，分析の結果，得られた固有値や因子負荷量などの推定値（Section 10-2-2 参照）をもとに分析者が因子数を決定したり，後づけで因子を命名したりします。探索的因子分析の手順としては，①因子数の決定，②因子負荷の推定，③因子軸の回転，④因子の解釈となります。

（2）**検証的因子分析**（confirmatory factor analysis：CFA）：**確認的因子分析**ともよばれ，先行する理論に基づき，因子の数や意味，因子と観測変数の関係を規定した仮説をモデルとして検証することを目的とした，理論主導型の因子分析です（Brown, 2006）。「観測変数間の相関関係は，仮定される因子構造と一致するか」という問いに答えるために，因子と観測変数の関係性を仮説に基づいてモデル化し，データとのあてはまり具合を検証します。よって，探索的因子分析の結果を受けて，因子と関連が強い観測変数に焦点をあてたモデルになります。

なお，（1）の探索的因子分析は，以下のような目的に使用されます。

①構成概念を探る

探索的因子分析は，観測変数間の相関関係のパターンをまとめ，背後に想定できる構造を理解したり，目に見えない概念について推論したりする場合に使用されます。たとえば，これまで「知能とは何か，知能はどのような能力で構成されているのか」という大きなテーマについて，因子分析が適用され，「知能」の構造の解明に役立てられてきました。このように，因子分析を通して，変数間の構造やその背後に潜む概念を理解することが可能となります。

②妥当性の高い質問紙を作成する

質問紙を使用する心理学の分野などでよく用いられる方法です。測定が難しい概念や因子を抽出するために考えられる質問項目をたくさん作成し，その回答結果を分析することで，あらかじめいくつかの因子を想定します。その後，どの因子にも属さない項目を除いたうえで，再度，因子分析を行うといった作業を繰り返し，質問を作成（尺度構成）することがあります。

③変数をまとめる

質問項目などの観測変数を少ない数の因子にまとめ，因子間の関係性を検証したり，アンケートやテスト項目の作成に利用できます。たとえば，アンケートにより異文化理解に関する共通概念を代表する因子を数値化し，それを従属変数として海外経験の有無をみることができます。また，重回帰分析の独立変数が多すぎる場合に，まとめた変数を利用できます。ただし，多くの観測変数をまとめて単純化することだけが目的であれば，**主成分分析**（principal component analysis）を用いるほうが適切です（10-5参照）。因子分析の真の目的は，あくまで観測変数に共通する因子を推定することです。

以上，3つの主な用途を挙げましたが，探索的因子分析の結果が適切かどうかを確認するために，さらに，異なるサンプルを使って検証的因子分析を行うことが推奨されます。

Section 10-2　因子分析の基本事項

10-2-1◆因子分析の前提

(1) サンプルサイズ

絶対的な基準はなく，100程度で因子分析を行っている研究が多くみられます（繁桝・柳井・森, 2008）。どの程度で妥当なのか理論的および統計的根拠が必要で，検証方法の1つに，**KMOの標本妥当性の測度**（Kaiser-Meyer-Olkin measure of sampling adequacy；10-3-3参照）があります（Field, 2009；Tabachnick & Fidell, 2007）。この値が1に近いほど相関係数が適切に算出されたことを意味し，信頼できる因子の抽出およびサンプリングの妥当性を示します。

また，データの質，観測変数や因子の数，因子と観測変数の関連の強さや共通性の大きさなどによって，適切なサンプルサイズは異なります。測定する観測変数の数の5倍から10倍程度のサンプルが目安ともいわれており（松尾・中村, 2002），十分なサンプルが確保できない調査環境では，観測変数の数を絞り込むことも検討します。

(2) データの種類

観測変数として間隔尺度・比率尺度の連続データを扱います。アンケートなどで用いられる5件法の回答データは，本来は名義尺度ないし順序尺度のデータであると考えられるため，カテゴリカル因子分析，または項目反応理論の応用である多段階反応モデルや一般化部分得点モデルといった方法の使用が推奨されます。

しかし，研究目的や分析の利便性の観点から，5 件法や 7 件法の回答データを間隔尺度だと見なして分析する場合もあります。また，異なった測定単位をもつ観測変数に対しても同時に因子分析にかけることが可能ですが，背後にある因子を抽出する意味をよく考える必要があります。

(3) 観測変数の数

多様な側面をもつ潜在的な概念を測定するために，測定の信頼性を考慮して，ある程度多くの観測変数を用いるようにします。一般的には，3 つから 4 つの観測変数が，1 つの因子に対して高い因子負荷量を示すことが目安となります（繁桝・柳井・森, 2008）。

(4) 観測変数間の相関

因子の推定に用いられる観測変数のうち，他の観測変数との相関係数が .30 以上を示すものがまったくみられない場合は，共通因子が十分に抽出されないことが多く，分析の意味が薄れてしまいます。逆に .90 以上のかなり高い相関係数を示す場合は，多重共線性や単一性の問題（9 章 **9-2-1** 参照）を招く恐れがあります（Tabachnick & Fidell, 2007）。

10-2-2◆因子負荷・因子寄与・共通性

因子分析を使って分析を行うと，さまざまな指標が算出されます。それらの指標はどのような意味をもつのかを解説していきます。

(1) 因子負荷量

因子と観測変数の関係性を表し，-1.00 から $+1.00$ までの値をとります。例えば上記でとり上げた 6 科目のテスト得点を観測変数として，因子分析にかけた結果，2 つの因子が抽出されました。因子負荷量は，**表 10.2.1** の囲み部分にあたり，その値が大きいほど，変数と因子の間に強い関係があることを示しています。$|.30|$ から $|.60|$ の間で，その因子に属さないかの判断がなされることが多いです（小塩, 2011；繁桝・柳井・森, 2008；松尾・中村, 2002）。ここでは，数学・物理・化学が第 1 因子に，そして，国語・世界史・英語が第 2 因子に高い負荷を示しています。英語だけは，第 1 因子にも .30 以上の因子負荷量を示していますが，概して，高い因子負荷を示した観測変数で因子を解釈することができ，第 1 因子を理系能力，第 2 因子を文系能力と命名できそうです。因子負荷量は，因子と観測変数の関係の強さを表しますが，必ずしもその相関係数と一致するわけではありません。

表 10.2.1　因子負荷・因子寄与・共通性の例

観測変数	因子 1（2 乗値）	因子 2（2 乗値）	共通性	独自性	合計
数学	.850（.723）	.136（.018）	.741	.259	1.000
物理	.820（.672）	.031（.001）	.673	.327	1.000
化学	.746（.557）	.049（.002）	.559	.441	1.000
国語	.214（.046）	.829（.687）	.733	.267	1.000
世界史	−.021（.000）	.602（.362）	.363	.637	1.000
英語	.338（.114）	.706（.498）	.613	.387	1.000
因子寄与	2.112	1.570			
因子寄与率	.352	.262			
累積寄与率	35.2%	61.4%			

(2)　因子寄与・因子寄与率・累積因子寄与率

①**因子寄与**（variance explained）：各因子が観測変数の変動をどの程度説明しているのかを表します。因子寄与は各因子における観測変数の因子負荷量の 2 乗和（the sum of the squared factor loadings）に相当します。**表 10.2.1** の各因子負荷量の横のカッコ内に 2 乗した値が示されており，これらを足すと，因子寄与が，2.112（=.723+…+.114）と 1.570（=.018+…+.498）になります。各因子が観測変数に対して，全体的にどの程度貢献しているのかを示す値であり，因子寄与が大きい因子から列に並びます。主成分分析の場合は，この値が固有値（**10-3-2** 参照）と一致します。

②**因子寄与率**（proportion of variance explained）：説明率ともよばれ，各因子の因子寄与を最大値で割った数値で，各因子が全観測変数に対して，どの程度の割合で貢献しているかを示します。因子寄与の最大値は，観測変数の総数に相当します。この例では 6 変数ありますから，上述の 2.112 と 1.570 をそれぞれ 6 で割ると，.352，.262 になり，それぞれの因子は観測変数全体の約 35% と約 26% を説明すると解釈できます。

③**累積因子寄与率**（cumulative proportion of variance explained）：因子寄与率を第 1 因子から順に足していった数値を示します。この例では，第 1 因子と第 2 因子の因子寄与率である .352 と .262 を足した値で .614 となります。よって，抽出された 2 因子で観測変数の約 61% を説明しています。

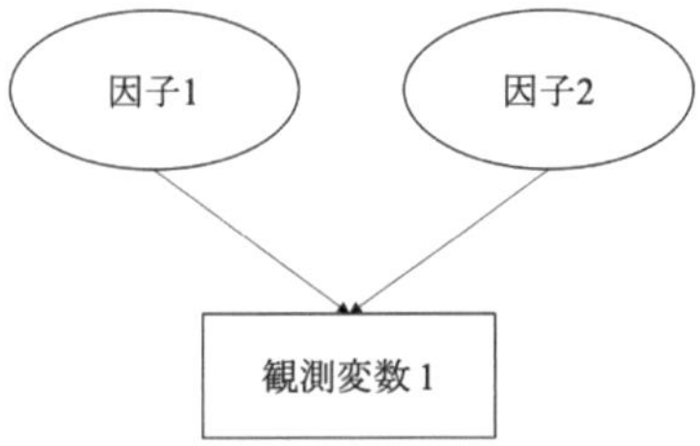

(3)　共通性

図 10.2.1 にイメージ化したように，抽出された因子全体が個々の観測変数をどの程度説明しているのかを表し，因子寄与とともに，どの程度うまく因子分析が行われたのかを評価する指標となります。共通性は，観測変数を説明している各因子負

図 10.2.1　共通性のイメージ

因子1
因子2
観測変数 1

荷量の2乗和で算出されます。たとえば，数学は.741（$= (.850)^2 + (.136)^2$），国語は.733（$= (.214)^2 + (.829)^2$）となります。

全因子の共通分散の合計が観測変数の共通性となり，0から1の値を取ります（ただし，データに問題があると1を超えることがあります；**10-2-3**参照）。よって，1からそれぞれの観測変数の共通性の値を引くと独自性がわかります。

10-2-3◆因子の抽出方法

複数の観測変数から因子を抽出する段階で，各観測変数が因子とどの程度，共通に説明されるかを推定します。つまり，各観測変数の共通性の初期値を求めます。その因子の抽出（推定）方法には，たくさんあり，Rでは**表10.2.2**にあるような抽出方法が選択できるようになっています。

どの抽出方法を選ぶか迷うところですが，Field（2009）は，仮説検証を行うための前提として，母集団にまで一般化しないのであれば，主成分分析，主因子法，イメージ因子法が，母集団にまで結果を拡張して一般化したいのであれば，最尤法あるいはアルファ因子法がより適しているとしています。**表10.2.2**の特徴からも，最も精度のよい最尤法がよく使われています。

しかし，推定精度の高い最尤法は，因子抽出の段階で共通性が1以上の値（つまり独自性がゼロもしくは負）を示す**不適解**（Heywood case）を出すことがあります。原因は，①推定する因子負荷量の数に対してサンプルサイズが十分でない；②データに適合する因子のモデルが定まらないことが原因と考えられます。対処法として，共通性が1になっている項目を外すか，別の抽出法を試します。

表10.2.2 主な因子の抽出方法

抽出法	特徴	Rの指定
主因子法（principal axis factoring）	第1因子から順に因子寄与が最大となるよう，因子を抽出。不適解が出る前の解を出す	fm = “pa”
重み付けのない最小二乗法（unweighted least squares）	データと因子分析のモデルから算出される共分散行列の間の差を最小にするように行う。Rではデフォルトとして設定されている	fm = “minres”
重み付けのある最小二乗法（weighted least squares）	残差行列を「1/（相関行列の逆行列の対角要素）」によって重み付け，共通性の低い項目により重みをつける	fm = “wls”
一般化最小二乗法（generalized weighted least squares）	最小二乗法に重み付けをし，尺度の単位に影響されないように行う。正規性が満たされていない場合も使用可能。適合度の検定が可能	fm = “gls”
最尤法（maximum likelihood）	尤度（データの得られやすさ）を最大にする推定法。頑健性はあるが多変量正規性を仮定。サンプルサイズが十分大きいと推定精度高い。適合度の検定が可能	fm = “ml”

注．豊田，2012；松尾・中村，2002 p.45；柳井・緒方，2006をもとに作成

たとえば，一般化最小二乗法や重みづけのある最小二乗法は，最尤法よりは不適解を出さないので，次に試してみます。最も不適解が出にくいのが主因子法ですが，因子モデルとデータの適合度を計算できる最尤法と最小二乗法と比べて，不適解という形で表れるデータの問題を見落としてしまう可能性があります（繁桝・柳井・森, 2008）。

10-2-4◆因子の回転方法

因子の抽出段階では，因子と観測変数がうまく合致しているように見えません。そこで，因子軸を引き，それを回転させたうえで，傾向の似たいくつかの観測変数の固まりを解釈できるようにグルーピングする必要があります。

図 10.2.2 直交回転のイメージ　図 10.2.3 斜交回転のイメージ

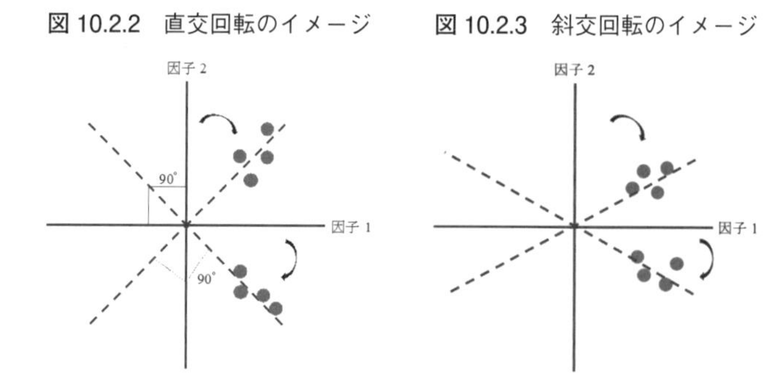

図 10.2.2 に示すように，2本の因子軸がそれぞれ因子1と因子2を表し，黒丸が観測変数を表しています。この因子軸をそれぞれ観測変数群に重なるように動かすことが因子の回転です。回転前の時点では，観測変数がどちらの因子と関係があるのか判断しにくいため，この2本の軸を**直交回転**（orthogonal rotation；**図 10.2.2**）あるいは**斜交回転**（oblique rotation；**図 10.2.3**）させて，観測変数に重ねることで，因子の解釈を容易にしようとします。この2種類の回転には以下の相違点があります。

①**回転軸の動かし方**：点線軸に示されるように，直交回転では，「因子間には相関がなく互いに独立している」という制約をおいた回転方法で，2本の軸を直角に固定したまま動かします。一方，斜交回転は「因子は互いに相関がある」と想定した方法で，2本の軸を個別に動かして柔軟に観測変数を重ねることができるので，因子の解釈が行いやすくなります。

②**因子負荷量と相関係数**：観測変数どうしの相関を想定しない直交回転では，因子負荷量と相関係数は同等のものとしてとり扱われます。一方，因子軸を個別に動かす斜交回転では，これら2つは異なるため，別々の表に出力されます。

③**因子寄与・因子寄与率・累積因子寄与率の算出**：直交回転の場合は，初期・因子抽出後・回転後の3段階において，これらの3つの値が表示されます。これは，回転させても，一方の因子への因子負荷量が高まれば，他方への因子負荷量が低下する関係性が維持され，因子寄与の最大値が観測変数の数になり，因子寄与の計算が可能だからです。しかし，斜交回転の場合は，どの因子に対しても高い因子負荷量を示すことも可能で，最大値が定まらず，因子寄与の計算が行われません。そのため，回転後の因子

寄与の値が出力されず，全体的にどの程度の貢献度かについては相対的な比較に留まります。

それぞれの回転にいくつかの方法が考案されています。直交回転の代表的な方法に**バリマックス回転**（varimax rotation）があります。斜交回転でよく使われる方法は，**プロマックス回転**（promax rotation）と**オブリミン回転**（oblimin rotation）です。プロマックス回転は，必ず収束する反面，複数の因子に対して高い負荷量をもつ変数は少なくなる傾向があります。言い換えれば，影響を与える因子と観測変数の関係が1対1対応になりやすいということで，このような構造を単純構造とよびます。単純構造であるほど解釈しやすくなるので，最初に使ってみるとよいかもしれません。しかし，2つ以上の因子から相応に強い影響を受けている観測変数がある場合，必ずしも適切な分析であるとはいえません。それに対して，オブリミン回転は，複雑な因子構造を保つ傾向があり，単純構造にならないデータに向いています。Rで因子分析を行う場合に，頻繁に使われるfa関数ではこちらがデフォルトとなっています。

因子間の相関を推定しないのは不自然である場合が多く，また，因子を回転させる目的は，因子の解釈を容易にすることなので，回転軸の角度を自由に動かせる斜交回転のほうが優れています（松尾・中村，2002）。因子分析では，データを分析にかけると，推定値の算出や因子の回転が客観的に行われます。その後，分析者が回転後の結果や推定値を参照し，因子数の最終的な決定や因子の解釈を行います。

Section 10-3　因子分析の準備

10-3-1◆因子分析のデータ

まず，斜交回転による因子分析を説明します。大学1年生123名に実施した5件法13項目（**表10.3.1**）の質問紙データを使用し，あるスピーキング活動に対する学習者の期待（expectation：EX），価値（value：VL），努力（effort：EF）を調べます。質問紙は，Deci and Ryan（2004）をもとに作成されもので，日本人英語学習者に実施した場合，どのような構成概念がみられるのかを検証します。

※この分析では3つの因子が現れることを暗に予測していますが，分析としては因子数や，

表10.3.1　アンケート項目内容

記号	項目内容
EF1	この活動には多くの努力を費やせるだろう。
EF2	この活動に対して，あまりがんばらないと思う。(R)
EF3	この活動に対して全力で挑めると思う。
EF4	この活動をうまく行うことはとても重要なことだと思う。
EF5	この活動に対してはそこまでがんばるつもりがない。(R)
EX1	他の人に比べて，この活動がうまくできると思う。
EX2	この活動の結果に満足できると思う。
EX3	この活動が終わった後，充実感を得られそうだ。
EX4	この活動をうまくできないと思う。(R)
VL1	この活動を行うことは，大きな意味があると思う。
VL2	この活動は，とても重要だと思う。
VL3	この活動は，多くの利益をもたらしてくれるだろう。
VL4	この活動は，今後の英語学習に重要なものだと思う。

因子と観測変数との関係は規定していないため，探索的因子分析となります（10-1-2 参照）。

❶「Ch10factor」という Rproject を作成し，データ［factor.csv］を入れておきます。

❷続いて，データ［factor.csv］を読み込み，head 関数でデータを確認します。

```
> factor <- read.csv("factor.csv") #データの読み込み
> head(factor) #データの最初の部分の確認
#A tibble: 6 x 14
     ID   EF1   EF2   EF3   EF4   EF5   EX1   EX2   EX3   EX4   VL1   VL2   VL3   VL4
  <dbl> <dbl> <dbl> <dbl> <dbl> <dbl> <dbl> <dbl> <dbl> <dbl> <dbl> <dbl> <dbl> <dbl>
1     1     3     2     3     3     2     1     1     1     5     4     3     3     4
2     2     4     1     4     4     1     1     1     1     5     5     4     4     5
3     3     4     1     4     3     2     1     3     2     3     4     4     4     4
以下，略
```

10-3-2◆反転項目の処理と記述統計

❶**表 10.3.1** の項目内容に (R) が付いた項目（EF2，EF5，EX4）があります。これらは**反転項目**（または逆転項目 reverse code item）とよばれる項目で，5段階の1が否定的，5が肯定的な回答を求める項目中に，反応が逆になるように質問しています。そのため，これらの項目を因子分析に含める場合は，**式 10.3.1** を使って，R 上で得点の並び順を変換します。たとえば，反転項目 EF2 の場合，上限値は5，項目の得点が2だとすると，4［=(5+1−2)］点に変換されます。

（式 10.3.1）　反転項目の変換式：（尺度の上限値＋1）－項目の得点

❷まず，元データ［factor］を残しておくために，［factor_rv］という新しいデータフレームに入れます。そして，反転項目 EF2 の変換を，**式 10.3.1** を参考にコマンドを書き，変換する値を［factor_rv］の EF2 に入れます。同様に，EF5 と EX4 についても行います。

```
> factor_rv<-factor #新しいデータフレームの作成
> factor_rv$EF2 <- 6-factor_rv$EF2 #EF2の反転項目の処理
> factor_rv$EF5 <- 6-factor_rv$EF5 #EF5の反転項目の処理
> factor_rv$EX4 <- 6-factor_rv$EX4 #EX4の反転項目の処理
```

❸次に反転処理を行った項目とわかるように，変数名にRをつけ，［EF2R］に変更します。列名を変える場合は，names 関数を用います。EF5，EX4 についても，同様に［EF5R］［EX4R］とします。最後に，分析に必要のない ID の列を削除します。以降の分析では，このオブジェクト［x］に入れたデータを使用します。

```
> names(factor_rv)[3]<-("EF2R") #3列目の列名変更
> names(factor_rv)[6]<-("EF5R") #6列目の列名変更
> names(factor_rv)[10]<-("EX4R") #10列目の列名変更
> x <- factor_rv[,-1] #IDの削除
> head(x) #データの確認。作成された変数名は次の❹参照
以下，略
```

❹因子分析を始める前に，psych パッケージにある describe 関数で，記述統計量を算出し，各変数の傾向を確認します。以下で，3 つの変数名には R が入っているのも確認できます。

```
> library(psych)
> describe(x)
      vars   n mean   sd median trimmed  mad min max range  skew kurtosis   se
EF1      1 123 3.08 1.08      3    3.13 1.48   1   5     4 -0.36    -0.39 0.10
EF2R     2 123 3.78 1.01      4    3.89 1.48   1   5     4 -0.68     0.11 0.09
EF3      3 123 3.48 1.01      4    3.53 1.48   1   5     4 -0.58    -0.23 0.09
EF4      4 123 3.20 1.14      3    3.25 1.48   1   5     4 -0.37    -0.61 0.10
EF5R     5 123 3.63 1.10      4    3.72 1.48   1   5     4 -0.67    -0.26 0.10
EX1      6 123 1.72 0.78      2    1.62 1.48   1   5     4  1.04     1.34 0.07
EX2      7 123 1.90 0.85      2    1.86 1.48   1   4     3  0.34    -1.17 0.08
EX3      8 123 1.87 0.87      2    1.78 1.48   1   4     3  0.70    -0.34 0.08
EX4R     9 123 2.16 1.11      2    2.05 1.48   1   5     4  0.60    -0.62 0.10
VL1     10 123 3.50 1.04      4    3.58 1.48   1   5     4 -0.63    -0.03 0.09
VL2     11 123 3.27 1.09      3    3.32 1.48   1   5     4 -0.43    -0.31 0.10
VL3     12 123 3.42 1.09      4    3.47 1.48   1   5     4 -0.44    -0.51 0.10
VL4     13 123 3.72 1.00      4    3.82 1.48   1   5     4 -0.81     0.59 0.09
```

10-3-3◆相関と適合度検定による観測変数の妥当性

❶次に，どの変数とも相関が低すぎる（$r<.30$）変数や，逆に多重共線性が疑われるほど高い変数（$r>.90$）がないかを調べます。corr.test 関数または pairs.panels 関数で，ピアソンの相関係数を算出します。

変数の数が多く，次の結果が見づらいのですが，囲みの EF5R のみ，どの変数とも .30 以上の相関は見られないため，要注意の変数となります。

```
> corr.test(x)
Call:corr.test(x = x)
Correlation matrix
      EF1  EF2R  EF3  EF4  EF5R   EX1   EX2   EX3  EX4R  VL1  VL2  VL3  VL4
EF1  1.00  0.57 0.66 0.43  0.27  0.01  0.09  0.13  0.08 0.46 0.46 0.49 0.36
EF2R 0.57  1.00 0.74 0.43  0.26  0.00 -0.01  0.06 -0.02 0.43 0.54 0.51 0.48
EF3  0.66  0.74 1.00 0.50  0.27  0.04  0.11  0.12  0.02 0.54 0.61 0.57 0.51
EF4  0.43  0.43 0.50 1.00  0.22  0.20  0.10  0.03  0.01 0.56 0.63 0.72 0.44
EF5R 0.27  0.26 0.27 0.22  1.00 -0.17 -0.12 -0.22 -0.17 0.15 0.10 0.19 0.08
EX1  0.01  0.00 0.04 0.20 -0.17  1.00  0.41  0.45  0.41 0.06 0.19 0.04 0.06
EX2  0.09 -0.01 0.11 0.10 -0.12  0.41  1.00  0.50  0.38 0.06 0.18 0.04 0.06
EX3  0.13  0.06 0.12 0.03 -0.22  0.45  0.50  1.00  0.35 0.14 0.25 0.08 0.15
EX4R 0.08 -0.02 0.02 0.01 -0.17  0.41  0.38  0.35  1.00 0.18 0.12 0.07 0.15
VL1  0.46  0.43 0.54 0.56  0.15  0.06  0.06  0.14  0.18 1.00 0.70 0.76 0.74
VL2  0.46  0.54 0.61 0.63  0.10  0.19  0.18  0.25  0.12 0.70 1.00 0.74 0.67
VL3  0.49  0.51 0.57 0.72  0.19  0.04  0.04  0.08  0.07 0.76 0.74 1.00 0.64
VL4  0.36  0.48 0.51 0.44  0.08  0.06  0.06  0.15  0.15 0.74 0.67 0.64 1.00
```

❷次に，Kaiser-Meyer-Olkin（KMO）の検定で，標本の妥当性を検定します。KMO は，**式 10.3.2** で求められます。値が 1 に近くなるほど妥当で，基準としては，.50 未満（不十分），.50〜.70（中程度），.70

〜.80（良い），.80〜.90（非常に良い），.90以上（優秀）となります（Field, 2009）。

（式10.3.2）　KMO＝相関係数の2乗和／相関係数の2乗和＋偏相関係数の2乗和

KMO関数で調べると，MSA（Measurement System Analysis）＝.85と，基準から判断して非常によく，個々の項目も中程度以上の値となっており，分析は妥当だといえます。

```
> KMO(x)
Kaiser-Meyer-Olkin factor adequacy
Call: KMO(r = x)
Overall MSA =  0.85
MSA for each item =
 EF1 EF2R  EF3  EF4 EF5R  EX1  EX2  EX3 EX4R  VL1  VL2  VL3  VL4
0.89 0.86 0.87 0.84 0.85 0.66 0.73 0.72 0.71 0.87 0.92 0.88 0.88
```

❸もう一つの標本妥当性の指標であるBartlettの球面性検定（Bartlett's test of sphericity）で「観測変数間が無相関である」という帰無仮説を検定します。

cortest.bartlett関数で検定した結果，［6.68798e-122］と1％水準で有意となっています。よって，帰無仮説を棄却し，変数間に相関があり，因子分析を行うには妥当であるといえます。

```
# Bartlettの球面性検定
> cortest.bartlett(x)
R was not square, finding R from data
$chisq
[1] 808.4395
$p.value
[1] 6.68798e-122
$df
[1] 78
```

10-3-4◆因子数の決定

理論的には観測変数の数だけ因子が抽出されますが，データがいくつの因子で説明されるかは，以下の指標を基に決定します。

(1) **固有値**（eigen value）：抽出や回転前の初期の各因子の寄与の度合いを表した値で，この値の合計は項目数に一致し，高いほどその因子寄与が大きいといえます。カイザー（Kaiser）基準あるいはカイザー・ガットマン（Kaiser-Guttman基準）として，この固有値1以上が一つの目安になります。

(2) **スクリープロット**（scree plot）：固有値をプロットした図で，採用する因子の数を視覚的に判断するときに役立ちます。通常，固有値の落ち込みが大きいところまでの因子が採用されます。

(3) **因子構造**（factor structure）：抽出された因子に強く負荷する観測変数のパターンから，理論的に妥当な結果であるかどうかで判断します。

(4) **平行分析**（parallel analysis）：実際のデータと同じサンプルサイズの乱数データを発生させ，実際の固有値よりも乱数データで計算された固有値の方が大きくなる一つ前までを因子とする方法です。乱数データによって，(1)の方法より標本誤差の影響は小さくなると考えられています。

(5) **MAP**（最小偏相関平均，minimum average partial）**基準**：主成分分析で得られる主成分を利用して因子数を決定する方法です（豊田，2012）。主成分を各観測変数に共通して影響を与える変数（統制変数）と考え，この統制変数の影響を取り除いた上で，観測変数間の偏相関係数を求めて，その2乗平均を最小にする主成分数を因子数にする方法です。

この他にもAICやBIC（10-6-2参照）などの情報量基準を使用する方法もありますが，どれが最もよいという方法はありません。よって，近年では，(1)と(2)だけでなく，(4)などの他の方法も参考にして因子数を決定するのがよいでしょう。

❶固有値からの解釈

eigen関数で，固有値と固有ベクトルを計算します。結果は，抽出される因子の最大個数は観測変数の数になりますので，13個の因子が抽出されています。しかし，固有値1以上に限ると3つの因子が抽出されています。

```
> e <- eigen(cor(x)) #固有値の計算
> e$value #回転前の初期の固有値
 [1] 5.1378248 2.3500996 1.0849274 0.8199379 0.7385176 0.6319864 0.5434271
 [8] 0.4732472 0.3395483 0.2511673 0.2408757 0.2144446 0.1739961
```

❷スクリープロットからの解釈

plot関数で固有値のスクリープロットを表示します。固有値が大きい順に全因子が表示されます（**図10.3.1**）。これで見ると，第3因子で落ち込みが止まり，以降なだらかになっています。固有値1以上の条件と合わせて，3因子が妥当であると判断できます。

```
>plot(e$value,
   xaxp=c(1,13,12), #x軸目盛1～13まで12分割する。
   type="b") # "b"はグラフ上に点と線を表示
```

図10.3.1　スクリープロット

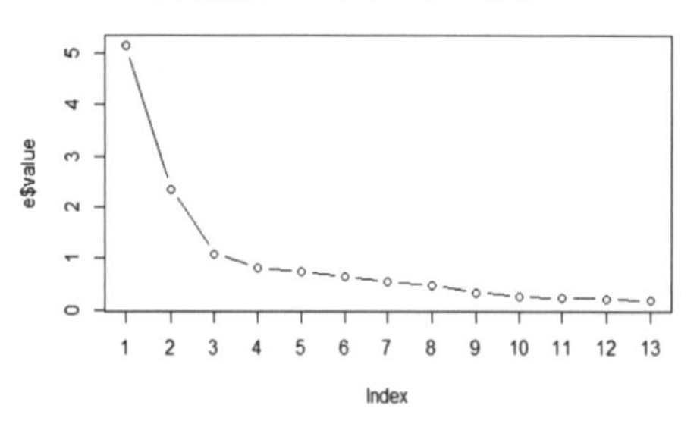

❸平行分析を用いた解釈

平行分析は，関数fa.parallel（データセット名，推定方法，乱数データ数）を用いて行います。推定方法は最尤法（fm = "ml"）にします。

出力結果の**図10.3.2**を見ると，FA Actual Dataの線がFA Simulated Dataの線と第4因子の前で交差して

図10.3.2　並行分析

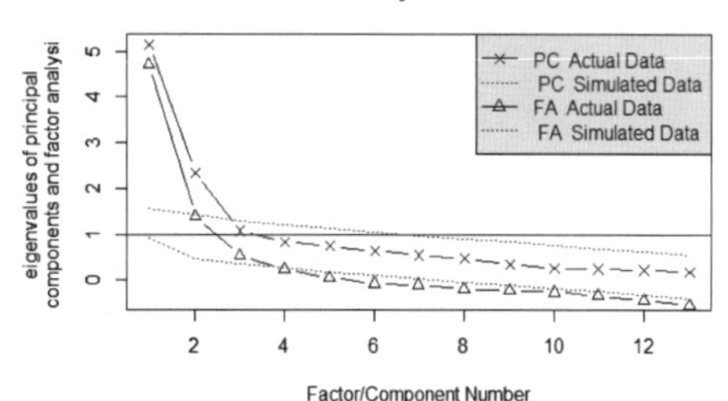

います。また，「Parallel analysis suggests...factor = 3」と3因子が提案されています（囲み）。

```
> fa.parallel(x, fm="ml", n.iter = 100) # 乱数発生 100 回
Parallel analysis suggests that the number of factors = 3 and the number of components = 2
```

❹ MAP 基準からの解釈

MAP 基準は，vss 関数を用いて産出します。x には分析で使用するデータを入れ，n には想定する因子数の上限を入れます。出力結果のうち，[The Velicer MAP achieves a minimum] の部分を参考にして，因子数を検討します。分析の結果，3因子が妥当だということがわかりました。

```
> vss(x, n = 5)
Very Simple Structure
Call: vss(x = x, n = 5)
VSS complexity 1 achieves a maximimum of 0.84 with 2 factors
VSS complexity 2 achieves a maximimum of 0.9 with 3 factors
The Velicer MAP achieves a minimum of 0.04 with 3 factors
BIC achieves a minimum of -133.74 with 3 factors
Sample Size adjusted BIC achieves a minimum of -24.02 with 4 factors
```

Section 10-4 探索的因子分析：プロマックス回転

10-4-1◆因子の検証（プロマックス回転）

因子数が決定したので，次に，回転方法を選択し，変数が因子に十分関連（負荷）しているかを判断する因子負荷量の最低水準を決定します。ここでは，どの変数を因子に含めるかの因子負荷量の基準（10-2-2 参照）を .40 以上とします。

❶ psych パッケージにある関数 fa（データセット名，因子数，回転方法，推定方法）を使って，因子分析を行っていきます。回転方法はプロマックス回転，推定方法は最尤法を指定します。

❷その結果を［fa.out1］というデータフレームに入れます。そして，print 関数で，結果表示します。

```
> install.packages("GPArotation")
> library(GPArotation)
> fa.out1 <- fa(x, nfactors=3, rotate="promax", fm="ml") # ml は最尤法
> print(fa.out1, sort=T, digits = 3) # sort で因子負荷量の高い順に並ぶ

Factor Analysis using method =  ml
Call: fa(r = factor_pro_rv, nfactors = 3, rotate = "promax", fm = "ml")
Standardized loadings (pattern matrix) based upon correlation matrix
```

```
      item   ML1    ML3    ML2    h2    u2   com
VL3     12  0.919 -0.008 -0.109 0.811 0.189 1.03
VL1     10  0.894 -0.050 -0.027 0.735 0.265 1.01
VL4     13  0.748  0.019  0.024 0.586 0.414 1.00
VL2     11  0.727  0.141  0.145 0.736 0.264 1.16
EF4      4  0.663  0.091 -0.026 0.521 0.479 1.04
EF3      3  0.051  0.882  0.121 0.841 0.159 1.04
EF2R     2  0.057  0.769  0.023 0.650 0.350 1.01
EF1      1  0.080  0.666  0.097 0.523 0.477 1.07
EF5R     5  0.005  0.329 -0.273 0.197 0.803 1.93
EX3      8 -0.037  0.110  0.736 0.529 0.471 1.05
EX2      7 -0.108  0.138  0.695 0.454 0.546 1.13
EX1      6  0.015 -0.010  0.636 0.409 0.591 1.00
EX4R     9  0.104 -0.082  0.527 0.310 0.690 1.13
```

❸因子と観測変数の関係性を示す**パターン行列**（pattern matrix）（囲み）に，共通性［h2］，独自因子［u2］が出力されます。複雑性［com］は，構造の単純さを示しています。1つの因子からのみ影響を受けている場合は1に近づき，複数の因子から影響を受けている場合は1を超えます（Pettersson & Turkheimer, 2010）。パターン行列は他の変数からの影響を除いた観測変数と因子の関係性，つまり，因子負荷量を表します。

これらの因子負荷量を見ると，第1因子［ML1］には「価値」を測定する変数（VL），第2因子として［ML3］には「努力」の変数（EF），第3因子［ML2］には「期待」の変数（EX）が，それぞれ十分高い値になっています。しかし，「努力」の尺度を構成する目的で作成されたEF4が異なる観測変数群にグルーピングされています。EF4の内容は，「この活動をうまく行うことは私にとってとても重要なことだと思う」となっており，調査対象者は「うまく行う」という点よりも「重要な」という価値を示す表現に着目して回答した可能性が考えられます。したがって，項目の妥当性の観点からこの質問項目は「努力」を測定する尺度には適さないと考えられます。

EF5Rについても注意が必要です。因子負荷量が設定した最低水準.400を下回っています。よって，単純構造の達成という目的には適さないため，次の分析で削除してみます。

```
#因子寄与率等の結果
                       ML1   ML3   ML2
SS loadings           3.356 2.130 1.816 #因子寄与
Proportion Var        0.258 0.164 0.140 #因子寄与率
Cumulative Var        0.258 0.422 0.562 #累積因子寄与率
Proportion Explained  0.460 0.292 0.249 #説明率
Cumulative Proportion 0.460 0.751 1.000 #累積説明率
```

❹続く，因子寄与率［Proportion Var］を見ると，第1因子［ML1］は，全観測変数に対して25.8%関連していることがわかります（10-2-2参照）。また，累積寄与率［Cumulative Var］を見ると，3つの因子で変数全体の56.2%を説明しています。説明率と累積説明率は全体を1にした場合の割合になります。

このように，納得のいく因子構造を得るために，出力結果を検討して適切ではないと思われる観測変数を分析から除外し，再び分析を行います。

10-4-2◆因子の再検証

❶先ほどの分析結果から，[EF4] [EF5R] の2項目を除外したデータフレームを任意のオブジェクト [x1] に入れます。最初に作成したID列まで含んだデータ [factor_rv] で除外する場合は，除外列がずれるので注意してください。

```
> x1 <- x[-c(4,5)] #4,5列目を除外したデータをx1とする
#x1<-factor_rv[-c(1,5,6)] ID列と5,6列めを除外しても同じ

> head(x1) #2項目列が削除されたか確認
  EF1 EF2R EF3 EX1 EX2 EX3 EX4R VL1 VL2 VL3 VL4
1   3    4   3   1   1   1    1   4   3   3   4
2   4    5   4   1   1   1    1   5   4   4   5
3   4    5   4   1   3   2    3   4   4   4   4
  以下，略
```

❷その他の設定は変更せずに，結果を [fa.out2] に入れ，print関数を用いて，結果を表示します。

```
> fa.out2 <- fa(x1, nfactors= 3, rotate= "promax", fm= "ml")
> print(fa.out2, digit = 3, sort= T)

Factor Analysis using method =  ml
Call: fa(r = x1, nfactors = 3, rotate = "promax", fm = "ml")
Standardized loadings (pattern matrix) based upon correlation matrix
     item    ML1    ML3    ML2    h2    u2  com
VL1     8  0.939 -0.059 -0.032 0.801 0.199 1.01
VL3    10  0.807  0.095 -0.084 0.736 0.264 1.05
VL4    11  0.798  0.008 -0.001 0.646 0.354 1.00
VL2     9  0.666  0.196  0.129 0.713 0.287 1.25
EF3     3  0.040  0.886  0.021 0.837 0.163 1.01
EF2R    2  0.036  0.791 -0.067 0.657 0.343 1.02
EF1     1  0.062  0.673  0.032 0.517 0.483 1.02
EX2     5 -0.128  0.104  0.706 0.484 0.516 1.11
EX3     6 -0.017  0.061  0.704 0.502 0.498 1.02
EX1     4 -0.028 -0.020  0.653 0.418 0.582 1.01
EX4R    7  0.141 -0.136  0.536 0.319 0.681 1.27
```

❸再分析後のパターン行列では，1つの因子に3～4つの観測変数がグルーピングされているので（10-2-1 (3) 参照），この結果を採用します。

```
                        ML1   ML3   ML2
SS loadings           2.796 2.102 1.730
Proportion Var        0.254 0.191 0.157
Cumulative Var        0.254 0.445 0.603
Proportion Explained  0.422 0.317 0.261
Cumulative Proportion 0.422 0.739 1.000
```

最後に，出力番号が不規則になっていますが，十分な因子負荷量を示した観測変数項目から因子に名前をつけます。各因子に負荷する項目の性質から，ここでは第1因子 [ML1] を「価値」，第2因子 [ML3] を「努力」，第3因子 [ML2] を「期待」と定義できそうです。

このように，探索的因子分析は分析者の判断に委ねられている部分が多く，理論的に妥当な結果が得

られるまで分析をくり返します。

❹次に，因子間の相関を確認します。因子分析の結果を論文にまとめる際は，因子間の相関係数も載せる必要があります。因子間の相関は［With factor correlations of］の部分を見ます。分析の結果，第1因子［ML1］と第3因子［ML2］，および第2因子［ML3］と第3因子［ML2］間の相関は低く（r=.22；r=.10），第1因子［ML1］と第2因子［ML3］は，中程度の関係（r=.66）があります。

```
With factor correlations of
     ML1   ML3   ML2
ML1 1.000 0.655 0.217
ML3 0.655 1.000 0.100
ML2 0.217 0.100 1.000
```

10-4-3◆因子の数値化と利用

因子分析で解釈した因子を数値化して，他の分析（分散分析・クラスタ分析・重回帰分析など）に利用することができます。これは，数多くの観測変数をそのまま使用するより扱いやすく，ときに因子のほうがその概念を代表した値になっており，適当と判断できるからです。因子の数値化には，以下の**因子得点**（factor score）と**尺度値**（scale score）を算出する方法があります。

※このとき，反転項目がある場合は，因子得点や尺度値を算出する前に，変換するようにします。

①**因子得点**：因子ごとに各観測変数の因子負荷量をすべて含めた値

・**算出方法**：因子分析で使用したfa関数を使って，［score = T］と指定することにより，デフォルトのThurston法で計算されます。この数値を各因子の因子得点とします。

・**特徴**：因子負荷量を用いるため，因子ごとに重みづけされた得点が算出されます。しかし，因子負荷量が低い観測変数も含めて算出されるため，因子の定義がしづらくなります。

②**尺度値**：定めた水準以上の因子負荷量を示した観測変数群の素点の合計や平均値

・**算出方法**：たとえば「価値」の尺度値を算出する場合，VL1，VL2，VL3，VL4の素点の和，もしくは平均値を求めます。

・**特徴**：尺度値の場合は，十分な因子負荷量を示した観測変数のみを用いるため，因子の意味づけが明確に維持される反面，因子負荷量による重みづけが考慮されません。また，観測変数の分散の一部を説明する測定誤差や，分析によって抽出されなかった他の因子からの影響（誤差分散）が含まれてしまうという問題点が存在します。しかし，尺度値は因子得点として因子の意味づけがより明確である点からよく用いられます。

10-4-4◆ α 係数の算出

因子分析で，それぞれの因子を構成する項目（アンケート尺度）が決定したので，因子ごとの信頼性を検討します。ここでは，信頼性の指標としてCronbachの α 係数を使用し，尺度が使われる文脈によりますが，一般的に，.70～.80以上あれば，尺度内の内的整合性が高いと判断します。

❶まずは，第1因子を構成する［VL1］，［VL3］，［VL4］，［VL2］の4項目のα係数を，alpha関数を用いて求めます（7章7-3-3参照）。以下のどちらかのコマンドで実行することができます。

```
> alpha(x1[,c("VL1","VL2","VL3","VL4")]) #変数名を指定してα係数を算出
> alpha(x1[,c(8,9,10,11)]) #列を指定してα係数を算出
```

❷［raw_alpha］の値が，4項目から構成される尺度のα係数で，.91とかなり高い信頼性係数の値を示しています。

```
> alpha(x1[,c("VL1","VL2","VL3","VL4")])
Reliability analysis
Call: alpha(x = x1[, c("VL1", "VL2", "VL3", "VL4")])
  raw_alpha std.alpha G6(smc) average_r S/N   ase mean   sd median_r
      0.91      0.91    0.89      0.71 9.7 0.014  3.5 0.93     0.72
 Reliability if an item is dropped:
    raw_alpha std.alpha G6(smc) average_r S/N alpha se  var.r med.r
VL1      0.87      0.87    0.82      0.69 6.5    0.021 0.0029  0.67
VL2      0.88      0.88    0.84      0.71 7.5    0.019 0.0041  0.74
VL3      0.88      0.88    0.83      0.70 7.1    0.019 0.0012  0.70
VL4      0.89      0.89    0.85      0.73 8.3    0.017 0.0011  0.74
```

また，どの項目を抜いたとしても，.91以上の値にはならない（囲み部分）ことから，第1因子は，4項目を使って構成するのが妥当な尺度と言えます。

❸同様に第2因子，第3因子についても同様の手続きで分析を行います。結果は，それぞれ，.85と.73と十分に高い信頼性係数の値が確認されました。

```
> alpha(x1[,c("EF3","EF2R","EF1")])
Reliability analysis
Call: alpha(x = x1[, c("EF3", "EF2R", "EF1")])
  raw_alpha std.alpha G6(smc) average_r S/N   ase mean   sd median_r
      0.85      0.85     0.8      0.66 5.8 0.024  3.4 0.91     0.66

> alpha(x1[,c("EX2","EX3","EX1","EX4R")])
Reliability analysis
Call: alpha(x = x1[, c("EX2", "EX3", "EX1", "EX4R")])
  raw_alpha std.alpha G6(smc) average_r S/N  ase mean   sd median_r
      0.73      0.74    0.69      0.42 2.9 0.04  1.9 0.68     0.41
```

10-4-5◆論文への記載

因子分析の結果を論文に記載する際には，以下の情報を表や文中に含めます。

①アンケートの項目（表10.3.1）：本文中あるいは付録に掲載。

②記述統計：各観測変数の平均値と標準偏差，相関行列。

③分析に用いた抽出法と回転法，因子数の絞り方（必要に応じてスクリープロット図）。

④因子負荷量の最低水準および問題がみられた観測変数の対処法などの途中経過。

⑤回転の最終パターン行列と因子間相関（**表 10.4.1**）：項目すべての因子負荷量（最低水準以上の値を太字にするとわかりやすい），因子抽出後の共通性，因子ごとのアルファ係数，命名した因子名など。

※各因子の内的一貫性を表すアルファ係数は必須ではありませんが，掲載するほうがよいでしょう。

表 10.4.1　パターン行列と因子間相関

	第 1 因子：価値（α=.91）	第 2 因子：努力（α=.85）	第 3 因子：期待（α=.73）	共通性
VL1	**.94**	−.07	−.02	.80
VL3	**.81**	.09	−.08	.74
VL4	**.80**	.00	.01	.65
VL2	**.67**	.19	.13	.71
EF3	.03	**.89**	.01	.84
EF2R	.03	**.80**	−.08	.66
EF1	.06	**.68**	.02	.52
EX2	−.12	.09	**.70**	.48
EX3	.00	.04	**.70**	.50
EX1	−.02	−.04	**.65**	.42
EX4R	.15	−.15	**.54**	.32
因子間相関行列				
価値	1.00			
努力	.67	1.00		
期待	.22	.10	1.00	

■記載例

スピーキング・タスクに対する動機づけ要因を測定するために，13 項目 3 要因を測定するアンケートを作成し，英語習者 123 名に実施した。探索的因子分析を行い，因子の抽出には最尤法，回転方法にはプロマックス法を用いた。なお，因子数の決定には固有値 1 以上を基準として，スクリープロットおよび平行分析の検証も合わせて 3 因子を仮定した。

パターン行列で，因子負荷量が .40 以上を示す項目で検討し，最終的に，項目 EF4，EF5 を分析から除外し，再分析した。

その結果，第 1 因子にはタスクの価値に関する 4 項目が十分な因子負荷量を示したため，この因子を「価値」と名付けた。第 2 因子にはタスクに対する努力の度合いを測定する 3 項目がまとまり，「努力」と名付けた。最後に，第 3 因子にはタスク成功への期待を測定する 4 項目がまとまり，「期待」と定義した。また，各因子のアルファ係数も十分高く，内部一貫性が確認された。

10-4-6◆その他の因子分析

理論的背景にもとづき，因子間に相関が仮定されないと考える場合は，直交回転（バリマックス回転）による因子分析を行うことができます。前セクションと同じデータを用いて，分析を開始します。

❶ psych パッケージにある fa 関数を用いて，因子分析を行っていきます。fa 関数の中身は，プロマックス回転の場合と同じですが，推定方法を fa＝“varimax” に変更します。

❷パターン行列の因子負荷量を確認します。結果としては，プロマックス回転を用いた場合の結果と同様の因子が抽出されました。プロマックス回転によって得られた結果と比較すると，バリマックス回転では，VL 項目や EF 項目において，それぞれの因子に高い因子負荷量を示すと同時に，他の因子にもある程度高い因子負荷量が示されています。よって，今回の場合は，プロマックス回転の方が，単純構造をより達成できていると考えられます。

```
> fa.out3 <- fa(x1, nfactors= 3, rotate= "varimax", fm= "ml")
> print(fa.out3, digit = 3, sort= T)

Factor Analysis using method =  ml
Call: fa(r = x1, nfactors = 3, rotate = "varimax", fm = "ml")
Standardized loadings (pattern matrix) based upon correlation matrix
     item    ML1    ML3    ML2    h2    u2  com
VL1     8  0.854  0.257  0.074 0.801 0.199 1.20
VL3    10  0.782  0.354  0.011 0.736 0.264 1.39
VL4    11  0.750  0.274  0.091 0.646 0.354 1.29
VL2     9  0.708  0.410  0.210 0.713 0.287 1.81
EF3     3  0.363  0.838  0.050 0.837 0.163 1.37
EF2R    2  0.316  0.745 -0.040 0.657 0.343 1.36
EF1     1  0.306  0.648  0.058 0.517 0.483 1.44
EX3     6  0.074  0.079  0.700 0.502 0.498 1.05
EX2     5 -0.013  0.083  0.691 0.484 0.516 1.03
EX1     4  0.029 -0.002  0.646 0.418 0.582 1.00
EX4R    7  0.134 -0.058  0.545 0.319 0.681 1.14
```

Section 10-5　主成分分析

データを要約して解釈する点で，因子分析に類似した統計的手法に，主成分分析があります。主成分分析は，相関関係にある観測変数を，限りなく少ない合成変数（component）に分解して，データを要約することを目的とします。主成分分析と因子分析には以下のような違いがあります。

①因子分析では，観測変数の分散が共通分散と独自分散とに分けられ，共通分散のみを因子の推定に使用するのに対し，主成分分析では，すべての分散がグルーピングに用いられます。よって，主成分分析では共通性が1に固定されます。**図 10.5.1** の観測変数が6つの場合では，**式 10.5.1** のようになります。これは，因子分析のモデル（**式 10.1.2**）と異なり，誤差は各変数に分離されずに含まれたままで，最後

に誤差が足されるということがありません。また，不適解などの共通性に関する問題もみられません。

図 10.5.1　主成分分析モデル

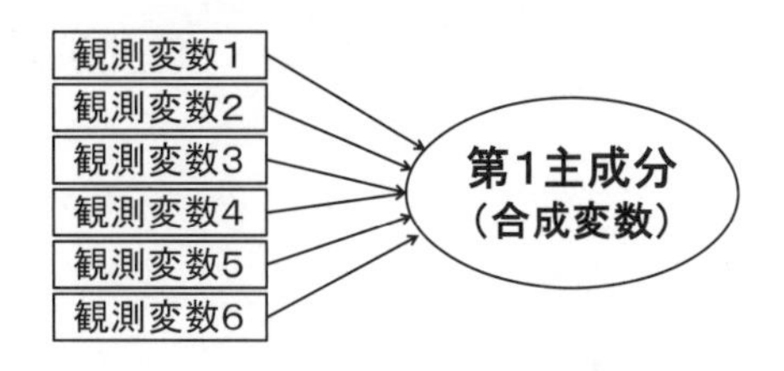

（式 10.5.1）　第 1 主成分＝（主成分負荷量 1×観測変数 1）＋（主成分負荷量 2×観測変数 2)...
（主成分負荷量 6×観測変数 6）

②因子分析は，観測変数間の相関関係の原因となる潜在的な因子を推定し，その因子から観測変数への影響を想定します（**図 10.1.1**）。一方，主成分分析は，観測変数を要約するという主目的から，**図 10.5.1** に示されるように観測変数から合成変数への影響関係を想定します（廣森，2004）。矢印は主成分負荷量（component loading）を表し，因子分析における因子負荷量と同等の意味をもちます。この概念の違いから，因子分析の場合は各観測変数を探る**式 10.1.2** を立て，主成分分析は，共通概念である主成分を求める**式 10.5.1** を立てます。

③因子分析では複数の因子を仮定することにより，観測変数全体の分散を説明しようとしますが，主成分分析では第 1 主成分が最も分散を最大限に説明するように計算が行われます。そのため，結果として最も重要なのは第 1 主成分となります。ただし，主成分分析も主成分の回転を行うことも可能で，因子分析と同様の分析結果が得られる場合が多々あります。

④データの要約に主眼をおく主成分分析では，相関が高いほど情報の集約性が高まることから，多重共線性や単一性が問題になりません。そのため，重回帰分析において多重共線性や単一性が問題になる場合に，主成分分析で得られた**主成分得点**（component score）を独立（説明）変数として，重回帰分析を行う（**主成分回帰**：principal component regression）こともあります（因子の数値化については 10-4-3 参照）。

以上のように，因子分析と主成分分析の目的や特徴は異なります。主成分分析の主な目的は，複数の観測変数を集約し，主成分得点により変数化や数値化をすることで，因子分析のように観測変数の背後に共通して存在する因子を推定する目的とは異なるため，適切に使い分けることが望まれます。

なお，主成分分析は，関数 princomp（データ名）で求め，summary 関数で結果を出力できます。また，biplot 関数で主成分と主成分得点を同一の画面上で散布図を作成することができます。

Section 10-6　検証的因子分析

ここまでで，すべてのアンケート項目のデータを使って，探索的因子分析によって，尺度として使用できる項目を吟味しました。次に，探索的因子分析で得られた結果をもとに，因子の仮説を設定し，その仮説に基づくモデルを立て，新たに取集したデータが仮定したモデルに当てはまるかを検証する，**検証的（確認的）因子分析**（Confirmatory Factor Analysis）を行います。

本セクションでは，新たに大学生248人に対して同様のアンケートを実施し，それにより得られたデータ［sem2.csv］を用いて検証的因子分析を行い，3つの因子が妥当であったかどうかを検証します。検証的因子分析として**共分散構造分析**（または，**構造方程式モデリング**：SEM）を行うことで，多様な適合度指標を用いて，データとモデルの適合具合を多角的に検討することができます。

10-6-1◆共分散構造分析で使用される推定法

(1) 前節で使用したfa関数同様に，共分散構造分析でよく使われるlavaan関数においても，以下のようにさまざまな推定方法が可能です。

①最尤法（estimator =“ML”）lavaanパッケージのデフォルトの推定法

②一般化最小2乗法（estimator =“GLS”）

③重み付き最小2乗法（estimator =“WLS”）ADF推定ともいう

④対角重み付き最小2乗法（estimator =“DWLS”）

⑤重み付けなし最小2乗法（estimator =“ULS”）

(2) ロバスト推定法

上記の推定法はデータの多変量正規性を前提としていますが，ロバスト推定法は，上記の推定後に標準誤差や有意性検定を補正することで，頑健性のある（ロバストな）推定を行う方法です。若干正規性に欠けるデータに適応することができます。

lavaan関数では，最尤推定量“ML”に対しては，“MLM”，“MLMVS”（Satterthwaiteの方法），“MLMV”（scale-shifted法を利用），“MLF”，“MLR”があります。その他，“DWLS”と“ULS”に対するロバスト推定も指定することができます。よって，多変量正規分布が成立しない場合に使用を検討します。

10-6-2◆適合度指標の判断基準

共分散構造分析では，仮定したモデルが妥当であるか，複数の**適合度指標**（fit index）を参照し，観測データとの適合具合から評価します。Brown（2006）はこれらの指標を，（1）**絶対適合**（absolute fit），（2）**倹約性修正**（parsimony correction），（3）**比較適合**（comparative fit）の３つに分類したうえで，それぞれから最低１つずつは報告することを推奨しています。これ以外に，（4）**情報量規準**とよばれる指標もあります。

（1）絶対適合

①**chisq**（カイ２乗値：χ^2）：モデルとデータの適合度指標。有意でなければ適合していると考えるが，サンプルサイズが大きいほど棄却されやすく，判断基準になりにくい。

②**GFI**（goodness-of-fit index），**AGFI**（adjusted goodness-of-fit index）：観測変数の分散に対するモデルの説明率。回帰分析における決定係数と修正済み決定係数に相当（豊田, 2014）。どちらも，0から１までの値をとり，.95以上が当てはまりがよいとされる（Tabachnick & Fidell, 2007）。GFIに比べてAGFIが極端に低下するモデルは好ましくない。

③**RMR**（root mean square residual），**SRMR**（standardized root mean square residual）：SRMRはRMRを標準化した値で，回帰分析における標準化残差に当たる。SRMRが少なくとも.08以下で，.05以下であることが望ましい。

（2）倹約性修正

①**RMSEA**（root mean square error of approximation）：モデルの分布と真の分布との乖離を１自由度あたりの量として表現した指標。モデルが倹約的（推定するパラメータの数が多すぎない）かを考慮し，自由パラメータの数がペナルティとして課される計算方法。慣例的に，.05以下でよい適合度，.05から.08でまずまずの適合度（Brown, 2006），.10以上なら当てはあまりが悪いとされる。一般的には90％信頼区間も合わせて報告する。

（3）比較適合

①**CFI**（comparative fit index）：CFIは立てたモデルが独立モデル（変数間に関連を仮定しない）から飽和モデル（自由度が0でこれ以上パスを引くことができないモデル）の間のどこに位置するかを意味する。.95以上で当てはまりがよい。

②**TLI**（tucker-lewis index）：RMSEAのように，自由パラメータの数をペナルティとして計算。1.00に近いほど当てはまりがよい。

(4) 情報量規準

AIC (Akaike's information criteria), BIC (Bayesian information criteria):倹約度を考慮した，情報量規準。値が小さいほどよいが，相対指標で複数のモデルの比較に使う (9章9-4〜9-6参照)。

10-6-3◆検証的因子分析の実行

❶探索的因子分析で得られた結果をもとに2項目を除外し，合計11項目のアンケートを使用します。また，反転項目 (R) は，変換済みです。まずは，describe関数を用いて記述統計を確認します。

```
> library(readr)
> sem2 <- read_csv("sem2.csv")
> library(psych)
> describe(sem2)
      vars   n mean   sd median trimmed  mad min max range  skew kurtosis   se
EF1      1 248 3.01 1.11      3    3.04 1.48   1   5     4 -0.23    -0.59 0.07
EF2R     2 248 3.47 1.12      4    3.56 1.48   1   5     4 -0.59    -0.21 0.07
EF3      3 248 3.28 1.08      3    3.34 1.48   1   5     4 -0.53    -0.31 0.07
EX1      4 248 1.92 0.86      2    1.83 1.48   1   4     3  0.65    -0.30 0.05
EX2      5 248 1.77 0.79      2    1.70 1.48   1   5     4  0.72     0.01 0.05
EX3      6 248 1.94 0.87      2    1.89 1.48   1   4     3  0.34    -1.10 0.06
EX4R     7 248 1.92 0.86      2    1.85 1.48   1   4     3  0.54    -0.60 0.05
VL1      8 248 3.39 1.10      4    3.45 1.48   1   5     4 -0.50    -0.41 0.07
VL2      9 248 2.87 1.19      3    2.86 1.48   1   5     4 -0.14    -0.84 0.08
VL3     10 248 3.20 1.18      3    3.25 1.48   1   5     4 -0.35    -0.61 0.07
VL4     11 248 3.18 1.18      3    3.22 1.48   1   5     4 -0.38    -0.72 0.07
```

❷次に観測変数間の相関係数をcorr.test関数で見ます。相関係数，データ数，有意確率の3つの指標が算出されます。相関係数に，.90以上の非常に高い相関関係をもった観測変数はありません。

```
> corr.test(sem2) #観測変数間の相関係数

Call:corr.test(x = sem2)
Correlation matrix
      EF1 EF2R  EF3  EX1  EX2  EX3 EX4R  VL1  VL2  VL3  VL4
EF1  1.00 0.60 0.71 0.08 0.07 0.13 0.13 0.52 0.48 0.51 0.53
EF2R 0.60 1.00 0.76 0.02 0.01 0.04 0.03 0.55 0.57 0.57 0.58
EF3  0.71 0.76 1.00 0.05 0.04 0.08 0.11 0.60 0.60 0.64 0.66
EX1  0.08 0.02 0.05 1.00 0.62 0.51 0.66 0.05 0.21 0.16 0.03
EX2  0.07 0.01 0.04 0.62 1.00 0.44 0.51 0.02 0.20 0.15 0.06
EX3  0.13 0.04 0.08 0.51 0.44 1.00 0.47 0.05 0.13 0.16 0.12
EX4R 0.13 0.03 0.11 0.66 0.51 0.47 1.00 0.08 0.20 0.21 0.08
VL1  0.52 0.55 0.60 0.05 0.02 0.05 0.08 1.00 0.62 0.69 0.68
VL2  0.48 0.57 0.60 0.21 0.20 0.13 0.20 0.62 1.00 0.69 0.63
VL3  0.51 0.57 0.64 0.16 0.15 0.16 0.21 0.69 0.69 1.00 0.76
VL4  0.53 0.58 0.66 0.03 0.06 0.12 0.08 0.68 0.63 0.76 1.00
```

❸ lavaan パッケージをインストールし，読み込みます。次に，モデルを作成します。分析を行うために，アンケートの構造を以下のようにモデルにします。背後に共通する因子があると想定される観測変数をくくって，因子名（ここでは，第1因子の価値［Value］）に［= ~ VL1 + VL3 + VL4 + VL2］のように記述します。同様に第2因子（努力［Effort］），第3因子（期待［Expectation］）もモデルに組み込みます。

```
#モデルの記述
> install.packages ("lavaan", dependencies = T)
> library (lavaan)
> model1<-'
Value = ~ VL1 + VL3 + VL4 + VL2
Effort = ~ EF3 + EF2R + EF1
Expectation = ~ EX2 + EX3 + EX1 + EX4R'
```

❹モデルの記述が終わったら，関数 cfa（モデル，データセット，推定方法）を使って，検証的因子分析を実行します。因子の推定方法は，引数 estimator で最尤法（ML）を指定します。分析結果を summary 関数で表示する際に，適合度指標［fit.measures = T］と因子負荷量［standardized = T］を指定します。

```
#検証的因子分析の実行
> fit1<-cfa (model1,data = sem2, estimator = "ML")
> summary (fit1, fit.measures = T, standardized = T)
```

10-6-4◆検証的因子分析の出力結果

❶まず，分析方法やパラメータの数などの基礎情報が表示されます。続いて，χ^2 検定を見ます（囲み）。5%水準で［0.126］と有意でないことから，「モデルがデータに適合している」という帰無仮説が成り立っているといえます。

❷続いて，報告すべき最低限の適合度指標が表示されます。詳細な指標が後で表示できるので，ここでは省略します。

```
 Estimator                                         ML
  Optimization method                          NLMINB
  Number of model parameters                       25
  Number of observations                          248
Model Test User Model:
  Test statistic                               51.508
  Degrees of freedom                               41
  P-value (Chi-square)                          0.126
Model Test Baseline Model:
  Test statistic                             1593.152
  Degrees of freedom                               55
  P-value                                       0.000
```

❸因子パターンの推定結果：因子負荷量は，［Latent Variables］における［Std.all］の列（囲み）に表示されています。どの因子負荷量も 0.4 を超えていることから，本研究で用いた因子パターンは良さそうであるといえます。

また，確認的因子分析では，任意の因子から影響を受けている観測変数のうち，最初に入れた観測変数（VL1，EF3，EX2）の非標準化推定値［Estimate］が 1.00 に固定されます。これは，解を1つに定めるように対処するためです（川端・岩間・鈴木，2020）。

```
Latent Variables:
                   Estimate  Std.Err  z-value  P(>|z|)   Std.lv  Std.all
  Value =~
    VL1               1.000                               0.871    0.791
    VL3               1.182    0.077   15.377    0.000    1.029    0.877
    VL4               1.149    0.077   14.831    0.000    1.001    0.851
    VL2               1.066    0.080   13.301    0.000    0.929    0.781
  Effort =~
    EF3               1.000                               1.007    0.935
    EF2R              0.902    0.053   16.909    0.000    0.909    0.813
    EF1               0.832    0.056   14.981    0.000    0.838    0.757
  Expectation =~
    EX2               1.000                               0.560    0.706
    EX3               0.933    0.109    8.575    0.000    0.522    0.601
    EX1               1.338    0.119   11.276    0.000    0.749    0.871
    EX4R              1.161    0.110   10.583    0.000    0.650    0.758
```

❹因子間相関の結果：因子間相関関係は，［Covariances:］に算出されます。［Std.all］の部分が個別の因子間相関係数となります。分析の結果，価値と努力の間には，.81という高い相関関係があります。一方で，価値と期待，および努力と期待の間には低い相関しかみられません（$r=.18$；$r=.09$）。

```
Covariances:
                   Estimate  Std.Err  z-value  P(>|z|)   Std.lv  Std.all
  Value ~~
    Effort            0.714    0.084    8.460    0.000    0.813    0.813
    Expectation       0.089    0.036    2.454    0.014    0.183    0.183
  Effort ~~
    Expectation       0.050    0.041    1.217    0.224    0.088    0.088
```

❺多様な適合度指標の算出：cfa関数で算出される基本情報で十分ですが，さらに，さまざまな適合度指標を考慮したい場合は，fitmeasures関数を使用すると，以下のように詳細な結果が算出されます。10-6-2の指標の基準を参考にしながら，主に囲みの指標に注目し，10-6-5のように報告します。

```
> fitmeasures(fit1)
               npar                fmin               chisq                  df              pvalue
             25.000               0.104              51.508              41.000               0.126
     baseline.chisq         baseline.df     baseline.pvalue                 cfi                 tli
           1593.152              55.000               0.000               0.993               0.991
               nnfi                 rfi                 nfi                pnfi                 ifi
              0.991               0.957               0.968               0.721               0.993
                rni                logl   unrestricted.logl                 aic                 bic
              0.993           -3149.930           -3124.176            6349.859            6437.695
             ntotal                bic2               rmsea      rmsea.ci.lower      rmsea.ci.upper
            248.000            6358.445               0.032               0.000               0.057
       rmsea.pvalue                 rmr          rmr_nomean                srmr        srmr_bentler
              0.869               0.040               0.040               0.040               0.040
srmr_bentler_nomean                crmr         crmr_nomean         srmr_mplus   srmr_mplus_nomean
              0.040               0.044               0.044               0.040               0.040
```

```
      cn_05      cn_01            gfi            agfi             pgfi
    275.164    313.719          0.965           0.943            0.599
        mfi       ecvi
      0.979      0.409
```

❻モデル図の産出：結果をモデル図で示すと，因子間の関係性がわかりやすくなるので，semPlot パッケージにある semPaths 関数を使用して，結果を可視化します。

semPaths（cfa 関数の結果のオブジェクト，layout ="モデル図の形"，edge.label.cex ="推定値のフォントサイズ" など）と，既定値から変更したい場合は図の形状を指定していきます。

```
> install.packages("semPlot", dependencies = T)
> library(semPlot)
> semPaths(fit1, what="stand", layout = "tree", style ="lisrel",
    posCol="black",  negCol="red", sizeMan =6, nCharNodes = 4,
    edge.label.cex = 0.7, sizeLat =9, shapeMan = "rectangle", fade = F, esize=TRUE) #Tree 状
> semPaths(fit1, what="stand", layout = "circle", style ="lisrel",  fade = F, esize= T,
    posCol="black",edge.label.cex = 1, negCol="black", sizeMan = 7, residScale = 8) #円状の図（略）
```

図 10.6.1 にある破線の矢印は，その部分を固定してモデル推定したことを意味します。各パスに因子負荷量の推定値が表示されます。また各潜在変数間の相関も示されています。

モデル図の作成においては，本書で扱った semPaths 関数以外にも ggplot パッケージや qgraph パッ

図 10.6.1　検証的因子分析の結果

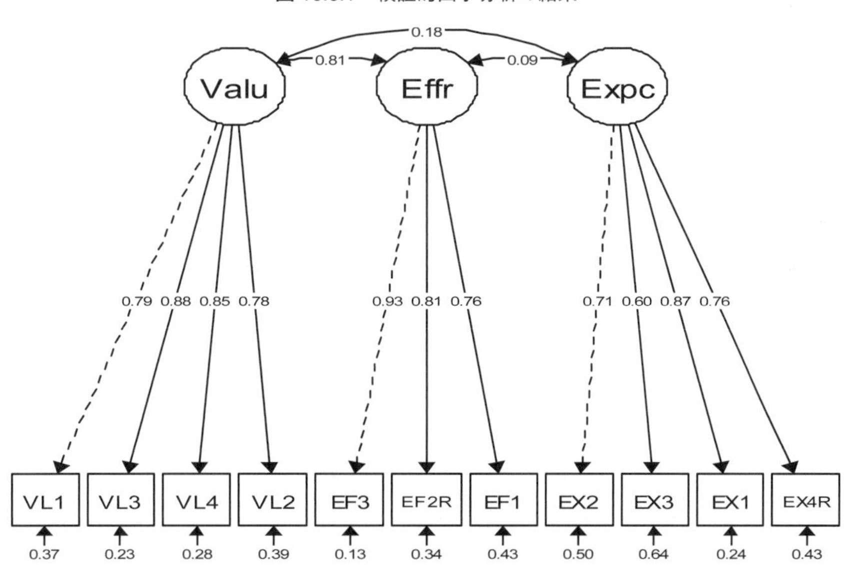

ケージを用いて作成することもできます。しかし，コードが複雑な場合があるため，パワーポイントで作成した方が自分のイメージ通りの図が作成できます。

10-6-5◆論文への記載

必要に応じて，探索的因子分析（10−4）の報告も含め，検証的因子分析の報告を以下のように行います。その際に，**図 10.6.1** も付けるとわかりやすくなります。

■記載例

探索的因子分析で得られた 3 因子構造が，新たに収集した 248 名による同様のアンケートデータに適合するかどうか実証するために，検証的因子分析を行った。推定方法は最尤法を使用した。分析の結果，**図 10.6.1** にあるように，各因子は .60 以上の高い因子負荷量を示した。また，適合度指標も基準を満たしており，データに十分適合しているといえる（$\chi^2(41)=51.51$，$p=.126$，CFI = .99，RMSEA = .02［90 % CI = .00, .06］，GFI = .97，AGFI = .94）。よって，この 3 因子構造は妥当であると判断した。

11章 機械学習

決定木とランダムフォレストを使って分類や予測をする

Section 11-1 機械学習によるモデルの作成

11-1-1◆機械学習とは

これまで扱った多くの章では，収集したデータを用いて，母集団について仮説を立てて検証することが目的でした。たとえば，復習のタイミングが英単語学習に与える影響を明らかにしたいとします。仮説検証型の分析では，復習のタイミングが異なる群を用意して，事後テストによって得られたデータを t 検定や分散分析を使って比較することで，記憶への定着率が変わるかを明らかにしようとします。

それに対し，本章で扱う**機械学習**（machine learning）を使った分析では，学習アルゴリズムによって，現実世界において人間が行った判断データと同じような結果を返すモデルをコンピュータ上で作成します。そして最終的には，作成したモデルが未知のデータに対して行った判断を人間が行う判断の助けにするなど，作成したモデルを応用することが目的です。ここでいうモデルとは，データが入力されたときに，何らかの規則にもとづいてデータを出力する仕組みのことを指します。

たとえば，学生が書いたエッセイを人が評価する場合に，内容や構成など複数の観点からエッセイの質を判断し，得点を与えます（**図 11.1.1** の上部分）。一方，機械学習では，エッセイに含まれる情報と人が行った判断の関係性をパターンとして機械に学習させることで，人が行う評価をモデルによって再現しようとします。したがって，機械学習を使った分析では，まず，モデルが同じエッセイを評価した場合に，人と同じような得点がエッセイに与えられるモデルを作成することになります。

モデルの作成はコンピュータ上で行うわけですから，エッセイをそのまま文字情報としてモデルに入力することはできません。そこで，総語数のような，エッセイがもつ特徴を定量的に抽出することによって，モデルがエッセイの質を判断する手がかりとします。このような，モデルを構築するために使用するデータのことを**特徴量**（characteristic features）といいます（**図 11.1.1** の下部分）。

1度モデルを作成してしまえば，同じセットの特徴量をもつ新しいエッセイに対して人が評価をしなくても，人が与える得点に近い値を得ることができます。このことから，モデルが返す得点は，人による評価を行わずに出力結果をそのまま採点結果として扱うことがあります。この技術を応用しているのが自動採点システムです。大規模なテストを実施している機関など，人がすべてを採点すると莫大なコストがかかってしまう状況において，自動採点システムは非常に有効な手段であり，近年注目を浴びています。

図 11.1.1　機械学習の例

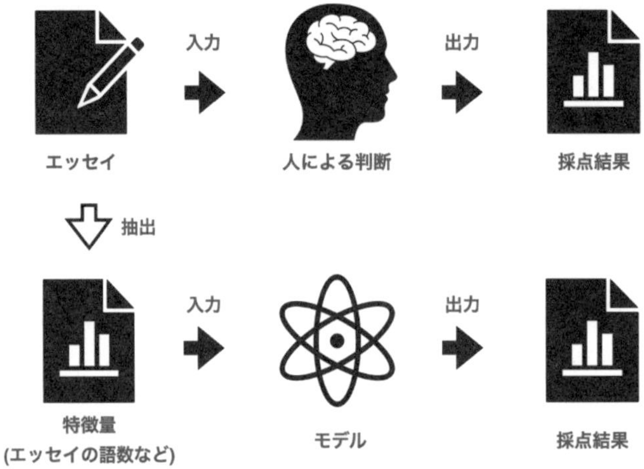

11-1-2◆機械学習による分析手順

機械学習では，一般的に次の手順で，複数の特徴量から目的変数を分類または予測します（門脇他, 2019）。

(1) 機械学習アルゴリズムとハイパーパラメータの指定

ここでいう機械学習アルゴリズムとは，特徴量にもとづいて予測値やカテゴリを導き出す方法のことを指します。本章では決定木とランダムフォレストを扱いますが，それ以外に，サポートベクターマシンやニューラルネットワークなどがあります。

どの機械学習アルゴリズムを使用するかは，目的変数の種類やサンプルサイズによって決定すると良いでしょう。機械学習ライブラリである scikit-learn によると，機械学習アルゴリズムを使うためには，最低でも 50 以上のサンプル（ケース）が必要となります。

※scikit-learn（https://scikit-learn.org/stable/tutorial/machine_learning_map/index.html）

ハイパーパラメータ（hyperparameter）とは，機械学習アルゴリズムに対して事前に指定するパラメータのことで，因子分析で回転方法を指定してから実行するようなものです。ハイパーパラメータを調整して，データに対しハイパーパラメータを最適化することで，最終的な分類や予測精度の向上や，手元のデータに適合しすぎてしまうのを防ぐことが望めます。

また，使用するアルゴリズムによっては，特徴量の選択が必要になります。特徴量選択とは，手元にあるデータから，実際に使う特徴量を決めるプロセスです。特徴量選択をすることで，作成したモデルの解釈がしやすくなることや，モデル構築での計算量が少なくなること，新しいデータへの汎用性を向上させることができます。特徴量選択には，次の3つの方法があります。

①**フィルタ法**（filter method）：特徴量と目的変数の関係性に着目して特徴量を選択する方法です。たとえば，相関分析を使って目的変数と関係が強い特徴を見つけ出すことが挙げられます。他にも，分散分析やカイ二乗検定を用いて，目的変数によって値に差がある特徴量を選ぶ方法があります。

②**ラッパー法**（wrapper method）：アルゴリズムのパフォーマンスに従って特徴量を選択する方法で，次のような種類があります。1つ目はForward selectionで，1つずつ特徴量をモデルに組み込みながら，パフォーマンスが改善する特徴量を探し出して，モデルを構築する方法です。2つ目はBackward selectionで，すべての特徴量を使用したモデルから，変数を1つずつ減らしながら，モデルを作成する方法です。3つ目はRecursive feature eliminationで，任意の数の特徴量セットを抽出してモデルを構築し，重要度の最も低い変数を削除することをくり返す方法です。

③**埋め込み法**（embedded method）：機械学習アルゴリズムの中で，特徴量選択をモデルの学習時に行うアルゴリズムになります。回帰係数を含む線形モデルや，本章で紹介するツリーモデルにおける特徴量の重要度（Feature importance）は，埋め込み法の一つです。

(2) 学習データ・目的変数による学習

選択した機械学習アルゴリズムにデータを学習させます。データを学習させるときに，目的変数（予測したい変数の正解となるデータ）が手元にある場合を**教師あり学習**（図11.1.2），目的変数を含んでいない場合を**教師なし学習**（図11.1.3）といいます。教師あり学習は，**回帰**（regression）と**分類**（classification）に大きく分けることができ，テスト得点などの連続値を予測することを回帰，属するカテゴリなどの離散値を予測することを分類と呼びます。教師なし学習は，次元削減やクラスタリングなどの方法に分けることができます。

(3) テストデータによる予測

学習時に使ったデータセット（学習用データ）とは異なるデータセットを用いて，作成したモデル（図11.1.2および図11.1.3にあるモデル）でどの程度正確にデータを分類できるかをテストします。

図 11.1.2 教師あり学習

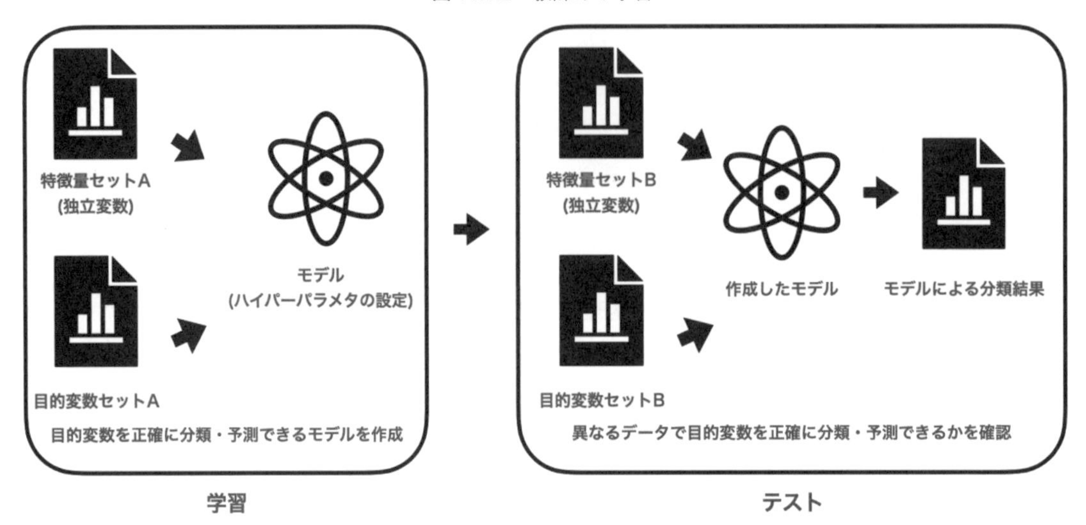

図 11.1.3 教師なし学習

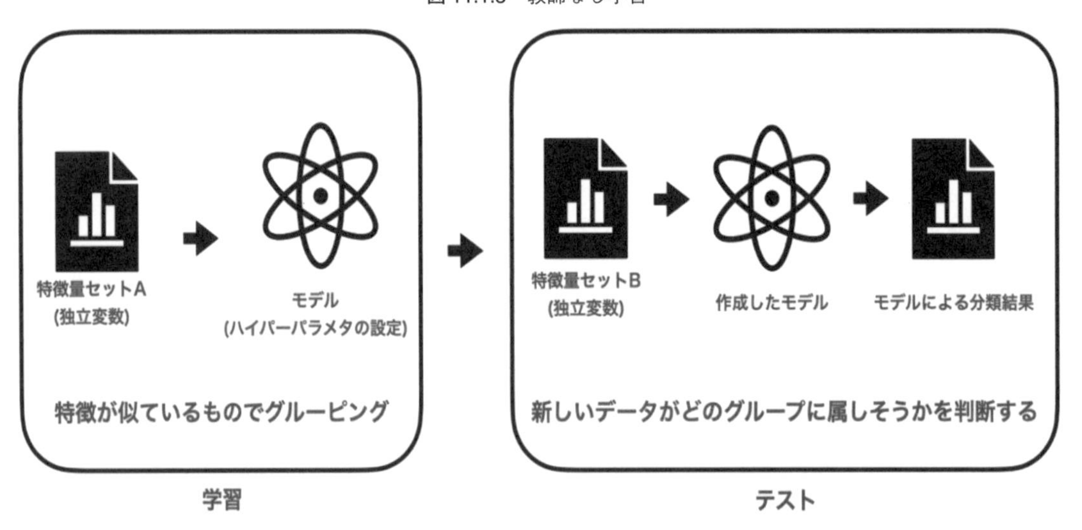

(4) モデルの評価

ステップ(3)で，学習用データから作成したモデルで，別のデータで予測しました。このように，未知のデータで正確に予測することを**汎化**（generalization）とよびます。作成したモデルの汎化性能を評価するための指標は，各分析セクションで説明していきます。

モデル作成段階で分類や予測の精度が高くなったものの，テストデータの分類や予測の段階で精度が低くなってしまう場合があります。これは，**過学習**（オーバーフィッティング：overfitting）と呼ばれる現象で，学習用データがもつ誤差に対してもモデルが合わせてしまうことで起こります。特に，データの次元数，つまり特徴量の数が多い場合に起こりやすくなります。

なお，学習用データの学習段階でうまくいっておらず，テストデータを正確に予測できない場合のことを**未学習**（アンダーフィッティング：underfitting）といい，当然，こちらのモデルの汎化性能は低くなります。

(5) モデルの改善

最後に，分類や予測がうまくいかなかった場合や，より正確に分類や予測ができるモデルを作成したい場合は，モデルを改善するステップに入ります。モデルの改善方法にはさまざまなものがありますが，ステップ (1) で挙げたハイパーパラメータを調整する方法や，特徴量を増やすといった方法が考えられます。たとえば，**自然言語処理**（Natural Language Processing；NLP）の技術を用いたテキスト分析ツールを使うなどして，テキストデータから特徴量を抽出して増やすこともあります。

本章では，これらのことを実行するにあたり，(1) のステップで必要なモデルを作成するためのツールとして，決定木とそのアルゴリズムを応用させたランダムフォレストを紹介します。この決定木とランダムフォレストは，分析の方法と結果が比較的理解しやすく，言語学や社会学分野などでも広く使用されています。これらは，上記で挙げた教師あり学習にもとづく分析手法です。

Section 11−2　決定木による分析

11-2-1◆ツリーモデルの概要

決定木（decision tree）は，判別分析の 1 つで，特徴量を確率にもとづいてくり返し分岐させることによって，最終的な目的変数を分類または予測していく機械学習です。特徴量にもとづいてデータを 2 分割していくことをくり返す様子が，ツリーの枝が分かれて伸びていくことに似ているため，**ツリーモデル**（tree based model）とよばれます。

モデルはツリーとして出力させることができるため，分類や予測の過程がわかりやすく，解釈しやすいことが特徴です。また，特徴量が量的または質的データであっても使用することができます。

たとえば，学生に，休日の過ごし方（映画館へ行く，ゲームをする，ショッピングに行く，宿題をするなど）と，その日の状態（降水確率や所持金，宿題の数など）に関するアンケートを取ったとします（**表 11.2.1**）。この回答データを使って，その日の状態（特徴量）から休日の過ごし方（目的変数）を分類・予測したい場合，ツリーモデルを用いて分析すると**図 11.2.1** のような出力結果を得ることができます。

この例では，いろいろな特徴量のなかでも，まず降水確率が40％を以上かどうかで，次に40％未満の場合には所持金が2000円以上かどうか，40％以上の場合には宿題の数が3つ以上かどうかで，多くの学生の休日の過ごし方を予測できそうです。たとえば，降水確率が40％以上で宿題が3つ以上の学生のうち，77％が宿題をすると答えています。この結果から，雨と予報される休日に宿題が3つ以上ある場合には，学生は家で宿題をするだろうと予測ができます。

表11.2.1　休日の過ごし方に関するアンケート結果

No.	過ごし方	降水確率	所持金	宿題の数
1	ショッピング	40	5000	2
2	ゲーム	20	2000	1
3	宿題	50	1000	4
4	映画館	50	1500	2
～～～				
200	ゲーム	10	3000	3

図11.2.1　分析結果の例

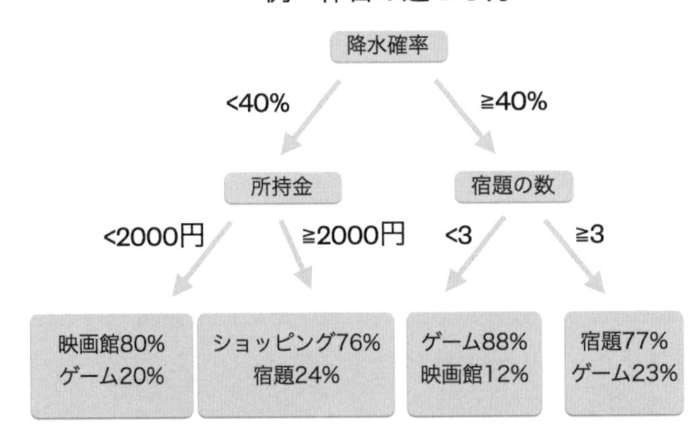

11-2-2◆ジニ係数と情報利得の算出方法

ツリーモデルにもいくつか種類がありますが，現在広く使用されているのは，Breiman et al.（1984）が考案したClassification and Regression Trees（CART）にもとづくアルゴリズム（決定木を作成するための計算方法）です。また，**ノード**（node）を作る基準として，**ジニ係数**（Gini coefficient：GI）と**情報利得**（information gain）が用いられます。ノードとは，**図11.2.1**にある「降水確率」や「所持金」，「宿題の数」

にあたる分岐点のことです。ここでは，どのようにデータを振り分けていくかというノードの基準を計算するジニ係数と情報利得を説明します。

まず，ジニ係数は**式 11.2.1** のように定義されます。式全体の意味は，あるノードにおいて，目的変数の各カテゴリが出現する確率を 2 乗した値を足していき，最終的に 1 から引いた値となります。ジニ係数は不純度ともいわれ，最も不純度が低い，つまりデータ中に同じクラスしか存在しない場合は，$p(i|t)=1$ となり，ジニ係数は 0 になります。

（式 11.2.1）　$$\text{ジニ係数}=1-\sum_{i=1}^{c} p(i|t)^2$$

（但し，c＝目的変数のクラス数，t＝ノード，i＝カテゴリの出現頻度，p＝確率）

情報利得とは，それぞれの特徴量についてジニ係数を求め，分割前のノードのジニ係数と分割後のジニ係数の違いになります。ある特徴量によって分割する前と比べて，その特徴量で分割した後のジニ係数の値が低い場合には，その特徴量によってデータをよりうまく分類できることを意味します。そのため，ノードを作成するときには，分割した時のジニ係数が低くなる特徴量がノードとして優先的に採用されます。

たとえば，10 人の学生に対して「留学経験の有無」に関するアンケートを実施し，「英語が好きか（好き・嫌い）」，「英語学習歴（3 年以下・4, 5 年・6 年以上）」，「留学学経験の有無（ある・なし）」について，**表 11.2.2** の結果を得たとします。英語が好きかどうかと，英語学習歴の長さによって留学経験の有無を予測することができるかを明らかにするために，情報利得を使って分析してみます。

表 11.2.2　アンケート結果の例

No	英語が好きか	英語学習暦	留学経験
1	好き	6 年以上	ある
2	好き	3 年以下	ない
3	好き	6 年以上	ある
4	好き	4, 5 年	ある
5	好き	3 年以下	ない
6	好き	6 年以上	ない
7	嫌い	6 年以上	ない
8	嫌い	3 年以下	ない
9	嫌い	4, 5 年	ない
10	嫌い	6 年以上	ある

(1) まず，分岐を行っていない場合のジニ係数を**式 11.2.1** から算出します。全体の数に対する留学経験のある・なしの出現頻度を 2 乗したものを 1 から引いた値になります。

$$GI=1-\left\{\left(\frac{\text{留学に行ったことが「ある」}}{\text{全体}}\right)^2+\left(\frac{\text{留学に行ったことが「ない」}}{\text{全体}}\right)^2\right\}$$

$$=1-\left\{\left(\frac{4}{10}\right)^2+\left(\frac{6}{10}\right)^2\right\}=0.48$$

(2) 英語が好きか嫌いかをノードにしたジニ係数を算出します。

①英語が「好き」の 6 人のうち，留学経験が「ある」人と「ない」人が 3 人ずつで，それを分子に入れ，英語が「好き」であるときの値は次のようになります。

$$GI(\text{英語が「好き」})=\left\{\left(\frac{\text{留学に行ったことが「ある」}}{\text{英語が「好き」}}\right)^2+\left(\frac{\text{留学に行ったことが「ない」}}{\text{英語が「好き」}}\right)^2\right\}$$

$$=\left\{\left(\frac{3}{6}\right)^2+\left(\frac{3}{6}\right)^2\right\}=0.5$$

②次に，英語が「嫌い」な 4 人のうち，留学経験が「ある」人が 1 人，「ない」人が 3 人であるため，英語が「嫌い」であるときの値は次のようになります。

$$GI(\text{英語が「嫌い」})=\left\{\left(\frac{\text{留学に行ったことが「ある」}}{\text{英語が「嫌い」}}\right)^2+\left(\frac{\text{留学に行ったことが「ない」}}{\text{英語が「嫌い」}}\right)^2\right\}$$

$$=\left\{\left(\frac{1}{4}\right)^2+\left(\frac{3}{4}\right)^2\right\}=0.6875$$

③以上の 3 つの値から，英語の「好き・嫌い」をノードにした時のジニ係数は次のようになります。

$$GI=1-\left\{\frac{6}{10}GI(\text{英語が「好き」})+\frac{4}{10}GI(\text{英語が「嫌い」})\right\}$$

$$=1-\left(\frac{6}{10}\times0.5+\frac{4}{10}\times0.6875\right)$$

$$=0.425$$

(3) 同様に，英語学習歴をノードにした場合のジニ係数を計算します。

英語学習歴は，「3 年以下」「4, 5 年」「6 年以上」の 3 つで，これを 2 分割する方法は，「4, 5 年・6 年以上」と「3年以下」の2つで分ける場合,「4, 5年」と「6年以上・3年以下」の2つで分ける場合,「3年以下」と「6年以上・4, 5年」で分ける場合の3種類が存在します。ノードを作成するときには，すべて計算します。

1. 英語学習歴を「6年以上」と「4, 5年・3年以下」で分けた場合のジニ係数

$$GI(\text{英語学習歴}) = 1 - \left(\frac{5}{10} \times 0.52 + \frac{5}{10} \times 0.68\right) = 0.4$$

2. 英語学習歴を「4, 5年」と「6年以上・3年以下」で分けた場合のジニ係数

$$GI(\text{英語学習歴}) = 1 - \left(\frac{2}{10} \times 0.5 + \frac{8}{10} \times 0.53125\right) = 0.525$$

3. 英語学習歴を「3年以下」と「6年以上・4, 5年」で分けた場合のジニ係数

$$GI(\text{英語学習歴}) = 1 - \left(\frac{3}{10} \times 1 + \frac{7}{10} \times 0.6281\right) = 0.4397$$

ジニ係数にもとづいてノードを作成する前後で，どの程度ジニ係数が変化するかを比較します。分割前は0.48だったのに対し，分割後で最も低くなるのは英語学習歴を「6年以下」と「3年以下と4, 5年」で分割したときの0.4でした。よって，決定木のモデルを作成する際には，1番最初のノードとして英語学習歴を「6年以下」と「3年以下と4, 5年」で分けることが採用されます。また，モデルにおける1番最初のノードを**根ノード**（root node）と呼ぶことがあります。

但し，ノード数を増やしてデータの分類精度を高くしても，ノードが多いためにモデルが複雑になり，汎化性能が低くなってしまうという，過学習の問題が起こる可能性があります。

よって，モデルの汎化性能と分類精度のバランスが大切で，増えすぎたノードを減らすことが必要になることもあります。これを，伸びすぎた枝を切ることに見立てて，**剪定**（pruning）とよびます。剪定方法には，主に次の2つが使われます（金, 2017）。

1. 交差検証の最小エラー率を基準にする方法
2. 交差検証の最小エラー率に標準偏差を加えて（Min＋SD）基準とする方法

交差検証（Cross validation）とは，手元にあるデータセットを，学習用とテスト用のデータセットに分

けて，モデルの構築とテストを行うことで，**交差妥当化**（cross validation）ともよばれます。手元にあるデータを k 等分して，そのうちの 1 等分をテスト用データセットとし，残りの $k-1$ 等分のデータを学習用データセットとします。この方法は分割した個数にもとづき，**k フォールド交差確認**（k-fold cross validation）とよばれます。k フォールド交差確認では，重複しない組み合わせで k 回のモデル構築とテストを行います。最終的に，k 回行ったテストの最小エラー率か，あるいは，それに標準偏差を加えた値を，モデルの複雑さと汎用性能のバランスの評価に使用します。

11-2-3◆特徴量の作成ツール

目的に応じた特徴量を使用するために，テキストデータから特徴量を自動で算出できるツールはさまざまなものがあります。以下に代表的なものを紹介します。

・NLP tools for the Social Sciences

テキストから抽出される特徴量のなかで，語彙の洗練性指標を算出する Tool of Automatic Analysis for Lexical Sophistication（TAALES）をはじめ，語彙の多様性指標を算出する Tool of Automatic Analysis for Lexical Diversity（TAALED）や，統語的複雑性に関する指標を算出する Tool for the Automatic Analysis of Syntactic Sophistication and Complexity（TAASSC）など，全 10 種類のツールが紹介されているサイト。https://www.linguisticanalysistools.org/tools.html

・Coh-Metrix（Graesser, McNamara, Louwerse, & Cai, 2004）

英文テキストから，**結束性**（cohesion）や**リーダビリティ**（readability）など，200 種類以上の特徴量を算出してくれる web 上のツール。http://tool.cohmetrix.com/

・L2 syntactic Complexity Analyzer（Lu, 2010）

英文テキスト内の**統語的複雑さ**（syntactic complexity）に関係する特徴量を 14 種類算出してくれるツール。http://www.personal.psu.edu/xxl13/downloads/l2sca.html

・TEXTINSPECTOR

テキスト内にある語彙の CEFR レベル（外国語の運用能力を表すために用いられる指標）や出現頻度を算出してくれるツール。一部有料。https://textinspector.com/workflow

・New Word Level Checker（Mizumoto, 2021）

テキストに含まれる語彙の難易度を，新 JACET 8000（大学英語教育学会基本語リスト 8000），SVL12000（アルクによる標準語彙水準 12000 語リスト），CEFR-J wordlist（日本の英語教育の文脈に合わせた CEFR 準拠英単語リスト）などにもとづいて算出してくれるツール。https://nwlc.pythonanywhere.com/

11-2-4◆特徴量の作成ツールのダウンロード

本章では，TAALESを用いて作成した特徴量を使って分析を行います（2021年4月時点ではTAALES 2.2）。TAALES（Tools for Automatic Analysis for Lexical Sophistication）とは，語彙の洗練性に関する指標を，最大で484種類，自動で算出してくれるツールです（Kyle & Crossley, 2018）。但し，すべての指標を算出するには，事前にJava Development Kit（JDK）をインストールする必要があります（https://www.oracle.com/jp/java/technologies/javase-downloads.html）。

Mac，Windows, Linuxかによってダウンロードするファイルが異なりますので，気を付けてください。ここでは，Macを使う場合でダウンロードから説明します。

❶たとえば，Macを使う場合には，MacOS Installerをダウンロードし，インストールします。上記のURLを開くと，**図11.2.2**のような画面が表示されます。右側に表示されるOracle JDKの下にある［JDK Download］をクリックします。

❷［JDK Download］をクリックすると，**図11.2.3**の画面が表示されます。［Product / File Description］の列から，使っているパソコンの環境（MacかWindowsか）に合うファイル（囲み）を，ダウンロードしインストールします。

図11.2.2　JDKのダウンロード画面1

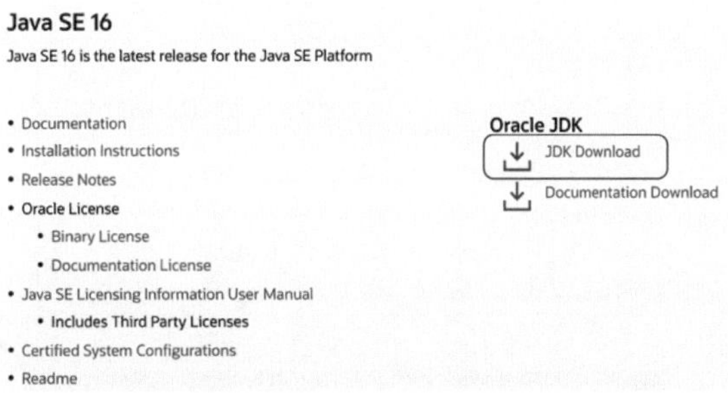

Java SE 16
Java SE 16 is the latest release for the Java SE Platform

- Documentation
- Installation Instructions
- Release Notes
- Oracle License
  - Binary License
  - Documentation License
- Java SE Licensing Information User Manual
  - Includes Third Party Licenses
- Certified System Configurations
- Readme

Oracle JDK
JDK Download
Documentation Download

図11.2.3　JDKのダウンロード画面2

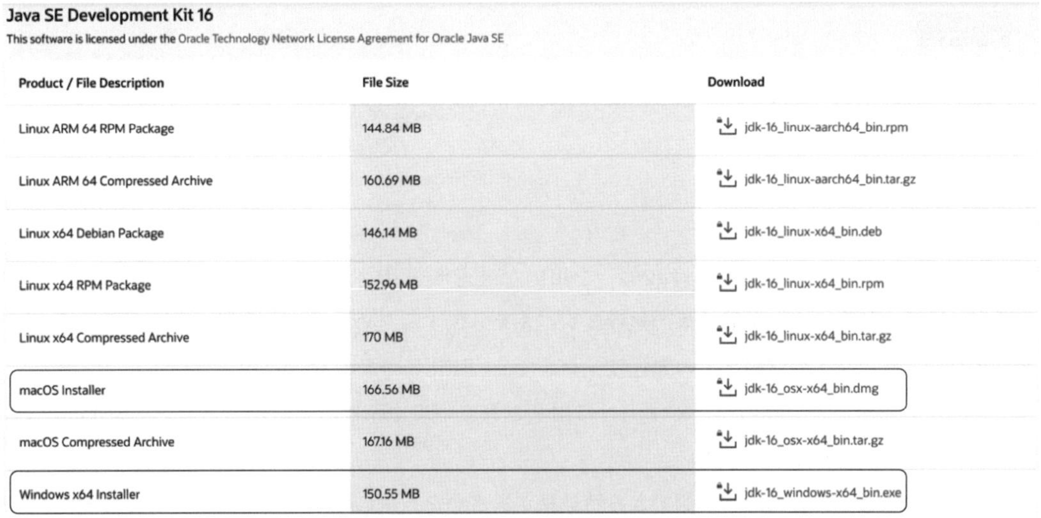

Java SE Development Kit 16
This software is licensed under the Oracle Technology Network License Agreement for Oracle Java SE

Product / File Description	File Size	Download
Linux ARM 64 RPM Package	144.84 MB	jdk-16_linux-aarch64_bin.rpm
Linux ARM 64 Compressed Archive	160.69 MB	jdk-16_linux-aarch64_bin.tar.gz
Linux x64 Debian Package	146.14 MB	jdk-16_linux-x64_bin.deb
Linux x64 RPM Package	152.96 MB	jdk-16_linux-x64_bin.rpm
Linux x64 Compressed Archive	170 MB	jdk-16_linux-x64_bin.tar.gz
macOS Installer	166.56 MB	jdk-16_osx-x64_bin.dmg
macOS Compressed Archive	167.16 MB	jdk-16_osx-x64_bin.tar.gz
Windows x64 Installer	150.55 MB	jdk-16_windows-x64_bin.exe

❸続いて，TAALESをホームページ（https://www.linguisticanalysistools.org/taales.html）からダウンロードします。ダウンロード後，起動すると図11.2.4右側にあるインターフェースが表示されます。

❹TAALESで使用できる指標は，(a) 頻度，(b) Range，(c) N-gram頻度，(d) 学術語彙，(d) 心理学的評定値にもとづいています。これら指標の中から，分析に必要な指標にチェックを入れ，インプットするファイル（txtファイル）とアウトプット結果（xlsxファイル）を保存する場所を指定し，一番下にある［Process Texts］ボタンを押せば，指定した場所にアウトプット結果であるエクセルファイルが作成されます。

図11.2.4 TAALESのダウンロードと操作画面

Most Recent Beta (in development) Version: (TAALES 2.8.1)
(click here for more information)

Most Recent Stable Version: TAALES 2.2 (released 11-2-2016)

TAALES 2.2 User Manual
TAALES 2.2 Index Description Spreadsheet (11-8-2016)

TAALES 2.2 for Mac (not Compatible with Big Sur, will be updated soon)
TAALES 2.2 for Windows (7, 8, & 10; 64-bit)
TAALES 2.2 for Linux

CLICK HERE TO SIGN UP FOR TEXT ANALYSIS TOOL UPDATES!

TAALES is licensed under a Creative Commons Attribution-NonCommercial-ShareAlike 4.0 International License.

Older Versions:
TAALES 2.0 (released 10-24-2016)

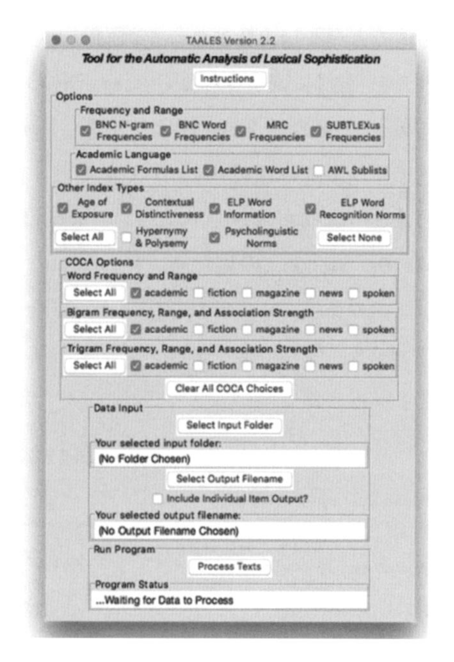

11-2-5◆決定木分析

ここでは，CARTアルゴリズム（11-2-2）を用いた決定木を用いて，高校生159名が受けたスピーキング試験の発話の特徴から，試験結果の熟達度レベルを分類するために重要な特徴をみつけます。

今回の目的変数は，この試験結果の熟達度レベルで，CEFRレベルのBelow A2，A2，B1，B2の4レベルに分かれているデータ［tree.csv］が1列目に用意されています。目的変数があるので，図11.1.2にある教師ありデザインになっています。

では，目的変数としてどれだけ予測できる特徴量があるかを，次の手順でみていくことにします。

(1) 特徴量の出力

図 11.2.5　TAALES の操作画面

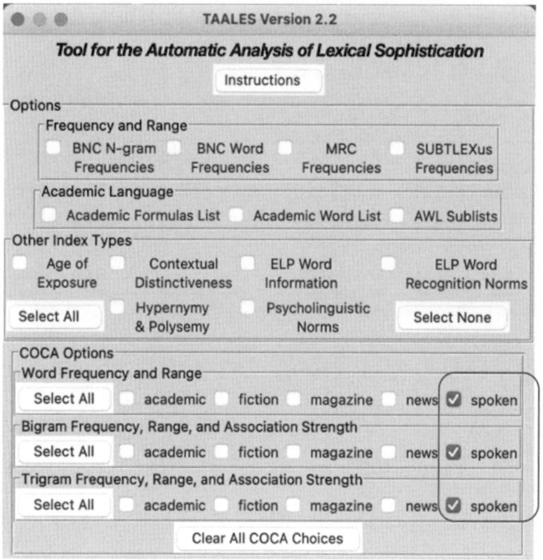

❶ TAALES（図 11.2.5）では，[Options] に複数のコーパスが用意されていますが，今回は，収録語彙数が最も多い COCA のスピーキングコーパス参照するため，操作画面の下の方にある [COCA Options] の中から，右端にある [spoken] にチェックを入れます。

❷その後，11-2-4 ❹の手順が必要になります。インプットするテキストファイルは，図 11.2.6 のように準備します。また，適宜，結果の出力がされる場所を指定しておきます。

最後に，一番下にある [Process Texts] をクリックすると，出力結果ファイル [tree.csv] が指定したところにできています。

※ただし，本章では，このファイルは付けていませんので，❶と❷は行ったこととします。

図 11.2.6　txt ファイルの一部（B1_16.txt）

```
I like watching movie in theater because I do not like my house because I have five person.
so my house is very loudly so I go to theater.
theater is very quietly.
yes, I did.
because I do not like studying english, but I like speaking english and I like my english teacher.
so i enjoy it.
yes.
I will join dance team because I like watching dance and dancing, but I am not joined dance team in
high school.
so I enjoy join dance team in university.
```

❸用意した出力ファイル [tree.csv] を開いて見てください。(a) 語彙の頻度と range，(b) bi-gram の頻度，range，繋がりの強さ，(c) tri-gram の頻度，range，繋がりの強さにもとづく，計 56 個の特徴量が算出されています。

今回は，このデータ [tree.csv] の特徴量から，試験結果である目的変数を予測する特徴量を特定するために，決定木分析を行ってきます。

(2) 決定木分析

❶ R または右上 Environment ペインの [Import Dataset] から [`tree.csv`] を読み込み，任意のオブジェク

トxに入れます。

そして，データ［159 x 57］が正しく読み込まれたことを str 関数で確認します。

```
> library(readr)
> tree<- read_csv("tree.csv")
> View(tree)
> x <- tree
```

```
> str(x)
tibble [159 x 57] (S3: spec_tbl_df/tbl_df/tbl/data.frame) #159名57変数のデータ
 $ CEFR                        : num [1:159] 1 1 1 1 1 1 1 1 1 1 ... #1列目変数名
 $ Word Count                  : num [1:159] 169 77 53 265 88 35 58 38 192 28 .... #2列目変数名
 $ COCA_spoken_Range_AW        : num [1:159] 0.546 0.66 0.679 0.679 0.674 ....
```

❷ 1列目の変数［CEFR］の 1~4 の値を，factor（データ名$変数名）関数を使って，名義尺度として扱うために，因子型［factor］にします。それぞれの数値は，1＝Below A2，2＝A2，3＝B1，4＝B2 に対応しています。また，データをデータフレームにしておきます。

```
> x$CEFR<-factor(x$CEFR) #CEFR変数を因子型にする
> class(x$CEFR)
[1] "factor"
> x<-data.frame(x)
```

❸決定木の作成には，rpart パッケージの rpart（目的変数～使用する特徴量，data＝データ名）関数を使います。今回は CEFR 以外のすべての特徴量を指定するために，［~］の後にピリオド［.］を付けます。また，ハイパーパラメータをデフォルト設定にします。

そして，作成したツリーを出力するために，partykit パッケージの as.party 関数と plot 関数を使用します。

```
#決定木の作成
> install.packages("rpart", dependencies = T)
> install.packages("partykit", dependencies = T)
> library(rpart)
> library(partykit)
> t <-rpart(CEFR ~., data = x) #モデルの作成
> r <-as.party(t)
> plot(r)
```

図 11.2.7 が重なった図で表示される場合は，右下の plot プレインの［Zoom］をクリックするときれいに表示させることができます。

図 11.2.7　デフォルト値で作成したモデル

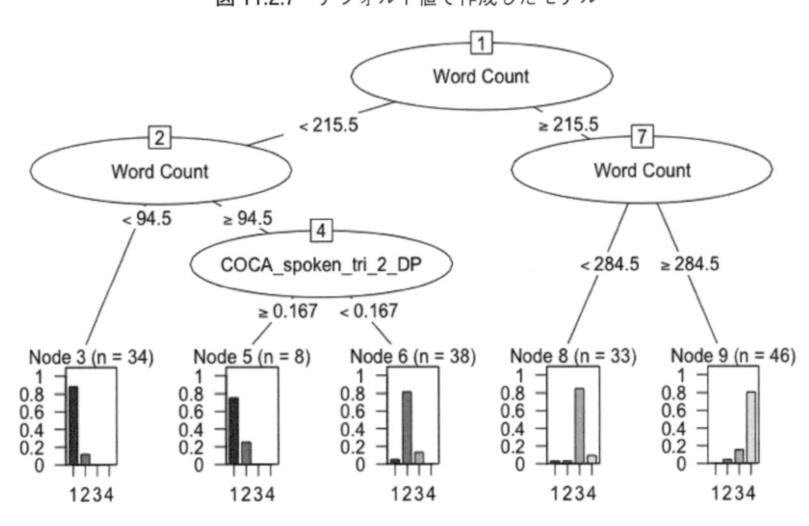

❹ rpart 関数では，ツリーを分岐させると同時に，交差確認法の結果も計算しています。交差確認法の結果は，printcp 関数を使って出力させることができます。交差確認のためのデータ分割数は，デフォルトでは 10 等分になります。

❺出力結果は左から，ツリーの複雑さ（cp），分岐回数（nsplit），エラー率（rel error），交差確認のエラー率（xerror），交差確認のエラー率の標準偏差（xstd）を示しています。

```
> printcp(t) #交差確認法の出力
Classification tree:
rpart(formula = CEFR ~ ., data = x)
Variables actually used in tree construction:
[1] COCA_spoken_tri_2_DP Word Count
Root node error: 119/159 = 0.74843
n= 159
        CP nsplit rel error  xerror     xstd
1 0.319328      0   1.00000 1.14286 0.037272
2 0.210084      1   0.68067 0.78151 0.052212
3 0.033613      3   0.26050 0.29412 0.043904
4 0.010000      4   0.22689 0.29412 0.043904
```

※xerror および xstd の値は，交差検証用にデータを分割した際のテスト用データに結果が依存するため，分析のたびに値が若干変わります。

［rel error］の列を確認してみると，出力されたモデルは 4 つのノードを作成した段階で，分類のエラー率が 0.22689 で，データの 23%が誤分類されていることがわかります。また，［xerror］の列を確認すると，3 つめと 4 つめのノードがどちらも 0.29 と，エラー率がほとんど変わっていません。ここで，ノードを増やしてモデルを複雑にするか，または汎化性能を高く維持するために，これ以上ノードを増やさないかを決める必要があります。

(3) ツリーの剪定と最終モデル

❶最終モデルを決定するために，ツリーの剪定を行います。

　今回は，ノードの数を決めるための基準として，最小のエラー率に標準偏差を加えた値を使用します。plotcp 関数で図にすると，基準値の判断がしやすくなります。

　出力された図 11.2.8 は，ツリーの大きさ［size of tree］とモデルの複雑さ指標［cp］が横軸，エラー率が縦軸，点線が最小のエラー率に標準偏差を加えた値になります。図を確認すると，ツリーの数が 4，複雑さのパラメータが 0.084 になったところで基準値を下回っています。この cp = 0.084 という値を使い，枝を剪定したモデルを作成します。

図 11.2.8　ツリーの数とエラー率の関係

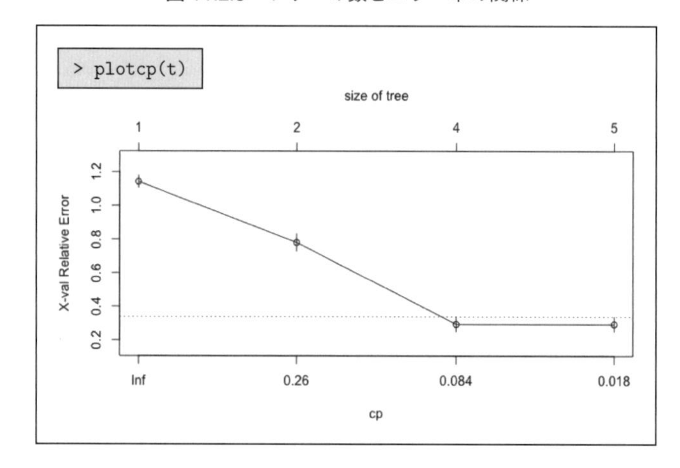

❷剪定を行うモデルの再構築は，関数 prune（モデル，cp＝基準値）を使います。剪定後の最終的なモデルを plot 関数を使って出力すると，図 11.2.7 のツリーで存在した 4 つ目のノード（COCA_spoken_tri_2_DP）が減っていることがわかります。このモデルから，Word Count の値を分岐させていくことで熟達度をうまく分類できることがわかります（図 11.2.9）。

図 11.2.9　モデルの再構築

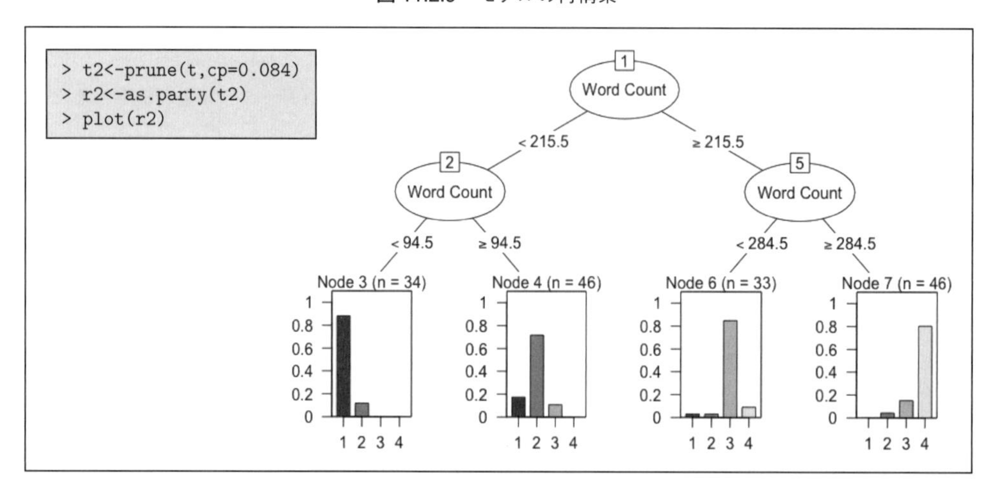

❸剪定後の最終的なモデルの分類精度や，末端のノードにおけるエラー率を確認します。剪定前のモデルと同様に，printcp 関数を使ってモデルの情報を出力します。出力結果にある［rel error］（エラー率）から，最終的なモデルの分類精度は（1－エラー率＝1－0.2605＝0.739），73.9％であることがわかります。また，汎化性能を考慮した xerror（交差検証におけるエラー率）を確認すると，分類精度は（1－交差検証におけるエラー率＝1－0.2941＝0.7059），70.6％であり，新しいデータに対しても比較的高い精度で分類できる可能性があることがわかります。

```
#剪定後のモデルの分類精度とエラー率
> printcp(t2)
Classification tree:
rpart(formula = CEFR ~ ., data = x)

Variables actually used in tree construction:
[1] Word Count

Root node error: 119/159 = 0.74843

n= 159
        CP nsplit rel error  xerror     xstd
1 0.31933      0   1.00000 1.14286 0.037272
2 0.21008      1   0.68067 0.78151 0.052212
3 0.08400      3   0.26050 0.29412 0.043904
```

❹また，末端の各ノードにおける正答率を確認したい場合は，as.party 関数を使用することで出力できます。結果から，たとえばノード 3 は，Word count が 94.5 以下（Word count<94.5）のグループ 1（：1）という 34 人の集団（n = 34）で，11.8％の誤分類を含んでいることがわかります。同様に，ノード 3 における分類精度は 88.2％，同様にノード 4 が 71.7％，ノード 6 が 84.8％，ノード 7 が 80.4％の精度で分類ができていることがわかります。

```
#各ノードの正答率
> as.party(t2)
Fitted party:
[1] root
|   [2] Word Count < 215.5
|   |   [3] Word Count < 94.5: 1 (n = 34, err = 11.8%)
|   |   [4] Word Count >= 94.5: 2 (n = 46, err = 28.3%)
|   [5] Word Count >= 215.5
|   |   [6] Word Count < 284.5: 3 (n = 33, err = 15.2%)
|   |   [7] Word Count >= 284.5: 4 (n = 46, err = 19.6%)
Number of inner nodes:    3
Number of terminal nodes: 4
```

論文に記載する際は，剪定を行った後の手順❷で出力される図と，❸で出力される分類精度に関する値を報告します。また，どのようなグループの分類が難しいかを明らかにしたい場合など，必要に応じて❹で出力された各ノードにおける分類精度を記載するとよいでしょう。

■記載例

> 日本人高校生のスピーキングパフォーマンスの語彙的特徴から，スピーキングの熟達度を分類するモデルを作成した。COCA speaking コーパスに基づく 56 種類の特徴量を用いた決定木分析の結果（**図 11.2.9**），総語数が分類に重要であり，根ノードの分岐では，216 語以上かどうかで B1 レベル以上に分類されるかが決定することがわかった。また，次のノードが 94.5 であるから，95 語以上 215 語以下の語を産出した学習者は A2 レベル，94 語以下しか産出しなかった学習者は Below A2 レベルに分類される傾向がある。次に，B レベルの下位分類では，285 語以上の場合は B2 レベル，216 語以上 284 語以下の場合に B1 レベルに分類される傾向があることが明らかになった。剪定後のモデルの分類精度とエラー率から，最終的なモデルの分類精度は，73.9%の正確さでデータを分類できていた。また，交差検証における分類精度は 70.6%の正確さだった。

Section 11-3　ランダムフォレスト

前節で決定木を使った分析を行いました。分析結果を可視化することができ，解釈もしやすいという利点がありますが，一方で，手元にあるデータを過学習してしまい，汎化性能が低くなる傾向があります。そこで，決定木を複数作成し，それらを組み合わせることで，分類精度が高く，さらに汎化性能も高いモデルを作成する工夫がなされてきました。機械学習では，複数のモデルを組み合わせて新たなモデルを作成することを**集団学習**（ensemble learning）と言います。決定木を組み合わせる方法は複数あり，次に説明する**バギング**（bagging）と**ブースティング**（boosting）や，本章で実際に分析を行う**ランダムフォレスト**（random forest）などがあります。

11-3-1◆集団学習

機械学習では，分類や予測の精度を上げるために，さまざまな方法が考案されてきました。そのなかでも，集団学習と呼ばれる方法が効果的だといわれています。集団学習とは，精度がそれほど高くないモデル（弱学習器）であっても，それらを複数組み合わせることにより，より精度の高いモデル（強学習器）を作成しようとする方法です。集団学習を行うことで，汎化性能をなるべく失わずに分類精度を上げていくことが可能です。次のセクションでは，まずバギングとブースティングについて説明します。

11-3-2◆バギング

バギングは，Breiman（1996）によって提案されたもので，手元にあるデータセットから複数のデータセットを作り出すことによって複数の弱学習器を作成し，それらのモデルを単純に組み合わせて新たなモデルを作成する方法です。以下の手順で複数のモデルを集約していきます。

①手元にあるデータセットから，ブートストラップ法（復元抽出法：一度抽出したサンプルが再び抽出対象になる抽出方法）によって訓練用のサブデータセットを作成し，抽出したサブデータを使って弱学習器を作成します。

②上記①の手順を m 回くり返し，m 個の弱学習器を作成します。

③回帰課題の場合，m 個の出力結果の平均値をとることで結果を集約します。
分類課題の場合，m 個の出力結果の多数決をとることで結果を集約します。

たとえば，ツリーモデルの概要（11-2-1）で説明した「休日の過ごし方を分類する」場合に，バギングを使用すると次の**図 11.3.1a** のようになります。

まず，手元にあるデータセット［元データ］から，重複のあるサブ［データセット］を m 個作成します。次に，作成した m 個のデータセットそれぞれに対しツリーモデル（決定木）を作成します。最後に，それぞれの学生の各決定木における分類結果を集約します。このケースでは，分類を目的とする分類課題であるため，それぞれの決定木の予測値の［多数決］をすることによって，最終的な［予測値］を出力します。

図 11.3.1a バギングのイメージ

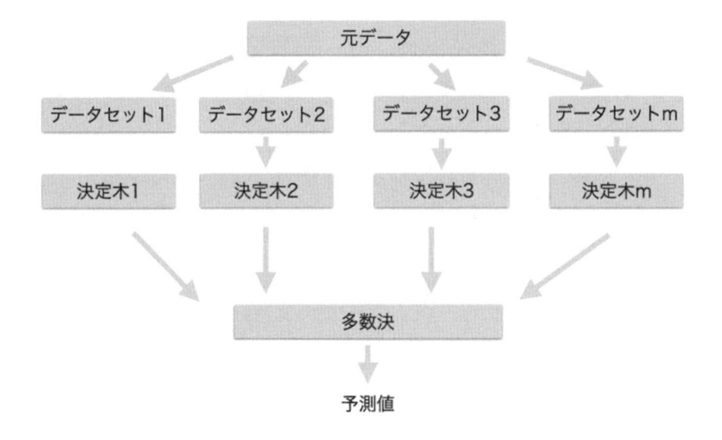

	決定木1の予測値	決定木2の予測値	決定木3の予測値	最終的な予測値
Aさん	映画	映画	映画	映画
Bさん	ゲーム	映画	映画	映画
Cさん	ゲーム	ゲーム	宿題	ゲーム
Dさん	宿題	映画	宿題	宿題

11-3-3◆ブースティング

バギングが複数のモデルを同時に作成して弱学習器を集約することによって精度を向上させるのに対し，ブースティングでは複数のモデルを順番に作成して分類精度を向上させます。最初の弱学習器を作成した後，誤分類されたデータに焦点を当て，そのデータが正しく分類されるように学習器を修正して組み合わせていきます（**図 11.3.1b**）。

最終的な分類精度は高くなる傾向にありますが，欠点として，(1) データ数が多い場合に分析に時間がかかること，(2) 誤差や外れ値まで学習してしまい，汎化性能を失いやすいこと（過学習）があげられています。

図 11.3.1b　ブースティングのイメージ

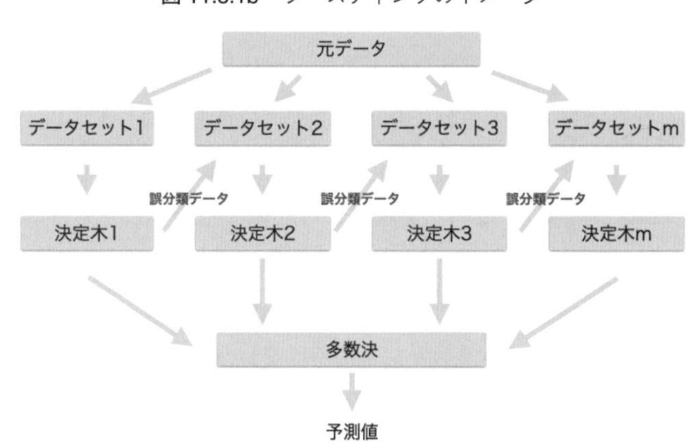

11-3-4◆ランダムフォレストの利点

機械学習による集団学習の種類を述べましたが，ランダムフォレストは，その一つであるバギングを応用した分析方法といえます。しかし，ランダムフォレストは，サブデータセットを作成するときに，サンプルだけでなく，特徴量もランダムに抽出するという点でバギングとは異なります。

バギングで作成される複数のツリーは，すべて同じ特徴量から作成されるため，モデルが似たような構造になりやすいのに対し，ランダムフォレストでは特徴量が異なる組み合わせのサブデータセットから複数のツリーを作成するため，多様なモデルが作成されやすいという特徴があります。このため過学習が起きにくいといわれています。その他にも，以下のようなメリットがあります（金，2017）。

(1) 分類や予測の精度が高い
(2) 何百，何千個の特徴量に対しても使うことができる
(3) 分類に用いる特徴量の重要度を推定できる
(4) 欠損値の推測や欠損値の多いデータに対しても正確な分類や予測ができる
(5) 各群の個体数に差がある場合にも有効である
(6) 分類と変数の関係に関する情報が得られる
(7) 群間の近似の度合いが計算できる
(8) 外的規準（類似度など）がないデータにも対応できる

11-3-5◆ランダムフォレストによる分析

本節では，決定木分析に使用した同じデータで，ランダムフォレストの分析をします。高校生159名のスピーキング試験の発話の特徴から，試験結果のCEFRレベルを分類する重要な特徴を見つけます。目的変数はCEFRレベル（Below A2, A2, B1, B2）です。特徴量は，COCAのスピーキングコーパスを参照し，(a) 語彙の頻度とrange，(b) bi-gramの頻度，range，繋がりの強さ，(c) tri-gramの頻度，range，繋がりの強さに関係する合計56個の特徴を使います。

※ランダムフォレストでは，分析の過程で乱数を使用したアルゴリズムを含んでいるため，分析結果は分析のたびに若干異なり，必ずしも本書に記載された結果と一致するとは限りません。

❶データ［tree.csv］の読み込み，任意のオブジェクトxに入れます。そして，factor関数を使って，CEFRの変数を因子型にし，その後，データをデータフレームにします（上記11-2-5 (2)を行っていない場合のみ）。

```
> x <- read.csv("tree.csv")
> x
> x$CEFR<-factor(x$CEFR)
> x<-data.frame(x)
```

```
> x
# A tibble: 159 x 57
   CEFR 'Word Count' COCA_spoken_Ran… COCA_spoken_Fre… COCA_spoken_Ran…
  <dbl>        <dbl>            <dbl>            <dbl>            <dbl>
1     1          169            0.546            6349.           -0.521
2     1           77            0.660            7105.           -0.413
3     1           53            0.679            7208.           -0.323
4     1          265            0.679            8798.           -0.320
```

❷ランダムフォレストは，randomForestパッケージの関数randomForest（目的変数~特徴量，data = データ名）で分析できます。

❸出力結果の［type of random forest］では，カテゴリカルデータの分類を目的としていますので，［classification］になっています。

※目的変数が量的変数である場合には，自動的に判断してregression（回帰）として分析されます。

```
#ランダムフォレスト分析
> install.packages("randomForest", dependencies = T)
> library(randomForest)
> forest<-randomForest(CEFR ~., data=x)
> forest
Call:
 randomForest(formula = CEFR ~ ., data = x)
               Type of random forest: classification
                     Number of trees: 500
No. of variables tried at each split: 7
        OOB estimate of  error rate: 30.82%
Confusion matrix:
   1  2  3  4 class.error
1 25  9  4  1   0.3589744
2  8 29  1  2   0.2750000
3  1  7 24  8   0.4000000
4  0  2  6 32   0.2000000
```

❹生成するツリーの数［Number of trees］は，デフォルトの500になっています。［No. of variables tried at each split］は，ノードを作成する際に抽出された特徴量の数を示していますが，ランダム抽

出であるため，最終的な結果が多少左右することがあります。

❺交差確認におけるエラー率［`OOB estimate of error rate`］の **OOB**（out of bug）は，*K* 等分した学習用サブデータのうち 1 つをテストデータとし，そのデータを学習に使用していない決定木を組み合わせたモデルで分類することをくり返すことで，そのエラー率を計算しています。

❻そして，各カテゴリのエラー率［`class.error`］が，集計表の**混同行列**（Confusion matrix）の右側に出力されています。集計表内の一行目が，25, 9, 4, 1 とあります。これは，モデルでは，1（CEFR Below A2）のレベルの人を，Below A2 に 25 人，A2 に 9 人，B1 に 4 人，B2 に 1 人分類したという意味です。その右にモデルの誤分類率が示されています。

この中で最も誤分類が多いのは，カテゴリ 3（B1 レベル）で，各レベルにそれぞれ 1, 7, 24, 8 人が振り分けられていますが，エラー率が 40% と高くなっています。一方で，最も誤分類が少ないのはカテゴリ 4（B2 レベル）です。

❼続いて，ツリーの数がデフォルトで十分だったかを `plot`（モデル名）関数を使って確認します。

出力された**図 11.3.2** は，生成されたツリー数 OOB［`trees`］とエラー率［`Error`］の関係を表しています。1 から 4 がそれぞれの熟達度群（CEFR Below A2 から B2）のエラー率，OOB すべてのデータのエラー率を示しています。この図から，ツリーの数を増やしてもエラー率があまり変化しなくなるポイン

図 11.3.2　ツリー数とエラー

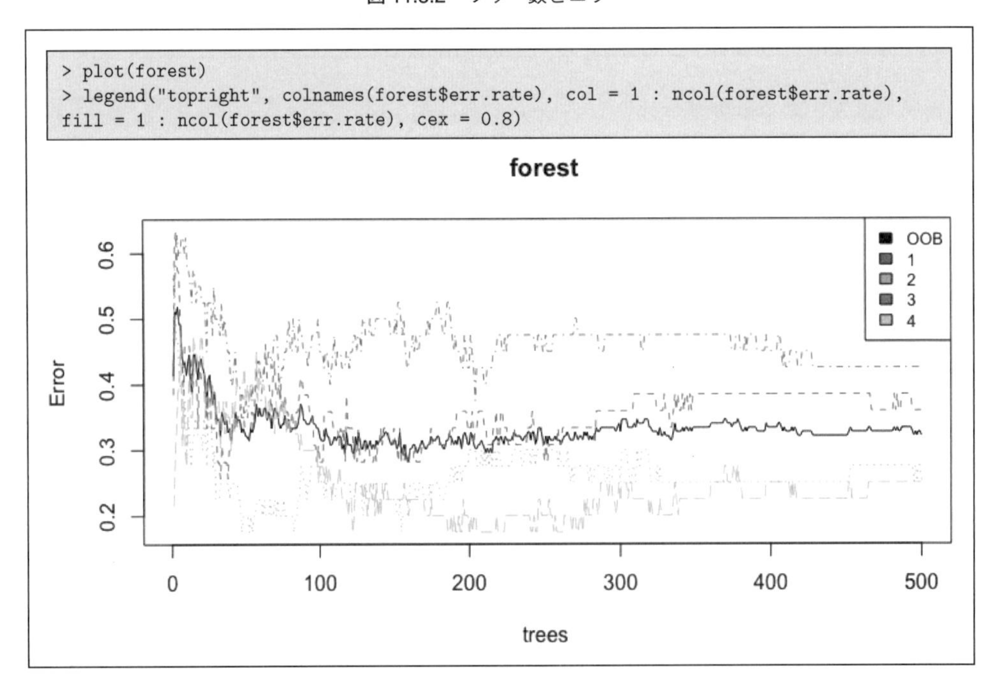

トがあるかを確認します。今回の図では，ツリーの数が300から400の間でエラー率の変動が落ち着いてくることがわかり，400以降は400以前と比較して値が上下していないことから，デフォルトの500で十分であることがわかります。

❽最後に，分類課題における特徴量の重要度を確認します。ランダムフォレストで算出されたジニ分散指標を［モデル名$importance］で表示します。

```
> forest$importance # ジニ分散指標の表示
                              MeanDecreaseGini
Word.Count                          16.1152645
COCA_spoken_Range_AW                 1.2487934
COCA_spoken_Frequency_AW             2.1858603
COCA_spoken_Range_Log_AW             1.6207132
COCA_spoken_Frequency_Log_AW         1.7381837
COCA_spoken_Range_CW                 1.5038071
COCA_spoken_Frequency_CW             1.7084741
COCA_spoken_Range_Log_CW             2.1372466
COCA_spoken_Frequency_Log_CW         1.8573541
以下，略
```

❾また，varImPlot（モデル名）関数を使うと，重要度が高い順に表示されるため，解釈しやすくなります。

図 11.3.3　使用した変数の重要度

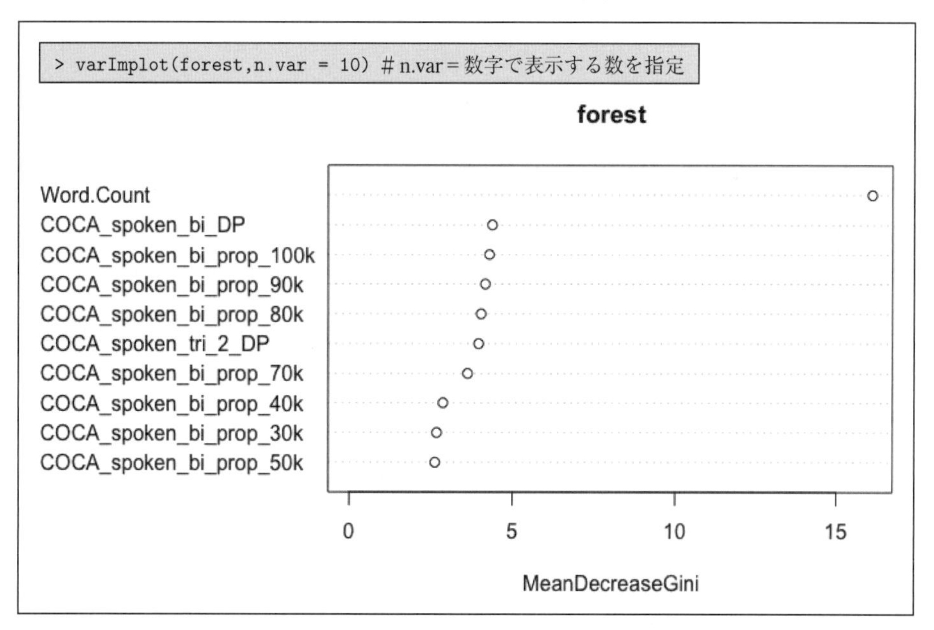

図 11.3.3 を確認すると，Word Count（総語数）が飛び抜けて重要度が高いことがわかります。2番目に［COCA_spoken_bi_DP］（2語の連語を使用できているかに関する特徴量）が続いていますが，3番目以降とジニ係数の変化量は変わらず，突出しているわけではありません。

11-3-6◆機械学習で使用される他のモデル評価指標

11−3−5 で紹介したランダムフォレストを使った分析では，主にエラー率を使用したモデルの評価を行いました。この他に，**正解率**（accuracy），**再現率**（recall），**特異度**（specify），**適合率**（precision）などの指標から，作成したモデルを評価することもあります。最も頻繁に記載される正解率は，データ全体でどの程度誤分類があったかを示しており，OOB の値と同じになります。

正解率，再現率，特異度，適合率の値は，モデルの予測の正負と，真実（正解）の正負のマトリックスから算出することができます。**表 11.3.1** にあるように，真実が正であるときに，モデルの予測も正であることを**真陽性**，真実が負であるのに，モデルが正と予測してしまうことを**偽陽性**といいます。逆に，真実が正で，モデルが負と判断してしまう場合を**偽陰性**，真実が負で，モデルも負だと予測している場合を**真陰性**といいます。これら 4 つの値にもとづいて，上記の正解率，再現率，特異度，適合率を計算することができます。

表 11.3.1　モデルによる予測と真実のマトリックス

		真実	
		正	負
モデルによる予測	正	真陽性	偽陽性
	負	偽陰性	真陰性

（1）正解率（全予測の正解の割合）：(真陰性＋真陽性) ÷ (真陰性＋真陽性＋偽陰性＋偽陽性)

（2）再現率（真であるものを真と予測できた割合）：真陽性 ÷ (真陽性＋偽陽性)

（3）特異度（偽であるものを偽と予測できた割合）：真陰性 ÷ (偽陽性＋真陰性)

（4）適合率（真と予測されたもののうち本当に真だった割合）：真陽性 ÷ (真陽性＋偽陽性)

目的によっては，正答率だけでなく，再現率と適合率も考慮し，両方の値を最大にするモデルを作成することが望ましいですが，現実には難しいとされています。そこで，再現率と適合率のどちらが重要かを考える必要があります。たとえば，医療現場における病気にかかっているかの判断などでは，誤って陰性と判断することが致命的な状況につながるため，正答率だけでなく，この適合率もモデルの評価として使用した方が良いと言えます。このような場合には，適合率を向上させるため，分母の偽陰性（誤って陰性と判断されるケース）を少なくする必要があります。そのような状況でない場合には，再現率と適合率のバランスを表す調和平均値（F 値）が評価に用いられます。この F 値は，以下に示す再現率と適合率から求められます。

（式 11.3.1）　　F 値＝2（再現率×適合率）÷（再現率＋適合率）

【論文への記載】

作成したモデルの質を報告する場合は，**11-3-5** の手順❻で説明した混同行列と**図 11.3.2** を提示しながら説明をします。また，特徴量の重要度を説明する場合は，**図 11.3.3** を示すことで，論文中で直接言及しきれなかった特徴量の重要度もわかるようになります。

作成されたモデルで，どの程度の精度で分類や回帰を行うことができる必要があるかは，そのモデルを使用する目的によるため，エラー率や正答率に対して絶対的な基準はありません。よって，目的に応じて結果の評価をすると良いでしょう。たとえば，過去に作ったモデルと同じ特徴量のデータセットを使って，より精度の高いモデルを作成することが目的であれば，過去のモデルの正答率と比較して結果を評価することになります。

■記載例

日本人高校生による英語スピーキングパフォーマンスの語彙の特徴に基づき，熟達度を予測するモデルを，ランダムフォレストを使って構築した。COCA speaking コーパスに基づく 56 種類の特徴量を使用し，生成するツリーの数は 500 とした。分析結果から，構築したモデルによる交差検証のエラー率が 30.82 であることから，正答率は 69.18%になった。よって，スピーキングの文字起こしデータがあったとしたら，自動で熟達度を推定することは難しいものの，人間による採点の助けになる可能性が示された。また，特徴量の重要度については，総語数や連語の頻度に関する特徴が上位を占めているが，2 番目以降のジニ係数の変化量は総語数と大きく離れていることから，分類に重要な特徴量は総語数であることが明らかとなった。

参考文献

【日本語文献】

青木繁伸（2015, April 8）.「R による統計処理」Retrieved from http://aoki2.si.gunma-u.ac.jp/R/index.html

青木繁伸（2009, August 24）.「シェッフェの方法による線形比較」『R による統計処理』Retrieved from http://aoki2.si.gunma-u.ac.jp/R/scheffe.html

井関龍太（n.d.）.『ANOVA 君』Retrieved from http://riseki.php.xdomain.jp/index.php?ANOVA%E5%90%9B

岩淵千明（編著）（1997）.『あなたにもできるデータの処理と解析』福村出版

浦上昌則・脇田貴文（2008）.『心理学・社会科学研究のための調査系論文の読み方』東京図書

近江玲・服部弘・坂本章（2005）.「情報活用の実践力と認知能力との相関関係―希薄化修正の試み」『日本教育工学会論文誌』, 28, 209-212.

大久保街亜・岡田謙介（2012）.『伝えるための心理統計：効果量・信頼区間・検定力』勁草書房

岡田謙介（2018）.「ベイズファクターによる心理学的仮説・モデルの評価」『心理学評論』61, 101-115.

奥村晴彦（n.d.）.「統計・データ解析」Retrieved from https://oku.edu.mie-u.ac.jp/~okumura/stat/

小塩真司（2011）.『SPSS と Amos による心理・調査データ解析：因子分析・共分散構造分析まで（第 2 版）』東京図書

小幡のぞみ（2020, April 1）.「R とは一体何？ マーケターが 1 から R を勉強するドキュメンタリーが始まります【第 1 回】」『マナミナ』https://manamina.valuesccg.com/articles/717

間瀬茂（2009）.『R 基本統計関数マニュアル』Retrieved from https://cran.r-project.org/doc/contrib/manuals-jp/Mase-Rstatman.pdf

門脇大輔・阪田隆司・保坂桂佑・平松雄司（2019）.『Kaggle で勝つデータ分析の技術』技術評論社

狩野裕（2002）.「構造方程式モデリングは, 因子分析, 分散分析, パス解析のすべてにとって代わるのか？」『行動計量学』, 29(2), 138-159. https://doi.org/10.2333/jbhmk.29.138

川端・岩間・鈴木（2018）.『R による多変量解析入門　データ分析の実践と理論』オーム社

金明哲（2017）.『R によるデータサイエンス（第 2 版）：データ解析の基礎から最新手法まで』森北出版

久保拓弥（2012）.『データ解析のための統計モデリング入門――一般化線形モデル・階層ベイズモデル・MCMC』岩波書店

小室竜也（2021）.「ライティングタスク（技能独立型 vs. 独立型）が発表語彙とその測定に与える影響：TAALES による語彙の洗練性分析を基に」*EIKEN BULLETIN*, vol.32, 13-30.

高木修一（2016）.『統計分析におけるデータスクリーニングの意義と方法：英語教育学研究の事例を中心に』福島大学人間発達文化学類論集, 22, 43-52.

竹内理・水本篤（2012）.『外国語教育研究ハンドブック―研究手法のより良い理解のために』松柏社

竹原卓真（2010）.『SPSS のススメ 2：要因の分散分析をすべてカバー』北大路書房

田中敏・山際勇一郎（1992）.『ユーザーのための教育・心理統計と実験計画法―方法の理解から論文の書き方まで』教育出版

田中豊・垂水共之・脇本和昌（編）（1990）.『パソコン統計解析ハンドブック V』共立出版

出村慎一（2007）.『健康・スポーツ科学のための研究方法―研究計画の立て方とデータ処理方法』杏林書院

出村慎一・西嶋尚彦・佐藤進・長澤吉則（2004）.『健康・スポーツ科学のための SPSS による多変量解析入門』杏林書院

豊田秀樹（2012）.『因子分析入門―R で学ぶ最新データ解析―』（pp.61-84）東京書籍

豊田秀樹（2014）.『共分散構造分析［R 編］―構造方程式モデリング』東京図書

豊田秀樹（2015）.『基礎からのベイズ統計学：ハミルトニアンモンテカルロ法による実践的入門』朝倉書店

豊田秀樹（2017）.『実践ベイズモデリング：解析技法と認知モデル』朝倉書店

豊田秀樹編（2018）.『たのしいベイズモデリング：事例で拓く研究のフロンティア』朝倉書店

豊田秀樹編（2019）.『たのしいベイズモデリング 2：事例で拓く研究のフロンティア』朝倉書店

対馬栄輝（2008）.『SPSS で学ぶ医療系多変量データ解析』東京図書

対馬栄輝（2010）.『医療系研究論文の読み方・まとめ方』東京図書

鶴田陽和（2013）.『すべての医療系学生・研究者に贈る独習統計学 24 講―医療データの見方・使い方』（pp.176-177）朝倉書店

永田靖・吉田道弘（1997）.『統計的多重比較法の基礎』サイエンティスト社

南風原朝和（2002）.『心理統計学の基礎：統合的理解のために』有斐閣アルマ

馬場真哉（2019）.『R と Stan ではじめるベイズ統計モデリングによるデータ分析入門』講談社

平井明代（編著）(2018).『教育・心理・言語系研究のためのデータ分析：研究の幅を広げる統計手法』東京図書

廣森友人 (2004).「自己評価項目の集約と解釈―因子分析」三浦省五・前田啓朗・山森光陽・磯田貴道・広森友人『英語教師のための教育データ分析入門―授業が変わるテスト・評価・研究』大修館書店

前田啓朗 (2004).「カテゴリー別の生徒の割合の分析：χ二乗検定」三浦省五・前田啓朗・山森光陽・磯田貴道・広森友人『英語教師のための教育データ分析―授業が変わるテスト・評価・研究』(pp.104-111) 大修館書店

前田啓朗 (2004).「因果分析の妥当性の検証：日本の英語教育学研究における傾向と展望」『日本言語テスト学会研究紀要』, 6, 140-147.

松浦健太郎 (2016).『Stan と R でベイズ統計モデリング』共立出版

繁桝算男・柳井晴夫・森敏昭（編著）(2008).『Q&A で知る統計データ解析：DOs and DON'Ts　第２版』サイエンス社

松尾太加志・中村知靖 (2004).『誰も教えてくれなかった因子分析 数式が絶対に出てこない因子分析入門 第４版』北大路書房

水本篤 (n.d.). Effect size calculation sheet. Retrieved from http://www.mizumot.com/stats/effectsize.xls

水本篤・竹内理 (2008).「研究論文における効果量の報告のために ―基礎的概念と注意点―」『英語教育研究』, 31, 57-66.

村上英俊 (2015).『ノンパラメトリック法』朝倉書店

森敏昭・吉田寿夫（編著）(1990).『心理学のためのデータ解析テクニカルブック』北大路書房

柳井晴夫・緒方裕光（編著）(2006).『SPSS による統計データ解析―医学・看護学，生物学，心理学の例題による統計学入門』現代数学社

山森光陽 (2004)「得点・平常点・総括」三浦省五・前田啓朗・山森光陽・磯田貴道・広森友人『英語教師のための教育データ分析―授業が変わるテスト・評価・研究』(pp.13-17) 大修館書店

吉田寿夫 (1998).『本当にわかりやすいすごく大切なことが書いてあるごく初歩の統計の本』北大路書房

渡辺澄夫 (2012).『ベイズ統計の理論と方法』コロナ社

【英語文献】

American Psychological Association. (2020). *Publication Manual of the American Psychological Association* (7th ed.). American Pschological Association.

Bakeman, R. (2005). Recommended effect size statistics for repeated measures designs. *Behavior research methods, 37*(3), 379-384. https://doi.org/10.3758/BF03192707

Barnet, V., & Lewis, T. (1994). *Outliers in statistical data* (3rd ed.). Wiley.

Biostatistics. (n.d.).『R：R を利用した統計解析およびデータの視覚化』Retrieved from https://stats.biopapyrus.jp/r/

Bollen, K. A., & Curran, P. J. (2006). *Latent curve models: A structural equation perspective.* Wiley-Interscience.

Borenstein, M., Hedges, L.V., Higgins, J. P. T., & Rothstein, H. R. (2009). *Introduction to meta-analysis.* Wiley.

Breiman, L. (1996). Bagging predictors. *Machine learning, 24* (2), 123-140. https://doi.org/10.1023/A:1018054314350

Breiman, L., Friedman, J., Stone, C. J., & Olshen, R. A. (1984). *Classification and regression trees.* CRC press.

Brown, T. A. (2006). *Confirmatory factor analysis for applied research.* Guilford.

Cohen, J. (1988). *Statistical power analysis for the behavioral sciences* (2nd ed.). Lawrence Earlbaum Associates.

Deci, E, L., & Ryan, R. M. (2004). *Self-determination theory: An approach to human motivation and personality.* Retrieved from the University of Rochester, Department of Clinical and Social Sciences in Psychology: http://www.psych.rochester.edu/SDT/measures/word/IMIfull.doc

Efron, B. (1979). Bootstrap methods: Another look at the jackknife. The Annals of Statistics, 7(1), 1-26. https://doi.org/10.1214/aos/1176344552

Field, A. (2009). *Discovering statistics using SPSS* (3rd ed.). SAGE Publications.

Gelman, A., Carlin, J. B., Stern, H. S., Dunson, D. B., Vehtari, A., & Rubin, D. B. (2013). *Bayesian Data Analysis.* CRC press.

Glass, G. V., & Hopkins, K. D. (1996). *Statistical methods in education and psychology* (3rd ed.). Allyn and Bacon.

Graesser, A. C., McNamara, D. S., Louwerse, M. M., & Cai, Z. (2004). Coh-Metrix: Analysis of text on cohesion and language. *Behavior research methods, instruments, & computers, 36*(2), 193-202. https://doi.org/10.3758/BF03195564

Gretton, A., Bousquet, O., Smola, A., and Schoelkopf, B. (2005). Measuring Statistical Dependence with Hilbert-Schmidt Norms, MPI for Biological Cybernetics (140).

Gretton, A. and Gyorfi, L. (2010) Consistent Nonparametric Tests of Independence, *Journal of Machine Learning Research*, 11, 1391-1423.

Grolemund, G. (n.d.). *Quick list of useful r packages.* RStudio Support. Retrieved from https://support.rstudio.com/hc/en-us/articles/201057987-Quick-list-of-useful-R-packages

Harris, R. J. (1975). *A primer of multivariate statistics.* Academic Press.

Hedges, L. V. (1981). Distribution theory for Glass's estimator of effect size and related estimators. *Journal of Educational Statistics, 6*(2), 107-128. https://doi.org/10.2307/1164588

Hedges, L. V., & Olkin, I. (1985). *Statistical methods for meta-analysis.* Academic press.

Howell, D.C. (2007). *Statistical methods for psychology* (6th ed.) Thomson/Wadsworth.

Hunter, J. E., & Schmidt, F. L. (2004). *Methods of meta-analysis: Correcting error and bias in research findings*. Sage Publication.

Jeffreys, H. (1961). *Theory of probability* (3rd ed.). Oxford University Press.

Kass, R. E., & Raftery, A. E. (1995). Bayes factors. *Journal of the American Statistical Association, 90*, 773–795. https://doi.org/10.1080/01621459.1995.10476572

Kirk, R. E. (1996). Practical significance: A concept whose time has come. *Educational and psychological measurement, 56*(5), 746–759. https://doi.org/10.1177/0013164496056005002

Kruschke, J. (2014). *Doing Bayesian data analysis: A tutorial with R, JAGS, and Stan*. Academic Press.

Kyle, K., Crossley, S., & Berger, C. (2018). The tool for the automatic analysis of lexical sophistication (TAALES): version 2.0. *Behavior research methods, 50*(3), 1030–1046. https://doi.org/10.3758/s13428-017-0924-4

Lee, M. D., & Wagenmakers, E. J. (2013). *Bayesian cognitive modeling: A practical course*. Cambridge University Press.

Levshina, N. (2015). *How to do linguistics with r: Data exploration and statistical analysis*. John Benjamins.
https://doi.org/10.1075/z.195

Levy, R., & Mislevy, R. J. (2017). *Bayesian psychometric modeling*. CRC Press.

Lu, X. (2010). Automatic analysis of syntactic complexity in second language writing. *International Journal of Corpus Linguistics, 15*(4), 474–496. https://doi.org/10.1075/ijcl.15.4.02lu

Mizumoto, A. (2021). New Word Level Checker [Web application].

Morey, R. D., Rouder, J. N., Pratte, M. S., & Speckman, P. L. (2011). Using MCMC chain outputs to efficiently estimate Bayes factors. *Journal of Mathematical Psychology, 55*, 368–378. https://doi.org/10.1016/j.jmp.2011.06.004

Morey, R. D. & Rouder, J. N. (2011). Bayes Factor Approaches for Testing Interval Null Hypotheses. *Psychological Methods, 16*, 406–419. https://doi.org/10.1037/a0024377

Mulder, J., & Wagenmakers, E. J. (2016). Editors' introduction to the special issue "Bayes factors for testing hypotheses in psychological research: Practical relevance and new developments". *Journal of Mathematical Psychology, 72*, 1–5. https://doi.org/10.1016/j.jmp.2016.01.002

Olejnik, S., & Algina, J. (2003). Generalized eta and omega squared statistics: Measures of effect size for some common research designs. *Psychological methods, 8*(4), 434–447. https://doi.org/10.1037/1082-989X.8.4.434

Olson, C. L. (1976). On choosing a test statistic in multivariate analysis of variance. *Psychological Bulletin*, 83, 579–586. https://doi.org/10.1037/0033-2909.83.4.579

Pettersson, E., & Turkheimer, E. (2010). Item selection, evaluation, and simple structure in personality data. *Journal of Research in Personality, 44*(4), 407–420. https://doi.org/10.1016/j.jrp.2010.03.002

Pituch, K. A., & Stevens, J. P. (2016). *Applied multivariate statistics for the social sciences* (6th ed.). Routledge.

Plonsky, L., & Oswald, F. L. (2014). How big is "big"? Interpreting effect sizes in L2 research. *Language learning, 64*(4), 878–912. https://doi.org/10.1111/lang.12079

Quick-R. (n.d.). *About quick-r*. Retrieved from https://www.statmethods.net/

Reshef, D. N., Reshef, Y. A., Finucane, H. K., Grossman, S. R., McVean, G., Turnbaugh, P. J., Lander, E. S., Mitzenmacher, M., & Sabeti, P.C. (2011). Detecting Novel Associations in Large Data Sets, *Science*, 334 (6062), 1518–1524. https://doi.org/10.1126/science.1205438

RjpWiki. (n.d.). Retrieved from http://www.okadajp.org/RWiki/

Romano, J., Kromrey, J. D., Coraggio, J., & Skowronek, J. (2006). Appropriate statistics for ordinal level data: Should we really be using t-test and Cohen' sd for evaluating group differences on the NSSE and other surveys. In annual meeting of the Florida Association of Institutional Research (Vol. 13).

Rouder, J. N., Speckman, P. L., Sun, D., Morey, R. D., & Iverson, G. (2009). Bayesian t-tests for accepting and rejecting the null hypothesis. *Psychonomic Bulletin & Review, 16*, 225–237. https://doi.org/10.3758/PBR.16.2.225

Scariano, S. M., & Davenport, J. M. (1987). The effects of violations of independence assumptions in the one-way ANOVA. *The American Statistician, 41*(2), 123–129. https://doi.org/10.1080/00031305.1987.10475459

Stevens, J. P. (1980). Power of the multivariate analysis of variance tests. *Psychological Bulletin, 88*, 728–737. https://doi.org/10.1037/0033-2909.88.3.728

Tabachnick, B. G., & Fidell, L. S. (2007). *Using multivariate statistics* (5th ed.). Allyn & Bacon/Pearson Education.

Text Inspector. (2016). Online lexis analysis tool. Retrieved from textinspector.com

Wagenmakers, E. J., Lodewyckx, T., Kuriyal, H., & Grasman, R. (2010). Bayesian hypothesis testing for psychologists: A tutorial on the Savage-Dickey method. *Cognitive Psychology, 60*, 158–189. https://doi.org/10.1016/j.cogpsych.2009.12.001

索　引

サ

タ

ナ

ハ

マ

ヤ

ラ

ワ

R 用語

■編著者紹介

平井　明代（ひらい あきよ）

2001 年　Ed.D.（教育学博士，米国テンプル大学）
1999 年　筑波大学現代語・現代文化学系講師
2003 年　文部科学省海外動向調査在外研究員，文部科学省長期在外研究員（UCLA）
2011 年　筑波大学人文社会系科教授（現在に至る）

専門分野：英語教育学・言語評価論
主な著書・論文：『教育・心理系研究のためのデータ分析入門 第 2 版』（2017 編著者，東京図書）『教育・心理・言語系研究のためのデータ分析』（2018 同上），Developmental research on skill-integrated speaking activities and evaluation scales, *Impact*（2021, Science Impact), Development of an Automated Speech Scoring System, *Langauge Education & Technology*（2021 共著）など

岡　秀亮（おか ひであき）

2015 年　ベルゲン大学交換留学（ノルウェー）
2019 年　筑波大学大学院教育研究科教科教育専攻英語教育コース修了（教育学修士）
2019 年　筑波大学大学院人文社会科学研究科現代語・現代文化専攻博士後期課程入学
2019 年　常磐大学人間科学部非常勤講師（現在に至る）

専門分野：英語教育学・言語評価論
主な著書・論文：「批判的思考力を測定する英語テストの開発：パイロット・スタディ」*The Japan Association of College English Teachers*（*JACET*）*Journal*（2020，共著), Reliability and optimal designs for measuring accuracy in L2 writing with a weighted clause ratio, *Annual Review of English Language Education in Japan*（2021）など

草薙　邦広（くさなぎ くにひろ）

2018 年　Ph.D.（学術博士，名古屋大学）
2016 年　広島大学外国語教育研究センター特任講師
2021 年　県立広島大学地域創生学部・人間文化学部准教授

専門分野：外国語教育・言語学
主な著書・論文：『たのしいベイズモデリング―事例で拓く研究のフロンティア』（2018 共著，北大路書房），『英語教育のエビデンス―これからの英語教育研究のために』（2021 共著，研究社），Individual Differences in Rule-based Grammaticality Judgment Behavior：A Bayesian Modeling Approach, *Annual Review of English Language Education in Japan*（2019 共著）など

教育・心理系研究のためのRによるデータ分析
——論文作成への理論と実践集

2022年 1月25日　第1版第1刷発行

編著者　平井明代
　　　　岡秀亮
　　　　草薙邦広
発行所　東京図書株式会社
〒102-0072　東京都千代田区飯田橋 3-11-19
振替 00140-4-13803　電話 03(3288)9461
URL http://www.tokyo-tosho.co.jp/

ISBN 978-4-489-02377-4